CATALOGUE

DE LA

COLLECTION MINÉRALOGIQUE

DU

COMTE DE BOURNON,

MEMBRE DE LA SOCIÉTÉ ROYALE DE LONDRES, DE CELLE DE
LINNÉE, ET DE CELLE GÉOLOGIQUE DE LA MÊME VILLE,
DE CELLE WERNÉRIENNE D'ÉDIMBOURG, ET
DE PLUSIEURS DES ACADÉMIES DES
SCIENCES DE FRANCE,

Faites par lui-même.

ET DANS LEQUEL SONT PLACÉS

PLUSIEURS OBSERVATIONS ET FAITS INTÉRESSANTS

Qui jusqu'ici n'avoient pas été décrits, &c.

AINSI QU'UNE

RÉPONSE AU MÉMOIRE

DE

M. L'ABBÉ HAÜY,

*Concernant la Simplicité des Lois auxquelles est soumise la
Structure des Cristaux, &c.*

AVEC UN VOLUME DE PLANCHES

A LONDRES:

De l'Imprimerie de R. Juigné, 17, Margaret Street, Cavendish Square.
Se vend chez L. Deconchy, 100, New Bond Street.

1813.

La Collection Minéralogique du Comte
de Bournon étant dans ce moment à vendre,
si quelque personne désiroit en faire l'acquisition, et vouloit la connoître, il offre de
la lui faire voir, en voulant bien le prévenir
un jour d'avance.

DISCOURS PRÉLIMINAIRE.

Lorsque j'ai formé cette collection, j'étois fort
éloigné de prévoir que je serois un jour dans le cas de
chercher à m'en défaire ; j'étois surtout loin de penser,
qu'il pourroit arriver une époque où je serois forcé de
le désirer, et cela sans avoir pu auparavant la faire
servir, aussi complettement qu'il étoit possible, au but
d'utilité que j'avois constamment eu sous les yeux en
la formant.

Elle est le produit d'une attention continuelle, portée, pendant le cours de dix-huit années, sur tout ce
qui pouvoit contribuer à assurer nos connoissances
actuelles en minéralogie, et déterminer les progrès
ultérieurs de cette science. Elle est le fruit d'un travail que je puis dire énorme, et dans lequel j'ai été
considérablement aidé par les circonstances avantageuses dans lesquelles les événemens m'avoient placé.

Ayant pris, dès ma plus tendre jeunesse, le goût de
l'occupation, la minéralogie, de très-bonne heure, avoit
fixé mes regards sur elle. Je m'étois livré, avec une véritable passion, à l'étude de cette science, qui me ré-
compensoit habituellement du culte que je lui rendois.
Tout le temps que j'ai passé dans mon ancienne et
malheureuse patrie, elle y a fait le charme de ma vie,
par les jouissances continuelles qu'elle répandoit sur
mon existence : heureux alors, le travail et l'amitié
remplissoient tous mes loisirs.

Au moment où, jouissant d'une parfaite indépen-
dance, et n'ayant d'autre ambition que celle de pouvoir
contribuer, autant qu'il m'étoit possible, au bonheur
des êtres dont j'étois entouré, je jouissois si pleinement
d'une félicité que je croyois à l'abri du caprice et des
passions humaines, l'horizon de ma patrie, qui s'obscur-
cissoit graduellement, s'embrasa tout-à-coup. La foudre
révolutionnaire tomba sur elle, et dans sa course sangui-
naire et destructive, elle ne sembloit s'arrêter quelquefois dans sa rapidité, que pour réunir ses forces et son
action sur les divers points de ce malheureux royaume,
qui jusqu'alors avoient joui le plus complettement de
la bénédiction de la paix, source primitive du bonheur.

Forcé d'abandonner ma retraite paisible, après avoir
cherché inutilement la tranquillité dans diverses parties
de l'Allemagne, j'abordai en Angleterre. Je ne tardai
pas à m'y apercevoir que la minéralogie n'y avoit pas,
à beaucoup près, fait autant de progrès que sur le
continent. Dépouillé de tout, et ne pouvant, à l'avenir,
devoir le soutien de mon existence, ainsi que de celle
de ma famille, qu'à mon travail, je me déterminai dès
lors à rendre le peu de connoissances que je pouvois
avoir acquises en minéralogie, utiles au pays qui, par
circonstances, devenoit pour moi une nouvelle patrie.
Je conçus en même temps, l'espoir de devoir un jour
à cette même utilité, l'oubli, ou du moins l'adoucisse-
ment, des événements qui avoient si cruellement détruit
le bonheur de ma vie. Tous les cabinets de Londres
furent, peu à près, et successivement confiés à mes soins,
pour y établir l'ordre et l'arrangement, sans en excepter
celui du Musé Britannique: la direction entière des
trois plus considérables, ceux de MM. Greville, Sir

John St. Aubyn, et Sir Abraham Hume, me fut donnée par leurs propriétaires.

Ce fut alors que je formai le projet d'é'ever en Angleterre un monument à la minéralogie, dans les deux
cabinets de Sir John St. Aubyn et de M. Greville, les
propriétaires de ces deux cabinets paroissant adopter ce
projet. Le premier n'a pas cru devoir continuer jusqu'au parfait accomplissement : la science y a perdu,
sa collection avoit pris une extention considérable, et
nombre de parties y présentoient un intérêt capital,
La perte qu'elle a faite, a même été d'autant plus grande.
qu'elle s'est vue privée complettement de cette collection,
son propriétaire l'ayant fait porter à sa campagne. M.
Greville ayant continué de prendre intérêt à la sienne,
tous mes soins se tournèrent vers elle. A l'époque où
j'ai cessé d'en prendre soin, de l'aveu de tous les minéralogistes étrangers, qui l'ont vue, cette collection, qui
est aujourd'hui renfermée au Musé Britannique, étoit,
soit pour le choix des morceaux, soit pour l'étude même
de la science, à la tête de celle de l'Europe.

Le travail auquel ce projet me forçoit, et la grande
quantité de minéraux qui continuellement passoient par
mes mains, ne purent que me confirmer dans l'opinion
que j'avois déjà été dans le cas d'embrasser, qu'il
existoit une infinité de faits importants qui avoient été
jusqu'ici, ou inconnus aux auteurs, ou mal décrits par
eux. Ils me firent sentir combien un travail, qui auroit
pour but le rassemblement de tous ces faits, seroit précieux pour la minéralogie ; travail que j'avois déjà fait
dans mon ancienne patrie, mais dont tous les matériaux étoient perdus pour moi. Je conçus alors la
possibilité de profiter de la grande facilité que me

donnoit le parcours habituel de toutes les collections des
marchands de minéraux, soit de Londres, soit des pays
étrangers qui, à cette époque, affluoient dans cette ville,
afin de collecter tout ce qui pourroit me permettre de
travailler un jour activement aux progrès de la science.
Il falloit cependant, pour parvenir à remplir ce projet,
que je pusse trouver un moyen qui fût à ma portée : il
m'étoit impossible de penser à l'achat des morceaux, au
prix fixé pour eux par les marchands. Je m'étois aperçu
que les collecteurs faisoient fort peu de cas des morceaux lorsqu'ils étoient fort petits, non plus que des
fragments, et qu'en conséquence il étoit très-facile de
les obtenir des marchands à un prix très-bas : je me
bornai donc à former la collection que je projettois de
morceaux de ce genre. Par ce moyen, tout me devenoit utile : désirant former principalement une collection d'étude, il y avoit, surtout dans le commencement
de sa formation, peu de morceaux, même pris parmi
ceux considérés comme étant le plus complettement
de rebus, qui ne me présentassent du moins quelques
parties utiles. Je pouvois, en outre, échanger les morceaux intéressants et d'un volume plus considérable
que je me procurois, ainsi que ceux qui m'étoient
donnés, soit par mes amis, soit par mes correspondants
dans les pays étrangers, contre ces mêmes petits morceaux, lorsque l'occasion s'en présentoit : un seul de
ces morceaux suffisoit quelquefois, pour me mettre à
même d'enrichir considérablement ma collection. J'ai
dû enfin, surtout à l'origine, à la plus grande partie des
marchands de minéraux, un très-grand nombre de
morceaux. Lorsque parcourant leur collection entière,
pour y faire quelque choix un peu considérable, je
mettois de côté les petits morceaux qui convenoient à

la mienne, très-fréquemment ils avoient l'honnéteté de me les offrir comme un garant de leur reconnoissance, sur l'avantage qu'ils retiroient des soins que je prenois, pour développer plus fortement à Londres le goût de la minéralogie. Quelques-uns d'eux même, tels que Messieurs Fichtel et Mohr, ne venoient jamais d'Allemagne en Angleterre, sans apporter avec eux et m'offrir une collection de petits morceaux qu'ils avoient rassemblés exprès, et qui, pour l'ordinaire, étoient choisis parmi les substances rares ou nouvellement observées.

La petitesse des morceaux n'exclut d'ailleurs ni leur mérite ni leur rareté. La grande habitude de voir les minéraux, et la connoissance qu'elle procure à leur égard, m'a toujours donné à Londres un avantage réel et très-prépondérant sur tous les collecteurs, au point même que j'étois presque certain qu'un morceau très-rare ou non commun, placé chez les marchands, et qui n'avoit pour lui ni l'intérêt de la forme, ni celui de l'aspect, tomberoit entre mes mains. Combien cet avantage a été précieux pour moi, dans la formation de cette collection, dans une ville dans laquelle un grand nombre de personnes collectent dans les diverses sciences naturelles, sans autre intérêt que la jouissance personnelle, avec l'égoïsme qu'elle inspire, et sans que jamais un œil étranger profane leur jouissance! Leur mort, ou la satiété d'un goût qui, dans ce cas, est facile à comprendre, rend ensuite journellement à la science ce qui en avoit été séquestré par eux : il passe chez les divers marchands de minéraux. C'est ainsi qu'en ne négligeant jamais l'examen de ce que pouvoit renfermer les collections de chacun de ces marchands, même de celles qu'on auroit pu imaginer ne pouvoir offrir le moindre intérêt, et retournant chez eux de temps en temps, je me suis procuré des morceaux très-précieux, et dont un très-grand nombre existoient en Angleterre depuis un temps considérable.

Pour une collection formée de cette manière, rien n'est à négliger, et tout peut être utile. Est-on obligé de casser un morceau, soit pour diminuer son volume, soit pour en séparer la seule partie qui puisse offrir quelqu'intérêt, soit enfin pour se procurer une cassure fraîche, seul moyen bien souvent de pouvoir prononcer avec quelque certitude sur la nature d'un morceau, les fragments détachés doivent être soigneusement ramassés et examinées : ils m'ont souvent offert l'explication de quelques faits que jusque là j'avois cherchés inutilement. Ces fragments, absolument sans aucune valeur lorsqu'ils sont isolés, vont souvent occuper, dans votre collection, lorsqu'elle a pour but l'étude des substances minérales, une place extrémement intéressante, et qui sans ce moyen n'eût peut-être jamais été remplie. Il m'est tombé, de cette manière, entre les mains, des fragments qui déterminent aujourd'hui la valeur de plusieurs des séries de ma collection.

Je me suis arrêté quelque temps sur la méthode que j'ai adoptée, dans la formation de ma collection, parce que je crois que cette méthode, étant employée par un minéralogiste qui a acquis, par l'expérience, une parfaite connoissance des minéraux, est la meilleure de toutes pour former le plus sûrement une collection précieuse et utile à la science.

A ces moyens employés par moi, pour arriver au but que je me proposois d'atteindre, se sont jointes les circonstances heureuses, et bien souvent uniques, qui se sont présentées à moi, parce que je les cherchois. Les cadeaux toujours intéressants et souvent très-précieux de l'amitié, les envois, souvent très-considérables, que j'ai reçus des minéralogistes, soit de France, soit d'Allemagne, de Russie, de Suède, d'Amérique et même des Indes Orientales. J'ai cité, dans ce catalogue, plusieurs de ces mêmes savants, qu'il me soit permis de leur renouveller ici toute ma reconnoissance.

C'est de cette manière, c'est en étant à l'affut de toutes les occasions, et en n'en laissant échapper aucune ; c'est avec une activité continuelle, et un travail immense, que je suis parvenu à rassembler, peu-à-peu, la collection précieuse, et probablement unique, que je propose dans ce moment au public. Des circonstances auxquelles je n'eusse certainement jamais dû m'attendre, des désagréments contre lesquels j'eusse cru avoir le droit d'être à l'abri, me forcent de m'en défaire, et de renoncer en même temps à une science qui, après avoir répandu les jouissances les plus pures sur une partie de ma vie, a fini par abreuver l'autre d'amertumes et d'ennuis.

Cette collection est composée de plus de 22,000 morceaux, dont plus de 10,000 sont des cristaux isolés. Elle est contenue dans 225 tiroirs, chacun desquels est divisé en compartiments ou cases, dans lesquels les morceaux sont placés sur une couche de coton. Plusieurs de ces tiroirs, pris parmi ceux les plus grands, contiennent jusqu'à 130, et même plus, de ces compartiments. Les cristaux isolés, lorsqu'ils sont petits, sont placés sur un support de cire verte ; ce qui permet de les examiner avec facilité et sans danger de les perdre : ils sont séparés, dans chaque case, de la couche de coton, par un petit coffret de papier. Nombre des cases, lorsque les morceaux sont petits, ou qu'il existe plusieurs cristaux semblables, en renferment plusieurs.

J'ai dit que les morceaux de cette collection sont petits, et en effet ceux qui en forment la base sont d'un volume très-peu considérable; mais ils sont parfaitement déterminés. Cependant elle en renferme au-delà de 3000, qui sans être d'un volume très-considérable, pourroient être placés avec avantage dans toutes les collections. Il y a peu de substances dans lesquelles les suites qui leur appartiennent, ne renferment, soit en cristaux, soit dans les autres variétés, des faits non cités encore, et dans plusieurs, les faits neufs, et principalement ceux cristallographiques, sont en nombre très-considérable. Quelques-unes de ces suites sont d'une richesse faite pour étonner; telles que, dans les pierres, celles qui appartiennent à la chaux carbonatée, à l'arragonite, à la chaux fluatée et à celle sulfatée, à la baryte sulfatée, ainsi qu'à celle carbonatée, au stronthian carbonaté, au quartz, au corundum et tout ce qui a trait à la gemme orientale, au spinelle et à la plupart des gemmes, au pyroxène, au mica, &c. Dans les métaux, à l'argent natif, à l'argent rouge et à celui sulfuré, ainsi qu'à celui muriaté, et à presque toutes les espèces des minerais de cuivre, de fer, d'étain et de plomb, &c. Le corundum, ainsi que tout ce qui appartient à la gemme orientale, offre à lui seul une collection immense, et en même temps extrêmement précieuse, et qui très-probablement ne pourroit être formée une seconde fois. Je crois même pouvoir avancer que la liberté du choix dans toutes les collections de l'Europe, ne pourroit, à beaucoup près, parvenir à la rassembler, et j'ai de très-fortes raisons de penser, qu'à moins d'être transporté sur les différentes places où la nature offriroit elle-même la facilité du choix, on ne seroit pas plus heureux, en se servant des ressources que pourroient présenter tous les marchands de pierres et les jouailliers de Ceylan et de la presqu'île de l'Inde. Je dois les richesses étonnantes que cette collection renferme dans cette substance, ainsi que dans le spinelle, dont la suite des cristaux est de même unique, à une de ces circonstances heureuses que le hasard seul peut faire naître, et dont la science doit profiter avec d'autant plus d'activité, et même d'avidité, qu'elle est du nombre de celles qu'on ne peut espérer pouvoir se renouveller. Elle m'a en outre procuré une de ces jouissances aimables, qui peuvent plus facilement être senties qu'exprimées, en me mettant à même d'enrichir, dans ces deux substances, dont la première étoit absolument inconnue à Londres, le plus grand nombre des collections minéralogiques de cette ville, celle du Musé Britannique même, qui, avant que le cabinet de M. Greville, que j'avois très-enrichi à cet égard, y ait été réuni, ne possédoit de la gemme orientale que ce que je lui avois donné, à l'époque où j'ai eté chargé de la mettre en ordre, &c. à l'exception cependant d'un seul superbe cristal de saphir, dont on verra même, par la suite, qu'elle m'a encore eu l'obligation. Il en a été de même à l'égard des autres gemmes, dont elle ne possédoit aucun échantillon à l'état offert par la nature.

Rien n'est plus facile que l'étude des substances minérales, du moment où les matériaux nécessaires à cette étude sont rassemblés. C'est donc du rassemblement de ces matériaux que le minéralogiste doit premièrement et principalement s'occuper. Lorsqu'il y est parvenu, il est bien souvent étonné de l'imperfection que portent avec elles les diverses études qu'il pouvoit avoir faites précédemment, de nombre de substances dans lesquelles il avoit manqué de ce secours, et dont en réalité il n'avoit pu se garantir. Delà vient, qu'un minéralogiste peut être quelquefois dans le cas de redresser les erreurs commises par un autre, sans avoir pour cela le droit de se croire des talents supérieurs ; le hasard ayant fait tomber entre ses mains des matériaux, dont l'autre avoit manqué. Delà vient aussi, que quelquefois des minéralogistes, faits à tous égards, pour inspirer de la confiance dans leurs travaux, se trouvent en opposition sur des faits que chacun d'eux a été conduit à voir sous des aspects différents. La critique ne voit pour l'ordinaire, dans cette différence d'opinions, que l'occasion d'exercer, sur l'une ou sur l'autre, son dangereux talent, tandis que l'homme raisonnable y voit en réalité les progrès de la science. C'est en effet, de ces opinions différentes, qui toutes reposent sur des faits, et dont la science prend une note exacte, pour pouvoir par la suite les comparer, que ses progrès doivent naître. Cette différence d'ailleurs sera sujette à exister, tant que la science n'aura pas été portée à une perfection telle qu'elle puisse être considérée comme ayant atteint ses limites.

C'est cette utilité essentielle et non douteuse, d'un rassemblement considérable de matériaux, tous dirigés vers l'étude de chacune des substances minérales, qui m'a conduit dans la formation de cette collection. J'avois le projet de la faire servir à une nouvelle étude

de ces substances, comme si rien n'avoit encore été
fait sur elle. Ce moyen, qui permet ensuite d'en comparer le résultat avec ceux qui ont été donnés, est le
plus sûr pour s'apercevoir des erreurs qui peuvent
avoir été commises, et en même temps pour corriger les siennes, si l'on en a faites : les matériaux
nécessaires une fois préparés, cette étude est beaucoup
plus prompte et beaucoup plus facile qu'on ne l'imagine. C'est à l'époque où je comptois récolter les
fruits de cette espèce de culture minéralogique, que
je suis forcé de les laisser se flétrir sur la tige. Puisse
cette collection tomber entre des mains qui aient le
pouvoir et la volonté de s'occuper de leur récolte.

Je n'ai pu cependant résister au désir de faire, de
temps en temps et à différentes époques, l'étude des
substances dans lesquelles le rassemblement des matériaux me sembloit suffisant pour cela, ou qui me
paroissoient devoir, dans le moment, intéresser particulièrement la science. C'est ainsi que j'ai fait celles
d'un grand nombre de substances, dont les mémoires
particuliers ont été insérés, à différentes époques, dans
les transactions philosophiques de la Société Royale de
Londres, et que j'ai fait, l'année dernière, celles de la
laumonite et du bardiglione (chaux sulfatée anhydre)
dont les mémoires ont été placés dans les transactions
de la Société Géologique de la même ville. C'est de
même aussi, que j'avois fait et conservé dans mon
porte-feuille, celles comparatives de la sahlite avec le
pyroxène, de l'actinote proprement dite, et de la
trémolite avec la hornblende, celle du fer oxydé, ainsi
que de celui hydro-oxydé, celle d'une espèce particulière du fer sulfuré, ainsi que du fer sulfuré magné-

tique, celle de l'antimoine sulfuré, du tellure, &c. que l'on trouvera dans ce catalogue.

Du moment où la nécessité, et quelque pénible que soit l'expression, nulle autre ne pouvant la remplacer, il faut bien s'en servir, le dégoût, m'eurent déterminé à me séparer de ma collection, j'ai senti qu'elle pouvoit, ainsi que tant d'autres, tomber entre des mains où comme dans un puits elle resteroit ensevelie, et totalement perdue pour la science, ou être, soit en totalité, soit en partie détruite. J'ai pensé alors au moyen de sauver de la faulx du temps, ainsi que de la hâche de la destruction, du moins les objets sur lesquels je pourrois trouver dans mes notes, des observations un peu suivies déjà terminées. Au lieu d'annoncer, par un simple prospectus, l'intention dans laquelle j'étois de vendre cette collection, je me suis, en conséquence, déterminé à en faire un catalogue, qui, n'étant que sommaire à l'égard de nombre des substances, pût cependant me permettre de distinguer particulièrement, dans chacune d'elle, les morceaux qui pouvoient présenter quelqu'intérêt marquant, en y joignant quelquefois le travail que je pouvois avoir déjà fait sur la substance. C'est ce que j'ai fait, dans ce catalogue, autant cependant que les bornes que j'étois forcé de lui imposer, et le court espace de temps qu'il m'étoit possible de donner à sa rédaction, a pu me le permettre.

Il s'en faut cependant de beaucoup, que le peu d'observations que j'ai pu y placer, puissent me consoler de l'obligation dans laquelle j'ai été de garder le silence sur le reste, soit par ce qu'il exigeoit un travail auquel je ne pouvois me livrer, soit par ce que j'eusse été obligé de donner, tant au catalogue, qu'aux planches qui l'accompagnent, une extension beaucoup plus considérable, et par là m'exposer à une dépense très-supérieure à celle qu'il m'étoit possible de supporter. Delà vient que quoique l'étude cristalline des formes qui appartiennant à la chaux sulfatée, à celle fluatée, au pyroxène, à la hornblende, au diamant (toutes substances dans lesquelles les formes non décrites surpassent de beaucoup celles qui l'ont été) fût du nombre de celles dont je m'étois occupé précédemment, comme ces formes seules eussent ajouté près de 300 cristaux à ceux que j'ai cru devoir représenter, je n'ai pu leur donner place dans ce catalogue. J'avoue cependant que c'est avec beaucoup de regrets que je n'ai pas donné celles du diamant ; la cristallisation de cette précieuse substance est d'un si grand intérêt à la minéralogie, et surtout à la cristallographie, que s'il m'est possible un jour de prendre assez sur moi pour m'en occuper, je le ferai.

Parmi les substances dont je ne m'étois pas encore occupé particulièrement, il en est un grand nombre à l'égard des formes cristallines desquelles cette collection est d'une richesse si considérable, et si propre à en faire ou à en completter l'étude, que ce seroit une véritable perte pour la science, qu'on ne les fît pas servir à cet objet. J'avoue que je ne puis m'arrêter sans douleur, sur l'idée de voir rentrer dans le néant les matériaux, qu'avec cette intention, je m'étois plu à rassembler avec tant de soin. Que l'acquéreur de cette collection, quel qu'il puisse être, à supposer cependant que l'époque affligeante et malheureuse dans laquelle nous vivons, ne s'oppose pas à sa vente, me permette de lui recommender plus particulièrement sous ce rapport. 1°. La

partie cristalline de la gemme orientale. Elle renferme un nombre très-considérable de formes que je ne connoissois pas, lorsque j'ai donné, sur elle, mon mémoire dans les transactions philosophiques de la Société Royale de Londres : un grand nombre d'entre elles sont très-intéressantes, et ne pourroient être offertes par d'autres collections. 2°. L'argent rouge. La suite des cristaux de cette substance est immense et très-probablement unique : ses variétés de formes présentent un grand intérêt, par le rapport frappant qu'elles offrent entre les modifications de son rhomboïde primitif et celui de la chaux carbonatée. 3°. Le cuivre métallique natif, dont cette collection renferme une suite très-nombreuse de cristaux, présentant la plupart un aspect très-particulier, qui est fort éloigné de rappeler à l'esprit la forme de leur cristal primitif : les formes de cette substance sont au nombre de celles les plus intéressantes de la cristallographie. 4°. Tout ce qui a trait au plomb, dont cette collection possède, dans toutes les espèces, des suites très-considérables de cristaux, qui, pour le plus grand nombre, n'ont pas été décrits. Cette partie de la minéralogie est d'autant plus intéressante, et elle mérite d'autant plus de devenir l'objet d'une nouvelle étude, que je crois que M. l'Abbé Haüy n'a pas eu, dans les cristaux qui appartiennent aux différentes espèces de minerais de plomb, des matériaux suffisants pour déterminer, avec une parfaite exactitude, la forme de leurs cristaux primitifs, sur lesquels j'ai été conduit à embrasser une opinion différente, observation à laquelle seule je me suis borné dans ce catalogue. La richesse, soit cristalline, soit autre de cette collection, est très-grande dans ces substances : la suite des cristaux de plomb

carbonaté est je crois unique, tant à l'état du nombre
de leurs variétés de forme, qu'à l'égard de la perfection
de ces cristaux, ainsi qu'à celle de la grandeur d'une
grande partie.

Je viens de dire que dans un grand nombre des
minerais de plomb, mon opinion, à l'égard de la forme
de leur cristal primitif, diffère de celle qui a été donnée par M. l'Abbé Haüy, et il en est de même dans
quelques autres substances. Si je n'eusse consulté que
la haute estime que j'ai pour ce savant célèbre, aux
connaissances profondes duquel la minéralogie et la
cristallographie ont eu de si grandes obligations, le
doute, à l'égard de mes propres observations, se seroit
emparé de moi, dès l'instant qu'elles se trouvoient ne
pas être d'accord avec les siennes, et très-probablement ce doute m'eût empêché de les rendre publiques.
Mais atteindre à la vérité, est le premier but que doit
se proposer l'homme qui se livre à l'étude des sciences,
et faire hommage au public instruit de cette même
vérité, ou du moins de ce qu'il est conduit à considérer comme telle, est la première obligation qu'il
contracte envers la science elle-même. Dans tous les
cas où mes opinions ne se rencontrent pas avec celles
de ce savant, et où il ne m'est pas possible de les
abandonner pour adopter les siennes, je le dis avec
franchise. Je n'ai nullement la prétension de détruire,
par-là, les faits qui ont été établis par lui ; je puis très-
bien avoir tort, et alors je ne pourrois être mon propre
juge : mon but est de rappeler son attention, ainsi
que celle des minéralogistes, sur les faits que l'observation m'a fait voir différemment que lui. Cependant,
quelque méfiance que je puisse avoir en moi-même,
je crois qu'il est un grand nombre de cas, dans lesquels il

trouvera peut-être que j'ai raison. Je le répète ici,
dans l'observation des faits, c'est sur les matériaux
offerts par la nature, et sur leur comparaison, que le
minéralogiste assied son opinion, et c'est à eux que
doit être rapporté l'avantage que peut avoir, dans
l'observation, celui qui possède un grand rassemblement de ces mêmes matériaux. Rien n'est plus propre à démontrer cette vérité, que l'étude qui appartient au mica, dans ce catalogue : cette substance est
une des plus communes de celles minérales, elle n'a
cependant été décrite jusqu'ici que très-imparfaitement
par les auteurs, et a reçu d'eux des caractères distinctifs totalement différents de ceux qui lui appartiennent : ce n'est, moi-même, qu'après avoir rassemblé,
dans cette substance, des matériaux étonnants, que
j'ai pu la connoître parfaitement.

Outre les sels qui appartiennent à la nature, et qui
se rencontrent quelquefois dans son sein, cette collection en contient un grand nombre qui appartiennent à
l'art, dans plusieurs desquels j'ai rassemblé des suites de
cristaux très-rares et souvent même inconnus, qui m'ont
servis à faire l'étude cristalline de plusieurs, et qui sont
destinés à remplir le même but dans les autres. Ces
substances sont totalement étrangères à la minéralogie,
pour le plus grand nombre ; mais elles forment une
partie essentielle du domaine de la cristallographie,
et cette science nouvelle ne doit négliger aucun des
moyens qui, en mettant ses principes en action, d'un
côté assure leur vérité, et de l'autre, peuvent d'un moment à l'autre, lui fournir de nouvelles lumières. C'est
par les sels d'ailleurs, c'est par la facilité que nous
avons de mettre un très-grand nombre d'entre eux en
parfaite solution dans l'eau, et de les faire cristalliser

ensuite de nouveau, que nous devons la plus grande
partie de nos connoissances actuelles sur la cristallisation. C'est par la facilité que nous avons de les faire
cristalliser à volonté, en variant les solutions et les
moyens de cristallisation, que nous pouvons étudier les
divers phénomènes de cette importante opération de la
nature, ainsi que l'influence que les causes étrangères
et secondaires peuvent exercer sur elle. Cette science
d'ailleurs appartient autant au domaine de la chimie
qu'à celui de la minéralogie ; la première est même,
plus encore que l'autre, dans le cas d'en faire un usage
habituel, puisqu'elle est la maitresse de faire naître
journellement, sous sa main, de nouvelles combinaisons, qu'elle ne produit même que par la cristallison.
Qu'on me permette d'observer ici, à ce sujet, qu'il me
semble que la chimie, dans laquelle, dans ce moment,
chaque jour semble destiné à éclairer de nouveaux
progrès, néglige beaucoup trop cette partie des sciences
naturelles et exactes, qui lui seroit certainement très-
utile, et à laquelle, à son tour, elle pourroit faire contracter de grandes obligations. J'avois le dessein de
former dans les sels une collection du même genre que
celle qui a les minéraux pour objet, et ce qui en est
joint ici est une suite de ce projet ; mais sentant parfaitement, depuis quelque temps, qu'il ne me seroit pas
plus possible de poursuivre mon trrvail dans cette
partie que dans les autres, j'ai cessé de collecter à son
égard.

Toutes les déterminations des cristaux primitifs que
renferme ce catalogue, ont été faites avant que le Dr.
Wollaston nous eût enrichis de son précieux goniomètre ; il seroit donc alors très-possible, et il est même

probable, qu'en se servant de ce dernier instrument, il indiquât quelques légères différences dans la mesure des angles qui leur appartiennent, et par suite dans celles des cristaux secondaires qui en dérivent. Si le temps me l'eût permis, j'aurois repassé toutes ces déterminations, en me servant de ce goniomètre, et l'amitié du Dr. Wollaston, sur la sûreté du coup-d'œil duquel je compterois même plus que sur ma propre vue, ne me laisse aucun doute qu'il eût bien voulu concourir lui-même avec moi à cette détermination. N'ayant pu le faire, je me contente d'indiquer ici ce fait comme pouvant exister : en ajoutant cependant que si en effet il existe quelques erreurs dues à cette cause, elles ne peuvent être plus fortes que celles que ce goniomètre nous a déjà fait observer, dans la détermination qui avoit été faite du cristal primitif de la chaux carbonatée. Il est fort à craindre qu'il n'existe de même quelques erreurs, dans nombre des anciennes déterminations des cristaux primitifs des autres substances, ce qu'il seroit, je crois, très-important de vérifier aujourd'hui, avec cet instrument.

Il est joint enfin à cette collection, une suite de modèles en bois de douze cents cristaux, représentant 1415 variétés de formes, à raison de ce que plusieurs d'entre eux montre une variété différente à chacune de leurs extrémités. Ces cristaux, qui ont été faits par moi, sont d'un bois très-dur : ils ont été exeutés avec beaucoup de soin, et conservent les angles des substances auxquelles ils appartiennent. Cette collection, à l'exception de quelques substances que j'y ai ajoutées depuis, est semblable à celle que j'ai faite pour M. Greville. J'aurois fort désiré traiter de cette manière toute la cristallisation des minéraux ; mais ce travail, joint à

celui que je faisois alors dans les cabinets, étant trop
considérable, et ayant sérieusement altéré ma santé, je
proposai à M. Greville, ainsi qu'à Sir John St. Aubyn,
de prendre chez moi un ou deux ouvrier que je dresse-
rois à ce travail, et dont je présiderois l'ouvrage. Par
ce moyen, chacun d'eux, au bout de deux ou trois ans,
eût eu une collection complette des formes cristallines
de toutes les substances minérales. Ils n'ont pas cru
devoir accéder à ma proposition, qui n'avoit d'autre but
que celui de les obliger. Je place ici cette annecdote
pour faire voir, combien avec le zèle le plus désinté-
ressé, il est difficile, et souvent même impossible de
faire le bien qu'on désire, et combien il doit être pénible, lorsqu'on y a réussi, de le voir renversé. J'en
fais mention aussi parce que je crois qu'une collection
qui renfermeroit tous les modèles des cristaux que l'on
connoît aujourd'hui, ce qui formeroit, il est vrai, une
suite extrêmement considérable, seroit très-précieuse.
Elle présenteroit dans un seul coup-d'œil, et dans un
format plus facile à saisir que celui, souvent très-petit,
des cristaux naturels, la suite qui dans chaque substance appartient à ses formes, et elle faciliteroit beaucoup, par-là, l'étude de la cristallographie. Il est, en
effet, bien différent de faire cette étude sur le solide
lui-même, ou de la faire sur son simple dessin, quelque
parfait qu'il pût être,

Je ne me suis attaché à suivre aucune classification
quelconque, dans ce catalogue, quoique les substances
y soient cependant placées suivant un ordre qui peut
facilement s'accorder avec toutes. Il y a long-temps
que j'avois formé le projet de donner au public, celle
qui m'est particulière, et je n'ai tardé à le faire que

parce que chaque jour apportant plus de lumières à la
science, donne aussi plus de facilité de juger des rapports que chacune des substances minérales peut avoir
avec les autres ; rapports qui déterminent la place
respective que chacune d'elle doit occuper dans la
méthode. Chaque jour, d'après cela, me laissoit juger
plus facilement de la bonté de celle que j'ai adoptée, et
me mettoit à même de corriger les erreurs que je pouvois
y avoir commises. Ce n'est jamais que par l'erreur
que l'on arrive à la vérité, et si l'on avoit le temps à sa
disposition, père de l'expérience, il le seroit aussi de la
plus grande perfection à laquelle chacun de nous puisse
atteindre. Je n'ai pas suivi, dans ce catalogue, la cla-
cification telle que je l'ai adoptée pour ce moment, par
la nécessité dans laquelle j'aurois été d'entrer dans
quelques détails sur les raisons qui m'ont déterminé à
placer chacune des substances à la place qu'elle y occupe, ce qui m'auroit pris plus de place et de temps
que je ne pouvois donner.

J'ai dit que le très-grand nombre de cristaux que
j'aurois eu à ajouter à ceux que j'ai donnés, dans les
planches de ce catalogue, m'a empêché d'y joindre des
suites extrêmement intéressantes, appartenant aux variétés cristallines de différentes substances que j'ai déterminées, et dont les planches sont même toutes dessinées, telles que celles qui appartiennent à la chaux
sulfatée, à celle fluatée, ainsi qu'à celle phosphatée, à
la baryte sulfatée, au pyroxène, à la hornblende, &c.
Je remettrai avec grand plaisir, à l'acquéreur de cette
collection, cette partie terminée, et pour tout le reste,
je lui offre d'avance tous les secours qui pourront dépendre de moi, pour l'utilité de la collection.

DISCOURS PRÉLIMINAIRE
SECONDE PARTIE.

Je n'avois laissé ignorer, ni à mes amis, ni à mes correspondants, les progrès étonnants que faisoit ma collection, le nombre de morceaux précieux, et souvent uniques, qui journellement venoient y prendre place, et les observations multipliées et intéressantes qu'ils me mettoient dans le cas de faire ; observations que le temps mûrissoit et consolidoit. Je savourois d'avance la jouissance de l'ami de la nature, en sentant la possibilité que j'avois acquise, de pouvoir contribuer plus activement aux progrès de la minéralogie, que je ne l'avois encore fait. J'en avois même pris une espèce d'engagement, et ceux des minéralogistes qui connoissent ma collection, sont à même de juger combien en effet j'étois fondé à le prendre. C'est au moment de remplir cet engagement que, loin de m'en occuper, j'annonce l'intention dans laquelle je suis de vendre ma collection, et même le plus grand désir de pouvoir y parvenir. Deux ou trois fois, dans la partie de ce discours préliminaire qui a précédé, l'expression de nécessité, comme cause première par laquelle cette résolution m'est imposée, ainsi que celle du dégoût, pour une science pour laquelle mon goût extrême étoit connu, et qui a si long-temps fait le charme de ma vie, ont dû frapper mes lecteurs : elles doivent nécessairement être une énigme pour le plus grand nombre, et je ne puis laisser à 'eur disposition la manière de l'expliquer. Je dois d'ailleurs cette explica-

tion aux minéralogistes du continent, parmi lesquels
je compte beaucoup d'amis, et qui m'ont jusqu'ici
témoigné une estime et une confiance, dont je garderai
toujours la plus profonde reconnoissance. Je la dois
à moi-même. A l'entrée de la nouvelle carrière que je
suis réduit à suivre, et qui pourroit prêter à une fausse
explication de la part des personnes qui ne me connoissent pas, il m'importe de faire aussi parfaitement
lire dans ma conduite le public que mon nom peut
frapper, que mes amis lisent habituellement dans mon
âme, que le plus léger voile n'a jamais couvert.

Cependant, comme les détails suivants, qui ne renferment, en totalité, qu'un court abrégé de ma vie minéralogique, depuis que je suis à Londres, pourroient,
quoique restreints à ce qui est absolument nécessaire
à la connoissance des faits qui dirigent ma conduite
actuelle, n'intéresser nullement nombre de mes lecteurs,
et conséquemment leur paroître très-longs, j'ai cru
devoir en faire une seconde partie de ce discours préliminaire, afin qu'étant prévenus d'avance ils puissent en
négliger la lecture.

Une autre considération m'a encore déterminé.
Quoique ce qui va suivre porte particulièrement sur des
événements qui me concernent, ces mêmes événements,
tenant par circonstances à des causes qui peuvent intéresser les progrès de la minéralogie, dans un pays
dans lequel je jouis des bienfaits de l'hospitalité, et
où je crois avoir, parmi les minéralogistes, des amis,
j'ai pensé que leur connoisance pouvoit être utile.
Il est en effet possible, il est même probable, que les
détails dans lesquels je vais entrer, fixeront sur la
science les regards des personnes qui s'y livrent, et les

engageront à porter leur attention sur les obstacles
qui jusqu'ici se sont opposés à Londres à ses progrès,
et qui s'y opposeront toujours tant qu'ils ne seront
pas écartés : il est naturel de penser qu'alors elles por-
teront tous leurs soins à les renverser. Puisse cet espoir être rempli ! je regretterois infiniment moins, de
m'etre vu forcé de renoncer à joindre mes foibles efforts
aux leurs, pour contribuer aux progrès de la science.

Arrivé à Londres, avec ma famille, à la fin de 1794,
la première personne que j'ai cherché à y voir, a été
M. Greville. Je l'avois connu à Paris, peu de temps
avant notre funeste révolution, je l'y voyois journellement chez deux savants de mes amis, Romé de Lisle
et M. Sage, et avois pu lui être de quelque légère
utilité, il m'avoit même, à mon départ de cette ville,
laissé entrevoir l'espoir de le posséder quelques temps
chez moi. Je fus acceuilli, par lui, avec beaucoup
d'affabilité, et je ne tardai pas à prendre soin d'une
collection assez considérable qu'il possédoit déjà alors ;
mais qui étoit dans un état de confusion incroyable, et
sur laquelle je reviendrai par la suite. Fort peu de
temps auparavant, un de mes amis, amiral de la ma-
rine françoise, et depuis long temps membre de la
Société Royale de Londres, le Marquis de Chabert,
m'avoit présenté à Sir Joseph Banks, président de
cette société; présentation qui avoit l'avantage de
donner un libre accès à sa riche bibliothèque, ayant
les sciences pour objet. Il m'avoit offert en même
temps de me conduire à une de ses assemblées du soir,
ce à quoi la première présentation ne conduisoit nullement. Ayant renouvelé connoissance avec M. Greville, avant que cette offre fut réalisée, je lui fis part

de la proposition du Marquis de Chabert, sa réponse fut : *J'ignore si le Marquis de Chabert s'est muni d'avance de l'agrément de Sir Joseph Banks, ce qui est absolument nécessaire ; mais je m'en charge et je vous conduirai moi-même chez-lui.* Je savois que M. Greville étoit son ami, et qu'il le voyoit presque tous les jours, ce qui me fit accepter son offre avec empressement, et remercier le Marquis de Chabert de celui qu'il avoit bien voulu me faire. Cependant M. Greville, que je passois peu de jour sans voir, renvoyoit continuellement l'exécution de son offre. Je finis enfin par y renoncer tout-à-fait, ne pouvant douter, d'après sa première observation, et la nature de ses réponses, que Sir Joseph Banks n'avoit pas agréé ma demande. Eclairé par le malheur, qui est la fâcheuse école de l'expérience, j'en fus peu étonné. J'étois émigré, sans fortune quelconque, et je ne le cachois pas, par ce que je n'en rougissois pas. Je jouissois, il est vrai, en France, auprès des minéralogistes, de quelque réputation, que je devois en entier à leur indulgence et à leur amitié ; mais la science que le besoin accompagne est une mauvaise recommendation. Je supportai tranquillement les torts de mon habit, et je me contentai de fréquenter seulement la bibliothèque de Sir Joseph Banks, qu'une ignorance absolue de ce qui avoit été fait dans les sciences, depuis que j'avois quitté la France, me rendoit extrêmement précieuse.

Dans le courant de l'année 1795, les Anglois prirent deux vaisseaux hollandois, dont l'un portoit M. Rossel, troisième Lieutenant, et le seul qui ait survécu, de l'escadre envoyée par Louis XVI, à la recherche de M. de la Peyrouse, sous les ordres de M. d'Antrecastreaux, et l'autre, le résultat des récoltes faites par les savants qui étoient placés sur cette escadre. Arrivé à Londres, le premier acte de M. Rossel, fut de réclamer contre la prise qui avoit été faite des objets appartenants à l'escadre d'Antrecastreaux, vu la destination de ces objets, qu'il conduisoit dans un port qu'il croyoit neutre, ignorant la guerre entre l'Angleterre et la Hollande, et son intention étant de les remettre entre les mains de Louis XVIII. Sa demande étoit juste, aussi fut-elle parfaitement accueillie par le gouvernement anglois, qui déclara nulle la prise de ces objets, et les remit à la disposition de Louis XVIII. Ce malheureux prince étoit alors à Mittau. M. le Duc d'Harcourt, chargé de ses affaires auprès du gouvernement anglois, lui fit connoître cette décision. Cependant, entre la prise et la détermination du gouvernement, il s'étoit écoulé quelque temps, les caisses étoient restées à la douane, où les objets qu'elles renfermoient se détérioroient considérablement: plusieurs d'entre elles ayant été mouillées jusqu'à une certaine hauteur, il étoit instant de s'en occuper. A la sollicitation de M. le Duc d'Harcourt, je m'en chargeai, au mois de Janvier 1796. Il étoit, en effet, très-urgent de le faire, plusieurs objets étoient gâtés et contribuoient à altérer les autres ; nombre d'autres avoient disparu. Différentes caisses, telles que celles qui renfermoient les ustensiles et autre effets à l'usage des habitants des îles de la mer du sud, avoient été dépouillées d'une grande partie de ce qu'elles renfermoient, et le reste étoit détérioré. Une petite caisse de coquilles avoit éprouvé le même sort. Plusieurs des caisses, dans lesquelles étoit renfermé un herbier con-

sidérable, avoient été mouillées dans une partie de
leur hauteur, et les plantes que cet accident avoit
gâtées, menaçoient de faire éprouver le même sort à
toutes les autres, &c. J'ai employé plus de trois mois
à la nettoyer de la pourriture qui la dévoroit, et à remettre parfaitement en ordre, les nombreux objets
qu'elle renfermoit. Parmi eux, étoit une collection
considérable d'insectes, dont un très-grand nombre
étoient précieux par leur beauté et leur rareté; mais
quelques-unes des boîtes dans lesquelles ils étoient
placés, contenant des crabes, des oniscus, &c., la plupart assez grands, leurs sucs corrosifs, joints à l'humidité, avoient détruit les aiguilles et les épingles qui les
fixoient, et, mis en liberté, ils avoient fait un grand
ravage parmi les autres insectes. M'étant livré autrefois à cette partie de l'étude de la nature, que j'ai
beaucoup aimée, j'ai fait transporter ces boîtes chez
moi, où je suis parvenu à raccommoder le plus grand
nombre des insectes rares qui avoient été endomagés*.
En tout, la collection totale, extrêmement riche, et
qui contenoit un grand nombre de doubles, ayant été
nettoyée et mise en état, étoit digne de l'hommage

---

* Il m'est revenu depuis, que lors de l'arrivée de cette collection
à Paris, les insectes étoient presque totalement perdus, et je
n'en ai nullement été étonné. Cela a été une suite naturelle du rema-
niment que j'avois été obligé d'en faire, ayant repiqué ensuite
chacun d'eux sur le liége, pour rester à Londres, et non pour entreprendre un voyage qui dût les exposer à un cahotement de plusieurs jours. Cet événement cependant pouvoit être prévu, et
par conséquent prévenu, il suffisoit d'ouvrir les boîtes et d'essayer
quelques-unes des épingles pour s'apercevoir de la nécessité de
les enfoncer davantage. J'ai beaucoup regretié leur perte.

que Louis XVIII chargea M. le Duc d'Harcourt d'en faire, en son nom, à la reine d'Angleterre. Sa majesté n'accepta que l'herbier, que je remis moi-même entre les mains de Sir Joseph Banks, qui vint le chercher de sa part.

Cependant, nous étions parvenus au mois d'Avril, il étoit chaud, et je craignois beaucoup que les autres objets qui appartenoient à cette collection, ne se dé tériorassent. Je fis part de mes craintes à M. le Duc d'Harcourt, en lui observant qu'il étoit absolument nécessaire de prendre un parti à leur égard, Louis XVIII les ayant mis à sa disposition. Il me répondit qu'il s'en rapportoit parfaitement à moi, sur l'usage le plus convenable qui pouvoit en être fait, et il m'offrit en même temps de garder, pour moi-même, quelques-uns des doubles, si je le désirois: je le remerciai, et n'acceptai que quelques peu de roches, provenant principalement de la Nouvelle Calédonie. Mon opinion fut que le meilleur usage qui pouvoit être fait de la partie de la collection que S. M. la reine d'Angleterre n'avoit pas acceptée, étoit de l'offrir à Sir Joseph Banks, comme un hommage rendu, par les François émigrés, aux sciences en Angleterre, dans la personne du président de la Société Royale. M. le duc d'Harcourt approuva mon opinion; mais comme il ne connoissoit nullement Sir Joseph Banks, il me laissa absolument libre d'agir comme je le voudrois. Je fus chez lui, moi-même, pour lui en faire l'offre, sous le rapport que je viens de dire, et l'ayant accepté, je transportai chez lui la collection, en lui observant, qu'à l'exception de quelques oiseaux, pris parmi les doubles, que M. le Duc d'Harcourt avoit donnés à M. Woodford, alors attaché au burreau de la guerre, je remettois absolument tout entre ses mains; en lui ajoutant que parmi les insectes, il y en avoit plusieurs que je croyois neufs et mériter un intérêt particulier.

La convention, qui alors gouvernoit la France, désiroit fortement cette collection, qui, en effet, soit en plantes, soit en oiseaux, soit en insectes, étoit une des plus intéressantes que les voyageurs eussent encore rassemblées. Elle la réclama auprès du gouvernement britannique, qui refusa de satisfaire à sa demande. La juste disposition qu'il en avoit faite, s'opposoit en réalité à ce qu'il pût en aucune manière y acquiescer: je venois, sans m'en douter, de lever cet obstacle. La convention l'ayant très-probablement appris, renouvela sa demande, et s'adressa, cette fois, directement à Sir Joseph Banks, ayant l'air de ne pas douter, un seul instant, que son crédit ne fût suffisant pour obtenir ce qu'elle désiroit: en effet, peu après, son renvoi en France fut décidé par le conseil de S. M. Britannique; et elle est partie pour Paris, fort peu de temps après que je l'ai eu remise entre les mains de Sir Joseph Banks. Occupé de manière que dans toutes mes journées, il me restoit à peine une couple d'heures à pouvoir passer dans le sein de ma famille, sacrifice le plus grand qu'il m'étoit possible de faire, j'ignorois absolument ce qui se passoit à cet égard, lorsqu'un jour dînant tête-à-tête avec M. Greville, ainsi que cela m'arrivoit assez habituellement, il me dit, *vous seriez bien étonné, si la collection dont vous avez pris soin, étoit envoyée en France à la convention.* Il m'apprit, en même temps alors, la nouvelle demande qui avoit été faite, par elle, de la collection, et la décision que

Sir Joseph Banks avoit obtenue du conseil de **S. M.** britannique à son égard

Lors du travail que j'avois fait sur cette collection, je n'avois été mû par aucun autre intérêt que par celui d'obliger M. le Duc D'Harcourt, auquel j'avois l'honneur d'être allié, et en même temps d'être utile à la science. J'en étois amplement récompensé par la satisfaction intérieure que j'éprouvois d'avoir pu, par mes soins, quoiqu'indirectement et à son insu, être utile à S. M. la reine d'Angleterre, récompense qui disparoissoit en entier, par la demande qui lui avoit été faite du renvoi de l'herbier que Louis XVIII s'étoit plu à lui offrir, du moment même où il avoit été reconnu être sa propriété.

Il m'étoit impossible de voir sans peine, ce résultat du fruit de mon travail et de mes soins. Je fis part à M. Greville des réflexions amères que cet événement inattendu m'inspiroit. Il me répondit que *peut-être je ne tarderois pas à changer de façon de penser, et ne regretterois plus les peines que je m'étois données pour cette collection.* Il m'ajouta ensuite, *ne m'avez-vous pas dit que la collection minéralogique que vous possédiez en France est encore intacte?* Cela étoit vrai : possédant en France une collection minéralogique très-considérable, une bibliothéque de livres choisis, que j'avois formée moi-même, ainsi qu'une collection d'instruments de physique ; j'avois pris la précaution, avant de quitter ma paisible habitation, d'emballer avec soin, et renfermer dans des caisses, tous ces objets, et ils existoient encore alors dans le lieu même, où je les avois déposés : peu de temps après, ils ont été dilapidés et vendus. Eh bien!

me dit alors M. Greville, *je puis vous dire que l'intention de Sir Joseph Banks, est de faire valoir, auprès
de la convention, les soins que vous avez pris de cette
collection, qui sans eux eût été exposée à être totalement détruite, et de l'engager, en reconnoissance, de
vous permettre de faire venir la vôtre en Angleterre.*
J'avoue, qu'alors, les regrets que je venois d'éprouver
se changèrent en effet, en une véritable satisfaction.
Il me paroissoit qu'il ne pouvoit y avoir aucun doute,
du plaisir avec lequel la convention, reconnoisante du
service que Sir Joseph Banks venoit de lui rendre, rem-
pliroit ses désirs.   Je ne pouvois non plus concevoir le
moindre doute sur l'intention de Sir Joseph Banks, qui
m'étoit communiquée, d'une manière si franche et si
naturelle par Mr. Greville.   Il devoit savoir, par lui,
que c'étoit à moi seul qu'il devoit l'offre flateuse qui lui
avoit été faite de la collection, muni cependant du consentement de M. le Duc D'Harcourt, et par conséquent de la satisfaction qu'il avoit pu rencontrer à remplir les désirs de la convention.   Il devoit d'autant
plus apprécier la noblesse de ma conduite envers lui, et
chercher à la reconnoître, que dans aucun temps, je
n'avois reçu de lui aucune honnêteté particulière, même
après l'offre que je viens de dire lui avoir été faite par
moi.   Il étoit donc tout naturel, que j'eusse une confiance parfaite à ce que me disoit là son ami, l'expérience surtout ne m'ayant point encore éclairé.   Je
sentois d'ailleurs très-parfaitement, qu'il ne pouvoit
prendre une autre voie pour me faire connoître ses projets.   Je donnai à M. Greville, à la demande qu'il
m'en fit de sa part, un certificat de l'état de détériora-

tion dans lequel étoit une partie de cette collection, lorsqu'elle passa entre mes mains, et je le quittai avec l'espoir de me voir bientôt possesseur de mon ancienne collection. Elle eût augmenté les ressources que l'étude de la minéralogie peut rencontrer à Londres et, en mon particulier, elle m'eût été d'un intérêt capital, et qui eût si peu coûté à qui que ce fût.

C'est dans cette attente agréable, et presque certain de la réussite, que j'attendois l'issue de la demande, que je ne doutois nullement avoir été faite par Sir Joseph Banks. Cette sécurité trompeuse rendit plus forte encore l'impression que fit sur moi la lecture, dans les papiers publics, de la lettre d'envoi de la collection, écrite par lui à la convention. Loin d'y faire valoir les peines que je m'étois données pour sauver cette collection de la destruction complette dont elle étoit ménacée, Sir Joseph Banks n'y faisoit valoir que *celles qu'il s'étoit données lui-même, pour rassembler les parties éparses d'un tout que j'avois remis en entier entre ses mains* *. J'essayerois en vain d'exprimer la nature des sensations que cette lettre me fit éprouver. Je me rendis chez M. Greville et après lui avoir demandé s'il se rappeloit de ce qu'il m'avoit dit, à une

---

* Il est vrai cependant que Sir Joseph Banks, d'après ce que je lui avois dit, avoit eu la peine de demander à M. Woodford, de renvoyer chez lui le peu d'oiseaux, pris parmi les doubles, que M. le Duc D'Harcourt s'étoit plu à lui donner, lorsque le droit qu'il avoit de le faire étoit incontestable, et malgré que je lui eusse mandé moi-même, la peine avec laquelle M. le Duc D'Harcourt verroit détruite la satisfaction qu'il avoit trouvée à faire à M. Woodford ce très-léger cadeau.

époque peu éloignée, à l'égard de l'intention dans laquelle étoit Sir Joseph Banks, d'engager la convention à me permettre de faire sortir de France ma collection, ce dont il convint, je lui montrai la lettre, écrite à la convention par Sir Joseph Banks.

La nature, en me donnant une âme ardente, ouverte à l'amitié, et dans laquelle les procédés nobles et délicats se gravent en traits inéfaçables, m'a en même temps refusé la possibilité, quelquefois utile, d'y renfermer les sensations contraires, lorsqu'elles viennent s'y placer. Les malheurs qui, auprès de l'homme délicat, sont un titre de plus pour l'engager à ménager une sensibilité rendue par eux plus susceptible, ont ajouté encore à cette impossibilité de comprimer son expansion. J'exprimai donc, dans ce moment, à Mr. Greville, les sentiments qui pénétroient si péniblement mon âme, et je les exprimai fortement, parce que telle étoit leur nature. J'eus tort sans-doute, il étoit l'ami intime de Sir Joseph Banks, qui jouissoit d'un crédit considérable, et par conséquent d'une facilité de nuire proportionnée; mais il se disoit aussi le mien. D'ailleurs et c'est encore un défaut dont je dois me confesser, la politique a toujours été étrangère aux principes qui dirigent ma conduite, et je dois dire que jusqu'à ce moment, le genre de vie que j'avois mené m'en avoit rendu l'étude et l'emploi parfaitement inutile.

D'un autre côté, M. le Duc d'Harcourt, qui voyoit avec beaucoup de peine le résultat qu'avoit eu la disposition que, d'après mon conseil, il avoit faite de cette collection, me sut fort mauvais gré d'en avoir été, quoiqu'innocemment, la cause; Sir Joseph Banks surtout n'ayant adouci par aucune des honnêtetés de circonstance et d'usage, le regret amer qu'il ressentoit. J'éprouvai donc dès-lors, et je devois éprouver encore plus fortement par la suite, ce à quoi n'expose que trop souvent, le désir d'obliger et de faire le bien, un regret pénible et forcé de m'être laissé entraîner par ces deux sentiments, et pour résultat un ennemi puissant et dangereux; on verra par la suite, jusqu'à quel point cette première époque de mon séjour à Londres a influé sur celle qui lui a succédé.

La providence, en marquant ainsi par un événement, dont tous les rapports étoient pénibles, mes premiers débuts en Angleterre dans la carrière minéralogique, sembloit le destiner à m'avertir des désagréments qui y naîtroient sans cesse sous mes pas, et si j'eusse bien fait j'aurois renoncé dès-lors à me livrer davantage à l'attrait que cette science avoit toujours eu pour moi. J'aurois tourné vers un autre objet le travail auquel il étoit absolument nécessaire que je me livrasse, pour subvenir au soutien de l'existence de ma famille et de la mienne. Séduit et entraîné par ce même attrait, je ne l'ai pas fait, et j'ai eu tort; dix-huit années de la vie ne se perdent pas impunément.

Je continuai donc à chercher à établir les ressources de mon existence, sur l'utilité dont pouvoit être mon travail, aux diverses personnes qui se livroient, à Londres, à la minéralogie, et par eux à la science et au public. Je m'y livrai en totalité, et pendant une suite très-considérable d'années, je dévouai à ce travail absolument tout mon temps, sans la plus légère exception. Cependant le léger salaire que je retirois de ce travail. . . . . . . Quelle que soit l'espèce d'humiliation

que le préjugé ait attaché à ce mot, dans l'esprit de
l'homme que sa naissance a placé dans la classe
elevée de la société, c'est le mot propre; et lorsque ce
travail, même celui fait pour les autres, est devenu une
vertu, il faut avoir celle de le prononcer sans rougir:
cependant, dis-je, le léger salaire que je retirois de
mon travail, n'auroit, dans aucun temps, pu parvenir à
remplir le but auquel il étoit destiné, si la providence,
à laquelle j'ai toujours eu de grandes obligations, n'é-
toit venu de temps en temps y supléer par ses secours.
Je ne me cachois pas toutefois, qu'il devoit nécessairement arriver une époque, où cette source d'existence,
qui dérivoit de l'utilité dont j'étois alors aux différentes
collections, auroit un terme, et que chaque jour me
faisoit faire un pas vers lui. L'inquiétude me transportoit souvent à cette époque; mais alors l'espoir et
l'illusion qui l'accompagnent, la faisoient disparoître.
Elles me représentoient, qu'après avoir employé nombres d'années à n'être occupé que du désir d'être utile
aux nouveaux concitoyens que le malheur m'avoit
donnés, et à faire tousmes efforts pour contribuer, autant qu'il pouvoit être en moi, au progrès d'une science,
essentiellement utile à l'Angleterre, soit par sa position, soit par ses relations, soit par la nature d'une
grande partie de ses richesses nationales, sûr d'ailleurs
d'y mériter la considération et l'estime, j'y formerois
des amis. Qu'à l'époque que je craignois, je trouverois en
eux un point d'appui précieux auprès du gouvernement,
soit pour en obtenir une situation qui pût me mettre
dans le cas de continuer à lui sacrifier en entier mes
services, soit pour en obtenir des secours suffisants à
l'entretien de ma famille, jusqu'à ce que les circons-

tances puissent les faire devenir le simple salaire de mon utilité. Cet espoir s'est détruit, parce que sans doute, ainsi que je l'ai dit plus haut, enfant de l'illusion, il ne devoit pas naître.

D'après le plan que je m'étois déterminé à suivre, les progrès de la minéralogie en Angletere fixèrent l'objet de mes désirs, et la nature de mes occupations. Il ne pouvoit y exister aucun doute, que ce qui avoit retardé, dans ce puissant Royaume, les progrès que la minéralogie avoit faits sur le continent, étoit la privation absolue, dans laquelle cette science y étoit, d'aucune collection qui par sa richesse, ainsi que par son mode de formation tourné vers l'instruction, pût diriger à la fois vers elle le goût et l'étude. Un cabinet formé avec cette intention, et ouvert au public instruit, ou désirant l'instruction, étoit certainement le meilleur moyen pour atteindre à ce but; mais les difficultés pour y parvenir m'ayant paru insurmontables, je tournai mes regards vers un autre moyen, celui de rendre quelques-unes des collections particulières, dont le soin m'étoit confié, propres à remplir cet objet. J'ai dit, dans la première partie de ce discours préliminaire, les tentatives que j'ai faites à ce sujet, et la concentration que j'avois faite de tous mes soins sur le cabinet de M. Greville. Il n'est peut-être pas inutile dans ce moment de jeter un coup-d'œil sur cette collection.

Il l'avoit achetée du Baron de Born, peu d'années avant mon arrivée à Londres, pour la somme de mille livres sterlings. Outre les minéraux, elle renfermoit une collection considérable de fossiles. Cette partie de la minéralogie présentoit alors peu d'intérêt à la plupart des minéralogistes, on ignoroit encore le rôle essentiel que ces débris des êtres organisés joueroient un jour dans l'étude

de la partie solide de notre globe. M. eville ne
garda de ces fossiles qu'un très-petit nombre de ceux
faitspour flatter l'œil, et il donna le reste au célèbre
Hunter. Cette collection du Baron de Born, qui vivoit
encore alors, étoit fort belle pour le temps où elle avoit
été faite; elle renfermoit un grand nombre de morceaux intéressants, qu'il seroit peut-être même impossible aujourd'hui de se procurer; mais elle étoit
extrêmement incomplette, et même tout-à-fait nulle
dans nombre de parties. Le Baron de Born, étoit
conseiller des mines de l'empereur d'Allemagne;
comme il s'étoit principalement occupé de l'exploitation des mines, il avoit multiplié à un point étonnant,
danscette collection, toutce qui pouvoit avoir trait aux
divers filons, ainsi qu'aux différentes gangues des minerais; elle renfermoit en conséquence un très-grand
nombre de morceaux inutiles, et beaucoup de doubles.
La suppression de cette partie, &c. a été une des premières opérations que j'aie faites *. Ce qui étoit resté
pouvoit être considéré comme une superbe base, propre
à servir de fondement à la collection que je me propo-

-----

* J'ai fait faire une vente de ces doubles chez King et Locher.
Ainsi que je viens de le lire, la suppression de ces doubles, est la
première opération que j'aie faite dans la collection, elle en exigeoit
une autre, qui étoit d'une nécessité très-urgente, c'étoit d'y établir
l'ordre. Lorsque M. Greville la plaça entre mes mains, chaque
substance étoit mélangée de beaucoup de morceaux étrangers à elle.
Les morceaux étoient placés dans des tiroirs, dans des coffrets
quarrés de carton fort, parfaitement à nuds, sans être garantis par
rien du frottement; et dans chaque tiroir d'autres morceaux étoient
accumulés sur eux, de manière que chaque fois que l'on tiroit un
de ces tiroirs, le mouvement altéroit nécessairement quelques-uns
d'entr'eux.

sois de former, dont j'avois tracé le plan à M. Greville,
et qu'il avoit accepté avec une satisfaction encourageante. Il faut cependant y joindre, en outre, une
quantité assez considérable de morceaux qu'il avoit
récoltés lui-même en Angleterre, et qui offroient aussi
un choix propre à décorer toute collection minéralogique. Telle étoit à l'origine la base sur laquelle, pendant 12 années, à l'aide d'un travail, souvent très-considérable et que n'accompagnoit pas toujours, à beau-
coup-près, l'agrément, j'ai formé la collection de M.
Greville, je ne dirai pas telle qu'elle est aujourd'hui,
mais telle qu'elle étoit lorsque j'ai cessé de m'en occuper. Ce premier noyau ne fait pas la dixième partie actuelle de cette collection.

J'ai dit, que cette base première de la collection
actuelle de M. Greville, étoit absolument nulle, dans
nombre de parties. Pour en donner un exemple, dans
les nombreuses espèces de gemmes ou pierres précieuses, cette collection, qui, à cet égard, doit être
regardée aujourd'hui comme étant à la tête de toutes
celles de l'Europe, à l'exception de deux diamants et
de quelques petits spinelles imparfaits dans leur forme,
ne contenoit absolument rien ; et il en étoit de même
à l'égard de toutes les collections de Londres. La
partie si intéressante, qui, dans chacune des substances,
appartient à la cristallisation, qui aujourd'hui est si
essentielle à l'étude des minéraux, et dans laquelle
cette collection est très-riche, étoit de même très-
peu de chose alors, et je puis, avec certitude, assurer que l'intérêt qu'elle présente à cet égard, m'est
entièrement dû. Les autres détails, dans lesquels je
pourrois entrer, pour faire sentir que cette collection

est, dans toute l'étendue de l'expression, l'enfant de
mes soins, seroient trop longs : ils sont d'ailleurs inutiles, trop de personnes étant instruites de ce que je
pourrois dire à cet égard.

Je voyois, avec la plus grande satisfaction, parfaitement réussir les projets que j'avois formés, touchant
cette collection. Je l'affectionnois comme la mienne
propre; et j'y ai en conséquence placé un très-grand
nombre de morceaux très-rares, à moi appartenant
Pendant long-temps le choix de tout ce que recevois
de mes amis, ainsi que celui de tout ce qui m'étoit
envoyé par mes correspondants, et qui n'existoit pas
dans la collection, y étoit placé : je ne craignois même
pas de solliciter, avec une instance que bien certainement je n'eusse pas employée pour moi-même, les
morceaux, existant dans d'autres collections, qui pouvoient remplir des lacunes dans les suites des substances qu'elle renfermoit, ou qui pouvoient être nécessaires à leur étude.

Si le recensement de ces morceaux étoit fait, et la
chose seroit très-facile, leur nombre bien certainement
étonneroit, et on m'accuseroit d'une duperie impar-
donnable, reproche qui m'a souvent été fait par mes
amis, et auquel le but qui me dirigeoit, et qui étoit
d'amener cette collection à son plus haut degré de
perfection, me servoit seul de réponse : il ne pouvoit,
et c'est avec douleur que cette expression échappe à
ma plume, exister à cet acte de ma part aucune autre
cause.

Cette collection, en outre, remplissoit déjà entre mes
mains le but d'utilité qui excitoit mon zèle en la formant. Toutes les fois que quelques personnes étoient

admises chez M. Greville, pour voir sa collection, et je sollicitois moi-même cette admission avec empressement pour toutes celles qui pouvoient le désirer: en me chargeant en même temps de la montrer, je cherchois habituellement à rendre cette exhibition instructive à ceux auxquels je la montrois, en la changeant en une espèce d'étude abrégée des diverses substances que je faisois passer sous leurs yeux. C'est aussi par ce moyen que les minéralogistes étrangers qui venoient à Londres, et qui pour l'ordinaire m'étoient recommandés, ont appris à connoître la richesse de cette collection, ainsi que son intérêt, et que s'est établie la réputation qu'elle a acquise sur le continent. C'est encore ainsi que je cherchois à faire disparoître la sensation peu agréable pour la minéralogie en Angleterre, que ces mêmes étrangers recevoient de la pauvreté que leur présentoit, à cet égard, le Musé Britannique, le seul établissement public que les sciences aient à Londres.

M. Greville m'ayant plusieurs fois répété, et à des époques différentes, que sa collection ne seroit jamais exposée à être détruite, et qu'avant sa mort il prendroit tels arrangements qui s'y opposeroient, sans s'expliquer cependant sur leur nature, avoit accru mon zèle, par l'espoir de travailler pour l'utilité publique. J'en donnerai pour nouveau garant, (et c'est encore ici un de ces aveux que l'infortune doit faire avec courage, lorsqu'elle s'honore de sa position) ce que me donnoit M. Greville pour les soins que je prenois de sa collection qui, à l'exception de la dernière année que j'y ai été attaché, n'a jamais passé 40 livres sterlings par année. Ce n'étoit donc pas l'intérêt qui me dirigéoit, quelle est l'occupation qui ne m'eût pas dédomagé dix fois davantage du sacrifice absolu de mon temps. Or mes amis, au nombre desquels je m'honore de compter un très-grand nombre des minéralogistes de Londres, savent que ce ne pouvoit être ni l'amitié, ni la reconnoisance, ni même les procédés du propriétaire, qui pouvoient m'inspirer ce zèle.

La santé de M. Greville n'étoit pas bonne, et son caractère se ressentoit souvent de son altération. Une intimité de société, telle que sur les sept jours de la semaine j'en dinois au moins six, chez lui, et pour l'ordinaire tête-à-tête avec lui; le besoin que j'ai toujours éprouvé de m'attacher aux personnes avec lesquelles je vis, besoin qui dirigeoit habituellement ma conduite envers lui, les prévenances sans nombres dont je le comblois, n'avoient pu me mériter son amitié: j'ai même eu toute raison de penser qu'il entretenoit pour moi un sentiment diamétralement opposé, et cette idée est trop pénible pour moi, et en même temps trop peu flatteuse pour mon amour-propre, pour que je l'aye adoptée légèrement. Ne pouvant à la fin résister aux sensations pénibles que j'éprouvois trop fréquemment, ainsi qu'à l'impossibilité de soutenir ma famille, dans laquelle me mettoit la disparition des ressources que je m'étois procurées, je le prévins de l'obligation dans laquelle j'étois de quitter le soin de sa collection, et je le quittai en effet. Trois mois après, il me sollicita fortement d'en reprendre le soin, en m'offrant de porter à 100 livres sterling le salaire de mon travail, et pour m'y déterminer plus sûrement, il engagea un des mes amis, Sir Abraham Hume, dont je soignois une fort belle collection qu'il possède à peu de distance de Londres, de se réunir à lui pour la même somme. Malgré la grande différence qui existoit entre le travail que je faisois pour lui, et celui que je faisois pour M. Greville, il agréa à l'instant avec beaucoup de noblesse à cette demande. Ce n'est pas la seule obligation que j'ai eue à ce généreux ami. Je cédai aux sollicitations de M. Greville, ou plutôt au sentiment intérieur qui me dirigeoit vers sa collection, dont je repris le soin; mais je ne pus persévérer qu'une année. Sa santé se détruisoit graduellement, et ma vie se passoit avec lui d'une manière trop pénible; je profitai d'une occasion que lui-même me présenta, et me retirai déterminément du soin habituel de sa collection, dans laquelle d'ailleurs j'avois rempli une grande partie de mes projets, par le haut degré d'intérêt qu'elle avoit acquise. En la quittant, j'offris cependant à son propriétaire tous les secours qui pourroient dépendre de moi, toutes les fois que quelques circonstances, telles que celle de faire voir sa collection aux étrangers, le lui feroit désirer, (ce qu'il étoit hors d'état de pouvoir faire lui-même), ou dans toute autre occasion dans laquelle je pourrois être utile à sa collection : et il m'a en effet toujours trouvé prêt à lui rendre tous les services qu'il pouvoit désirer. L'occasion s'en est fréquemment montrée dans les premiers temps qui ont suivi, beaucoup moins cependant ensuite, et même plus du tout dans les derniers temps de sa vie, époque où, du moins à ma connoissance, sa collection n'a été ouverte à aucun amateur, ou du moins ne l'a été que très-rarement et très-succinctement.

J'ai dit que la collection de M. Gréville, renfermée

aujourd'hui au Musé Britannique, est extrèmement riche dans la partie des substances minérales qui appartiennent à la cristallisation. J'avois une double raison pour porter une attention particulière sur elle. D'abord l'intérêt capital dont elle est à la science, et ensuite le désir d'en inspirer le goût et l'étude en Angleterre, où elle étoit alors presqu'entièrement inconnue, et où on paroissoit même écarté de vouloir s'y livrer, par les difficultés dont elle sembloit hérissée. Je trouvois d'ailleurs, dans le propriétaire qui avoit suivi avec beaucoup d'attention, à Paris, cette partie intéressante de la minéralogie, dans le cabinet de mon défunt ami Romé de Lisle, toutes les dispositions nécessaires pour cela.

Aussi toutes les fois que je faisois voir sa collection, ai-je toujours cherché à rendre cette exhibition utile aux personnes qui en étoient l'objet en employant tous les moyens qui pouvoient se présenter à moi, pour développer les faits cristallographiques, en faire connoître la simplicité et l'utilité, et faire sentir en même temps la solidité de ses principes, et la facilité d'en faire l'application. Ces détails cependant ne pouvoient être, dans ce cas, que très-succincts ; mais ils devenoient plus étendus et plus circonstanciés, lorsque ces mêmes personnes me laissoient apercevoir qu'elles en avoient le désir : je remplissois ainsi, autant qu'il pouvoit être en moi, le but qui avoit excité mon zèle en travaillant à l'accroissement de cette collection, qui étoit de me rendre aussi utile que je le pouvois, dans la partie qui m'en offroit la possibilité. Je crois devoir conserver du moins la douce persuasion d'avoir rempli ce désir, en développant à Londres un goût plus général pour la science, et peut-être en contribuant à l'accroissement des connoissances qui lui appartiennent. Je soumets cette persuasion satisfaisante, à la décision des savants qui s'y livrent aujourd'hui.

Après avoir quitté la collection de M. Greville, et lors surtout qu'elle avoit cessé de pouvoir être utile aux minéralogistes, par la facilité de la consulter, j'ai ouvert ma collection à tous ceux qui pouvoient désirer, soit de la voir, soit d'y trouver, ou me demander à moi-même, la solution de quelques difficultés qui pouvoient s'être préentées à eux. Elle n'étoit pas alors aussi considérable qu'elle l'est devenue depuis ; mais elle l'étoit cependant déjà, surtout dans la partie qui concerne la cristallisation des substances, et elle pouvoit être consultée avec beaucoup d'avantage. Je me livre à la jouissance de croire, qu'il n'est aucun des minéralogistes, ou même des simples amateurs de cette science en Angleterre, qui ne me rende la justice de dire, qu'il n'est aucune des circonstances dans lesquelles j'aie pu être assez heureux pour lui être utile, que je n'aie pas toujours embrassée avec empressement : j'en ai même souvent recherché avec soin l'occasion, et je n'éprouve aujourd'hui d'autres regrets, que celui de ne l'avoir pas rencontrée aussi souvent que je l'eusse désiré.

Les occupations auxquelles je me livrois, et qui me prenoient à-peu-près tout mon temps, ne m'empêchèrent cependant pas d'employer le peu de loisir qui pouvoit me rester, à travailler pour la société savante et respectable qui m'avoit fait l'honneur de m'admettre dans son sein ; les Transactions de la Société Royale de

Londres renferment nombres de mémoires qui lui
ont été donnés par moi, sur diverses substances minérales, et autant que je l'ai pu, je les ai choisies
parmi celles qui appartiennent spécialement à l'Angleterre. Celui que j'ai donné à cette société sur le triple
sulfure de plomb, cuivre et antimoine a été le dernier.
Il fait assez époque dans ma vie minéralogique en
Angleterre, et il a été pour moi un événement trop
frappant, trop différent de ceux aimables et flatteurs
auxquels une vie trop heureuse autrefois m'avoit accoutumé, et trop opposé à tout ce que je croyois avoir
mérité par ma conduite à Londres à l'égard de la
science, pour que jamais il sorte de ma pensée. J'avois
des données certaines et suffisantes pour devoir m'attendre à tout acte qui pouvoit dériver du désir de me
nuire, que je connoissoit très-parfaitement; mais, dut
cet aveu être une jouissance de plus pour celui qui
nourrit ce désir dans son sein, j'avoue que le coup
qui m'a été porté, par cet événement, étoit celui
qui pouvoit m'être le plus sensible, et que je ne croyois pas à la possibilité qu'il pût venir de ce côté. Il se
lie trop fortement à tout ce que j'avois éprouvé primitivement, ainsi qu'à ce que je devois éprouver après,
pour que je ne croie pas être dans le cas d'en faire
mention ici, d'une manière un peu détaillée, en laissant
à mon lecteur le soin de faire lui-même les réflexions
que ces détails pourront lui inspirer, et dont plusieurs
peuvent être utiles.

Il exi-toit, dans quelques-unes des collections minéralogiques de Londres, une substance venant de
Cornwall; mais dont les morceaux étoient très-rares,
parce que la mine qui les avoit fournis avoit été pres-

qu'aussitôt abandonnée. Cette substance étoit généralement classée, dans ces collections, avec l'antimoine ;
mais cette place n'étoit pour elle que de simple conjecture. En 1804 je me réunis avec M. Hatchett, qui
en entreprit l'analyse, pour asseoir l'opinion à son
égard, et pour la faire connoître. Le mémoire de M.
Hatchett, et le mien furent tous deux insérés dans les
Transactions Philosophiques de la même année. Nous
ne désignâmes alors cette substance que sous la phrase
indicative de ses principes constituants, *triple sulfure
de plomb, cuivre et antimonie.* Le savant professeur
de minéralogie de l'université d'Édimbourg, M. Jameson, dans un traité de minéralogie qu'il publia quelques temps après, suivant le système et la classification
du célèbre Werner, me fit l'honneur de lui donner
mon nom. Ce procédé généreux, de sa part, dont
j'ai été très-reconnoissant, étoit trop peu mérité de la
mienne, pour ne pas être dangereux. Je ne lui avois
pas donné celui d'Endellione que je lui ai donné depuis, et qui sous tous les rapports lui convient mieux :
j'aurois probablement, en le lui donnant d'abord, évité
le désagrément que le procédé très-flatteur de M. Jameson m'a très-innocemment attiré, en indiquant la place
où l'on pouvoit imaginer que la blessure me seroit le
plus sensible.

En 1808, quatre années après que j'ai eu donné ce
mémoire, dans l'intervalle desquelles la minéralogie de
M. Jameson avoit paru, il arriva à Londres, du fond
de l'Allemagne, une critique faite de ce même mémoire,
par un Anglois voyageur, membre de la Société Royale,
M. Smithson, ami particulier de Sir Joseph Banks et
de M. Greville, qui vivoit encore alors ; le premier,

président de la Société Royale de Londres, et le second, vice-président de cette même société : j'ignore auquel des deux elle avoit été adressée. Malgré les relations, faites pour être intimes, qui avoient existé, pendant une aussi longue suite d'années, entre M. Greville et moi, malgré les obligations nombreuses que je suis forcé de dire qu'il m'avoit eues, j'ignorai parfaitement l'existence de cette critique, jusqu'au moment où elle fut remise au comité de la société, pour en déterminer la lecture : le hazard seul, à cette époque, me la fit connoître. Lorsque j'en parcourus le manuscrit, je fus si étonné de ce qu'il renfermoit, et surtout du style amer et peu décent qui y avoit été adopté, que je recourus plusieurs fois au titre, pour me convaincre que c'étoit bien en effet M. Smithson qui en étoit l'auteur. Je connoissois ce savant, avec lequel j'avois même été dans une espèce de liaison, à son retour du continent, où d'ordinaire il fixoit par choix sa résidence. Cette liaison qui me l'avoit fait connoître sous des rapports totalement différents, avoit continué jusqu'à la naissance de son intimité avec Sir Joseph Banks et M. Greville, et si l'un de nous deux avoit eu à se plaindre des procédés de l'autre, bien certainement ce ne pouvoit être lui.

Quelqu'improbable qu'il pût paroître, que le conseil de la Société Royale consentît à la lecture d'une critique d'un mémoire qu'elle avoit cru devoir insérer dans la rédaction de ses travaux ; et encore moins, d'après la nature du style de celle de M. Smithson, qu'elle consentit à l'insérer dans les Transactions Philosophiques, (cette précieuse collection, ne me paroissant pas faite pour être le refuge de la controverse,) tout ce qui avoit accompagné son arrivée à Londres ne me laissoit douter ni de l'un ni de l'autre. Je me proposai dès lors d'y faire une réponse qui pût détruire l'impression qu'elle étoit destinée à faire sur l'esprit du public, ainsi que l'erreur qu'elle introduisoit en place de la vérité. Cette réponse n'étoit pas difficile; la critique de M. Smithson étoit plus offensante que redoutable. Dans toute autre circonstance elle ne m'eût fait aucune peine, et si elle eût été imprimée dans un simple journal, j'y eusse répondu avec plaisir, et probablement sans faire aucune attention à son style, qui alors m'eût été parfaitement indifférent. Les quatre années qui s'étoient écoulées depuis l'époque à laquelle j'avois donné mon mémoire sur l'Endellione, avoient rendu cette substance beaucoup moins rare pour moi, et en même temps elle avoit cessé de borner son existence au Cornwall. Il en étoit venu se placer dans ma collection des échantillons fort beaux de Russie et de divers autres pays. J'avois pu déterminer les dimensions de son prisme tétraèdre rectangulaire primitif, ce que je n'avois pas cru pouvoir faire avec assez de certitude dans mon mémoire, et ce sur quoi M. Smithson m'attaque principalement dans sa critique, mais très-faussement et surtout très-indécemment: j'avois été dans le cas enfin, d'en faire une étude plus complette, d'y apercevoir un grand nombre de faits, qui n'étoient nullement connus de M. Smithson, et qui me mettoient dans le cas de pouvoir la placer à côté des substances minérales, les plus parfaitement déterminées.

Ce que j'avois prévu, et qu'un enfant, avec les mêmes données, auroit prévu tout aussi bien que moi, est arrivé. Cette critique a été lue à la Société Royale,

et son impression a été ordonnée. Je m'occupai en
conséquence de la réponse, dont la société elle-même
me faisoit une obligation ; et pour éviter de lui donner
l'air d'une discussion, pour le moins déplacée, dans les
transactions philosophiques, je la fis ainsi qu'auroit pu
l'être un simple mémoire plus complet sur cette substance, sans faire aucune mention quelconque de la
critique, ni de son auteur. Cette réponse faite, je la
remis au Dr. Wollaston, secrétaire de la Société, avec
la prière de vouloir bien veiller lui-même à ce que la
lecture en fût retardée le moins possible : il me le
promit. La société, qui étoit alors en vacance, rentra,
et je ne doute nullement que l'amitié du Dr. Wollaston
ne lui ait fait faire tout ce qui pouvoit dépendre de lui
pour en déterminer la lecture, ainsi qu'il me l'avoit
promis. Cependant les trois premiers mois, après la
rentrée, s'étoient écoulés sans qu'elle fût lue, et le premier volume des transactions de l'année étoient à l'impression. Ayant souvent renouvelé ma demande au
Dr. Wollaston, et jugeant, à l'embarras de ses réponses, que la lecture étoit empêchée, et ne dépendoit
point de lui, je le priai de demander de ma part à Sir
Joseph Banks, si cette réponse seroit lue ou non, attendu que tant qu'elle restoit entre les mains de la
société, j'étois paralysé à son égard ; en ajoutant, qu'en
cas qu'elle fût condamnée à ne pas être lue, je deman-
dois qu'elle me fût renvoyée. Elle fut lue la séance
d'après, et je restai dans l'incertitude, si elle seroit insérée dans les Transactions Philosophiques, jusqu'à la
dernière séance de la session : ce ne fut qu'après elle
qu'il me fut mandé, de la part du conseil, que ne jugeant pas à propos de faire imprimer mon mémoire, il

l'avoit fait déposer dans les archives de la Société
Royale.

Ainsi la Société Royale, ou plutôt son conseil ; car
c'est une distinction qu'il m'est très-précieux de faire,
et le lecteur sentira facilement, qu'il doit encore en être
faite une autre, qui ne me l'est pas moins, après avoir
fait imprimer dans ses transactions, un mémoire qui
lui avoit été donné par un de ses membres, a permis,
quatre années après, qu'une critique de ce même mémoire y fût de même insérée, sans exiger même, de la
part de l'auteur, que le style de cette critique qui, par
lui-même, étoit une cause bien naturelle d'exclusion, fût
rectifié, et elle a en même temps refusé, à ce même
membre, le droit incontestable de prouver la justesse
de ce qu'il avoit avancé, ainsi que l'injustice de l'attaque qui lui étoit faite. Elle me forçoit par cet acte
si peu mérité, et peut-être sans exemple, de renoncer
à la jouissance de continuer à être, pour l'avenir, un
des co-opérateurs de ses travaux, et elle se privoit par-là
d'un membre zélé pour la science, plein de dévouement
pour elle, et qui jusque-là lui avoit été utile. Quelle
veuille bien jeter un regard sur ses transactions,
et sur les travaux minéralogiques qu'elles renferment,
et qu'elle juge ensuite si la perte d'un co-opérateur
minéralogiste, ayant une longue expérience, et inspiré
par l'amour de la science, le goût du travail, et le zèle
de l'utilité, devoit être vue par elle avec assez d'indifférence pour être préparée dans son sein, et cela de la
manière extraordinaire dont la chose a été faite.
Je demande bien sincèrement pardon à la Société
Royale, dans laquelle j'ai beaucoup d'amis, pour laquelle je suis pénétré d'un respect profond, et dont je

m'honorerai toujours d'être membre, des détails que vient de m'arracher la sensibité, à l'égard de la conduite qui a été tenue envers moi, en son nom, et que je suis très-loin de lui imputer, tout en étant forcé de parler d'elle collectivement.

Je ne puis me refuser de terminer ces détails, si pénibles pour moi, mais qu'il m'importoit de faire connoître, car je suis certain qu'ils sont parfaitement inconnus encore à presque tous les membres de la Société Royale, par les questions suivantes, dont je laisserai la solution au lecteur. Comment M. Smithson, à qui je me plairai toujours à rendre justice, lorsqu'il ne sera pas question de procédé, comment, dis-je, M. Smithson, qui joint à des connaissances très-profondes en chimie, celle de la minéralogie, et qui avoit tant de moyens de faire contracter, à ces deux sciences, des obligations plus directes envers lui, a-t-il préféré se borner à critiquer un mémoire inséré quatre années auparavant dans les Transactions Philosophiques, et cela, de son propre aveu, sans avoir entre ses mains les moyens nécessaires pour le faire, n'ayant en sa possession qu'un seul morceau de la substance qui avoit fait l'objet de ce mémoire ? Comment, n'ayant aucun reproche personnel à faire à l'auteur de ce mémoire, qu'il entreprenoit si légèrement de critiquer, au lieu du style décent et honnête généralement admis par les hommes faits pour s'estimer réciproquement, a-t-il préféré se servir de celui acre et mordant, si déplacé sous tous les rapports ? Comment, s'il n'eût été dirigé que par l'intérêt de la science, ne pouvant, d'après le manque de moyens dans lequel il avoue qu'il étoit, concevoir que des doutes, et ayant eu des relations,

voisines de l'intimité, avec l'auteur du mémoire, n'a-t-
il pas désiré, avant de faire remettre sa critique à la
Société Royale, connoître les réponses qu'il pouvoit
être dans le cas de faire à ses doutes ? Comment même,
M. Smithson, membre de la Société Royale, et connoissant les usages adoptés et respectés par les sociétés
de ce genre, usages que le jugement seul suffit d'ailleurs
pour faire présumer, a-t-il pu se déterminer à envoyer
sa critique à la Société Royale, qui avoit droit d'attendre de ses veilles un travail plus digne de lui ? Comment, Sir Joseph Banks, président de la société, ou
M. Greville, vice-président, après avoir reçu cette
critique, ont-ils pu se déterminer à la faire lire et imprimer dans les Transactions Philosophiques, sans en
avoir d'avance prévenu l'auteur du mémoire critiqué,
ce qui étoit si facile, et avoir jugé par sa réponse si les
objections qu'il pouvoit faire contre la critique étoient
fondées ou non ? Et comment le conseil de la Société
Royale a-t-il suivi la même marche, sans s'assurer
d'abord, si, en outre de cette conduite extraordinaire,
faite pour blesser fortement un homme qui, soit par lui-
même, soit par ses travaux avoit droit à son estime, il
n'alloit pas sanctionner de tout son pouvoir, l'erreur
par laquelle il remplaçoit la vérité ? On sent bien que
depuis long-temps je me suis répondu moi-même à ces
différentes questions, et je me doute que mon lecteur
se fait à lui-même absolument les mêmes réponses.

J'ai dit, que la santé de M. Greville s'affloiblissoit graduellement, il étoit atteint depuis long-temps d'une ma-
ladie grave dont il mourut au commencement de 1809.
D'après l'assurance que j'ai déjà dit qu'il m'avoit souvent
donnée de l'intention dans laquelle il étoit de rendre

après lui sa collection utile au public, et de prendre, en
conséquence, avant sa mort, les arrangements nécessaires à cet effet, la nature lui laissant douloureusement
apercevoir, depuis long temps, les approches non douteuses d'une fin prochaine, je fus singulièrement étonné
d'apprendre qu'il étoit mort, non-seulement sans tester,
mais aussi sans s'occuper en aucune manière du soin
de sa collection. Comme elle ne pouvoit intéresser
aucun de ses héritiers, tout présageoit pour elle une
destruction prochaine, par la dispersion des morceaux
en une vente publique. Les personnes qui ont pu connoître le vif intérêt que je prenois à cette collection,
fruit de mes soins si actifs et si long-temps prolongés,
et le but que je m'étois proposé par eux, peuvent
seules se former une idée de ce qui se passoit dans le
fond de mon âme, nul espoir ne pouvoit la sauver
de la destruction qui la menaçoit, ne se présentant à
moi.

Sa grande valeur ne pouvoit en permettre l'acquisition qu'à une personne riche, ou à une société, et
aucune de ces deux ressources ne présentoit rien qui
pût faire naître la moindre espérance. Le gouvernement seul me paroissoit pouvoir offrir un point d'appui
à l'espoir. Ne possédant, comme établissement public, qu'une collection minéralogique extrêmement
pauvre, celle de M. Greville lui convenoit sous tous
les rapports, et il eût été même en quelque sorte con-
damnable, de laisser échapper une occasion unique qui
se présentoit à lui, d'en enrichir son pays ; mais il falloit le déterminer à porter ses yeux vers cet objet,
comment espérer qu'un étranger qui jusque là avoit
vécu extrêmement retiré, et n'avoit formé d'autres

relations que celles qui intéressoient directement la
science, pût parvenir jusqu'à lui, et en être écouté.
Dans cet état d'inquiétude, je m'adressai directement
à M. Robert Greville, frère du défunt, et que tout
annonçoit devoir être chargé de l'administration de la
succession. Je lui représentai combien, pour l'intérêt
de la science, ainsi que pour celui des héritiers, il
étoit important que cette collection fût vendue en masse,
et non en détail, et la nécessité dont il étoit, pour
cela, de tourner les yeux vers le gouvernement, auquel
cette collection convenoit essentiellement. Je lui remis, en même temps, un mémoire que j'avois fait pour
prouver l'utilité dont elle étoit au pays en général, et
le service que le gouvernement lui rendroit en en faisant l'acquisition. Je lui ajoutai ensuite, qu'il lui
seroit infiniment plus facile qu'à moi, de faire parvenir
ce mémoire au gouvernement, soit directement, soit
par ses amis ; mais que si ensuite le ministre désiroit
avoir des observations et des détails plus circonstanciés,
je serois toujours prêt à le satisfaire. A dessein même
d'aplanir toutes difficultés dans lesquelles ils pourroit
se trouver, je lui fis sentir la nécessité de fixer d'a-
vance la valeur de cette collection ; et comme je n'avois
jamais porté mon attention sur cet objet, ne pouvant
fixer idéalement cette valeur, je lui offris d'en faire
l'évaluation, ce qui, vu la connoissance que j'avois,
de cette collection exigeroit fort peu de temps : offre à
laquelle je ne mettois d'autre intérêt que celui d'être
utile à la collection et aux héritiers. Cette proposition
étoit d'autant plus généreuse de ma part, que probablement j'étois la seule personne à Londres, qui pût faire
cette évaluation avec exactitude, et que je sentois par-

faitement que si la vente en masse en étoit faite un jour, il étoit très-vraisemblable que je serois consulté : M. Robert Greville me parut sentir la vérité de ce que je lui disois, et reconnoissant de mon offre. Il garda le mémoire que je lui avois remis pendant un mois et demi. Lui ayant enfin écrit pour lui demander quel usage il en avoit fait, et lui renouveler mon offre, il me renvoya le mémoire, dont il me manda qu'il n'avoit fait aucun usage ; et dans sa réponse il ne me dit pas un mot à l'égard de cette offre. Je me doutai de ce qui étoit arrivé : quelque-temps après, j'appris en effet, par le public, qu'il avoit fait faire l'évaluation de la collection par deux très-habiles chimistes, M. Davy et M. Hatchett, qui l'avoient estimée de quatre à cinq mille livres sterlings. Je fus fort peu étonné de cette préférence donnée, par M. Robert Greville, à ces deux savants, parce qu'ainsi que je viens de le dire, je me doutois qu'il étoit conseillé, et en effet cela devoit être. Cependant, je ne pus cacher ma surprise sur une évaluation si fort au-dessous de celle la plus basse à laquelle cette collection pouvoit être estimée ; mais cet objet regardoit directement M. Robert Greville, qui, à ce que je pense, a dû avoir quelques regrets de son manque de confiance d'un côté, ou de son trop de confiance de l'autre.

Cependant, il ne paroissoit pas que, même depuis qu'il étoit parfaitement connu que la collection avoit été évaluée à un prix aussi bas, et au moyen duquel on auroit pu dire que son acquisition eût été faite presque pour rien, il se présentât d'acquéreur. Les minéralogistes qui, ainsi que moi, gémissoient de la destruction prochaine dont elle étoit menacée, avoient cherché inutilement à rassembler une société qui voulût en faire l'acquisition. Je savois même que déjà M. Robert Greville avoit pris des arrangements avec M. Christie, huissier-priseur, pour en faire une vente publique, à une époque qui n'étoit pas très-éloignée. Désespéré de voir détruits, en un instant, tous les efforts que j'avois faits pour procurer à l'Angleterre une collection qui fût digne d'elle, et qui pût y répandre le goût de cette science, en même temps qu'elle fourniroit les moyens de s'y livrer, je me déterminai d'essayer, si par mes simples efforts, il ne me seroit pas possible, d'empêcher sa destruction. J'avois cherché en vain de réunir à ces efforts ceux de M. Robert Greville, dans les tentatives à faire auprès du gouvernement, et je voyois qu'au lieu de se rapprocher de moi, ainsi que sembloit devoir être son intérêt, il paroissoit tous les jours s'en écarter davantage. Je pris alors la résolution de m'adresser moi-même au gouvernement, malgré la foiblesse de mes moyens. J'étois pénétré de l'idée que de quelque côté que puisse venir une observation, du moment qu'elle est juste et qu'elle peut être utile, elle frappe nécessairement la personne à laquelle elle est adressée, et que si cette personne est un homme en place, elle acquière alors en lui un protecteur. Cette réflexion, jointe au grand désir que j'avois que cette collection restât intacte, me fit un moment oublier la nullité de crédit et d'intérêt dans laquelle les événements m'avoient placé, j'écrivis à un ministre qui depuis a cessé d'être en place : cet objet n'étoit pas, il est vrai, directement dans son département ; mais je savois qu'il avoit un grand caractère, l'âme élevée, et qu'il jouissoit d'une haute réputation, et je ne doutois pas que les intérêts de cette collection, précieuse à conserver, n'eussent été parfaitement bien placés, s'il eût voulu en devenir le protecteur. D'ailleurs, un de mes amis m'avoit donné l'espoir positif de faire parvenir ma lettre directement jusqu'à lui, et même d'en obtenir la lecture ; assurance qui m'avoit principalement déterminé. J'employai tous les moyens qui pouvoient être en moi, pour lui faire sentir, aussi fortement que j'en étois pénétré, le grand intérêt que le gouvernement avoit de ne pas laisser échapper l'occasion de faire l'acquisition d'une des premières collections de minéralogie de l'Europe, et dont la formation ne peut être faite à volonté ; la grande utilité dont elle seroit, en Angleterre, au développement et à l'entretien du goût d'une science, qui méritoit d'y être encouragée, tant à l'égard du commerce, que des manufactures, et surtout d'une partie considérable de ses richesses territoriales, appartenant à l'exploitation et au produit de ses mines. J'entrai ensuite dans quelques légers détails, sur la manière dont il seroit possible de tirer de cette acquisition l'avantage le plus prompt, et le plus facile : plan à l'exécution duquel, si l'on vouloit m'écarter, je n'étois aucunement nécessaire. Cependant si, d'après l'opinion des minéralogistes, il étoit pensé que je pusse lui être utile, je m'offrois alors, comme étant prêt à exécuter tout ce que le gouvernement voudroit exiger, ou pouvoit attendre de moi. Je ne tardai pas de rentrer dans l'obscurité, dont le zèle et l'amour du bien public avoit voulu un instant me faire sortir ; je ne reçus aucune réponse du ministre, et ne pus pas même savoir si ma lettre avoit été mise un seul moment sous ses yeux. J'avoue cependant, que d'après l'espoir qui m'avoit été donné par l'ami qui avoit cru pouvoir se charger de la faire parvenir jusqu'à lui, je comptois un peu sur une réponse du moins verbale; mais la cause qui m'avoit fait écrire cette lettre me soutint dans ce désapointement, en ne me laissant éprouver d'autre sensation que celle du regret.

Je ne tardai cependant pas à être rassuré à l'égard de la destruction de cette collection ; les inquiétudes et les regrets qu'exprimoient, depuis long-temps, tous les minéralogistes, déterminèrent probablement la pétition qui fut enfin adressée au parlement par les administrateurs (trustees) du Musé Britannique. Le 10 Avril, 1810, le parlement nomma, dans son sein, un comité particulier, présidé par M. Rose, pour s'occuper de cet objet; et ce comité nomma sept commissaires, pris parmi les minéralogistes de Londres, pour procéder à l'évaluation de cette collection. Ces commisaires furent, le Dr. Babington, M. Chénevix, M. Davy, M. Fergusson, M. Hatchett, le Dr. Wollaston, et moi.

Le 2 du mois de Mai, 1810, je me transportai, chez M. Greville, avec les autres commissaires qui avoient été nommés, et là, ces messieurs eurent la noblesse et la grande honnêteté, de me dire qu'ils n'avoient accepté la commission qui leur avoit été donnée par le parlement, que parce que j'avois été réuni à eux. Qu'ils me regardoient comme étant le seul en état de faire, avec complette connoissance de cause et justice, cette évaluation, et me prioient, en conséquence, de vouloir bien, à l'examen de chaque tiroir, déterminer le

premier sa valeur, se réservant seulement la liberté
d'acquiescer ou non, à ce qui seroit décidé par moi ;
et comme, dans le cours de cette évaluation, la vérité
et la justice pouvoient seules être mes guides, il y a
eu extrêmement peu d'occasions où la différence des
avis ait retardé l'opération, qui par elle-même étoit
longue et pénible. Sensible, autant que je devois
l'être, à la confiance flatteuse qui m'étoit montrée par
les savants distingués, auxquels j'avois eu l'honneur
d'être associé, je ne pus leur en donner une plus forte
preuve qu'en consentant à remplir leur désir, quelque
fatigue que dût m'occasionner une attention continuellement soutenue durant la journée entière, et cela
pendant huit jours que ce travail a duré : j'avoue qu'à
la fin du 8ème j'avois un besoin excessif de repos.

L'évaluation de cette collection terminée, et le rapport signé par nous, sa valeur s'est trouvé monter à
13,727 livres sterlings. Les six, sept et huitième
articles de ce rapport s'expriment de cette manière.

* 6º. Que les morceaux ont tous paru avoir, en

---

* Sixth. That the specimen in general throughout the collection,
appears to us to have been selected with very great judgment, both
as to their utility and beauty.

Seventh. That the series of cristallised rubies, saphires, emeralds,
topazes, rubellites, diamonds and precious stones in general, as well
as the series of the various ores, far surpass any that are known to
us in the different European collections.

Eighth. That we consider the entire collection to be equal in
most, and in many parts, superior to any other similar collection,
which any of us had opportunities of viewing in this and other
countries.

général, été choisis avec beaucoup de jugement, tant à l'égard de leur utilité qu'à celui de leur beauté.

7°. Que les séries des cristaux de rubis, saphirs, émeraude, topaze, rubellite, diamant, et en général de toutes les pierres précieuses, aussi bien que les series des métaux, surpassent de beaucoup tout ce qui a été observé par les commissaires dans les diverses collections de l'Europe.

8°. Que la collection, prise en masse, doit être considérée comme égalant aucune des autres collections que les commissaires ont pu observer dans les autres pays ; mais que dans plusieurs de ses parties elle est supérieure.

M'ayant ensuite prié de me retirer un moment, les six commissaires restants, ont terminé leur rapport par l'addition suivante.

* " Nous soussignés, après avoir signé le rapport pré-
" cédent, pensons qu'il est de notre justice, de deman-
" der la permission d'exprimer au comité, les grandes

---

* We, whose names are underwritten, and who have signed the foregoing report, think it is but an act of justice to request permission to state to the committee, the very great services which have been rendered by the Comte de Bournon, during the whole of the inspection and evaluation of the collection, with which he alone was well acquainted, having principally contributed to form it, and having been occupied for several years in arranging it for the late M. Greville. Without the able assistance of the Comte de Bournon, so justly celebrated for his profound knowledge of mineralogy, the inspection and valuation would have required a very great length of time, and after all would most probably have been less accurately performed.

We therefore unanimously concur in giving this public testimony to the merits and services of Comte de Bournon.

« obligations que nous avons eues au Comte de Bour-
« non, dans l'examen et l'évaluation que nous avons
« fait de la collection, que seul il connoissoit parfaite-
« ment, ayant principalement contribué à sa formation,
« et ayant employé plusieurs années à sa classification
« durant la vie de M. Greville. Sans le puissant secours
« du Comte de Bournon, si justement célèbre par ses
« connoissances profondes en minéralogie, l'examen et
« l'évaluation de la collection auroit pris un temps
« très-considérable, et elle auroit probablement été
« faite avec beaucoup moins d'exactitude.

« Nous saisissons unanimement cette occasion de
« rendre ce témoignage public au mérite du Comte de
« Bournon et au service qu'il nous a rendu."

Une conduite aussi noble et aussi délicate, de la
part de savants jouissant d'une si haute estime parmi
leurs concitoyens, étoit bien faite pour me dédommager
de la peine qu'en réalité je m'étois donnée. Le témoignage authentique de leur estime, m'étoit d'autant
plus flatteur, qu'il m'étoit impossible de ne pas y
lire en même temps celui de leur amitié. Il m'est
très-précieux de pouvoir placer ici ce témoignage, dont
je m'honore infiniment, il servira à me faire tracer
moins péniblement un autre acte dont je parlerai
bientôt, authentique aussi, exactement opposé à celui-
là, et auquel je n'eusse jamais cru devoir être exposé,
si l'expérience ne m'avoit appris d'avance à m'attendre,
à tout, dans tous les cas qui pourroient remonter à la
même source.

Avant de nous séparer, mes co-opérateurs, qui avoient
plusieurs fois témoigné combien il étoit à regretter
que cette collection ne fût pas accompagnée d'un ca-

talogue, qui pût, d'une côté en faire connoître toute la richesse, et de l'autre en rendre l'utilité plus directe, me demandèrent si je consentirois à être attaché à la collection pour en faire un catalogue raisonné, en supposant que la chose me fût proposée. Ma réponse fut, qu'ayant absolument besoin de travailler pour subvenir au soutien de ma famille, chose qui dans ce moment m'étoit de toute impossibilité, il ne pouvoit y exister aucun doute, de tout l'empressement avec lequel je me livrerois à un genre de travail si conforme à mes goûts. Que ce travail me permettroit de continuer à me livrer à la jouissance que j'avois toujours trouvée à être utile au public, et que, dans ce cas, pouvant profiter des ressources qui me seroient fournies par ma propre collection, beaucoup plus riche encore en faits rares et non décrits, ainsi qu'en cristaux, que celle de défunt M. Greville, cette occasion me procureroit le double avantage d'être de nouveau utile à la science. Je leur ajoutai que s'il m'étoit alors possible de remplir, à cet égard, le plan qui étoit tout tracé dans ma tête, le catalogue de cette collection deviendroit le cours de minéralogie le plus complet, et en même temps le plus instructif que nous ayons. Que mon intention seroit que toute personne qui désireroit faire, à elle seule, un cours de minéralogie, pût y parvenir avec facilité, sans avoir besoin d'autre aide que de la collection et de son catalogue. Je leur observai ensuite, qu'avant d'en venir là, il y avoit une opération pressante à y faire. Qu'ils avoient pu remarquer, que derrière le plus grand nombre des coffrets dans lesquels les morceaux étoient placés, il y avoit de petits cartons sur lesquels j'avois indiqué mes diverses opinions, à mesure que j'examinois les morceaux. Que cela avoit été fait avec le dessein de les faire servir un jour, soit tels que ces premiers aperçus avoient été tracés, soit rectifiés par mes observations ultérieures, ainsi que par celles faites par les autres minéralogistes, pour exécuter en effet le catalogue de cette collection, que mon intention avoit toujours été de faire, et qui très-probablement eût été bien près de sa fin dans ce moment, si, ainsi que je l'ai dit précédemment, je n'avois été dans l'obligation de quitter cette collection quatre années auparavant. Que, dans l'examen que nous avions fait, ces cartons avoient été déplacés, ainsi que les morceaux, et qu'il étoit nécessaire de réparer ce désordre; ce que je doutois qui pût être fait avec exactitude par tout autre que par celui qui y avoit établi l'ordre qui avoit été détruit.

J'ajoutai, qu'il y avoit une autre opération beaucoup plus urgente dont il falloit nécessairement s'occuper : qu'ils pouvoient se rappeler m'avoir entendu dire, quelque temps auparavant, lorsque nous avions été conduits dans deux différents greniers des bâtiments du jardin, où il existoit une grande quantité, de morceaux jetés, sans aucun ordre, les uns sur les autres, comme appartenant à des morceaux de rebus, que parmi eux j'en avois observé un grand nombre, que j'avois placés moi-même dans la collection, où ils étoit nécessaires pour completter l'étude des séries, qui par leur privation perdoient une grande partie de leur intérêt et de leur utilité; que c'étoit même dans le choix de ces morceaux que résidoit principalement l'habileté du minéralogiste, dans la formation d'une collection d'étude. A l'époque où j'avois quitté la collection de

M. Greville, il ne restoit pas un pouce de vide dans les tiroirs, dont un grande nombre même étoient beaucoup trop pleins pour l'intérêt des morceaux et le parfait développement de la collection, qui dès-lors exigeoit l'addition d'une cinquantaine de tiroirs, pour être parfaitement à son aise. M. Greville, dans les deux dernières années de sa vie, avoit acheté lui-même pour deux mille livres sterling, principalement en morceaux brillants et d'apparat, que jusqu'alors ni moi, ni à ma connoissance, personne autre, n'avoient vus. Il n'avoit pu parvenir à faire trouver place à ces morceaux dans sa collection, qu'en resserant les morceaux dans les tiroirs, changeant dans plusieurs l'ordre qui y existoit, et en en retranchant un grand nombre de morceaux. Il avoit fait alors porter le retranchement sur ceux dont l'extérieur flattoit le moins la vue: suppression très-dangereuse dans une collection, lorsqu'elle n'est pas dirigée par une main parfaitement instruite dans ce qui la concerne. C'est, bien souvent, parmi ces morceaux, que sont ceux les plus précieux d'une collection, et en même temps ceux qu'il est le plus difficile, et souvent même presqu'impossible, de se procurer. Mon opinion étoit donc que la première opération nécessaire à faire à cette collection, étoit de revoir tous les morceaux qui en avoient été supprimés, afin de pouvoir rétablir à leur place, dans la collection, ceux qui y étoient d'une nécessité absolue ; opération qui ne pouvoit être faite que par la personne qui l'avoit formée elle-même, et qui seule pouvoit connoître les raisons qui l'avoient conduite à y placer primitivement ces morceaux qui pour utilité de la collection y étoient de la plus grande nécessité.

Les choses en étoient restées là, lorsque, fort peu de

temps après, j'appris avec beaucoup d'étonnement, que l'on transportoit la collection de la maison de M. Greville au Musé Britannique, par l'ordre de Sir Joseph Banks, et cela sans consulter en rien la personne qui l'avoit formée, qui en avoit eu la direction pendant une si longue suite d'années, et qui étoit, par conséquent, celle la plus instruite sur tout ce qui pouvoit la concerner. L'intérêt seul de la collection, sembloit devoir indiquer cette marche, si les procédés les plus simples et en même temps les plus exigibles et les plus généralement adoptés par l'homme en société, ne l'avoient pas eux-même commandée, comme une des premières lois d'honnêteté que les hommes civilisés doivent remplir les uns envers les autres, en faisant même abstraction des procédés qu'il me semble que j'étois en droit d'exiger qui fussent remplis envers moi-même. Ce transport étoit déjà très-avancé, lorsque Sir Abraham Hume eut l'honnêteté de venir chez moi, pour me dire que le jour précédent, dans une conversation qu'il avoit eue au parlement avec M. Rose, président du comité qui avoit été nommé pour cet objet, ce dernier lui avoit demandé si, dans le transport qui devoit être fait de la collection au Musé Britannique, il croyoit que je consentirois de me charger du soin de le diriger: ce à quoi il avoit répondu, qu'il ne m'avoit point encore fait cette question ; mais qu'il pouvoit assurer d'avance qu'on me trouveroit toujours prêt à agréer à tout ce qui pourroit intéresser, soit le public, soit la science. Sir Abraham Hume m'ajouta que M. Rose lui avoit répondu, que cela étant, si je voulois m'en charger, elle ne pourroit être en meilleures mains, et qu'il étoit venu pour me demander si en effet je voudrois me

charger de diriger son transport. Je lui appris alors
la manière avec laquelle cette commission, qui d'après
la confiance qui m'avoit été témoignée, avoit été pré-
vue, étoit rendue inutile par la précipitation remarqua-
ble qui avoit été mise à ce transport. Il en fut étonné,
ainsi que je l'avois été moi-même; mais nous n'étions
pas encore arrivé au terme des faits propres à inspirer
un sentiment, pour l'expression duquel l'étonnement
ne seroit plus le mot propre à employer.

Les savans distingués auxquels j'avois été adjoint,
dans l'évaluation de la collection de feu M. Greville, ne se
bornèrent pas au témoignage flatteur qu'ils m'avoient
authentiquement donné de leur estime, ils adressèrent
aux administrateurs du Musé Britannique, un mémoire
dicté par l'intérêt qu'ils portoient à la science. Ils leur
représentoient par lui, que l'acquisition de cette collection ayant eu pour but l'utilité dont elle pouvoit être à la
nation, et cette utilité exigeant qu'il en fût d'abord fait
un catalogue raisonné, ils désiroient que je fusse chargé
du soin de faire ce catalogue, étant en Angleterre la
personne la plus propre à remplir cet objet.

D'un autre côté, la précipitation avec laquelle la
collection avoit été enlevée de chez M. Greville,
n'échappa pas aux minéralogistes de Londres. Elle
leur indiquoit ce sur quoi ils devoient s'attendre, à
l'égard de tous les autres actes, concernant cette collection, qui pourroient etre influencés par le même centre d'action. Inquiets sur le sort qui l'attendoit, et
l'inutilité à laquelle très-probablement elle alloit être
réduite, ils crurent devoir faire tous leurs efforts pour
le prévenir. Ils se réunirent, en conséquence, au nombre de 10, pour faire parvenir de même aux admini-

strateurs du Musé Britannique, par l'organe de M.
Hatchett, qui avoit rempli la charge de président dans
le comité des commissaires, nommés pour procéder à
l'évaluation de cette collection, l'expression de leur
désir, en même temps qu'il leur remettroit celle des
commissaires mêmes de l'évaluation. Ces deux mémoires renfermoient donc l'expression des désirs de la
science elle-même. Je place ici les noms des personnes
qui ont signé ce second mémoire, pour avoir l'occasion
de leur exprimer publiquement ma reconnoisance, ainsi
que le souvenir profond que je conserverai toujours, de
l'opinion flatteuse qu'ils y ont exprimée à mon égard,
de même que de l'intérêt qu'ils m'ont montré. Ces
minéralogistes sont Sir James Hall, Sir Abraham
Hume, M. Greenough, président de la Société Géologique, et MM. Allen, Bingley, Knight, Horner, Dr.
Laird, Richard Phillips et Ricardo. Je joins ici le
mémoire, en forme de lettre, qu'ils chargèrent M.
Hatchett de communiquer aux administrateurs du
Musé Britannique. Il est daté du 5 de Juin, 1810.

Monsieur,

Ayant appris que l'intention des commissaires, nommés par la chambre des commues pour faire l'évalua-
lation de la collection de feu M. Greville, est de recommander, aux administrateurs du Musé Britannique,
le comte de Bournon, comme étant la seule personne
propre par ses connoisances à avoir la direction de ce
cabinet, nous prenons la liberté de nous adresser à
vous, pour vous prier d'avoir la bonté de leur communiquer cette lettre.

Vous n'ignorez probablement pas l'intérêt que nous

prenons à la minéralogie, à l'étude de laquelle nous
nous livrons, et vous serez en conséquence peu surpris
de l'inquiétude dans laquelle nous sommes, à l'egard
de la personne àlaquelle sera confié, par les administrateurs du Musé Britannique, le soin de cette précieuse
collection, qui dirigée ainsi qu'elle doit l'être, peut être
de la plus grande utilité à la minéralogie. L'étude
que nous avons faite de cette branche des connoissances naturelles, nous a mis à même d'apprécier les
connoissances étendues du comte de Bournon dans
cette science, dont en même temps nous avons beaucoup profité. Il ne doit pas être nécessaire de vous
dire ici, que son nom jouit de la plus haute considération parmi les minéralogistes de l'Angleterre, et doit
être placé à coté de ceux des minéralogistes les plus
distingués du continent. Il a aidé M. Greville dans le
rassemblement de la plus grande partie des objets les
plus intérresants de cette collection, dont la direction
complette lui a été confiée pendant une longue suite
d'années, et il est peut-être la seule personne qui
en connoisse parfaitement le mérite. Cette collection
perdroit une grande partie de sa valeur si elle n'étoit
pas accompagnée d'un catalogue descriptif. Il ne peut
exister aucun doute, que personne n'est plus en état
d'exécuter cet ouvrage difficile que le comte de Bournon ; dans les mains duquel il deviendroit, pour les
connoissances minéralogiques, un dépôt du plus haut
intérêt et ayant pour lui la plus forte autorité.

Les administrateurs du Musé Britannique ne peuvent
avoir d'autre objet que celui de contribuer, autant qu'il
peut être en leur pouvoir, à l'avancement des sciences :
ils doivent, en conséquence, désirer être éclairés par

les personnes qui se livrent à l'étude de la minéralogie, sur le choix de celle la plus propre à être chargée du soin de cette collection. Nous avons pensé,
d'après cela, que ce seroit manquer à notre devoir, de
ne pas ajouter notre parfait acquiescement à la recom-
mandation qui leur a été faite du Comte de Bournon,
par les commissaires chargés de l'évaluation de cette
collection, et nous vous prions, lorsque vous remettrez
cette recommendation aux administrateurs du Musé
Britannique, de leur remettre en même temps cette
expression positive de notre opinion, ainsi que de
l'espoir dans lequel nous sommes, qu'ils profiteront de
l'occasion qui se présente, dans ce moment, à eux, de
rendre à la minéralogie le plus grand service, et augmenter par-là la célébrité du Musé britannique *.

---

* Sir,

Having understood that it is the intention of the gentlemen who
were appointed by the committee of the house of commons, to value the late Mr. Greville's collection, to recommend the Comte de
Bournon to the trustees of the British Museum, as the person best
qualified to have the direction of that cabinet, we take the liberty of
addressing you on the subject, and we request that you will have
the goodness to lay this letter before those gentlemen.

We may not perhaps be unknown to you, as being engaged and
much interested in mineralogical pursuits, you will not therefore be
surprised that we feel great anxiety as to the person whom the
trustees of the British Museum, may entrust with the care of this
splendid collection, which under proper management may be pro-
ductive of the greatest benefit to mineralogy. In the course of our
studies, we have had many opportunities of discovering the very
extensive acquirements of Comte de Bournon on this subject, and
of profiting greatly by them; and it is scarcely necessary to state to

Le parlement, en décrétant 13.727 livres sterlings, pour l'achat de la collection de feu M. Greville, avoit expressément motivé son intention de rendre, par cet achat, un service réel à la nation angloise, et c'étoit après l'avoir formée sous ce rapport que j'avois cherché moi-même, par tous les moyens qui étoient en mon pouvoir, de tourner les yeux du gouvernement vers elle. Il existoit déjà, au Musé Britannique, une collection de minéralogie, et cette collection, quoique très-éloignée de pouvoir servir de ressource aux miné-

---

you that his name stands highest among the mineralogists in this country, and that he is equal to the most distinguished of the continent. He assisted Mr. Greville in collecting a great part of what is more valuable in the collection, the arrangemen and direction of the whole were entrusted to him for several years, and he is perhaps the only person who knows what its real contents are. Without a very full descriptive catalogue, the value of this collection to the public will be greatly diminished, and there is unquestionably no one who is capable of undertaking this task but the **Comte de Bournon**, in whose hands it would form a standard work of the highest authority.

As the trustees can have no other object than to promote science in the best possible manner, we presume it must be their wish to learn from those who have paid attention to the subject, who the person is that is best qualified to superintend this collection. We have therefore thought, that we should be wanting in our duty were we not to add to the recommendation of the gentlemen appointed to value the collection, our fullest testimony in favour of the **Comte de Bournon**: and we request that when you send the recommendation alluded to, to the trustees of the Museum, you will at the same time convey to them this our decided opinion, and our earnest hope, that they will embrace the opportunity that now offers of rendering the greatest service to mineralogy, and of thereby encreasing the celebrity of the British Museum.

ralogistes pour se livrer à l'étude de cette science, étoit cependant très-suffisante à l'emploi qui en étoit fait. Elle satisfaisoit la curiosité du public, auquel le Musé hors le temps des vacances, est habituellement ouvert, ce qui, une grande partie de la journée, en parcourt les salles, par bandes séparées conduites par un des sous ordres du Musé. Je dirai même plus, la seule partie de cette collection qui provient du legs de M. Cratchrod, et qui, composée de fort beaux morceaux placés sous verre, est à découvert et exposée aux regards du public, lui est utile. L'autre partie, provenant d'une petite collection vendue par M. Hatchett au Musé Britannique, et qui est arrangée systématiquement, lui est parfaitement inutile, elle est renfermée dans des tiroirs qui ne s'ouvrent jamais que dans des occasions extraordinaires qui se présentent rarement. Ce ne pouvoit très-certainement être pour augmenter aussi chèrement cette partie invisible et inutile, suffisante pour le moins à l'usage qui en étoit fait, que le parlement avoit décrété l'achat de la collection de feu M. Greville : il s'étoit expliqué clairement à ce sujet, et il étoit impossible de ne pas voir, dans cet acte, le désir d'être utile à la science, et par elle à la nation en général, en inspirant le goût de la minéralogie, protégeant son étude et facilitant ses progrès en Angleterre, qui jusque-là avoit été privée des moyens propres à cet objet. Dans cet état de chose, la méthode à adopter, la seule route à suivre, pour retirer de cette acquisition tout l'avantage dont elle pouvoit être susceptible, étoit de consulter l'opinion des minéralogistes ; et l'intention du parlement n'étoit nullement douteuse à cet égard.

Parmi les personnes auxquelles la direction du Musé

Britannique appartient, soit par suite du droit qu'elles tiennent des donations faites à l'établissement par quelques-uns de leurs ancétres, soit par le droit des places qu'elles occupent, aucune, du moins à ma connoisance, ne s'est en aucun temps occupée de la minéralogie : elles devoient donc désirer être éclairées par les minéralogistes même, sur le parti qui pouvoit être pris à l'égard de cette collection, pour la rendre utile. Elles avoient été prévenues, et ne pouvoient douter que les deux mémoires qui leur avoient été présentés, et qui étoient signés par des savants dont l'Angleterse se glorifie avec tant de raisons d'être le berceau, ne continssent non-seulement leur opinion, mais leur désir : il étoit impossible de s'exprimer plus positivement et plus clairement.

Ces deux mémoires déterminèrent la convocation d'une assemblée des administrateurs du Musé, par Sir Joseph Banks, leur président. Cette assemblée à laquelle furent présents Lord Dartmouth, Lord St. Hélène, l'Evéque d'Ely, le Speaker de la Chambre des Communes, Sir Joseph Banks, Sir George Cornwall, M. Rose, M. Annesley et M. Townley, après en avoir entendu la lecture, passa le 9 Juin les résolutions suivantes.

" Il a été lu un mémoire signé par le Dr. Babington
" et autres, demandant que le comte de Bournon soit
" employé à faire un catalogue de la collection de
" M. Greville ; ainsi qu'une lettre, signée par Sir James
" Hall et autres, datée du 5 de Juin, demandant aussi
" que le comte de Bournon soit employé.

" Le mémoire et la lettre ayant été pris en considé-
" ration, il a été résolu ;

« 1°. Qu'il sera faite immédiatement, un inventaire
« général de chacun des tiroirs et de chacun des cof-
« frets que renferme la collection, spécifiant le nombre
« des objets que contient respectivement chaque tiroir
« et ses coffrets, procédant par classe, ainsi que la col-
« lection est arrangée présentement.

« 2. Qu'il sera fait aussi promptement qu'il sera
« possible un catalogue de la collection, et cela dans la
« langue angloise.

« 3°. Que pour l'exécution de ce catalogue, un des
« officiers attachés à la partie de cet établissment qui
« concerne l'histoire naturelle, commencera, avec l'aide
« du comte de Bournon, par la partie de cette collec-
« tion qui appartient aux pierres précieuses, partie
« qui sera ensuite mise sous les yeux des admini-
« strateurs, comme un modèle du plan qu'on se pro-
« pose.

« 4°. Qu'à cet effet le bibliothéquaire en chef déli-
« vrera la collection par parties, et conservera la clef
« du reste, sous sa propre garde, jusqu'à ce que tout
« l'ouvrage soit complet *.

---

* A memorial to the trustees was read, signed by Dr. Babington
and others, recommending the employment of the Comte de Bournon in making the catalogue of the Greville collection ; and like-
wise a letter inclosed in it, addressed to some of the memorialists,
signed by Sir James Hall and others, dated the 4th of June, request-
ing their recommendation that the Comte de Bournon should be em-
ployed. The memorial with the inclosures being taken into consi-
deration,

Resolved :

1°. That a general inventory of each case and drawer containing
the Greville collection be immediately made by or under the inspec-

D'après les engagements que l'on a vu précédemme t que j'avois pris envers les minéralogistes, qui les premiers m'avoi nt demandé si je me chargerois de faire le catalogue raisonné de la collection, en cas que la chose me fût demandée, ainsi que d'en prendre soin, la charge que j'avois consenti de prendre étoit très-con i lérable par le travail énorme qu'elle exigeoit, et de la manière dont étoit placée la collection, combien de désagréments pour moi pouvoient et devoient même l'accompagner? Le zèle de l'utilité m'avoit fait passer par dessus toutes ces considérations : je doute qu'aujourd'hui il pût avoir sur moi autant d'empire. Si les administrateurs qui, par l'institut du Musé Britannique, étoient devenus les seuls maîtres de la collection, du moment, qu'elle y avoit été transportée, avoient eu la volonté de n'accéder en rien aux considérations qui leur étoient offertes, par les deux mémoires qui leur avoient été présentés, pour rendre cette collection utile

---

tion of the principal librarian, specifying the number of articles in each case and drawer; respectively proceeding by classes as at present arranged.

2°. That a descriptive catalogue of the coll tion of minerals be drawn up with all possible practicable dispatch, and that the same be in the English language.

3° That towards the formation of this catalogue, one of the two officers upon the establishment in the department of natural history do, with the assistance of the Comte de Bournon, begin with that branch of the collection which comprises the precious stones, and that the same be laid before the trustees as a specimen of the plan proposed.

4°. That in preparation for this work, the principal librarian do deliver over the collection part by part, and retain the key of the remainder in his own custody, until the whole shall be completed

au public, l'honnêteté de mon offre, la considération que
je crois mériter, et que je croirai toujours avoir le droit
d'exiger, et je dirai même encore le respect dû à l'infortune qui m'a conduit en Angleterre, et y rend le
travail nécessaire à mon existence, devoient du moins
m'assurer que le refus seroit accompagné de procédés
qui en diminueroit pour moi l'amertume. Qu'on juge
d'après cela, et surtout que les personnes avec lesquelles
j'ai assez vécu pour qu'elles aient une parfaite connoissance de mon caractère qui, quelle que soit ma
position, ne s'écartera jamais de celui de l'ancienne
noblesse françoise, se représentent l'effet qu'ont dû
faire sur moi les résolutions renfermées dans cette
réponse des administrateurs, aux deux mémoires qui
leur avoient été présentés.

Ces résolutions me furent adressées, le jour suivant,
de la part des administrateurs du Musé Britannique,
par M. Planta, Bibliothécaire en chef de cet établissement, et il les accompagna d'une lettre extrêmement
honnête et amicale, dont le caractère seul de ce savant estimable avoit dicté les expressions. Mais pourquoi me furent-elles envoyées, à moi personnellement?
Je n'avois adressé aucune demande à Messieurs les
administrateurs du Musé Britannique; cette démarche
n'étoit nullement dans mon caractère, et j'ose dire
que cette vérité avoit été parfaitement sentie par les
minéralogistes de Londres qui me connoissoient, et
qui se réunirent pour la faire eux-mêmes. C'étoit donc
à eux seuls qu'elles devoient être adressées, en réponse
à leur mémoire. Le lecteur, qui a eu la constance de
parvenir jusqu'ici, en observant son stile, ainsi que
son intention très-marquée, et qui bien certainement

ne peut être attribuée, ni à Lord Dartmouth, ni à Lord
St. Hélène, ni à l'Évêque d'Ely, desquels je n'étois
nullement connu, non plus qu'au speaker de la chambre des communes, ni à M. Rose, &c., le jugera
facilement.

Que les personnes respectables qui formoient l'assemblée dans laquelle ont été prises ces résolutions,
dont l'esprit étoit outrageant pour moi, et contrastoit
si fortement avec celui renfermé dans les deux mémoires qui venoient de leur être lus, me permettent,
de leur demander, comment, dans ce moment, elles ne
s'y sont pas opposées, par la certitude de blesser au plus
haut degré, un homme dont le caractère et la position
sembloient devoir lui mériter quelques égards, et qui,
au moment où, peut-être pour la première fois, son
nom frappoit leurs oreilles, étoit environné des témoignages les plus marqués de l'estime des savants
les plus estimés de Londres, et venoit de voir ces
mêmes sentiments exprimés par eux, au parlement,
de la manière la plus authentique? Comment le but
de ces résolutions, qu'il étoit impossible de ne pas
apercevoir, et qui bien certainement étoit hors de
l'intention du beaucoup plus grand nombre d'entre
eux, n'a pas été senti par eux; et comment, en conséquence, ils ont pu permettre que cet outrage fût fait,
à un homme qu'une réunion d'un nombre considérable de savants, venoit de leur représenter comme
étant mis par eux à la tête d'une science, dont un
dépôt rassemblé par lui-même venoit d'être placé entre
leurs mains ; que ces savants citoient comme le seul minéralogiste à Londres qui pût en faire retirer toute
l'utilité dont il étoit susceptible ; et auquel ils disoient

que la science et eux avoient eu des obligations; à un homme enfin, qu'une légere information, prise en opposition de l'impression que probablement on s'étoit d'avance efforcé de faire sur eux, leur auroit fait connoître avoir passé sa vie entière à mériter, et à jouir de l'estime générale de la sociéte? La noble fierté qui convient si bien à la noblesse, et qui caractérise si parfaitement celle angloise, ne devoit-elle pas leur faire présumer, d'après l'impression qu'avoient dû faire sur eux les témoignages d'estime dont l'expression non douteuse venoit deleur être lue, que je n'étois pas moi-même privé de cette fierté. Pourquoi alors, bien assurés que ces résolutions, si innutilement offensantes, seroient pour moi une cause de refus très-positif, ne se sont-ils pas bornés, ainsi que c'étoit visiblement une des intentions des résolutions, à un simple refus fait par eux-mêmes, et dont les savants de Londres, qui s'étoient adressés à eux, eussent seuls été dans le cas de se plaindre?

Pour parvenir à apprécier la nature et le véritable but des résolutions, il est peut-être utile de jeter ici un coup-d'œil sur chacune d'elles séparément; plusieurs d'entre elles d'ailleurs demandent, pour être appréciées, quelques détails particuliers.

La première de ces résolutions, qui détermine qu'avant de travailler au catalogue de cette collection, dont les minéralogistes demandoient que je fusse chargé, il seroit fait un inventaire général, &c. étoit injurieuse pour moi, à un tel degré, qu'elle dispensoit d'aller plus loin, et elle étoit nécessairement telle avec projet. La collection étoit au Musé Britannique, l'inventaire qui pouvoit en être fait, étoit un objet de police intérieure qui pouvoit être exécutée par celui des administrateurs chargé plus spécialement de celle de cet établissement, et cela sans rendre aucun compte de ses opérations, et il auroit pu ensuite en faire dresser tous les procès verbaux possibles, et par là satisfaire sa prétendue méfiance, sans m'en faire une insulte, en en faisant, sans aucun besoin, le premier article des résolutions.

A qui, d'ailleurs, cette méfiance insultante étoit elle montrée ? A l'homme qui avoit formé lui même la collection ; qui l'avoit formée pour être utile à la science. qui y prenoit par conséquent un vif intérêt, et y mettoit même de l'amour propre ; et qui l'affectionnoit au point, qu'ainsi qu'il l'a dit précédemment, par simple zèle pour l'accroissement de son utilité, il y avoit généreusement placé un très-grand nombre de morceaux, tous précieux, à lui appartenants. A l'homme enfin, qui après s'être chargé, je puis dire généreusement aussi, de l'arrangement de la partie du Musé Britannique qui concerne la minéralogie, à la demande même de ses administrateurs, qui lui fut communiquée par le Dr. Gray, s'étant aperçu de l'état de pauvreté absolue de cette collection, dans tout ce qui concernoit les gemmes, avoit donné à cet établissement, les seuls corundum, rubis orientaux, saphirs. spinelles, zircon, &c. A l'état brut, qu'il possedât : ce dont Messieurs les administrateurs lui avoient fait faire, dans ce temps, leur remercîments, par le même Dr. Gray.

La seconde résolution, demande que le catalogue soit terminé le plus promptement possible, et qu'il soit fait dans la langue angloise.

Les deux parties dont cette résolution est composée, et dont la première semble n'avoir pour but que de me faire sentir, au cas que j'acceptasse, le vif désir que l'on avoit d'être le plutôt possible débarrassé de moi, ces deux parties dis-je sont contradictoires. On n'avoit sûrement pas laissé ignorer aux administrateurs convoqués, que j'appartenois à la noblesse française émigrée en Angleterre: la langue angloise m'étoit conséquemment étrangère ; c'étoit dans celle qui m'étoit propre que je devois penser et écrire avec le plus de facilité. Cependant pour faire un travail qui demandoit beaucoup de peines et de réflexions, c'étoit dans une langue qu'on savoit ne m'être pas familière qu'on exigeoit qu'il fût fait. La traduction du catalogue, après qu'il eût été terminé, ou même à mesure qu'il eût avancé, étoit une chose si facile à faire, et si naturelle à imaginer, qu'il est très-aisé de reconnoître que cette résolution n'avoit pour but, ni l'intérêt de la collection, ni celui de son catalogue.

La troisième résolution, laisse apercevoir un double but dans celle précédente. Ce n'étoit pas moi, par cette résolution, qui devois faire le catalogue de cette collection, c'étoit une des deux personnes chargées du soin de la partie du Musé Britannique qui appartient à l'histoire naturelle ; je devois seulement être son aide dans cette opération. Cette personne ne pouvoit certainement être que celle dont le département est la minéralogie. Ainsi, le Comte de Bournon, ayant près de 40 ans d'expérience et d'étude en minéralogie, et présenté aux administrateurs comme devant être placé parmi les minéralogistes les plus instruits de l'Europe, et comme étant, en Angleterre, le seul qui pût faire le catalogue désiré, de manière à en retirer, pour la science, toute l'utilité dont la collection lui pourroit être, étoit, en réponse, placé par les administrateurs, sous la direction et comme aide d'un jeune homme, M. Könìg, étranger comme lui, qui trois ou quatre années auparavant étoit secrétaire de Sir Joseph Banks, auquel ses connoissances en Botaniques pouvoient avoir été utiles ; mais qui jusqu'alors n'avoit tenu absolument aucune place parmi les minéralogistes : il faut avoir lu la résolution sortant des registres du Musé Britannique, pour croire qu'elle ait jamais pu y être tracée. M. Könìg, avec du travail et de l'expérience, peut être appelé à se placer un jour parmi les minéralogistes les plus instruits, et peutêtre, un jour aussi, rendra-t-il de très-grands services à cette science ; mais la minéralogie, comme la Botanique, a sa marche tracée ; on commence dans l'une, comme dans l'autre ; et dans toutes les sciences le savant commencé ne se finit que par le travail et le temps. A l'époque actuelle, j'ose croire qu'une résolution totalement opposée, qui auroit mis ce jeune homme, qui bien certainement a beaucoup de moyens, dans le cas de travailler sous moi, eût été plus juste et plus utile, tant pour la collection, que pour lui : je me fus plu à lui donner tous les secours qui eussent été en mon pouvoir, et je l'eusse fait avec d'autant plus de plaisir, que je rends justice à l'amabilité de son caractère, ainsi qu'à l'étendue de ses connoissances en Botanique : je m'étois expliqué d'une manière expresse, à cet égard, auprès des savants qui m'avoient communiqué leur intention, lors de la présentation de leurs mémoires aux administrateurs du Musé Britannique*. M. König peut se rappeler que je n'avois pas attendu jusqu'à ce moment pour lui offrir tout ce qui pouvoit dépendre de moi, si dans quelques occasions il pouvoit croire que je pusse lui être utile.

Le troisième article des résolutions, renfermoit une autre expression de la volonté des administrateurs, qui enjoignoit de commencer le catalogue de la collection par les pierres précieuses, et de soumettre ensuite, au jugement des administrateurs, cette partie du catalogue, comme un échantillon du plan qu'on se proposoit. Et c'est à l'individu sur les connoissances minéralogiques duquel les administrateurs venoient d'entendre, exprimée dans deux mémoires différents, l'opinion des savants de Londres les plus estimés, que cette injonction étoit faite. Les administrateurs convoqués, n'ayant, autant que peut me permettre d'en juger un séjour de 18 années à Londres, et l'admission dans la plupart des sociétés savantes de cette ville, aucune connoissance en

---

* Il m'est revenu que M. König, s'étoit plaint que j'avois voulu lui enlever sa place. Ce reproche de sa part n'est pas généreux ; il eût pu présumer qu'un pareil acte étoit totalement étranger au caractère qu'il étoit dans le cas de me soupçonner : Ainsi que je l'ai dit, je m'étois expliqué à cet égard. D'ailleurs, suivant moi, il ne devoit y avoir aucune connection quelconque entre cette collection et celle déjà existante au Musé Britannique ; mais au cas qu'on voulût absolument les réunir, j'avois annoncé d'avance être dans l'intention de refuser tout ce qui pourroit lui occasionner aucun tort. Il est vrai cependant que si cette réunion, vicieuse sous tous les rapports, avoit été faite, j'imaginois qu'alors il travailleroit sous moi : la différence d'état, d'âge et d'expérience pouvoit lui permettre d'occuper cette place sans rougir.

minéralogie, ne pouvoient, ce me semble, être dirigés, dans la conduite à tenir à l'égard de la demande faite par les deux mémoires, que par les connoissances que leur donnoit sur mon compte l'opinion qui étoit clairement exprimée dans ces mémoires, et dans ce cas, il étoit visible que la méthode à suivre dans l'exécution de ce catalogue, devoit être laissée à ma disposition, que j'en étois le meilleur juge, et que la confiance qu'ils étoient dans le cas de prendre en moi, à cet égard, devoit être entière. Ils ne l'ont pas fait, ils ont donc été dirigés par une impulsion particulière, qui étoit totalement étrangère à la science.

D'un autre côté, comment accorder avec cette injonction de suivre une marche obligée et totalement contraire à celle exigée par la science, ainsi que de soumettre ensuite le catalogue, ainsi commencé, à l'approbation, ou plutôt à la désapprobation des administrateurs, car il est facile de voir que le but de la résolution étoit de conduire à cette dernière fin ; comment dis-je accorder cette injonction, avec la confiance que plusieurs années auparavant, les administrateurs avoient eue dans mes connoissances minéralogiques, confiance qui seule pouvoit les avoir conduits à me faire demander par le Dr. Gray, alors chargé du soin de la collection minéralogique qui existoit au Musé, si je voulois leur rendre le service de mettre en ordre cette collection ? Ce fait, par le contraste qu'il présente avec la conduite qui étoit tenue dans ce moment par eux envers moi, est si singulier, et en même temps si authentique, qu'il mérite par ses détails que nous nous arrétions un moment sur lui : il est d'ailleurs très-propre à faire connoître l'esprit qui a dicté les résolutions.

Deux années avant sa mort, le Dr. Gray vint chez moi, et me dit qu'il étoit chargé de la part des administrateurs du Musé Britannique, de me demander si je voulois leur rendre le service de mettre en ordre tout ce qui pouvoit appartenir à la collection minéralogique du Musé, et après avoir déterminé tout ce qui devoit en faire partie, en séparer les doubles, dont l'intention des administrateurs étoit de faire ensuite une vente particulière. Ma réponse, à cette demande fut ce qu'elle a toujours été dans toutes les occasions semblables, que toutes les fois que je pourrois employer le peu de connoissances que je pouvois avoir à l'utilité publique, je le ferois toujours avec beaucoup de plaisir.

Sans attendre qu'il me fût fait aucune autre proposition de la part des administrateurs, je me transportai, dès le lendemain, au Musé Britannique, où le Dr. Gray me fit voir un premier travail qu'il avoit commencé. Il concernoit la partie des quartz. Il avoit ôté de la collection un grand nombre de fragments et d'aiguilles frustes ou cassées de cristal de roche, bien faits en effets pour en être supprimés. Il me montra un panier dans lequel il avoit jeté tous ces morceaux inutiles, en me demandant si je croyois que dans la vente des doubles de la collection, cette partie pût valoir quelque chose et y occuper une place. D'après une réponse complettement négative de ma part, il me dit, qu'alors il alloit la faire enterrer dans le jardin. M'étant occupé un moment à parcourir, ce que ce panier renfermoit j'en sortis un cristal de saphir, très-parfait dans sa forme, qui étoit un dodécaèdre pyramidal aigu, et très-rare par sa grandeur. Comme sa couleur n'étoit que très-légèrement bleuâtre, et que sa surface, un peu égrisée, avoit peu d'éclat, il avoit été pris pour un mauvais cristal de quartz. Je demandai alors que ce panier, ainsi que tout autre qui seroit destiné à éprouver le même sort, ne fût enterré que lorsqu'après en avoir fait l'examen, je prononcerois moi-même sa condamnation. Je cite ce trait, parce que le Dr. Gray, pour lequel j'ai acquis, dans les relations que j'ai eues avec lui, beaucoup d'estime et d'amitié, l'a déclaré lui-même, et pour faire voir, en même temps, combien il est important que la personne qui est chargée du soin d'une collection de minéralogie, et principalement d'une collection considérable, tournée vers l'étude de la science, soit parfaitement instruite, tant par la théorie, que par l'expérience, de tout ce qui peut concerner la science. Ce qui m'est arrivé là, auprès du Dr. Gray, m'est arrivé très-fréquemment dans beaucoup de collections, et ce qu'il y a de plus fâcheux pour elles, c'est que dans ce cas, le choix des morceaux rejetés, comme étant des morceaux doubles ou de rebuts, tombe presque toujours sur les morceaux les plus rares et les plus intéressants de la collection.

J'ai employé plusieurs mois au travail que j'ai fait au Musé Britannique, j'en ai mis en ordre, pendant ce temps, la collection minéralogique, d'après le système de Werner, qui avoit été préféré, comme celui le

plus généralement suivi en Angleterre.*   J'ai suivi cette
collection, morceau par morceau, avec le Dr. Gray, en

---

* La collection de M. Greville étoit arrangée d'après le système
qui m'est particulier, et à l'égard duquel, éclairé par le travail déjà
fait sur cet objet par les deux plus célébres minéralogistes de cette
époque, M. l'Abbé Haüy et M. Werner, je crois avoir rapproché
davantage de celui que la nature semble nous tracer.   On m'a dit,
que depuis le transport de cette collection au Musé Britannique,
cet ordre avoit été détruit.   Je regretterois beaucoup qu'en effet le
désir de faire disparoître toute trace qui pouvoit conserver le souvenir de la personne par laquelle cette collection avoit été en plus
grande partie formée, eât fait porter sur la méthode que j'y avois
adoptée, la hâche de la destruction.   Ce n'est cependant pas que
j'aie l'amour-propre de croire, sans aucun appel, le système que
j'avois adopté, dans son arrangement, supérieur à ceux qui l'ont
dévancé ; mais il a pris naissance après eux, et, ainsi que je viens
de le dire, j'avois été à même, en le formant, de profiter des lumieres
qui m'étoient apportées par ceux qui l'ont précédé, en évitant en
même temps les fautes que je croyois y reconnoître ; ce qui étoit
déjà pour lui un avantage considerable.   Ce système étoit en outre
celui de la personne qui avoit formé la collection, sur l'ensemble de
laquelle l'esprit qui l'avoit ordonné d'après lui, devoit naturellement
avoir imprimé un caractère particulier ; et ce caractère presentoit
un nouveau point de comparaison aux minéralogistes qui pourroient
avoir le désir de perfectionner le système de classification des minéraux.   D'ailleurs, il ne faut pas perdre de vue, que cette collection avoit eu principalement pour objet l'étude de la minéralogie,
ainsi que les moyens d'en rendre les faits essentiels, plus sensibles
et plus faciles à saisir ; tout changement en conséquence qui pouvoit y être fait, par tout individu ignorant les vûs, ainsi que les
principes de l'auteur, opéroit avec certitude, du moins la destruction
de l'intérêt principal qui étoit offert par la collection, et qui est
entré pour beaucoup dans l'évaluation qui en a été faite. Il me semble que ces raisons, jointes peut-être à la crainte de se charger d'une
trop grande responsabilité, eussent dû faire respecter cette methode.

lui désignant la nature et l'intérêt qui pouvoit appartenir à chacun d'eux ; ce qui accompagnoit pour lui cet arrangement, d'un véritable cours de minéralogie, aussi complet que l'imperfection de la collection pouvoit le permettre. J'ai rectifié les fautes qui se trouvoient dans l'ancien catalogue qui existoit d'une partie de cette collection, et j'y ai ajouté, et cela en françois que le Dr. Gray traduisoit ensuite en anglois, la description des morceaux qui n'en avoient aucune, et dont le plus grand nombre étoit fourni par l'examen général que j'avois fait de tout ce qui étoit épars et perdu dans la poussière, depuis un temps considérable, dans les bas de cet établissement. Il existoit en effet, dans les chambres basses du bâtiment du Musé, un nombre considérable de morceaux, les uns appartenant à l'ancienne collection de Hans Sloane, les autres provenant de différentes occasions qui les avoient procurés au Musé. Les morceaux provenant de l'ancienne collection de Hans Sloane, étoient placés, pour la plupart, dans des coffrets faits avec des feuilles de plomb, que le temps, joint à l'humidité, avoit presqu'en totalité oxydées. Le dépouillement et l'examen de cette partie offroit un travail très-sale et malsain : l'espoir, encouragé par le succès, de pouvoir enrichir la collection d'un nombre considérable de morceaux utiles à son intérêt, m'a fait passer par dessus toutes ces considérations, qui n'étoient pas de peu de valeur. Cette opération terminée, les morceaux placés dans la collection et décrits, les rebuts enterrés dans le jardin, et les doubles, dont on pouvoit retirer quelqu'intérêt, séparés, j'ai réuni ces derniers en divers lots particuliers, et ai fait le catalogue de la vente qui ensuite en a été faite. C'est en faisant ce travail, que je me suis aperçu de la nullité absolue de cette collection, dans tout ce qui appartenoit aux pierres précieuses, et que je lui ai fait le cadeau que j'ai cité plus haut, avec ce plaisir que j'ai toujours éprouvé dans ces sortes d'occasions, et que j'étois loin alors de penser devoir un jour être payé, ainsi que le zèle que j'avois mis à être utile à cet établissement, par les résolutions outrageantes qui émaneroient, à mon égard, du comité de ses administrateurs. Pourquoi les résolutions qui ont été prises sous leur présence, m'ont-elles forcé de me rappeler si péniblement cette époque, en la leur rappelant à eux-mêmes ; et cela dans le moment où il venoit de leur être donné un témoignage authentique de la considération des savants de Londres, que naturellement je devois m'attendre à leur voir partager ? Pourquoi suis-je aujourd'hui forcé, par les faits extraordinaires, et si peu mérités auxquels j'ai été successivement exposé, à céder au sentiment profond dont mon âme est pénétrée ? Pourquoi au lieu de la remplir des sentiments de reconnoissance qui trouvent si facilement à s'y placer, n'a-t-elle été abreuvée que d'amertume, et ne peut-elle plus se livrer à d'autre sentiment qu'à celui du regret ?

La quatrième résolution, n'étant qu'une suite de la première, et destinée simplement à rendre son intention plus claire et non douteuse, en en augmentant en même temps l'action, je ne m'arrêterai pas sur elle. J'imposai silence aux sentiments qui pénétroient mon âme, et dont le lecteur se représentera facilement la nature, et je me contentai de répondre à la lettre très-honnête de M. Planta, qu'il ne se présentoit à moi, dans ce moment, aucune réponse à faire à l'envoi qu'il m'avoit fait des résolutions des administrateurs du Musé Britannique.

J'ai déjà dit, que je ne pouvois imputer sans restriction aux administrateurs convoqués, ce que leur résolution avoit d'offensant pour moi ; je n'étois connu d'aucun d'eux, et ils étaient absolument étrangers à la minéralogie : ils étoient par conséquent dans une situation telle, qu'ils ne pouvoient avoir, sur l'objet qui leur étoit présenté, d'autre opinion que celle qui leur étoit inspirée. Mais il m'a été infiniment douloureux de trouver parmi les membres cités dans les résolutions comme présents, M. Rose, président du comité du parlement qui avoit été chargé de tout ce qui concernoit l'achat de cette collection, et le speaker de la chambre des communes, qui tous deux m'avoient été représentés comme ayant une opinion semblable à celle qui avoit dicté les mémoires qui avoient été présentés aux administrateurs du Musé. Cependant, si je ne suis pas dans l'erreur, ne connoissant ce que je vais ajouter que par la relation qui m'en a été faite par mes amis, et ils n'ont certainement pas dû vouloir me tromper, ces deux membres respectables de la chambre des communes n'étant, par une circonstance très-particulière, arrivés à l'assemblée qu'après que les résolutions avoient été prises, il leur avoit été impossible de les faire changer. Sentant tout ce qu'elles avoient de choquant pour moi, et voyant, en même temps, combien peu elles répondoient au but d'intérêt pour la science, exprimé dans les mémoires, ils demandèrent qu'une décision définitive, sur cet objet, fût renvoyée à l'assemblée des administrateurs du mois suivant, et que jusque-là il ne fût pas touché à la collection.

Etonné de tout ce qui s'étoit passé, ne pouvant concevoir les faits que je voyois, et qui étoient si étrangers à toutes les idées que jusqu'alors la réflexion, et même l'expérience, avoit pu placer dans mon esprit, je tournois mes regards vers ce qu'il me paroissoit devoir probablement en être le résultat, lorsque les minéralogistes qui s'intéressoient à la science, et vouloient bien me mettre à côté d'elle dans leur intérêt, me demandèrent avec beaucoup d'instance, et appuyés sur des conseils faits pour inspirer de la confiance, d'accéder aux résolutions qui m'avoient été envoyées par le Musé Britannique, et sur lesquelles on ne pouvoit revenir. Ils me représentèrent, en même temps, que le vif intérêt que je prenois à la science l'exigeoit, et qu'ils avoient de fortes raisons pour croire que j'aurois lieu d'être satisfait. Je n'oublierai jamais cette époque, et les circonstances qui l'ont accompagnée. Cette demande étoit bien différente du résultat sur lequel je viens de dire que je portois mes regards, comme devant naturellement exister : elle étoit même loin d'y conduire. J'en gémis, et ne pouvant diriger les événements, il ne me restoit qu'à chercher à en diminuer l'action, du moins sous quelques rapports. Je ne leur cachai point, que la nature des sentiments qui avoient rempli mon âme à la lecture des résolutions, étoit toujours la même ; mais qu'il s'y joignoit en outre, comme minéralogiste, le partage de ceux que devoit leur avoir fait éprouver la conduite qui avoit été tenue envers eux. Que puisqu'ils croyoient que la démarche qu'ils me demandoient auroit du moins une partie des succès qu'ils désiroient, les sentiments que je leur avois voués me feroient faire momentanément le sacrifice qu'ils me demandoient, quoiqu'il me fût très-pénible. Que ce sacrifice, je le ferois, non pour moi, ma résolution étant prise, mais à l'honneur des minéralogistes de Londres, et pour leur sauver, du moins par un léger succès, tout ce que pouvoit avoir de pénible pour eux un refus complet, dans une circonstance qui les intéressoit aussi essentiellement, et étoit aussi marquante. Que j'acquiesçois à leur demande ; mais que je les prévenois en même temps que si, d'après cette démarche, j'étois introduit au Musé, je me bornerois à remettre en ordre quelques parties de la collection qui étoient en désordre, et qu'après m'y être livré quelque temps à cette occupation, je me retirerois, si toute fois les circonstances me permettoient d'y rester plus de 24 heures. Je me reproche aujourd'hui d'avoir accédé à leur demande, et je leur en ferois un reproche à eux-mêmes, dont l'opinion première avoit été qu'aucune démarche quelconque faite par moi à ce sujet n'étoit digne de moi, si je n'étois certain qu'ils étoient de bonne foi, et qu'ils ne prévoyoient nullement le peu de considération qui seroit apportée à la nouvelle démarche qu'ils pouvoient se résoudre de faire.

C'est après avoir fait cette espèce de profession de foi, que le 22 Juin, 1810, j'ai signé une lettre totalement rédigée par eux, et écrite à M. Planta, pour être communiquée aux administrateurs ; ainsi qu'une autre le 26, de même entièrement rédigée par ces savants, et écrite aussi à M. Planta, et dans laquelle je traçois le plan que je croyois qui devoit être suivi, pour le moment, à l'égard de la collection. C'est ainsi en ... que j'ai agréé au certificat qui va suivre. Je suis ... sûr qu'ils se reprochent en effet aujourd'hui de ...... fait faire une démarche si inutile, et en même temps si opposée à mon opinion, et de l'avoir faite eux-mêmes. Il étoit facile de sentir que l'opposition ap-portée à leur demande, fondée à la fois sur le pa... tisme et sur la justice, avoit due être à l'origine très-difficile à préparer ; mais qu'une fois cette opposition établie, la continuité de son action étoit trop facile à maintenir, pour qu'on pût espérer pouvoir y parvenir, en continuant d'agir avec les mêmes moyens.

Voici le certificat dont je parle, que je n'avois pas demandé, mais que les minéralogistes crurent devoir adresser aux administrateurs du Musé Britannique, après m'avoir demandé à cet égard mon consentement. Il étoit signé des savants suivants, Sir Abraham Hume, Dr. Babington, Dr. Wollaston, Dr. Laird, MM. J. B. Greenough, président de la société géolo-gique, Smithson Tennant, R. Chénevix, Robert Fergusson, Leonard Horner, William Phillips, Robert Bingley, William Allen, William Williams, Robert Knight, William Jacob, Jonville.

Nous, soussignés, ayant été requis par le comte de Bournon, de donner aux administrateurs du Musé Bri-tannique, l'opinion que nous avons eu fréquemment l'occasion de former sur ses connoissances en minéra-logie, déclarons avec une grande satisfaction, que, d'après notre opinion, non-seulement il possède une connoisance profonde des minéraux; mais qu'il a corrigé, dans leur classification, les fautes des auteurs qui l'ont précédé ; qu'il a réuni entre elles des sub-stances qui avoient été improprement séparées les unes des autres, ou qui étoient mal connues ; qu'il a beaucoup ajouté enfin par ses découvertes, à celles faites par les autres minéralogistes.

Nous avons toujours été persuadés que la collection de feu M. Greville, doit particulièrement son mérite aux soins et au travail du comte de Bournon, et nous pensons, bien décidément, que sans son secours, soit dans la description, soit dans les autres arrangements qui pourroient y être faits, on ne pourroit retirer de cette collection, comme établissement national, tout l'intérêt qu'on s'est proposé en en faisant l'acquition.

Nous donnons avec d'autant plus de confiance notre opinion sur les connoissances dn comte de Bournon, que nous savons que ses travaux ont été aussi applaudis par les minéralogistes du continent que par ceux de l'Angleterre, et que plusieurs des collections les plus considérables de Londres ont été confiées à son examen et à ses soins *.

---

* We, whose names are undersigned, having been requested by the Comte de Bournon to state in writing, for the information of the trustees of the British Museum, the opinion which our repeated opportunities of judging have enabled us to form of the extent of his acquirement in mineralogical science, feel great pleasure in declaring that in our estimation, he not only possesses the most accurate knowledge of individual minerals, but in their arrangement has corrected the errors of preceding writers, has reduced to system substances that were previously improperly separated from each other or imperfectly understood, and has, to the discoveries of others, made numerous and important additions of his own.

We have also always considered the Greville collection, as deriving a peculiar value from the labours of the Comte de Bournon, and decidedly think that by his assistance in the description and further arrangement of it, the scientific purposes which, as a national collec-

L'assemblée des administrateurs à laquelle, d'après la demande de M. Rose, et du speaker de la chambre des communes, la décision sur la demande faite dans les mémoires qui leur avoient été remis à leur assemblée précédente, avoit été renvoyée, ne fut pas assez nombreuse pour prononcer. Cette décision fut de nouveau renvoyée à l'assemblée du mois suivant, et comme le même inconvénient s'y présenta, et que l'époque des vacances étoit arrivée, elle fut ajournée à la première assemblée après la rentrée, et de fait abandonnée.

Le peu d'attention qui avoit été faite à la demande des minéralogistes de Londres, dans une circonstance qui intéressoit particulièrement la minéralogie, et dans laquelle leur opinion devoit avoir un poids prépondérant; le peu d'égards avec lequel les administrateurs du Musé Britannique, s'étoient conduits vis-à-vis d'eux; tout annonçoit très-visiblement le sort auquel cette collection étoit destinée : on ne vouloit pas qu'elle eût aucun rapport avec la science. Elle étoit devenue une propriété absolue du Musé Britannique, où elle est de la plus parfaite inutilité. Par ce fait seul, elle est sequestrée de la science : et étant renfermée dans des tiroirs, elle est sequestrée de la curiosité du public, au parcours

---

tion, it is intended to answer, can alone be effectually accomplished.

This opinion with respect to the peculiar competency of the Comte de Bournon, we state with the greatest confidence, knowing, as we do, that his writing has received the approbtion of the mineralogists of the continent, as well as of this country, and that several of the most extensive collections in the metropolis, have been submitted to his examination and arrangement.

des chambres duquel l'établissement du Musé Britannique paroît être spécialement destiné. Le parlement en auroit donc fait l'acquisition pour en annuler par-là l'utilité: par-là aussi, loin de rendre service à la science, il lui auroit nui; quel qu'eût pu être le sort de cette collection, elle lui eût toujours été plus utile.

Intéressé plus que personne à rendre la collection minéralogique de feu M. Greville, utile à la science, et par elle à l'Angleterre, puisque tous mes soins, en la formant, avoient eu cette perspective encourageante devant les yeux. Connoissant le désir extrême que les minéralogistes éprouvoient à ce sujet, je leur représentai que parfaitement averti par l'expérience de l'inutilité de toute autre démarche, d'une nature analogue à celles qu'ils avoient déjà faites, et ne pouvant douter des obstacles que la science éprouveroit continuellement dans l'établissement de tous les moyens propres à son développement et à ses progrès, je croyois qu'il étoit de la plus grande nécessité, si en réalité ils désiroient lui être utile, d'employer des moyens plus directs et plus propres au succès de leurs efforts et de leurs vœux. Qu'il me sembloit que la route la plus naturelle à suivre, étoit de s'adresser directement au parlement, protecteur né de l'intérêt du public. Que l'occasion me paroissoit très-favorable pour le faire, en préparant en même-temps, en Angleterre, pour les sciences, une révolution qui leur seroit extrêmement précieuse. Que le parlement venoit de prouver, par l'achat motivé de la collection de M. Greville, la protection qu'il étoit disposé à accorder à la minéralogie, d'un intérêt si capital au commerce, aux manufactures de l'Angleterre, ainsi qu'à sa grande richesse territoriale en mines. Qu'il renfer-

moit lui-même dans son sein, outre les personnes connues dans diverses branches des connoissances, des
minéralogistes dont la métropole se glorifioit. Qu'il me
paroissoit en conséquence non douteux, qu'en lui adres-
sant une pétition signée par tous les minéralogistes de
l'Angleterre, signature qu'il seroit très-facile d'obtenir,
et qui lui représenteroit combien le but qu'il avoit
eu dans l'achat de la collection de M. Greville avoit
été peu rempli, par les obstacles qui y avoient été apportés par l'établissement même auquel il avoit été
réuni ; la nature de ces obstacles ; le moyen de les lever,
sans blesser en aucune manière l'intérêt de personne ; le
mode à suivre pour tirer de cette collection tout l'avantage dont elle étoit susceptible ; la nécessité de le faire,
par la suite du bien qui en résulteroit, &c. il étoit
impossible que le parlement ne se réunît pas avec eux
pour l'accomplissement de ce désir généreux. Mon
opinion, que je soumettois cependant à leurs lumières,
étoit que la pétition à présenter au parlement, devoit
reposer sur les considérations suivantes.

Il n'en est pas de la minéralogie, ainsi que de la
chimie. Dans cette dernière, le chimiste travaille chez
lui : au moyen de son laboratoire, qu'il peut construire
avec la plus stricte économie, du feu, et des divers ré-
actifs qu'il se fournit à volonté, et pour la plupart à
très-peu de frais, il agit dans le silence et dans l'isole-
ment. Sous sa main, dirigée par la théorie de la
science, naissent les analyses et les divers composés
chimiques, et si le génie vient présider à ses opérations, naissent aussi les nouvelles combinaisons, et les
découvertes qui journellement enrichissent cette science.
Il n'en est pas ainsi dans la minéralogie, la théorie de

cette science peut, il est vrai, s'acquérir avec autant de facilité que celle de la chimie ; mais les matériaux nécessaires pour mettre cette théorie en action, ne se procurent pas aussi facilement : ils sont très-multipliés, leur rassemblement est très-dispendieux, et hors de la portée d'un jeune homme, que son goût porte vers son étude. Cependant, sans avoir été à même de voir les objets très-nombreux qui lui appartiennent, sans avoir eu l'occasion de les comparer entr'eux, d'accoutumer ses yeux à saisir les différences, souvent très-peu saillantes, qui les distinguent, la théorie, quelque parfaite qu'elle fût, ne suffiroit pas plus pour former le minéralogiste, que la théorie de la peinture ne suffiroit pour faire un excellent peintre. La minéralogie est peut-être de toutes les sciences celle qui demande le plus l'exercice de la vue : la personne qui s'y livre, ne peut trop profiter des occasions de voir les minéraux. Le but de cette science, n'est pas d'amuser les simples loisirs du possesseur d'une collection, mais de rendre utiles à l'homme les richesses du règne minéral, dont, sans son étude préliminaire, il fouleroit aux pieds les plus précieuses, sans les connoître, ou entreprendroit de grands travaux, et hasarderoit des dépenses considérables, pour des spéculations peu faites pour l'en dédommager. Les anecdotes de la minéralogie, présentent un grand nombre de faits, tous plus frappants les uns que les autres, de cette importante vérité.

La minéralogie, comme science, a en outre un grand avantage ; étant la clef principale de la géologie, elle met l'homme à même de satisfaire cette noble curiosité qui le porte à chercher à connoître, du moins autant qu'il est permis à ses facultés, le globe si digne de son étude, que l'auteur de la nature lui a donné pour demeure. Elle aggrandit son âme, et plus qu'aucune science elle lui apprend à connoître son créateur, et à bénir sa bonté bienfaisante à son égard. Oui, j'ose le dire, parce que j'en suis intimement persuadé, le véritable minéralogiste doit être un homme de bien.

Qu'on me permette maintenant de le demander, comment le minéralogiste simplement théoricien, se reconnoîtra-t-il dans la nature, lorsque cherchant à l'interroger, il n'aura pas accoutumé ses yeux à lire avec facilité et avec exactitude, les réponses qu'il en recevra ? Cette vérité a depuis long-temps frappé les yeux des gouvernements du continent, elle les a conduits à former des établissements publics, dans lesquels les jeunes gens, que le goût de la minéralogie porte vers elle, puissent apprendre à faire, sur les divers objets qui appartiennent à cette science, l'application de la théorie. C'est à ces établissements multipliés, et à la privation dans laquelle Londres a toujours été à cet egard, que le continent a dû jusqu'ici la prépondérence si marquée qu'il a acquise sur l'Angleterre, dans tout ce qui concerne la minéralogie. Les sciences ne sont pas assez étrangères à la gloire des états, pour qu'ils puissent voir avec indifférence la supériorité de leurs voisins, lors surtout qu'il faudroit si peu d'efforts pour la faire disparoître. Que penser donc de ceux faits au contraire pour les paralyser ?

Le Musé Britannique ne peut être considéré que comme un dépôt général, classé, mais non scientifique, de tout ce qui peut concerner les sciences, les arts, l'antiquité, &c. Dépôt propre à satisfaire la curiosité du public, à lui donner une légère idée de divers objets qui lui sont étrangers, et qui se trouvant rassemblés

dans un même lieu, le frappent d'ordinaire fortement,
par la diversité des objets qui se présentent à lui, lui
procurent quelques heures agréables, dans lequelles il
jouit en même-temps, comme propriétaire, d'un rassemblement que d'ordinaire il croit que rien ne peut
égaler. Mais cet établissement ne peut être considéré,
sous aucun rapport, comme un monument élevé directement aux sciences, par l'utilité dont il peut leur
être. Aucunes des parties qu'il renferme, et principalement à l'égard des sciences qui ont la connoissance
de la nature pour objet, ne sont assez complettes pour
servir à leur étude; et dans la plupart les ressources,
pour le jeune élève qui voudroit y puiser les connoissances qu'il désire acquérir, ou éclaircir les doutes qu'il
pourroit avoir, y sont presque nulles.

Qu'on me permette de faire ici quelques réflexions,
qui ne paroîtront peut-être pas déplacées, et qui serviront à faire mieux sentir encore, combien en effet le
Musé Britannique est loin de pouvoir être considéré
comme ayant pour object les sciences et leur avancement. J'ai dit que la partie qui y concerne l'étude de la
nature y est extrêmement pauvre. Celle qui concerne
les insectes ne contient que quelques débris d'une collection plus considérable, qui probablement doit y avoir
existé, et dont les restes sont extrêmement mutilés.
Si cet établissement avoit eu l'avancement des sciences
pour objet, après la mort de M. Drury, qui avoit
une collection d'insectes très-considérable, très-précieuse, et parfaitement bien conservée, les adminini-
strateurs du Musé Britannique auroient certainement tourné leur attention vers elle pour l'en enrichir.
Cette collection étoit d'autant plus précieuse pour lui,

que M. Drury étoit auteur d'un ouvrage estimé sur les insectes, et que ses manuscrits, detinés à la continuation de cette ouvrage, ont été vendus avec la collection, et cela à un prix extrèmement bas. Le Musé Britannique, en outre d'une collection très-considérable et d'étude sur les insectes, qu'il ne possédoit pas, se seroit procuré le double avantage de placer dans ses murs la collection originale d'un auteur appartenant à l'Angleterre, et qui lui fait honneur. La manière avec laquelle la demande des administrateurs de ce Musé, à l'égard de la collection de M. Greville, a été accueillie par le parlement, démontre la facilité avec laquelle ces dépositaires de tout ce qui peut intéresser l'utilité et la gloire de la nation, eussent agréé à une acquisition précieuse à l'établissement, et qui d'ailleurs étoit une misère pour le prix. Le Musé Britannique ne renferme que quelques oiseaux, sur lesquels les yeux ne peuvent s'arrêter sans éprouver un véritable regret, et qui ne pourroient même servir à expliquer le systême de classification adopté dans cette partie de l'étude de la nature. S'il eût eu le progrès des sciences pour objet, à la vente du Musé Leverian, dont la collection d'oiseaux étoit très-belle, et renfermoit un grande nombre d'individus rares, et plusieurs presqu'uniques, les administrateurs du Musé Britannique, eussent sans aucun doute profité de l'occasion qui se présente si rarement, pour procurer à l'établissement les oiseaux qui lui manquoient en si grand nombre ; ou du moins s'ils n'avoient pas voulu embrasser une sphère aussi étendue, ce qui, vu la circonstance, eût cependant été très-mal fait, ils en auroient du moins profité, pour y placer ceux des oiseaux rares et presqu'introuvables, qu'ils pouvoient se procurer, et dont l'occasion ne se présente pas à volonté. Combien il est à regretter qu'ils aient permis que l'Angleterre en fût privée, et que ces oiseaux allassent enrichir les collections de France et d'Allemagne! Il en résulte qu'il n'existe pas à Londres une collection d'oiseaux à consulter : le prix très-bas auxquel la plupart ont été vendus, ajoute encore au regret de leur privation.

Je passe maintenant à un objet plus directe, à la minéralogie, qui est le but principal de mes observations et de mes regrets. Dans un moment où les derniers travaux qui ont été faits sur le continent, et principalement en France, sur les débris des animaux et des végétaux renfermés dans un très-grand nombre des roches secondaires, qui entrent dans la structure solide extérieure de notre globe, ont fait sentir le rôle intéressant que ces débris jouent dans l'étude de la formation de notre terre, tout ce qui qui les concerne est extrêmement précieux. Je dis même plus, sans eux, sans leur parfaite connoisance, l'étude géognosique ne peut être que très-imparfaite, et même ne peut en quelque sorte être que très-légèrement ébauchée. On ne peut donc, à l'exemple de ce qui est fait aujourd'hui en France en Allemagne, &c. porter une attention trop particulière dans le rassemblement de tout ce qui a trait à ces restes des corps organisés, connus sous le nom de fossiles, sur lesquels les observatione sont encore trop récentes, pour qu'ils n'en reste pas un grand nombre à leur ajouter. Or, d'après cela, la collection du Musé Leverian renfermant un rassemblement très-considérable de ces fossiles, dont un très-grand nombre étoient intéressants, et beaucoup d'une grande rareté, si le Musé Britannique eût eu les progrès de la minéralogie pour objet, ses administrateurs n'eussent bien sûrement pas laissé échapper l'occasion d'en enrichir, et cela à un très-bas prix, l'établissement. Combien cette acquisition, réunie aujourd'hui à la collection de M. Greville, n'ajouteroit-elle pas à son intérêt et à son utilité ; étant obligé d'avouer que cette partie de l'étude minéralogique y manque presqu'entièrement. Si le Musé Britannique, je ne puis trop le répéter, eût été un établissement ayant le développement et l'étude des sciences pour objet, ses administrateurs devant surveiller son utilité et ses progrès, auroient-ils permis qu'un rassemblement, rendu surtout précieux par les circonstances du moment, et si difficile à former, fût complettement détruit, et les objets les plus rares qu'il renfermoit, transportés en France, en Allemagne, en Russie, &c. pour en décorer et en enricher les cabinets ? Les géologues de l'Angleterre doivent verser des larmes de regrets sur cette destruction, peut-être irréparable à nombre d'égards, de ce grand rassemblement tout formé et si nécessaire à la confection de leurs travaux.

La constitution du Musé Britannique annonce, en effet, celle d'un établissement fait en faveur du public ; mais destiné à satisfaire seulement sa curiosité, en lui donnant, en même temps, une légère idée des richesses de la nature et de l'art. Cette constitution n'a, en conséquence, aucun rapport avec celle qui conviendroit à un établissement fait pour les sciences, et destiné à leur étude et à leur progrès. L'administration de cet établissement appartient de droit par cette constitution, d'un côté, à l'un des héritiers de chacun de ses bienfaiteurs par donations, et ils sont en assez grand nombre; et de l'autre, elle est l'attribut de différentes places, soit dans le gouvernement, soit ailleurs: de sorte qu'il est possible, qu'aucun de ces administrateurs ne cultive les sciences, et il est rare qu'on s'intéresse à elles lorsqu'on ne s'y livre pas. Il est extrêmement probable que, dans ce cas, le président de la Société Royale qui, par sa place, est appelé parmi ces administrateurs, en deviendra aussi le président, et sera par conséquent habituellement le chef, pour agir, tandis qu'à l'égard de la responsabilité il restera enveloppé de celle de l'administration entière. Cela peut n'avoir aucun inconvénient à l'égard de la constitution actuelle du Musé Britannique: mais si cet établissement avoit l'avancement des sciences pour objet, les inconvénients seroient terribles et insurmontables. Je crois qu'on se doute facilement que je n'aurois pas de peine à le démontrer *.

---

* Je ne puis me refuser d'observer ici, que dans toute espèce d'association des hommes, lorsque, par circonstances, celui d'entre eux sur lequel tombe le choix de la société pour la présider, devient son président perpétuel, il en devient en réalité le chef absolu pour tout ce qui concerne les actes de la société, et l'empire qu'il exerce est d'autant plus despotique, que pouvant à volonté dans toutes ses actions, redevenir un simple membre, et s'envelopper, alors du manteau de la société entière, il n'est responsable à lui seul de rien, et fait supporter la responsabilité par la masse entière de la société. Il est facile de sentir, que si cette société appartient aux sciences, et que surtout elle soit très-nombreuse, cette présidence inamovible peut lui être extrêmement préjudiciable. Si le président, par exemple, ne protége pas les sciences autant qu'il seroit en son pouvoir; s'il ne les protége pas également, ce qui est fort à craindre,

h

Placer la collection de M. Greville dans cet établissement, sans avoir préalablement pris les moyens
nécessaires pour assurer son sort et son utilité, étoit
donc la condamner à la plus complette inutilité. Le
parlement ne pouvoit avoir eu cette intention, il ne pouvoit d'ailleurs connoître le sort que ce placement lui
destinoit, et il n'étoit pas possible qu'il fût d'avance
éclairé, à cet égard, par les minéralogistes de Londres
que cela intéressoit particulièrement. Il ne restoit, à

---

si parmi les sciences embrassées par la société, il en existe qui lui
soient parfaitement étrangères, et dont il craigne par conséquent
fort peu de paralyser l'avancement; si une animosité particulière
à satisfaire, le conduit à nuire à quelques-uns de ses membres : les
actes qu'il exerce alors despotiquement, sont d'autant plus perni-
cieux, qu'ils sont inamovibles, ainsi que sa présidence, et qu'étant
faits au nom de la société, il ne peut exister aucun appel auprès
d'elle. Toute société dans laquelle le temps de la présidence n'est
pas fixé, par cela seul a un président perpetuel. On objectera peut
être, que dans ces sociétés le président est réélu tous les ans, et
qu'il peut alors être changé. Cela est vrai; mais il est en même
temps parfaitement reconnu aussi, que cette réélection n'est qu'une
simple formalité; que lorsque le président a été quelques années en
place, le déplacer, sans avoir une obligation de le faire, imposée par
l'institntion même de la société, seroit lui témoigner du mécontcn-
tement, lui occasionner une éspèce d'humiliation, qu'on ne doit pas
être étonné de voir alors tous les membres refuser unanimement de
lui faire éprouver, en préférant de voir sa présidence perpétuelle.
Quand on a observé avec attention et réflexion, les inconvéniens de
la présidence perpétuelle, dans toute société des sciences, combien
ne doit-on pas applaudir à la sagesse de la Société Géologique, qui
après les avoir pris en considération, s'est décidée d'un concert una-
nime, avec le président qu'elle avoit alors (M. Greenough), et auquel
l'estime et la reconnoisance l'attachoient fortement, à fixer un terme
à la présidence.

ces derniers, d'autre ressource que de s'adresser aux administrateurs du Musé, et on en a vu le résultat. Il étoit donc devenu absolument nécessaire que le parlement voulût bien de nouveau prononcer à ce sujet.

Pour que la collection de M. Greville fût placée de manière à en retirer toute l'utilité dont elle est susceptible, et cette utilité comprend tout ce qui peut intéresser l'étude de la minéralogie, il eût fallu qu'elle fût isolée, quant à ce qui peut concerner son administration particulière, de tout autre établissement, dont ses intérêts devoient être soigneusement séparés. Lorsque plusieurs établissements différents, qui exigent une administration distincte, sont réunis sous une seule, ils se nuisent réciproquement, et pour l'ordinaire aucun d'eux n'atteint le but qui doit être l'objet de sa formation. Cependant, si des raisons particulières, telles que celles offertes par l'économie, qui toutefois perd tout son avantage lorsqu'elle fait échouer les projets les mieux concertés, si, dis-je, des raisons particulières mettoient dans le cas de vouloir profiter de l'emplacement qui pouvoit exister dans un établissement national existant, le Musé Britannique, elle pouvoit y être placée; mais alors il falloit nécessairement séparer son intérêt et son administration de ce qui concernoit, à cet égard, le Musé Britannique, avec la constitution duquel cette collection ne pouvoit absolument avoir aucun rapport. Cette administration devoit être placée entre les mains de minéralogistes faits pour inspirer de la confiance et de la considération, et ceux propres à la former étoient faciles à trouver. Ces administrateurs devoient avoir liberté entière dans leur administration, de laquelle nulle puissance étrangère, autre que celle du gouvernement même, ne pût avoir droit de se mêler.

Il devoit y avoir, sous la surveillance de ces administrateurs, et nommé par eux, un directeur ou personne chargée du soin direct de cette collection. Cette personne devoit être choisie parmi les minéralogistes les plus éclairés, ce qu'exigeoit nécessairement les fonctions dont elle devoit être chargée. Ces fonctions devoient être d'y établir l'ordre exigé par la science, et de le maintenir, de répondre à toutes les questions qui pourroient lui être faites, soit pour lever quelques doutes à l'égard des différents faits minéralogiques, soit pour donner, aux personnes qui le désireroient, les instructions partielles qui leurs seroient nécessaires. De tenir la main à ce que toutes les séries conservassent toujours, pour la science, l'état de perfection auquel elles avoient été portées, en les enrichissant, à mesure, des nouvelles découvertes, et les maintenant constamment au niveau des connoissances minéralogiques. Et enfin d'y faire, par année, un cours de minéralogie, si telle étoit l'intention des administrateurs.

Il devoit y avoir, attaché à elle, un fond destiné à son accroissement, à mesure que la science s'enrichiroit de nouvelles découvertes et de nouvelles observations. Dans le moment où la minéralogie et toutes ses branches, sont aussi cultivées que cela existe sur le continent, on doit s'attendre à la voir s'enrichir journellement de nouvelles découvertes. Quels reproches n'auroit-on pas à se faire, si après avoir fait une dépense considérable pour acquérir une collection, qui

à l'époque de l'acquisition, étoit une des plus complette de l'Europe, par la négligence portée à son
entretien, cette collection venoit, au bout de quelques
années, à se trouver déchue du mérite qu'elle avoit
lors de son acquisition ? Elle manqueroit d'ailleurs le
but d'instruction que nous avons supposé avoir présidé à son acquisition. La collection de M. Greville
est maintenant dans ce cas, et il me seroit facile de
citer, dans ce moment, nombre de substances intéressantes qui, depuis que j'en ai quitté le soin, auroient
dû y être placées, et qui ne s'y rencontrent pas.
Lorsqu'une collection est arrivée au point de perfection
qu'a atteint celle-là, cet entretien est l'objet d'une dépense très-bornée. D'ailleurs, il est infiniment de
moyens, qui peuvent être pris par la personne chargée
de sa direction, tels que ceux de la correspondance et
de l'échange des productions du pays, qu'on peut se
procurer facilement, avec celles des pays étrangers;
surtout si le directeur étoit assez connu des minéralogistes du continent, pour entretenir habituellement avec eux une correspondance minéralogique.
Cette même intelligence, vu la position de l'Angleterre, sa puissance et ses relations, devroit à elle
seule, être à même de porter cette collection, dans
un intervalle de peu d'années, à un degré de richesse et de perfection tel que ce fût en Angleterre que l'Europe fût dans le cas de venir pour
connoître et étudier la minéralogie du monde; et il devroit en être de même à l'égard de toutes les productions qui appartiennent à l'étude de la nature.

Si cet établissement avoit réussi, ainsi qu'il est impossible d'en douter, et s'il avoit présenté à la nation
l'utilité qu'elle devoit s'en promettre ; pour completter

cette utilité, il eût été à désirer qu'il y fût attaché un
laboratoire d'essai, dirigé par un chimiste qui se fût
principalement occupé de la partie de la chimie qui a
trait à l'analyse des minéraux, ou qui se dévouât à ce
travail. Ce second établissement, en outre de l'utilité
dont il seroit aux progrès des connoissances minéralogiques en Angleterre, en auroit un autre très-précieux, celui de servir de point central à tous les propriétaires des mines, ainsi qu'à tout particulier qu'une
observation, dans ses propriétés, sembleroit pouvoir
conduire à l'espoir d'une découverte intéressante à sa
fortune. Ce genre de laboratoire est très-simple, et
fort peu dispendieux, et il en seroit de même du travail auquel il seroit exclusivement destiné. En ajoutant, par la suite, à ce même établissement minéralogique, une bibliothèque, bornée de même exclusivement aux livres concernant la minéralogie, et la partie de la chimie, ayant cette science et la métallurgie
pour objet, il se trouveroit remplir la plus grande
partie de l'utilité qui dérive d'une école des mines,
sans entraîner avec lui la dépense qu'exigeroit un
nouvel établissement, fait sous ce dernier rapport.

Telles étoient les bases sur lesquelles je croyois que
devoit s'appuyer la pétition qu'il me paroissoit nécessaire de présenter au parlement, après l'avoir auparavant soumise, autant qu'il pouvoit être possible, à
tous les minéralogistes, non-seulement de Londres,
mais de l'Angleterre, pour qu'elle fût approuvée par
eux, et ne laissât aucun doute au parlement, qu'elle ne
fût en effet l'expression du vœu général de la science,
et par conséquent l'indication, non douteuse, de l'utilité de l'objet sur lequel elle portoit.

Je n'avois, moi personnellment, aucun rapport avec cette pétition ; et j'avois même demandé avec instance aux minéralogistes que leur amitié pour moi engageoit à placer l'intérêt qu'ils me portoient à côté de celui qu'ils prenoient à la science, d'abandonner entièrement toute idée quelconque de m'attacher, en quoi que ce fût, à cet établissement, pour peu que cela présentât le moindre obstacle à leurs désirs. J'avoue cependant que je m'attendois alors, que dans ce cas, ils se seroient intéressés en ma faveur auprès du gouvernement, pour m'en faire obtenir des secours suffisants pour me mettre à même de soutenir mon existance et celle de ma famille, ce qui d'après la vie retirée et entièrement consacrée à l'étude, que je mène, et qui leur étoit parfaitement connue, ainsi que d'après la modeste régularité de mon intérieur, n'eût pas exigé de sa part un grand sacrifice : je m'étois même ouvert à eux en quelque sorte à cet égard. De cette manière sans être employé à cet établissement, j'eusse pu lui être encore utile par mes conseils et mon expérience, et ils savoient bien qu'ils ne m'auroient jamais fourni en vain la possibilité de les obliger.

Si au contraire, il eût été unanimement pensé que je pusse, surtout à l'origine, être utile à l'établissement, j'avois pris d'avance l'engagement auprès d'eux, quelque fût l'étendue du travail que cette utilité dût exiger de moi, d'accepter ce qui me seroit proposé par eux. Pour augmenter encore cette utilité, j'offrois de transporter ma propre collection à l'établissement, afin de la faire concourir à l'instruction, collectivement avec celle de M. Greville, moins parfaite que la mienne, à beaucoup d'égards, pour l'étude, surtout dans tout ce qui peut concerner la cristallisation.

On ne pouvoit je crois, plus témoigner le désir d'être utile, et plus laisser à la disposition de la science, de fixer elle-même le genre de cette utilité, si elle en acquéroit la possibilité; aussi mon opinion fut-elle adoptée, et la pétition à faire en conséquence au corps respectable entre les mains duquel reposent la confiance et les intérêts de la nation, fût-elle en effet considérée comme étant absolument nécessaire. Nous étions au mois d'Août, le parlement avoit rompu ses séances, il ne restoit plus qu'à attendre qu'il reprît ses fonctions. Cette époque arriva, elle avoit été dévancée par celle à laquelle les administrateurs du Musé Britannique, devoient répondre, en dernier ressort, lors de leur première assemblée, à la demande réitérée qui leur avoit été faite par les minéralogistes. J'ai toujours ignoré, ainsi que les minéralogistes eux-mêmes, ce qui s'y est passé, j'avoue d'ailleurs que j'y mettois fort peu d'intérêt, la réflexion, mûrie par le temps, m'avoit fait sentir, d'après ce qui s'étoit passé, tout ce que ma présence au Musé Britannique eût eue de choquant pour moi, et en même temps tous les désagrémens, dont il étoit probable que j'y serois abreuvé, quelque fût le court espace de temps que j'eusse eu le projet d'y rester.

A la rentrée du parlement, le zèle que l'intérêt de la science inspiroit me parut être toujours le même. Le moment de la présentation de la pétition arriva, ce fut alors que les obstacles qu'il étoit à présumer qu'on chercheroit à opposer à sa réussite, commencèrent à se faire pressentir, et ces obstacles parurent d'autant plus formidables, que l'imagination les grossissoit à mesure que l'instant où cette pétition devoit être présentée approchoit. J'essayai en vain d'en diminuer l'action. Je m'appuyai sur ce que l'utilité, pour la nation, dont étoit l'objet sur lequel elle portoit, étant bien exprimée, elle seroit certainement sentie par le parlement, et décrétée par lui ; je ne réussis pas, et la pétition ne fut pas faite.

Il fut sans doute alors reconnu aussi, que l'intérêt qui, dans cette circonstance, eût été pris à moi, auprès du gouvernement, eût de même rencontré des obstacles insurmontables ; car d'après celui qui m'avoit été témoigné jusque là, et dont il ne m'est en aucune manière possible de douter, ainsi que d'après l'amitié qui me lioit à un grand nombre des minéralogistes de Londres, il m'est impossible d'attribuer à aucune autre cause, les démarches qui n'ont pas été faites à cet égard.

Je me suis alors trouvé, après 18 années de séjour à Londres, où j'avois été constamment et avec succès, occupé du désir de m'y rendre utile, absolument dans le même position que si j'y fusse arrivé de la veille, avec la seule différence cependant que toute l'illusion à laquelle je m'y étois livré en y arrivant, étoit complettement détruite, et que j'étois parfaitement désabusé sur l'utilité que je pourrois retirer un jour, de l'intérêt que j'aurois pu parvenir d'y inspirer. Poursuivi, sans relâche, par un homme dont, sous tous les rapports, et ils sont nombreux, je devois au contraire compter sur l'appui : convaincu, par le fait, de sa toute puissance pour me nuire, tant que je resterois exposé à l'action de sa haine, l'expérience m'avoit appris en même temps que je ne pouvois compter sur aucune force, sur aucun point d'appui, qui pût la contrebalancer. Il étoit donc de toute nécessité que j'en annullasse les effets, en renonçant de me livrer davantage, en

Angleterre, à une science qui ne pouvoit plus m'y
être agréable, et qui loin de pouvoir m'y être utile,
n'y étoit plus appelée qu'à m'abreuver de désagréments
et de dégoûts. Il me falloit chercher à oublier les
événements passés, pour ne conserver le souvenir que
de ceux qui les avoient dévancés, et prendre en
même temps une autre route pour combattre l'infortune, et éviter à ma famille d'en ressentir le poids,
et il falloit en même temps que par sa modestie, elle
me laissât parfaitement ignoré, et tranquille*. C'est
ce que j'ai fait ; mais je n'ai pu cependant me déterminer à prendre un parti aussi propre à étonner, et à
être interprété de tant de manières différentes, sans
mettre mes amis, au nombre desquels je compte un
grand nombre des minéralogistes du continent, à même
d'apprécier ma conduite, et le public en général,
de me rendre la justice qui du moins ne peut m'être
refusée.

On trouvera sans doute les détails dans lesquels je
viens d'entrer très-longs, pour un objet surtout qui
ne peut intéresser qu'un petit nombre de mes lecteurs,
ceux que l'infortune intéresse, et que les persécutions
éprouvées, dans cette même position, révoltent. Je l'ai
senti moi-même ; mais outre que le temps m'a manqué

---

* Tout en écrivant ceci, j'ai cependant des données très-précieuses, puisque je les tiens de l'amitié, qui me font croire que
le désir de me nuire pourroit fort bien ne pas s'arrêter à ce complément de son action, et que ne pouvant plus employer d'autres
moyens, la calomnie pourroit essayer de les remplacer : il seroit au-dessous de moi d'entrer, dans aucun autre détail, cette phrase ne sera pas
obscure pour tout le monde. Dans ce cas, je crains beaucoup moins
cette dernière attaque que les autres, et je prends d'avance l'engagement de la repousser, son genre décidera de celui des moyens.

pour les rendre plus courts, je n'eusse pu y parvenir sans rapprocher en même temps trop fortement les unes des autres, dans mon âme, des sensations qui eussent donné à mes expressions une énergie que je désirois au contraire réprimer. Il m'importoit d'ailleurs que les détails dans lesquels je suis entré, et qui sont aussi parfaitement connus des savants avec lesquels je suis en relation d'intimité, que de moi même, fissent parfaitement connoître la nature des faits auxquels ils ont rapport : les réflexions qu'ils sont si propres à faire naître, peuvent être d'une grande utilité à la science ; et alors ce sera du moins un dernier service que je lui aurai rendu.

Je me suis borné, dans ces détails, à ce qui concerne ma vie minéralogique depuis que je suis à Londres, et cela sans me permettre aucune éruption étrangère, et j'ai dû le faire. Je sens que comme étranger, quelque soit la nature des malheurs honorables qui m'aient conduit en Angleterre, je ne puis qu'être reconnoissant de l'asile et de la protection généreuse que le gouvernement m'y a accordée, et partager, avec tous mes camarades d'infortune, la gratitude qu'ils éprouvent des secours qu'il a répandus sur nous. Je sens en même temps qu'en cherchant, dans cette position, à m'y rendre utile, je n'ai fait que remplir ce que la délicatesse commande à l'honneur ; la même raison n'auroit-elle pas dû alors m'y mettre à l'abri des événements pénibles que ces détails renferment*.

---

* Des raisons particulières ayant retardé de quelque temps la publication de ce catalogue, pendant cet intervalle est arrivée l'époque à

laquelle la Société Géologique, qui m'avoit fait l'honneur de me choisir pour être son secrétaire, pour ce qui concerne la partie étrangère, devoit tenir l'assemblée générale annuelle, dans laquelle elle procède à l'élection de son président, ainsi que des membres de son conseil. Je me suis, en conséquence, trouvé dans l'obligation de la prévenir, que ma situation ne me permettant plus de me livrer à la minéralogie, je la priois, au cas que son intention fut de me continuer les fonctions honorables que je remplissois auprès d'elle, de vouloir bien m'en dispenser, et nommer un autre membre à ma place. La société, après cette assemblée, ayant envoyé à tous ses membres la copie imprimée du rapport qui lui a été fait par son conseil, ainsi que des résolutions qui y avoient été prises par l'assemblée générale, j'y ai lu avec le sentiment de la plus profonde reconnoissance l'expression qu'elle a bien voulu y placer de ses sentiments à mon égard : elle a rouvert dans mon âme une blessure que le temps seul, et l'oublie de mes jouissances passées, pourra complettement fermer.

Dussois-je encourir le risque d'être accusé d'amour-propre, ce à quoi a peut-être déjà donné lieu l'obligation dans laquelle je me suis trouvé, par tout ce que je puis me devoir à moi-même, d'opposer les faits qui peuvent conduire à cette accusation, à ceux si bien calculés pour blesser ce même amour-propre, je ne puis résister au sentiment qui me porte à placer ici l'extrait de la partie de ce rapport, ainsi que des résolutions prises par l'assemblée générale de la société, concernant la demande que j'avois eu l'honneur de lui adresser.

" C'est avec infiniment de peine que le conseil annonce à l'assemblée
" générale, la nécessité dans laquelle elle est de nommer un autre
" membre pour remplir la place de secrétaire de la partie étrangère,
" ayant reçu une lettre du comte de Bournon qui exprime son re-
" gret de ne pouvoir continuer d'en remplir les fonctions, au cas
" qu'il fût réélu. Le conseil sait que les désirs de chacun des mem-
" bres de la société, eussent été qu'un minéralogiste aussi distingué
" continuât d'occuper une place élevée dans son sein, non-seulement
" à raison de la célébrité de son nom ; mais aussi comme un témoi-
" gnage de son estime. Le comte de Bournon a été un des fon-
" dateurs de la société, et il s'est toujours montré un de ses plus
" fermes soutiens, non-seulement dans son état le plus florissant, mais

" encore dans un temps où elle n'avoit pas acquis la solidité iné-
" branlable, à laquelle elle est maintenant heureusement par-
" venue.

" *7ème Résolution*—Que les remerciments de la société seront faits
" au comte de Bournon, en lui exprimant son regret de ce qu'il se soit
" trouvé obligé de donner sa démission de la place de secrétaire pour
" la partie étrangère, ainsi que l'espoir qu'elle conserve, de ne pas
" être entièrement privée de l'assistance de ses talents, qui l'ont si
" justement élevé au plus haut rang parmi les minéralogistes de
" l'Europe*."

Quelque puisse être en effet l'amour-propre dont l'oubli de la
position dans laquelle j'écris pourroit me faire soupçonner, et quelque soit la confiance que je puisse avoir en mes foibles talents, cet
amour-propre a été jusqu'ici, et est encore dans ce moment bien loin
de me laisser croire pouvoir mériter les expressions dont la société a

---

** The council are exceedingly sorry to state, that it will be
necessary for the general meeting to elect another member as foreign secretary, as they have received a letter from the Count de
Bournon, expressing his regret, that it will not be in his power to
continue in that situation, should he be re-elected. The council
are confident that it would have been the wish of every member,
that so distinguished a mineralogist should continue to occupy a
prominent situation in the society, not only on account of the celebrity of his name, but as a mark of respect to the individual. The
Count de Bournon was one of the original founders of the society,
and he has ever shewn himself one of its most steady supporters,
not only in its more flourishing condition, but at a time when it
stood on a less solid foundation than that on which it is now hap-
pily established.*

*7th Resolution—That the thanks of the society be given to the
Count de Bournon, expressing our regret, that he had found it
necessary to resign the situation of foreign secretary, and our hope,
that we shall not be wholly deprived of the assistance of those talents, which have deservedly raised him to the highest rank among
the mineralogists of Europe.*

bien voulu se servir à mon égard. Je me sens d'autant plus honoré
de ce témoignage de ses bontés que l'attachement seul peut l'avoir
dicté. Mais ce même témoignage m'a fait sentir plus douloureusement encore, tout ce qu'a renfermé de pénible avec elle la nécessité
dans laquelle j'ai été forcément conduit, par la chaîne des événements
auxquels j'ai été exposé, ainsi que par ma position actuelle, de me
résoudre à un sacrifice auquel j'ai résisté long-temps, que je croyois
impossible, et contre l'action duquel il ne me reste plus à opposer
que le temps et l'estime de la société, à laquelle je conserverai éter-
nellement respect et dévouement.

To the Binder.

————

This leaf is to be placed between the *Discours Préliminaire*, and the first page of the work.

Fautes essentielles à corriger, avant la lecture de
ce Catalogue.

Page 116, *ligne* 6, *au lieu* de 90°, *lisez* 60°.

Page 121, *ligne* 1ère, *au lieu de*, l'agrégation de
ces mêmes substances, *lisez*, de ces mêmes molécules.

Page 160, *ligne* 13, *au lieu de*, en lames rhomboïdes, *lisez*, en lames rhomboïdales.

Page 167, 1er *alinea*, *ligne* 7, *au lieu de*, en les
fixant en même temps en limites, *lisez*, en en fixant
en même temps les limites.

Page 208, 1er *alinea*, *ligne* 1er, *au lieu de*, de
l'argent vitreux, *lisez*, de l'argent vitreux fragile.

Page 215, *ligne* 15, *au lieu de*, d'argent sulfatés,
lisez, d'argent sulfuré.

Page 219, *ligne* 9, *au lieu de*, est légèrement,
lisez, est passé légèrement.

Page 357, 1er *alinea*, *ligne* 4, *au lieu de*, plomb
sulfuré, *lisez*, plomb sulfaté.

Page 415, 1er *alinea*, *ligne dernière*, *au lieu de*,
qui m'a formé, *lisez*, qui m'a donné.

CATALOGUE, &c.

PIERRES.

CHAUX CARBONATÉE.

3160 Morceaux, dont 1890 Cristaux isolés.

La suite que présente la chaux carbonatée, dans cette
collection est, sans aucun doute, celle la plus complette
qui existe.   La partie qui concerne les formes cristallines de cette substance est extrémement précieuse;
elle renferme près de 600 variétés, toutes parfaitement
régulières et parfaitement distinctes, et dont un très-
grand nombre sont très-rares.   Plusieurs des cristaux
qui appartiennent à ces variétés ont une grandeur peu
considérable; mais, dans le plus grand nombre, cette
grandeur est au-dessus de celle la plus ordinaire aux
cristaux de cette substance.

Des occasions très-multipliées, et qu'on ne peut
faire naître à volonté, et cela en Angleterre, le pays de
l'Europe le plus riche en chaux carbonatée cristallisée,
jointes à une très-grande habitude de lire les cristaux,
et à un travail considérable, souvent pénible, et continuellement soutenu pendant dix-sept années, ont seules
pu me permettre de former ce précieux rassemblement.

Parmi les nombreuses séries qui composent cette
suite de la chaux carbonatée, j'en citerai particulière-

ment deux.   L'une d'elles appartient à la variété connue sous le nom de *Schiffer-spath*, et à laquelle j'ai
donné celui de *chaux carbonatée dépressée*, dans mon
traité complet de cette substance.   Cette variété avoit
été mal conçue par les minéralogistes ; et je crois avoir
assis, dans cet ouvrage, l'opinion qui doit être prise sur
sa véritable nature.   La série qui lui appartient, dans
cette collection, est extrêmement intéressante ; elle
offre l'étude complette de cette varieté.   Un grand
nombre des morceaux qui la composent sont fort rares
et très-beaux ; plusieurs viennent du Mexique.

L'autre de ces deux séries appartient à la chaux
carbonatée magnésienne *.   Elle renferme plusieurs
variétés cristallisées extrêmement rares ; plusieurs desquelles appartiennent aussi au Mexique.   Je ne puis
résister au désir de faire connoître les deux variétés
représentées sous les figures 1 et 2.   Celle fig. 1 est la
combinaison des plans du rhomboïde primitif, avec ceux
du rhomboïde lenticulaire, et avec celui de remplacement du sommet par un seul plan perpendiculaire à
l'axe : Les plans du rhomboïde lenticulaire sont généralement striés, ainsi que cela arrive si fréquemment
dans la chaux carbonatée ordinaire.   Ces cristaux sont
parfaitement incolores et d'un éclat assez vif : ils sont
placés sur un groupe de cristaux de quartz légérement
coloré en violet, et viennent du Mexique.

Dans la variété fig. 2, les plans du rhomboïde primitif sont combinés avec ceux du prisme formé le long
de ses bords, ceux du dodécaèdre pyramidal aigu, qui

* Voyez à l'égard de la chaux carbonatée magnésienne, ainsi
qu'à l'égard d'une partie du Schifferspath, la note placée à l'article
du fer spathique.

appartient à la 41ème modification de mon traité complet de la chaux carbonatée, et ceux du rhomboïde muriatique, *inverse de M. l'Abbé Haüy.* Ces cristaux, qui sont d'une grandeur assez considérable, sont incolores, et sont placés sur une chaux carbonatée magnésienne en masse, légèrement colorée en vert : ils viennent aussi du Mexique.

J'ajouterai à ce que je viens de dire sur ces deux variétés de la chaux carbonatée magnésienne, la description de cinq autres morceaux cristallisés en rhomboïdes primitifs, et qui de même ont pour localité le Mexique. Le premier de ces morceaux est un groupe, sans aucune gangue, dans lequel le rhomboïde primitif forme de grandes agrégations. Dans le second, ces mêmes rhomboïdes sont groupés confusément, et recouvrent une masse de quartz. Dans le troisième, les rhomboïdes sont plus distincts ; ils sont d'une grandeur considérable, et sont placés en recouvrement sur des cristaux de quartz, dont la base est améthisée. Dans ces trois morceaux, les cristaux de chaux carbonatée magnésienne sont parfaitement incolores, et leur lustre est beaucoup plus grand que celui de la chaux carbonatée non magnésienne ; ce lustre a beaucoup de rapport avec celui de la chaux carbonatée martiale, connue sous le nom de spath perlé : celui des cassures est aussi plus éclatant. Ces cristaux se dissolvent extrêmement lentement dans l'acide nitrique, sans lui donner la plus légère couleur, et ce même acide, étant placé sur eux, n'y produit pas non plus cette tache jaune qu'il fait sur les cristaux de chaux carbonatée martiale. En tout la chaux carbonatée magnésienne y paroît très-pure, et si elle contient du fer, ce doit être en bien petite quantité.

Dans le quatrième des morceaux que j'ai cités, les rhomboïdes de chaux carbonatée magnésienne sont empilés les uns sur les autres, et la plupart appartiennent à la variété dans laquelle les arêtes pyramidales du rhomboïde primitif sont remplacées, chacune d'elles, par un plan qui appartient au rhomboïde lenticulaire, et qui est strié. Ces cristaux sont placés sur un groupe de cristaux de quartz améthiste d'une très-belle couleur, et sont entremêlés d'autres cristaux de chaux carbonatée non magnésienne, de la variété en prisme hexaèdre court, terminé par une pyramide trièdre à plans pentagones, qui appartiennent à ceux du rhomboïde lenticulaire : on distingue facilement ces derniers cristaux, de ceux qui ont rapport à la chaux carbonatée magnésienne, par un lustre beaucoup moins considérable.

Le cinquième de ces morceaux enfin est composé de la réunion d'une quantité immense de petits rhomboïdes lenticulaires, groupés avec de petits cristaux de quartz, et un très-grand nombre de petits globules sphériques, appartenant encore à la même chaux carbonatée magnésienne ; le tout placé sur des cristaux fort grands de feldspath blanc, appartenant à une très-jolie variété, dont j'ai cru devoir donner ici la forme sous la fig. 3, avec les lettres de rapport pour les plans, employées par M. l'Abbé Haüy, quoique je n'aie pas donné, à l'article qui concerne cette substance, les cristaux non décrits qui lui appartiennent, et qui sont placés dans cette collection. Les petits globules de chaux carbo-

natée magnésienne que j'ai dit exister sur ce morceau
intéressant, étant vus avec la loupe, leur surface paroît
être composée de la réunion exacte de petites pièces
en hexagones réguliers ; ce qui provient de la forme
hexagone du circuit des bases des rhomboïdes lenticulaires, dont ces globules sont une agrégation intime.

Parmi les morceaux de chaux carbonatée dépressée
ou Schifferspath du Mexique, dont j'ai dit précédemment qu'il existoit plusieurs morceaux dans cette collection, quelques-uns appartiennent en même temps à
la chaux carbonatée magnésienne ; ils ne diffèrent de
ceux dus à la chaux carbonatée non magnésienne, qu'en
ce que l'éclat donné par la réflexion de leur surface est
beaucoup plus vif. Il existe, dans cette collection,
un superbe morceau accompagné de quelques fragments
de Schifferspath, dans lequel les diverses couches, dont
il est composé, sont parfaitement distinctes, et sont recouvertes par une dernière couche, formée par une
accumulation confuse de très-petits rhomboïdes primitifs à sommet occupé par un plan très-large, qui
change ces rhomboïdes en petites lames hexaèdres très-
minces : cette accumulation est très-propre à faire
concevoir la nature de la variété désignée, par les minéralogistes allemands, sous le nom de *Schaum-erde*.
Ce morceau est extrêmement brillant.

La variété du Schifferspath, due à la chaux carbonatée non magnésienne, existe cependant aussi parmi
les morceaux du Mexique. Cette collection en renferme un superbe échantillon : c'est une lame de plus de
cinq pouces de longueur, sur plus de trois de largeur,
et à peine une ligne d'épaisseur, quoiqu'elle soit elle-
même composée de plusieurs couches. Une partie de

la surface de cette lame est recouverte par une dernière couche, formée par une agrégation confuse de
très petits cristaux de chaux carbonatée. En regardant,
avec une forte loupe, la surface du Schifferspath non
recouverte, on observe, tracé sur elle, par l'entrecroise-
ment des lignes dues à la cristrallisation, un très-grand
nombre de petits triangles équilatéraux, ainsi que des
hexagones qui rappellent parfaitement les plans de
remplacement de l'angle solide du sommet des petits
rhomboïdes composants. Il existe en outre, dans cette
collection, un superbe groupe de grands cristaux lenticulaires, dont l'épaisseur est peu supérieure à celle d'une
feuille de papier, et dont la surface a le lustre du
Schifferspath à un haut degré : leur forme a beaucoup
de rapport avec celle propre à la variété de chaux carbonatée connue sous le nom de spath en rose.

La connoissance de ces intéressantes variétés de
chaux carbonatée, soit magnésienne, soit dépressée, est
due à M. Payard, négociant portugais, qui a rapporté
lui-même du Mexique une collection très-agréable et
parfaitement bien choisie de minéraux, dont ces variétés faisoient partie. Je dois celles que cette collection renferme, tant à lui, qu'à M. le comte de Funchal, ambassadeur plénipotentiaire de la cour du Brésil
à Londres, dont M. Payard a enrichi la collection du
choix des morceaux qui composoient la sienne.

Il a été joint à la suite de la chaux carbonatée qui
existe dans cette collection, une série assez considérable,
ayant rapport aux coquilles et aux perles, et dont
l'objet est de venir à l'appui de l'opinion que j'ai
donnée sur cette partie des produits calcaires, dans mon
traité complet de la chaux carbonatée. On y trou-

vera des échantillons de tous les faits qui y sont cités, et qui sont bien peu connus encore, par la manière étonnante, on peut dire même, totalement inconcevable, dont la personne à laquelle appartenoit le soin et le droit de la vente de ce traité, imprimé par une souscription particulière, s'est conduit à son égard.

Il est joint en outre à cette même collection plus de 300 morceaux d'une grandeur considérable, eu égard au volume de ceux qui composent les suites, et qu'on ne pouvoit diminuer sans les gâter : la plupart sont des groupes de cristaux, et un grand nombre sont très-rares *.

---

* Depuis la rédaction de ce catalogue, j'ai ajouté, à cette collection, une série assez nombreuse de cristaux de chaux carbonatée, très-particuliers dans leur forme, qui, au premier aspect, semble s'écarter fortement de celles propres à cette subsance. Je dois leur connoissance à M. Th. Allan d'Edinbourg, qui les a trouvés dans l'isle de Ferroë, où ses recherches minéralogiques l'ont conduit cette année : il a bien voulu m'en donner plusieurs petits groupes, joints à un grand nombre de petits cristaux isolés.

Ces cristaux appartiennent au dodécaèdre aigu de la 41ème modification de mon traité de la chaux carbonatée, et l'aspect particulier qu'ils présentent ne provient que de ce que deux des faces, opposées dans chacune des pyramides, et placées dans le même sens, l'une à l'égard de l'autre, ont pris une largeur extrêmement considérable, ainsi que le représente la fig. 379, pl. 20. Le cristal 380, qui existe à l'état très-parfait dans cette collection, est une moitié exacte de celui précédent, prise perpendiculairement à son axe, ou une seule des pyramides du doécaèdre isolée, dans laquelle, en même temps, deux des faces pyramidales étroites et opposées, ont pris un tel accroissement qu'elles ont fait disparoître les deux autres.

Le cristal représenté sous la fig. 381, est le même que celui fig. 379, ayant en outre deux des plans du rhomboïde primitif, placés le long de l'arête qui occupe le sommet du dodécaèdre.

Celui placé sous la fig. 382, est une macle formée par une ré-

ARRAGONITE.

134 *Morceaux, dont* 100 *Cristaux isolés.*

Cette suite est très-riche et extrêmement précieuse.
C'est elle qui m'a servi pour donner, dans mon traité
complet de la chaux carbonatée, l'étude de cette sub-

---

union, en sens contraire, de deux moitiés du cristal fig. 379, prises
suivant le plan de réunion des deux pyramides.

La variété placée sous la fig. 383, est une autre macle du même
cristal. Pour en concevoir la formation, soit supposée une section
faite sur ce cristal suivant un plan qui passe au dessous de celui de
réunion des deux pyramides du dodécaèdre, et parallèlement à lui,
ainsi que l'indique, dans la fig. 379, la ligne ponctuée. Si ensuite
on conçoit deux parties semblables à celle la plus grande, réunies
entre elles dans leur sens naturel, on aura la macle fig. 383, sur le
milieu de laquelle il existe un angle rentrant, formant une espèce
de goutière.

Dans la variété représentée par la fig. 381, qui est terminée par
deux plans appartenant au rhomboïde primitif, et qui quelquefois
l'est de même par ceux du rhomboïde lenticulaire, équiaxe de
M. l'Abbé Haüy: dans cette variété, dis-je, fort souvent, ainsi
qu'on l'a déjà vu dans la variété représentée sous la fig. 380, deux
des plans opposés étroits de chacune des pyramides prennent assez
d'accroissement pour faire disparoître les deux autres, et dans ce
cas il n'existe le long de l'arête qui tient la place du sommet, qu'un
seul des plans du rhomboïde, soit primitif, soit lenticulaire.

Le cristal fig. 384 est une macle de cette dernière variété, due à
la réunion, en sens contraire, de deux moitiés du cristal fig. 381 qui
lui appartient; et qui sont telles que pourroit le produire, sur ce
cristal, une section qui passeroit par son axe et le milieu des deux
arêtes qui tiennent la place du sommet du dodécaèdre, section indiquée sur le cristal, fig. 381, par la ligne ponctuée.

La macle placée sous la fig. 385 est très-particulière. Pour s'en
former une idée, il faut se représenter le cristal placé sous la fig.
381, divisé en quatre parties égales par deux sections, dont l'une
semblable à celle qui vient d'être décrite à raison de la formation
de la macle précédente, et dont l'autre est faite suivant le plan de

stance si singulière, et que la nature semble avoir jettée comme une pomme de discorde entre la chimie et la minéralogie. Elle est propre à donner en conséquence une démonstration satisfaisante de tout ce que j'ai dit à son égard. Les cristaux isolés qu'elle renferme sont parfaitement prononcés, et presque tous d'une grandeur assez considérable.

Au nombre des groupes, il y en a deux d'une grande beauté et fort rares : ils viennent du Pérou. Ces deux

---

réuuion des deux pyramides ; il faut concevoir ensuite la réunion, en sens contraire, de deux de ces quatre parties, telles que celles O et Q.

La variété fig. 386, quoique très-irrégulière, sert de type à plusieurs macles : il en existent deux cristaux dans cette collection, dont un très-parfait ; les numéros placés sur les plans qui lui appartiennent les indiquent suffisamment. J'observerai cependant que ceux marqués a appartiennent à une des variétés pyramidales obtuses, mais il m'a été impossible de déterminer à laquelle.

Ce que j'ai dit à l'égard de la macle placée sous la fig. 385, suffit pour faire concevoir celles placées sous les fig. 387, 388, et 389 ; j'ajouterai seulement, que celle placée sous la fig. 389 dérive de la variété fig. 386, dans laquelle la ligne ponctuée indique la direction du plan d'une des sections.

La plus grande parties des cristaux, et principalement des macles qui appartiennent à cette série des variétés de la chaux carbonatée, sont extrêment minces ; un grand nombre ont à peine l'épaisseur d'une feuille de papier sur leurs bords : ils sont très-transparents.

Mr. Sowrby, dans la 315ème planche de sa minéralogie de l'Angleterre, en figures colorées, représente une variété qui a beaucoup de rapport avec celle qui est placée sous la fig. 387 ; mais elle appartient au dodécaèdre commun, ou métastatique de M. l'Abbé Haüy, ce qui change beaucoup son aspect, et elle est bien éloignée de présenter les nombreuses variétés qui sont particulières à ce dodécaèdre de ma 11ème modification, je n'ai même pas donné toutes celles qui existent dans cette collection.

groupes sont d'une grandeur assez considérable. Un autre, plus grand encore, présente un superbe faisceau, en rayons divergents, de cristaux qui adhèrent fortement les uns aux autres.

La plupart des cristaux isolés sont aussi très-rares.

CHAUX FLUATÉE. FLUOR.

334 *Morceaux, dont* 212 *Cristaux isolés.*

La suite qui existe, dans cette collection, de la chaux fluatée offre un très-grand nombre de faits intéressants. Elle est extrèmement riche en variétés de formes cristallines, dont le plus grand nombre n'ont point encore été décrites.

Il y existe en outre une série de cristaux, dans lesquels les variétés de formes sont produites par accroissement, non du cristal primitif, mais d'un cristal secondaire, par suite d'une superposition, sur ses faces, de molécules, cristaux secondaires aussi, qui donnent naissance à diverses variétés : fait de cristallisation que je crois avoir le premier établi et démontré, dans mon traité complet de la chaux carbonatée, et dont il existe aussi un très grand nombre d'exemples dans la série des cristaux qui appartiennent à cette dernière substance. Cette partie dans la chaux fluatée est extrèmement intéressante.

Il y est joint diverses séries appartenant aux variétés granuleuses, sableuses et compactes, ainsi que d'une variété intéressante, particulière au Cornwall, dans laquelle la substance de la chaux fluatée est intimement mélangée avec celle de la Calcédoine. Il y est réuni en outre une autre série appartenant à une variété terreuse d'un blanc mat, particulière à Beeralston, dans le Dévonshire, où elle s'interpose, d'une manière très-régulière, entre les lames de la variété octaèdre, sans gèner en rien la cristallisation.

Parmi les morceaux de cette substance, qui sont placés dans cette collection, en est un très-intéressant, et peut-être unique; c'est une Entroque d'environ 10 lignes de diamètre, qui, dans toute sa longueur et, à partir de son axe, est mi partie à l'état de chaux carbonatée lamelleuse, ayant conservé la texture organisée propre à l'Entroque, et mi-partie à l'état de chaux fluatée violette: ce beau morceau est du Derbyshire. J'ai donné une partie de cette Entroque, qui avoit auparavant plus de deux pouces de longueur, à M. Greenough, président de la Société Géologique de Londres, dont la collection géologique est extrêmement précieuse, et auquel je dois moi-même plusieurs morceaux intéressants.

Au nombre des variétés qui concernent la phosphorescence de cette substance, il en existe plusieurs, prises principalemement parmi celles colorées en vert, qui sont phosphorescentes dans l'eau échauffée à un degré voisin de celui de l'ébulition. Quant à la lueur phosphorescente développée par une chaleur plus vive, il y existe une variété verte de Sibérie, ayant pour gangue un quartz en masse granuleuse à grain fin, qui, étant pulvérisée et placèe sur une pelle échauffèe, au moment où elle passe de la chaleur rouge à celle noire, donne une lueur phosporescente très-belle, mélangée de vert, de jaune et de violet. Une autre variété, d'un jaune brun, de Saxe, donne une lueur phosphorescente très-vive, mélangée de bleu, de vert et de jaune pâle. Une troisième, venant aussi de Saxe, et dont la couleur

tire sur le vert de gris, donne une lueur phosphorescente
qui est extrémement vive et de la plus grande beauté,
elle est mélangée de bleu, de violet et de jaune. Plusieurs des autres variétés de cette suite donnent de
même aussi une lueur phosphorescente, mélangée de
plusieurs couleurs différentes. Il y existe en outre une
variété violette de Cornwall qui, étant échauffée de
manière à devenir phosphorescente, passe successivement, par le simple refroidissement de la pelle sur
laquelle elle a été placée, du vert d'éméraude, qui est
la couleur qu'elle donne dans son plus grand degré d'é-
chauffement, au violet, et ensuite, pour dernier terme,
au blanc bleuâtre, qui est la couleur que donnent, dans
l'eau échauffée près du point de l'ébulition, les variétés
vertes que j'ai dit y être phosphorescentes. Il y existe
enfin des échantillons de variétés de chaux fluatée di-
versement colorées, qui ont été parfaitement décolo-
rées par la chaleur, et cessent alors d'être phosphorescentes.

CHAUX PHOSPHATÉE. APATITE.

74 Morceaux, dont 24 Cristaux isolés.

La suite des morceaux de cette substance renferme
un grand nombre de variétés de formes non décrites,
dont quelques-unes sont très-rares. La variété de Saxe,
prise autrefois pour béril, et dans laquelle on avoit cru
appercevoir une nouvelle terre, ainsi que celles connues sous les noms de moroxite, spargelstein, &c. y
existent aussi.

CHAUX SULFATÉE. BARDIGLIONE *(Nobis)*. CHAUX SUL-
FATÉE ANHYDRE *(Haüy)*.

157 *Morceaux, dont* 107 *Cristaux isolés.*

Les cristaux qui appartiennent à cette substance, et
dont le plus grand nombre, n'avoient pas été décrits,
donnent son étude cristalline aussi complette qu'il nous
a été possible de la faire jusqu'ici. C'est cette même
suite qui a servie de base au mémoire que j'ai donné
sur le Bardiglione, dans le premier volume des transactions de la Société Géologique de Londres. imprimé
en 1811. La suite de cette substance, placée dans
cette collection, renferme toutes les variétés connues
jusqu'à ce moment, parmi lesquelles en est une très-
intéressante, avec actinote et cuivre et fer sulfuré jaune
(cuivre pyriteux) qui vient de Suède.

Depuis que je me suis occupé du mémoire que je
viens de dire avoir donné sur cette substance, j'ai pu
m'en procurer un cristal, placé dans cette collection,
dans lequel il existe le long des bords de deux des
faces terminales, les deux autres ayant disparus par
l'accroissement des plans de remplacement des bords
du prisme, une face secondaire, ainsi que le représente
la fig. 5 pl. 1. J'ai vu aussi un morceau de cette substance, appartenant à la collection du Dr. Babington,
dans lequel les angles solides du prisme tétraèdre rectangulaire primitif sont remplacés par un plan triangulaire, ainsi que l'indique le fig. 4; mais ce cristal pro-
fondément enfoncé dans la substance même du Bardiglione de ce morceau, ne m'a permis de connoître
l'angle d'incidence des plans de remplacement sur la
face terminale que par approximation: cet angle m'a

paru approcher de 120°, mais cependant plus petit : si cet angle étoit d'environ 118°, ainsi qu'il est assez probable, celui que fait le plan de remplacement des bords des faces terminales avec ces mêmes faces étant à très-peu de chose près de 161° 30′, la hauteur du prisme tétraèdre rectangulaire primitif, que je n'avois pas encore pu déterminer, à l'époque où je m'occupai de ce mémoire, seroit aux bords des faces terminales, dans le rapport de 4 à 3.

Il y a donc deux modifications de plus à ajouter aux six que j'avois alors déterminées dans le Bardiglione, savoir une 7me qui remplace les angles solides du cristal primitif par un plan qui fait, avec les faces terminales, un angle de 117° 56′, et est le produit d'un reculement par une simple rangée à ces mêmes angles, fig. 4.

Et une 8me qui remplace les bord des faces terminales par un plan qui fait, avec elles, un angle de 161° 34′, et est le résultat d'un reculement par 4 rangées le long de ces mêmes bords, fig. 5.

Ces deux modifications laissent appercevoir la possibilité de rencontrer le Bardiglione en cristaux pyramidaux. Elles expliquent, en conséquence, de petits cristaux en prisme très-minces et allongés, terminés par une pyramide obtuse, qui existent dans deux des morceaux de cette collection ; mais qui sont trop petits pour pouvoir être déterminés.

CHAUX HYDRO-SULFATÉE. GYPSE.

246 Morceaux, dont 178 Cristaux isolés,

La suite des morceaux de cette substance est très-riche, soit en faits particuliers, soit en cristaux, dont

un très-grand nombre n'ont pas été décrits. Il y existe une série extrêmement intéressante, dans laquelle
des masses cristallines informes sont composées de
l'agrégation de molécules, appartenant à une des formes,
secondaires rares de cette substance, qui est en prisme
tétraèdre rectangulaire droit de 92° sur 88° et se divisent, suivant la direction des plans de cristaux semblables à ces mêmes molécules, en cristaux appartenant
à cette même forme secondaire qui, à leur tour, se divisent suivant une direction parallèle aux plans du
cristal primitif. Cette variété intéressante, qui a été
citée par **M. L'Abbé Haüy** dans son *tableau comparatif*, &c. est au gypse ce que le Schifferspath est à la
chaux corbonatée lamelleuse, elle est ainsi que lui, pour
l'ordinaire, nacrée, et vient de Pesai au Mont Blanc,

CHAUX ARSENIATÉE. PHARMACOLITE.

6 *Morceaux*.

CHAUX BORATÉE SILICEUSE. DATHOLITE.

5 *Morceaux*.

Dont un groupe assez grand de cristaux déterminés.

BARYTE SULFATÉE.

387 *Morceaux, dont* 258 *Cristaux isolés*.

La partie qui, dans cette collection, appartient à la
baryte sulfatée est probablement unique, soit par le
nombre des groupes et des cristaux isolés qu'elle présente, et dont plusieurs sont très-grands, soit par celui
extrêmement considérable des formes cristallines non
décrites qu'elle renferme, soit enfin par la quantité de
faits intéressants qu'elle présente.

Parmi les variétés cristallines irrégulières, je citerai

principalement celle à fibres divergentes très-fines et
très-serrées, d'un blanc mat, ressemblant parfaitement à
une zéolite, du Derbyshire. Une autre, très-rare, aussi
du Derbyshire, qui est composée de la réunion irrégulière de petits mamelons à stries convergentes d'un brun
jaunâtre foncé, qui seroit facilement prise, d'après son
aspect extérieur, pour appartenir au plomb phosphaté :
elle se décolore sous l'action du chalumeau, et devient
d'un blanc mat. Je citerai encore une troisième variété, d'un blanc mat, ayant l'aspect et la consistance
de la craie, qui est de même aussi du Derbyshire. Et
enfin une très-belle variété lamelleuse du jaune de la
topaze du Brésil la plus foncée, et d'une très-belle transparence.

BARYTE CARBONATÉE. WITHERITE.

82 Morceaux, dont 16 *Cristaux isolés.*

La suite renfermée dans cette collection, tant des
groupes que des cristaux isolés, de cette substance, donne
une série de formes cristallines, dont plusieurs sont très-
rares, et dont le plus grand nombre n'ont pas été décrites. Il y existe plusieurs cristaux en prismes hexaèdre que je soupçonne fortement être la forme primitive de cette substance ; quelques-uns d'eux ont
jusqu'à neuf lignes et plus de diamètre sur 4 ligne de
hauteur. Il y existe aussi un dodécaédre complet à
plans triangulaires isocèles, dont chacune des pyramides a plus de 7 lignes de hauteur.

STRONTHIAN SULFATÉ. CÉLESTINE.

73 Morceaux, dont 61 *Cristaux.*

La plupart des cristaux isolés qui, dans cette collection, composent la série de ceux de cette substance, appartiennent à la belle variété de Sicile. Plusieurs d'entre eux laissent apercevoir, à l'aide de leur transparence, de petites parties de soufre renfermées dans leur intérieur.

STRONTHIAN CARBONATÉ.

75 Morceaux, dont 34 Cristaux isolés.

On rassembleroit difficilement dans cette substance rare, surtout à l'état cristallin déterminé, tout ce que cette suite présente. Elle renferme plusieurs groupes garnis de cristaux, qui sont de la plus grande rareté. Cette suite avoit été rassemblée par moi avec l'intention de faire l'étude cristalline de cette substance, et elle est parfaitement propre à remplir cet objet.

MAGNÉSIE PURE.

4 Morceaux.

Une de ces magnésies est des Indes orientales.

MAGNÉSIE BORATÉE.   BORACITE.

10 Morceaux, dont 5 Cristaux isolés.

Parmi les formes cristallines de cette substance, est le dodécaèdre à plans rhombes, complet.

ALUMINE FLUATÉE ALKALINE.   CRIOLITE.

25 Morceaux, dont 10 Cristaux.

Ce qui est cité ici comme étant des cristaux, n'est que des fragments ; mais faits, en plus grande partie, suivant la direction des joints naturels de cette substance, et propres à démontrer la forme de son cristal primitif. La suite des morceaux qui lui appartiennent est très-belle ; plusieurs sont d'une grandeur peu commune, quelques-uns sont d'une très-grande rareté : tel est par exemple un morceau, assez grand, dans lequel la criolite est mélangée de fer spathique cristallisé en rhomboïde primitif, et en grande partie à l'état de décomposition, et contenant en outre quelques parties de galéne et de cuivre jaune : tel est encore un autre morceau, assez grand aussi, totalement composé de fer spathique, de galéne et de cuivre jaune, avec quelques parties de criolite, disséminées dans sa masse. Ces deux morceaux intéressants nous indiquent que la criolite est une substance de filon : j'en dois la possession à M. T. Allan d'Edimbourg, ainsi que de plusieurs autres des morceaux de cette substance.

QUARTZ.

684 *Morceaux, dont 362 Cristaux isolés.*

La suite que cette collection présente dans tout ce qui concerne le quartz proprement dit, est extrêmement intéressante, et très-riche. Elles contient plusieurs cristaux appartenant à des variétés terminées par une pyramide aigue de diverses dimensions, ainsi qu'un très-grand nombre d'autres avec faces additionnelles, dont plusieurs sont très-rares.

La série des quartz colorés est aussi très-considérable, ainsi que celle des quartz accidentés, et renfermant dans leur intérieur diverses substances étrangères. Je citerai, parmi ces derniers, une suite de cristaux avec tourmaline capillaire. Une autre suite très-considérable de quartz renfermant des aiguilles de titanium, la plupart du Brésil : dans un de ces morceaux, qui est un cristal parfait, les aiguilles de titanium, qui s'élèvent verticalement de la base, sont d'un très-beau

rouge et transparentes : elles ont toutes conservé leurs
pyramides. Il existe aussi, dans cette collection, une
fort belle suite de quartz, dont les morceaux renferment, dans leur intérieur, la variété du mica connue
sous le nom de chlorite ; elle s'y montre d'un grand
nombre de couleurs différentes. Dans une autre suite,
les cristaux de quartz renferment, dans leur intérieur,
diverses espèces de minérai de fer, telles que le fer oligiste et celui sulfuré, le fer oxydé, celui hydro-oxydé,
&c. Je citerai enfin, au nombre des morceaux intéressants et même précieux par leur rareté, que renferme cette substance, une suite de différentes variétés
de quartz à cassure lamelleuse, et un petit morceau de
quartz d'un jaune de topaze qui renferme, dans son
intérieur, trois dendrites très-grandes et fortement prononcées, dont deux de manganèse oxydée noire, et l'autre de manganèse oxydée d'un gris argentin.

CALCÉDOINE.

343 *Morceaux.*

La suite des substances qui appartiennent à la calcédoine, étant très-considérable, et les morceaux étant
très-nombreux dans chacune de ses variétés, j'ai par-
tagé cet article en plusieurs sections différentes.

Celle-ci contient la calcédoine proprement dite, les
agates et les jaspes calcédoniens, et en général tout
ce qui concerne les jaspes et les agates, ainsi que les
différentes variétés colorées de la calcédoine.

La suite des agates arborisées, soit en noire, soit en
rouge, est très-précieuse, tant par la beauté que par
la rareté d'un très-grand nombre d'elles. Parmi celles
arborisées en noire, il y en a plusieurs, la plupart fort

belles, qui sont d'étude et destinées à faire voir que
la substance qui produit l'arborisation, sinon toujours,
du moins très-souvent, appartient à une matière bitu-
mineuse ; aussi disparoît-elle alors sous l'action d'une
chaleur un peu forte. La substance qui colore ces
arborisations en rouge est fixe, l'action de la chaleur
ne fait que la noircir ; elle appartient à un oxyde de
fer.

Dans les calcédoines colorées, qui sont très-nombreuses dans cette collection, je citerai une coquille
très-parfaite de la famille des cames à l'état de cor-
naline. Cette suite, tournée principalement vers l'étude,
est en même temps très-agréable. Elle renferme une
série considérable destinée à faire voir le passage de
l'agate aux jaspes par l'augmentation de la terre argilo-
martiale, et plus généralement encore par celle d'un
simple oxyde de fer interposé dans la substance de la
calcédoine, de manière à en enlever toute espèce de
transparence, et à ne plus laisser apercevoir la substance calcédonienne : cette étude donne celle des agates
jaspées, des jaspes agates, &c.

CALCÉDOINE CHRYSOPRASE.

9 *Morceaux.*

On a réuni ici, dans cette substance, une suite de
morceaux dont plusieurs font voir que la substance calcédonienne, colorée en vert, y est mélangée de quartz.

CALCÉDOINE XYLOÏDE, OU BOIS A L'ÉTAT CALCÉDONIEN.

26 *Morceaux.*

Il existe, dans la suite qui appartient à cette substance, plusieurs morceaux dans lesquels, soit par la

transparence, soit par la différence d'aspect, on distingue les pores, utricules et trachées du bois auquel ils ont appartenus.

CALCÉDOINE SILEX.

136 *Morceaux*.

Sous cette division est compris aussi le caillou d'Egypte, qui est un véritable silex, et n'est qu'une simple variété de ceux qui appartiennent à notre continent.

Outre les diverses variétés de cette substance, il existe, dans cette suite, une série extrêmement intéressante de silex ayant plus ou moins la texture madreporite. Cette série qui est dirigée vers l'étude, conduit en même temps à l'établissement des caractères propres à faire reconnoître l'origine madreporite d'un grand nombre de silex, dans lesquels, sans eux, elle ne pourroit être soupçonnée. Parmi les morceaux que renferme cette série, il en existe un d'une très-belle couleur de rose, qui a parfaitement conservé la texture madreporite : il est du Mexique. Une partie des morceaux qui appartiennent à cette section de la calcédoine, étant d'une grandeur trop considérable pour les cases, sont placés dans un tiroir séparé, dont les cases sont plus grandes.

L'observation étendra probablement beaucoup un jour l'existence, ainsi que le domaine des silex d'origine madreporite, surtout parmi les craies, ainsi que parmi les roches calcaires secondaires et tertiaires. M. l'Abbé Bacheley avoit déjà reconnu combien les silex d'origine madreporite sont plus abondants dans ces roches qu'on ne le pense généralement.

CALCÉDOINE CACHOLONG.
55 *Morceaux*.

Cette suite, extrêmement intéressante, est en entier
composée de morceaux d'étude, dont quelques-uns
doivent leur existence à l'art, ayant éprouvés l'action du
feu. Ils sont destinés à faire voir que le cacholong est dû
à l'altération de la calcédoine, probablement par la perte
de l'eau de composition.

GYRASOLE.
323 *Morceaux*.

Il y a longtemps que j'ai donné le nom de gyrasole
à la modification du quartz placée sous cet article,
parce qu'il en falloit un qui la désignât particulièrement, ceux qui lui ont été donnés par M. Werner,
d'opale commune, de demi-opale, d'opale ligniforme, et
enfin d'opale proprement dite, et d'hydrophane, n'indiquant que de simples variétés ou de légères altérations d'une seule et même substance, à laquelle il falloit
un nom. D'un autre côté, ne considérant nullement
cette substance, ainsi qu'elle l'est par Mr. l'Abbé
Haüy, et le plus grand nombre des minéralogistes,
comme n'étant qu'une simple variété de la calcédoine,
encore moins du quartz, deux espèces totalement
distinctes l'une de l'autre, je ne pouvois la désigner
sous le nom de calcédoine opale, ou de calcédoine opa-
lisante. Le nom de gyrasole ayant déjà été donné à
une de ses variétés, celle la plus pure et la plus parfaite,
à raison d'une propriété qui lui est commune avec le
plus grand nombre de ses autres variétés, celle de ré-
fracter la lumière sous une couleur vineuse, quoique
n'étant elle-même nullement colorée, je lui ai conservé ce même nom, dont j'ai fait celui de l'espèce.

La série qui appartient à toutes les variétés de cette
substance est en même temps d'étude et d'agrément.
Elle contient un nombre très-considérable de faits.
La partie qui concerne les hydrophanes, ainsi que leur
étude, est peut-être unique, et doit être regardée, (provenant d'une même cause) comme faisant suite à la
série qui appartient à la décomposition de la calcédoine.

Parmi les variétés de cette substance, je me bornerai
à citer la gyrasole pechstein, ou le pechstein infusible
d'un blanc bleuâtre, unie à différents minérais de
cuivre du Cornwall ; celle d'un vert brun très-foncé,
et bien souvent accompagnée de hornblende fibreuse
et de galéne, du même canton ; celle très-transparente
et d'un très-beau jaune, d'Irlande ; un petit morceau
appartenant à une variété très rare de l'opale, dont
la couleur est noire, ainsi qu'une autre opale brune ;
plusieurs hydrophanes, reprenant dans l'eau la transparence et le beau jeu de couleur de l'opale ; deux
morceaux d'hydrophane d'un beau vert d'émeraude ;
et enfin plusieurs grands morceaux d'une hydrophane
d'un jaune pâle et grisâtre, de Sibérie, ainsi qu'une
suite de morceaux, beaucoup plus grands encore, appartenant à trois variétés différentes et fort rares de
l'hydrophane. L'une de ces variétés est d'un blanc
mat un peu grisâtre, et d'un grain extrêmement fin et
très-compacte ; de petits noyaux de quartz cristallisé
sont disséminés dans sa substance ; sa cassure est parfaitement unie, et est quelquefois légèrement conchoïdale. La seconde variété a la texture, la cassure et
tout l'aspect extérieur de la cire blanche, devenue un
peu jaunâtre par vétusté ; elle est très-fortement hydro-

phane. La troisième, dont l'aspect et la plupart des caractères sont de même ceux de la cire, est d'un gris cendré, mélangé d'une quantité immense de petites parties noires : elle est plus hydrophane encore que les deux premières, et lorsqu'elle a acquis de la transparence, si on la regarde avec la loupe, tous les points noirs qu'elle renferme se montrent être autant de petites dendrites, que je soupçonne fortement appartenir au manganèse. J'ignore la localité d'aucun de ces morceaux intéressants.

ŒIL DE CHAT.
18 *Morceaux.*

La suite des yeux de chats, placés dans cette collection, est en grande partie composée de pierres polies, parmi lesquelles en est une petite d'un brun noirâtre ; variété rare. Il est joint à cette suite, des morceaux de l'œil de chat brut de l'isle de Ceylan, et un de la variété beaucoup plus rare, et communément d'un brun rougeâtre qui vient de la presqu'isle de l'Inde.

GADOLINITE.
4 *Morceaux.*

Les morceaux de cette substance sont très-beaux. Je les dois à l'amitié de M. de Swedenstierna, savant minéralogiste Suédois, auquel j'ai dû plusieurs autres morceaux, pris parmi ceux les plus intéressants de cette collection. Un des morceaux de gadolinite adhère à une masse de feldspath lamelleux assez considérable.

ZIRCON.
193 *Morceaux, dont* 138 *Cristaux isolés.*

La suite des cristaux de cette substance qui sont

placés dans cette collection est très-précieuse, et plusieurs sont d'une grandeur assez considérable. Ils font connoître un très-grand nombre de formes non décrites, dont plusieurs sont très-agréables. L'octaèdre primitif s'y rencontre, soit en grands cristaux d'un brun jaunâtre de la presqu'isle de l'Inde, soit en petits cristaux rouges du Pégu. Il y est joint une collection de fragments pour la diversité des couleurs que cette gemme présente, ainsi que plusieurs petites pierres taillées, d'une belle couleur orangée.

CORUNDUM.

1444 *Morceaux, dont* 914 *Cristeaux isolés.*

Dans cette substance sont comprises toutes les pierres auxquelles les jouailliers donnent le nom d'orientales, telles que rubis oriental, chrysolite orientale, émeraude orientale, topaze orientale, hyacinthe orientale, saphir, &c.

L'ensemble de tout ce qui appartient, dans cette collection, à cette gemme, ainsi qu'à ses variétés, la plupart extrêmement rares, forme une suite très-précieuse, qui bien certainement est unique, et peut-être est destinée à l'être toujours. La possibilité de la former m'a été fournie par une de ces circonstances uniques, enfant du hasard, que l'activité doit saisir, et que le désir ni la volonté ne peuvent faire naître. Le choix des morceaux, ainsi que des cristaux qui la composent, a ensuite été le résultat d'un travail long, et d'une attention, ainsi que d'une patience soutenue pendant plusieurs mois consécutifs, que le zèle, inspiré par un amour extrêmement vif de la science, pouvoit seul maintenir.

La série qui appartient au corundum grossier, ou proprement dit, renferme tout ce qui peut concerner cette subsance dans les divers cantons où elle s'est montrée, tels que la Chine, le Thibet, le royaume d'Ava et le Pégu, le Carnatic, le District Deslors et la côte de Malabar dans la presqu'isle de l'Inde, &c. Il y existe même un petit cristal très-régulier des mines de fer de Gellivara dans la Laponie suédoise, qui m'a été donné par M. de Swedenstierna, auquel la découverte appartient.

Cette série immense renferme trois grands rhomboïdes primitifs très-parfaits, et qui ne peuvent laisser place à aucun doute ; cristaux extrêmement rares dans cette substance, et dont je ne connois même aucun autre exemple : le clivage, soit naturel, soit fait par l'art, étant le seul moyen qui jusqu'ici ait procuré ce rhomboïde.

Parmi les prismes hexaèdres, avec ou sans conservation des plans du rhomboïde primitif, elle renferme des suites très-intéressantes, prises dans les divers gissemens qui appartiennent à cette variété du corundum. Plusieurs de ces cristaux sont assez grands, et de la conservation la plus parfaite. Parmi ces cristaux on doit observer un prisme hexaèdre fort grand, et d'une excessive rareté : il a été clivé sur plusieurs des faces du rhomboïde primitif, ce qui a mis à découvert son intérieur, qui est du plus beau bleu de saphir, nuancé de parties non colorées. Une autre de ces prismes, qui est aussi fort grand, mais cependant moins que le précédent, est d'un bleu pâle. Il y existe aussi de petits prismes du rouge propre au rubis oriental, et un autre du jaune de topase orientale, dont la couleur est rendue très-sensible par une légère transparence.

Cette collection renferme aussi des suites très-considérables dans les deux couleurs bleue et rouge; la première, depuis le bleu très-pâle, jusqu'au bleu de saphir le plus foncé; la seconde, depuis le rouge, tirant sur le violet le plus pâle, jusqu'au rouge si foncé qu'il paroît noir, et cela par un passage dont les nuances sont presqu'insensibles. Il y existe aussi des suites dans les autres couleurs, telles que le jaune brun, plus ou moins foncé, le vert pâle, le vert brun, et même le noir.

Le corundum des différents cantons dans lesquels il se rencontre, présente aussi, dans cette suite, nombre de cristaux pyramidaux plus ou moins aigus, soit à pyramides simples, soit à pyramides doubles; et un très-grand nombre de faits particuliers et intéressants, qu'il seroit beaucoup trop long de décrire.

Comme cette suite a été rassemblée avec l'intention de la faire servir à l'étude complette de cette substance, elle renferme en outre le corundum avec les différentes gangues qui lui appartiennent, ainsi qu'avec toutes les substances qui l'accompagnent; ce qui donne lieu au développement d'un grand nombre de faits intéressants. La gangue qui lui est la plus ordinaire au Carnatic, est une substance que j'ai décrite dans le mémoire, dans lequel j'ai donné l'étude complette de la gemme orientale, inséré dans les transactions philosophiques de la Société Royale de Londres. Cette substance ne peut être rapportée à aucune des autres substances minérales: je ne lui avois, à cette époque, donné aucun nom; depuis je lui ai donné celui *d'indianite*. La suite des morceaux qui lui appartiennent, et qui sont placés sous cet article, joint à celle placée sous l'article

même de cette subsance, est très-propre à en faire
l'étude. Parmi ces morceaux, plusieurs sont destinés
à faire voir que, dans différentes circonstances, les
substances étrangères qui s'interposent dans d'autres
substances, lors de leur formation, peuvent, lorsqu'elles
y sont à l'état très-divisé, y jouer le rôle de matière
colorante. Plusieurs des morceaux d'indianite sont
colorés de cette manière en rouge brun et en vert, par
le grenat et la thallite, et en observant ces morceaux
avec attention, on ne peut conserver aucun doute à
cet égard.

Il existe en outre, dans cette suite, une série de
cristaux de corundum de la Chine et du Thibet, accompagnés de fibrolite. Quelques-uns d'eux sont totalement recouverts par cette substance neuve et très-
rare, que j'ai de même fait connoître dans mon mémoire cité ci-dessus, sur le corundum et toutes les
gemmes orientales. Il y existe encore une autre série,
dans laquelle, soit le corundum d'Ava, soit celui de la
Chine, ainsi que du Carnatic, est mélangé, d'une manière très-frappante, de parties de fer oxidulé : quelques
prismes de celui de la Chine en sont totalement recouverts. Cette dernière suite démontre que le corundum, dans les différentes localités dans lesquelles il
s'est montré à nous jusqu'à ce moment, accompagne
le fer oxydulé dans une roche primitive, gissement
ordinaire de cette espèce de minérai de fer. On a vu
précédemment que le corundum avoit été trouvé par
M. de Swedenstierna, dans une mine de fer oxydulé
de la Laponie suédoise. Les sables de Ceylan, du
Pégu, et d'Ava, dans lesquels se rencontre presqu'exclusivement la gemme orientale mise en œuvre par les

jouailliers, contiennent aussi beaucoup de fer oxydulé à l'état sableux.   Il en est de même du sable du ruisseau le Riou Pezzouliou près du Puy en Velay.

Il y existe enfin une autre série encore, dans laquelle le corundum est accompagné et souvent recouvert de stéatite verte : cette substance caractérise le corundum du Thibet, ainsi que le rouge brun qu'admet le plus communément sa substance, la couleur de celui de la Chine tirant plus généralement sur le vert.

La série qui appartient au rubis oriental, à laquelle est jointe la topaze orientale, ainsi que l'améthiste orientale, toutes à l'état cristallin, est d'une richesse que rien ne peut surpasser en minéralogie. Les formes cristallines, dont le plus grand nombre étoient encore inconnues lorsque j'ai donné mon mémoire sur cette substance à la Société Royale de Londres, en 1802, y sont extrêmement nombreuses, et depuis j'y en ai beaucoup ajoutées.

On trouvera, dans cette série, six rhomboïdes primitifs parfaits, dont je ne connois l'existence dans aucune autre collection, ainsi que d'un très-grand nombre des formes qui appartiennent à cette substance. Une partie des cristaux qui composent cette série sont fort petits : il y a parmi eux certaines formes que je n'ai jamais vu atteindre un volume un peu considérable ; mais nombre d'entr'eux aussi sont grands, et même d'une grandeur rare jusqu'ici dans cette substance : tel est un prisme hexaèdre d'un rouge peu foncé, de cinq lignes de hauteur sur trois lignes et demie de diamètre : tel est aussi un autre prisme exhaèdre d'un rouge de sang très foncé, de sept lignes dans son plus grand diamètre, quatre lignes dans le plus petit, et 4 lignes de hauteur : tels sont encore deux autres prismes, l'un de 5 lignes de diamêtre sur une ligne et demie de hauteur, et l'autre, allongée, de 8 lignes dans son plus grand diamêtre, sur 5 lignes et demie dans son plus petit, et 2 lignes de hauteur ; mais rendu un peu irrégulier par l'agrégation de plusieurs cristaux. Plusieurs autres des cristaux sont d'une grandeur plus ou moins approchante de celles qui viennent d'être citées. Nombre d'entre eux sont d'un beau rouge de sang, d'autres sont d'un rouge violet plus ou moins foncé, d'autres d'un superbe rose ; un grand nombre offrent différentes teintes plus ou moins foncées de jaune, mais tirant cependant toujours un peu, soit sur le rouge, soit sur le brun ; d'autres enfin sont complettement incolores. Il existe, dans cette série, un cristal, pris parmi ceux les plus grands, qui est mi-partie d'un jaune de topaze et mi-partie rouge ; d'autres sont en partie rouges et en partie bleus.

Il est joint à cette série générale de tout ce qui concerne le rubis oriental, 24 autres séries particulières de fragments, en nombre considérable, chacune desquelles est destinée à faire connoître, soit la variété des couleurs, en commençant par la variété complettement incolore, soit les divers effets du chatoyement qui appartient à la face terminale du prisme hexaèdre, ou de remplacement de l'angle solide du sommet du rhomboïde primitif. Un grand nombre des cristaux de cette suite laissent appercevoir le même phénomène.

Il y est joint en outre une suite de petits rubis orientaux arrondis par la nature. Tous laissent apercevoir, d'une manière plus ou moins sensible, sur leur surface, le jeu de réflexion en forme d'étoile à six rayons,

connu sous le nom d'astérie, et servant, conjointement
avec le chatoyement du plan de remplacement du
sommet du rhomboïde, à expliquer ce même effet
donné par la taille en cabochon à des rubis et des
saphirs imparfaitement transparents, lorsque cette taille
a été faite judicieusement.

Il y est joint enfin une collection de petits cristaux,
la plupart très-parfaits, mais n'étant placés sur aucun
support, et rassemblés pour donner une idée générale
des variétés de couleur, et de l'éclat qui est propre à
cette gemme : ces petits cristaux sont au nombre de
370, ce qui fait monter à 1284 le nombre des cristaux
isolés de corundum.

La série des cristaux de saphir, qui sont au nombre
de 112, porte avec elle un grand intérêt. Si celle des
cristaux du rubis oriental démontre, sans laisser place
à aucune objection, l'identité de nature entre le corundum et lui, celle du saphir démontre, aussi parfaitement, l'identité de nature entre le rubis oriental
et lui, et conséquemment aussi avec le corundum proprement dit. Cette réunion, entre toutes les variétés
de la gemme orientale, que j'ai fait connoître, pour la
première fois, il y a plus de 10 ans, a été quelque
temps avant d'être généralement adoptée ; mais j'imagine qu'elle ne rencontre plus aujourd'hui aucune opposition.

Il est joint à cette série deux petits cristaux verts
que j'ai trouvé moi-même autrefois dans le ruisseau
le Riou-Pezzouliou à Expailly près du Puy en Velay,
Province de France ; ruisseau que l'on sait charier,
après les pluies, des zircons rouges et des saphirs.

Elle renferme enfin un morceau d'émeril de l'isle de Naxos, dans lequel le fer oxydulé est recouvert par une couche de trémolite, dans laquelle on observe beaucoup de petits prisme hexaèdres de saphir d'un beau bleu. Je possédois autrefois deux autres très-beaux morceaux de cette même variété : l'un d'eux, dont celui que je viens de citer est un fragment, a été donné par moi à M. Greville, dans la collection duquel il doit être encore dans ce moment, et où j'ai placé de la même manière un très-grand nombre d'autres morceaux rares. J'ai donné l'autre à M. Fichtel, et il doit faire aujourd'hui partie de quelques-unes des collections de Vienne en Autriche : je le crois placé dans la belle et riche collection de M. Von der Null.

CYMOPHANE. CHRYSOLITE. CHRYSOBÉRIL.

37 *Morceaux, dont* 18 *Cristaux isolés.*

La plupart des cristaux de cette substance appartiennent à des formes qui n'ont pas été décrites. La suite de cette substance, qui existe dans cette collection, contient plusieurs morceaux dans lesquels la cymophane est accompagnée de sa gangue, qui est composée de feldspath, de quartz et de grenat : ces morceaux sont du Connecticut, dans les Etats-Unis d'Amérique : ils m'ont été envoyés par le Dr. Bruce, professeur de minéralogie à l'université de Newyork.

Cette suite renferme aussi plusieurs pierres polies, dont la couleur d'un jaune légèrement verdâtre est très-belle. Je les dois à l'amitié de M. le Comte de Funchal, ambassadeur plénipotentiaire de la cour du Brésil à Londres. Cette gemme, par la beauté de sa couleur, sa grande dureté et son éclat, est faite pour rivaliser avec la gemme orientale, et je ne doute nullement qu'un jour elle ne devienne en effet sa rivale.

SPINELLE.

717 Morceaux, dont 680 Cristaux isolés.

La suite des cristaux que présente, dans cette collection, cette substance, et que j'ai eu la possibilité de former par la même occasion qui m'a permis de former celle des rubis orientaux, saphirs, &c. est je pense de même qu'elle unique, tant par le nombre des cristaux qu'elle présente, que par la grande perfection du plus grand nombre d'entre eux, la variété de leur couleur, celle de leur forme, dont plusieurs sont très-rares, et quelques-unes même inconnues, et par les divers accidents de cristallisation dont ils fournissent l'exemple.

Il est joint à la suite des cristaux de spinelle, 9 petites séries particulières, chacune d'elles contenant une collection de cristaux, très-parfaits pour la forme, et présentant une variété étonnante de couleurs, depuis l'incolore parfait, jusqu'aux teintes les plus foncées de rouge, de violet et même de jaune : d'autres sont chatoyants et ont une réfraction analogue à celle propre à la gyrasole : quelques-uns sont noirs, bleus et même verts. Ces spinelles sont placés, dans chacune de ces petites séries, suivant leur grandeur. Dans une d'elles les cristaux, quoique très-parfaits, ont à peine la grandeur d'une graine de pavot. Dans une autre de ces séries, la teinte de tous les spinelles qui la composent est une couleur de chaire rosée. L'ensemble de tous les cristaux qui composent ces séries particulières, forme un total de 2350 cristaux isolés qui, joints à ceux montés sur des supports de cire verte, donnent dans cette substance un total de plus de 3000 cristaux.

Il y existe, en outre, une série de morceaux renfermant le spinelle d'Acker en Sudermanie, que je dois à l'amitié de M. de Swedenstierna. Dans un de ces morceaux les spinelles, qui sont d'un léger violet bleuâtre, et d'un volume assez grand, sont très-parfaits. Il me paroît qu'on est dans ce moment tenté de rapporter cette substance à l'haüyue ; ce rapprochement ne me semble pas pouvoir être fait. Elle a une dureté très-supérieure à celle de l'haüyue, et elle me paroît sous tous les rapports phisiques et minéralogiques, sous lesquels j'ai pu l'examiner, ne pouvoir être séparée du spinelle.

Il existe aussi, dans cette collection, une série du spinelle nommée pendant long-temps pléonaste, du Vésuve ; ainsi qu'une autre du spinelle zincifère ou automalite. Parmi les morceaux du Vésuve qui laissent apercevoir cette substance, il en existe deux très-rares, sur l'un desquels est un octaèdre parfait, très-transparent et complettement incolore : l'autre contient plusieurs de ces mêmes octaèdres incolores, et en outre plusieurs dodécaèdres à plans rhombes très-réguliers, et de même aussi complettement incolores. J'ai cru devoir rapporter ces cristaux au spinelle, avec lequel ils s'accordent par leur pouvoir réflectif ; mais trop précieux pour être sacrifiés, je n'ai pu pousser mes observations plus loin.

Parmi les cristaux isolés de spinelle du Pégu, il y en existe une suite assez considérable, dans laquelle plusieurs des octaèdres ont tous leurs angles solides remplacés par quatre plans, et d'autres qui en outre ont aussi leurs arêtes remplacées ; ils sont colorés de différentes nuances de rouge. M. l'Abbé Haüy cite, dans son *tableau comparatif*, &c. un spinelle de Ceylan, qui lui a présenté la première de ces deux formes, et il fait servir ce cristal à l'appui de la réunion, parfaitement fondée, qu'il a faite de la' ceylanite ou pléonaste à l'espèce du spinelle : cette nouvelle observation est un complément ajouté à celle de ce célèbre minéralogiste.

TOPAZE.

224 *Morceaux, dont* 112 *Critaux isolés.*

La suite des morceaux qui appartiennent ici à cette substance, renferme les diverses séries des topazes du Brésil, de Saxe, et de Sibérie. Elle contient une série très-considérable de cristaux, dont un très-grand nombre n'ont pas été décrits.

Parmi les topazes de Sibérie, il y existe un cristal incolore d'un pouce 7 lignes de longueur, sur 13 lignes dans sa plus grande largeur, qui possède ses deux py-ramides : l'une d'elles cependant a une de ses parties incomplette, par suite de la compression d'un autre cristal qui s'étoit formé contre elle. Il y existe aussi une aiguille de cristal de roche noire, entourée de grands cristaux de la même topaze incolore. Je dois la possession de ces morceaux, ainsi que celle de ceux qui appartiennent à la topaze de Sibérie, à mon excellent ami le Dr. Crichton, premier médecin de S. M. l'empereur de Russie.

Parmi les topazes du Brésil, il existe, dans cette col-lection, un superbe morceau, qui est un gros cristal de quartz, formé de la réunion de deux autres cristaux, et renfermant, au point même de jonction, et incrusté dans leur substance, un grand cristal de topaze d'un beau jaune foncé, dont une des pyramides est parfaitement conservée. Ce cristal a environ un pouce et demi de longueur, sur environ 8 lignes de diamètre. Je dois la possession de ce beau et rare morceau a l'amitié de M. le comte de Funchal, ambassadeur plénipotentiaire de la cour du Brésil à celle de Londres.

Cette collection renferme aussi un cristal de topaze de Botany-bay, et quelques échantillons de celle d'Ecosse, ainsi que de celle d'un beau bleu, un peu verdâtre, du Brésil, connue sous le nom de *Mina nova*. On a joint, à cette suite de la topaze, une collection de 30 pierres polies, destinées à faire connoître les différentes teintes de celle du Brésil, soit avant, soit après avoir été brûlée, parmi lesquelles en sont aussi plusieurs de celle bleue, dite mina nova. Elle contient en outre une série de cinq petits morceaux de la topaze de Cornwall avec étain oxydé, ainsi qu'une autre série, assez considérable, de la topaze du Vésuve, gissement qui n'avoit point encore été cité pour cette gemme. Je citerai plus particulièrement deux morceaux de cette topaze. Dans l'un d'eux les cristaux sont d'un très-beau jaune d'or éclatant; ils ont pour gangue un mélange granuleux de cette même topaze, mais beaucoup moins colorée et de mica. Ce dernier est cristallisé dans de petites cavités qui existent sur ce morceau : sa couleur, observée suivant la direction de son axe, ou à travers les faces terminales de son prisme, est d'un vert foncé, qui paroît brun, et observée parallélement à ce même axe, ou à travers les plans de son prisme, elle est d'un rouge orangé très-vif. Trois cristaux

isolés de la même topaze sont joints à cette série, ainsi
que plusieurs morceaux, dans lesquels elle est à l'état
granuleux. Le second de ces deux morceaux est un mélange de grenats, de mica vert, et de chaux carbonatée.
Il contient un cristal très-parfait de topaze, dont la
couleur et la forme sont parfaitement analogues à ce
que montre à cet égard la topaze du Brésil.

Je terminerai cet article, par la citation d'un morceau qui joint une grande beauté à un grand-intérêt :
il appartient à la collection de M. le Comte de Funchal.
C'est une grande et belle aiguille de cristal de roche,
de près de 8 pouces de longueur, sur près de 4 pouces
de diamêtre, ayant à sa base un gros cristal de topaze
d'un jaune foncé, dont la longueur est de près de deux
pouces, sur plus de 8 lignes de diamêtre, et qui est
inséré, de toute son épaisseur, dans la substance même
de cette aiguille.

Mais ce qui ajoute singulièrement à l'intérêt de ce
superbe morceau, est un nombre considrable de grandes
lames très-brillantes de fer oligiste, soit isolées et présentant plusieurs cristaux parfaitement déterminés, soit
réunies en masses considérables, placées, tant dans l'intérieur de la substance du cristal de roche, que sur sa
surface.

J'observerai maintenant que la topaze du Brésil n'a
été trouvée jusqu'ici que dans un terrein de transport,
ou de formation nouvelle, dans lequel ses cristaux,
pour l'ordinaire cassés à l'une de leurs extrémités, ne
laissent apercevoir qu'une seule de leurs pyramides,
(ceux qui les possèdent toutes deux étant extrêmement
rares) et dans lequel les cristaux sont épars sans aucune
régularité quelconque. Que l'or, qui se trouve si ordi-

nairement dans le même **pays**, **y** est aussi placé de la
même manière, et qu'on trouve fréquemment avec
lui des paillettes, plus ou moins grandes, de fer oligiste. Que c'est encore de la même manière, et dans
le même pays aussi, que l'on trouve ces cristaux et
fragments de quartz, renfermant, dans leur intérieur,
des aiguiles de titanium, ainsi que ceux qui y laissent
apercevoir des lames, quelquefois parfaitement régulières, de fer oligiste, dont il **existe** de superbes morceaux dans cette collection. Si l'on ajoute, à ce que
je viens de dire, que parmi les pailletes et les fragments
de fer oligiste, quelques-uns, ainsi qu'on le verra à
l'article de l'or, ont adhérant à eux de petites parties de ce metal, ne sera-t-il pas naturel de conclure,
de toutes ces observations, qu'il existoit très-probablement autrefois, dans cette même contrée, une chaîne,
plus ou moins étendue, de montagnes primitives secondaires renfermant des filons, qui ont été détruites,
et leurs détriments chariés et accumulés, non loin cependant du lieu de leur existence primitive? car les topazes, cristaux de roche, &c. qu'on retrouve aujourd'hui
dans leurs déblais, ne portent pour l'ordinaire aucune
trace de grands frottements. Alors ne seroit-il pas
naturel de penser, qu'il a dû probablement en être
ainsi à l'égard des rubis orientaux, saphirs, spinelles,
zircons, tourmalines, &c. qui se rencontrent de même
dans des sables ou autres terreins de transport, au
Pégu, au royaume d'Ava, à Ceylan, &c. où ces pierres
sont accompagnées, souvent même en assez grande
abondance, de fer oxydulé et de fer oligiste? Ne
pourroit-on pas croire que c'est de même à la destruction de montagnes ayant, existées primitivement dans

ces mêmes contrés, et dont les parties, ayant eu dès l'origine fort peu de liaison entre elles, ont pu, par la suite, céder facilement aux causes de désintégration qui auront pu opérer sur elles, ou à quelques catastrophes particulières? Il existe, dans cette collection, des rubis orientaux qui laissent apercevoir des parties métalliques dans leur intérieur. Il y existe aussi des spinelles qui ont, adhèrant à eux, et incrustés dans leur substance, des paillettes de mica.

On sent qu'il seroit possible de donner beaucoup d'étendue à cette opinion, que je ne fais qu'indiquer ici, et dont la vraisemblance pourroit être appuyée sur un grand nombre d'autres faits ; ainsi que sur les circonstances qui les accompagnent. Les conséquences qui pourroient en être tirées, sont peut-être au nombre de celles les plus intéressantes de la géologie.

ÉMERAUDE. BÉRIL. AIGUEMARINE.

39 *Morceaux, dont* 34 *Cristaux isolés.*

La série des cristaux de cette substance qui appartiennent à l'émeraude du Pérou, quoique renfermant toutes les formes connues dans cette variété, ne mérite pas d'être particulièrement distinguée : cependant elle renferme un cristal, fort petit il est vrai, mais qui est extrêmement intéressant par la grande quantité de facettes secondaires, dont sa face terminale est entourrée, ainsi que par sa régularité et la grande perfection de sa cristallisation.

La série qui concerne le béril de Sibérie, est au contraire très-rche. Il y existe une vingtaine de cristaux avec plans secondaires autour de leur face terminale ; et plusieurs dans lesquelles la pyramide, que ces plans tendent à former, est complette, toute trace de la face terminale ayant disparue. La plupart des formes qui ap-tiennent à ces cristaux n'ont pas été décrites. Je dois une grande partie de ces bérils à mon excellent ami, le Dr. Crichton.

EUCLASE.

Un Cristal isolé.

Cette collection ne renferme qu'un seul cristal de cette substance, et encore, très-parfait dans son prisme, est-il imparfait dans sa pyramide ? Ce cristal, qui est d'un beau vert bleuâtre, n'en est cependant pas moins intéressant à un très-haut degré, en ce qu'une partie de l'une de ses pyramides fait apercevoir une texture lamelleuse très-marquée, qui laisse parfaitement re-connoître la direction des lames, et met dans le cas de prononcer que la face terminale du prisme tétraèdre rectangulaire, cristal primitif de cette substance, n'est pas perpendiculaire à l'axe, ainsi que cela a été pré-sumé, mais inclinée sur ce même axe, de manière à faire avec deux des côtés opposés du prisme, des angles d'environ 150° et 30´, fig. 6.

GRENAT.

268 Morceaux, dont 163 Cristaux isolés.

Sous cette espèce sont comprises toutes les sub-stances connues sous les noms de grenat commun, py-rope, colophonite, topazolite, mélanite, &c. qui n'en sont que de simples variétés.

La suite qui appartient à cette substance, renferme un grand nombre de variétés de couleurs, tels que les grenats noirs, connus sous le nom de mélanite ; ceux violets, dits grenats Syriens ; ceux d'un beau vert jaunâtre du

Kamtzchatka ; ceux de différentes teintes de vert, de jaunâtre et de rouge, du Vésuve ; ceux d'un rouge jaunâtre de Ceylan, &c. A cette dernière variété doit être, je pense, rapportée la substance de Ceylan, à laquelle on a donné le nom de *kanelstein*, et dans laquelle j'avoue ne pouvoir observer aucune différence d'avec le grenat granuleux à gros grains. Il est vrai qu'on lui a attribué différents caractères, qui tiennent, sans doute, à quelques-unes de ses variétés ; mais qu'il ne m'a été possible de remarquer dans aucun des échantillons que je possède et que j'ai été à même d'observer.

Cette même suite renferme plusieurs variétés de formes qui n'ont pas été décrites. Il y existe un grenat appartenant à la variété en dodécaèdre complet, devenu totalement prismatique par l'allongement considérable de six de ses plans : il est de la Nouvelle Calédonie.

Cette suite contient, en outre, un grand nombre de faits intéressants. Tel est un groupe de grenats de Suéde, d'un rouge brun foncé à la surface, mais qui, dans ceux qui, étant cassés, laissent apercevoir leur intérieur, fait voir que la couleur rouge n'appartient qu'à une couche dont l'épaisseur est peu considérable, tandis que l'intérieur est d'un vert brun jusqu'au centre, mélangé çà et là de quelques parties rouges et de chaux carbonatée lamelleuse : les cristaux de ce groupe, qui sont fort grands, appartiennent à la variété dans laquelle les arêtes du dodécaèdre sont remplacées, chacune d'elles, par trois plans. Tels sont encore plusieurs grenats verts du Bannat, de forme trapézoïdale qui, étant cassés, laissent apercevoir facilement à l'œil nud, un grand nombre de parties de fer oxydulé ren-

fermées dans leur substance, sans que leur cristallisation ait été génée en rien pour cela. Si ces parties de
fer oxydulé, ainsi que celles de chaux carbonatée du
morceau cité précédemment, avoient été plus atténuées,
et telles qu'elles ne pussent plus être aperçues, le
grenat qui les auroit contenues eût bien certainement
donné à l'analyse, soit une dose plus ou moins considérable de chaux carbonnatée, soit une dose plus ou
moins considérable de fer oxydulé, que celle qui fait
partie composante essentielle de sa substance. Cette
erreur, à laquelle l'analyse est] journellement exposée,
est commise beaucoup plus souvent qu'on ne le pense.
J'ajouterai ici, que le grenat est au nombre des substances minérales qui sont les plus sujettes à renfermer,
interposées dans leur substauce, des parties de diverses
substances étrangères à la leur.

APLOME.

16 *Morceaux, dont* 10 *Cristaux isolés.*

Au nombre des morceaux de cette subsance, placés
dans cette collection, en sont deux très-rares, et en
même temps très-intéressants. L'un d'eux est une
masse de diallage d'un blanc sale ou grisâtre, ayant un
reflet nacré très-brillant : il renferme, disséminés dans
sa substance, de petits cristaux d'aplome d'un beau
vert d'émeraude très-foncée : ce morceau est des Indes
Orientales. L'autre est une petite masse de manganèse pulvérulent noir, renfermant, dans sa substance,
de petits cristaux d'aplome colorés en brun, probablement par le manganèse. Plusieurs des cristaux isolés,
qui ont été détachés de ce morceau, ainsi que de ceux
que contient le morceau de manganèse lui-méme, ont

ceux de leurs angles solides du dodécaèdre qui répondent à ceux du cube, remplacés par un plan, qui est un quarré, fig. 7.

IDOCRASE.

48 *Morceaux, dont 26 Cristaux.*

La suite qui, dans cette collection, appartient à cette substance, contient une série de morceaux, dans chacun desquels il existe, soit un, soit plusieurs cristaux, qui appartiennent à une variété rare, qui est le prisme tétraèdre rectangulaire primitif, dans lequel les bords longitudinaux seuls sont remplacés par un plan fort étroit, et dans quelques-uns par deux. Un groupe de deux cristaux, placé sur un de ces morceaux, a en outre le double intérêt d'être parfaitement noir; ce qui est fort rare dans cette substance. Les autres morceaux de cette suite, conjointement avec les cristaux isolés, présentent un grand nombre d'autres variétés non décrites.

Parmi les cristaux isolés, il y en a un très-parfait, du Vésuve, dont le prisme a 9 lignes de côté sur à-peu-près la même hauteur, et dont les bords longitudinaux seulement sont remplacés par des plans qui ont fort peu de largeur. Dans la suite de ceux isolés du Kamtzchatka, qui presque tous ont leurs deux pyramides tétraèdres parfaitement conservées, et qui, pour la plupart, sont très-grands, (un d'eux a jusqu'à un pouce 2 lignes de longueur) il y en a un fort rare, dans lequel la pyramide tétraèdre est complette.

LEUCITE. AMPHIGÈNE, *(Haüy)*.

99 *Morceaux, dont* 77 *Cristaux isolés.*

Il n'existe ici, dans la suite qui appartient à cette substance, aucune autre variété de forme que celle à 24 facettes, trapézoïdales, ordinaire à cette substance ; mais parmi le grand nombre de cristaux isolés, qui en composent la série, plusieurs y ont été placés à raison de la transparence plus ou moins parfaite qu'ils présentent, et beaucoup d'autres à raison des faits et accidents qu'ils renferment. Telle est, par exemple, une série de cristaux qui, cassés dans une de leur partie, laissent appercevoir dans leur intérieur des fragments, plus ou moins multipliés, et plus ou moins grands, de la lave dans laquelle ils étoient renfermés. Telle est encore une autre suite de cristaux très-parfaits, sur la surface desquels sont incrustés de petits grenats noirs, &c. &c.

PYROPHYSALITE.

8 *Morceaux.*

Aux morceaux de cette substance sont joints un très-grand nombre de fragments.

Je n'ai pas réuni cette pierre avec la topaze, parceque je ne crois pas qu'elle lui appartienne. Sa dureté est moindre et sa texture est plus lamelleuse dans le sens des pans de son prisme. Je ne crois pas non plus que son cristal primitif soit un octaèdre ; rien dans tous les fragments que j'en ai pu observer, ne m'a rappelé cette forme, tandis que tout me semble indiquer, pour celle de ce cristal primitif, un prisme tétraèdre rhomboïdal droit, dont je n'ai pu encore déterminer exactement la mesure des angles, qui me paroissent être dans le voisinage de 100° et 80°. Mon intention n'est cependant pas de prononcer d'une manière absolue sur ce sujet, je sais que le rapprochement de cette substance avec la topaze, a été fait par un savant célèbre, dont l'opinion est pour moi d'une grande force. J'énonce seulement ici la mienne, et j'ajoute qu'on doit être extrêmement circonspect dans le choix de l'octaèdre ou du tétraèdre parmi les formes primitives des cristaux ; mais cependant encore plus parmi celle de leurs molécules intégrantes, par les difficultés, ainsi que par les obscurités très-grandes qui me paroissent envelopper ces formes, ainsi que je le dirai plus amplement à l'article du diamant : il faut je pense y être forcé pour les admettre. Aussi ne crois-je pas que le cristal de la topaze soit un octaèdre, et encore moins un octaèdre à faces inégalement inclinées. Le clivage qui a été cité du sommet de cet octraèdre, me sembleroit beaucoup plutôt annoncer pour forme de ce cristal primitif, un prisme droit à bases rectangulaires, si d'autres données ne venoient faire varier cette opinion. C'est exactement ce qui se présente de même dans le plomb carbonaté, dont le cristal primitif est aussi un prisme tétraèdre rectangulaire et non un octaèdre.

Parmi les morceaux qui forment la suite de cette substance, dans cette collection, il y en a plusieurs dans lesquels elle a une tendance très-marquée à la forme prismatique rhomboïdale. La surface de l'un d'eux est incrustée par un très-beau diallage d'un rouge brun.

PYCNITE. SCHORLARTIGER BÉRIL, (*Werner*).

3 *Morceaux.*

Cette substance, en outre des trois morceaux qui

composent sa série, contient un très-grand nombre de fragments propres à en faire l'étude. Mon opinion à son égard est absolument la même que celle que je viens d'énoncer à l'article précédent. Je ne crois pas que le pycnite puisse être réuni avec la topaze ; aucune des observations que cette substance et ses fragments, m'ont permis de faire, ne me conduisent à cette opinion, non plus qu'à admettre l'octaèdre pour son cristal primitif, tandis que toutes me ramènent à un prisme tétraèdre rhomboïdal pour la forme de ce même cristal. Je ne serois cependant pas éloigné de réunir cette substance avec le pyrophysalite, leur prisme, ainsi que la plupart de leurs autres caractères extérieurs me paroissent avoir beaucoup de rapport ; mais je ne puis considérer ni l'une ni l'autre comme étant des variétés de la topaze.

CYANITE. DISTHÈNE (*Haüy*). SAPPARE, (*Saussure fils*).
73 Morceaux, dont 42 Cristaux isolés.

La plupart des cristaux isolés qui composent la suite de cette substance, ont leur face terminale parfaitement conservée, et les côtés de leurs prismes sont de même aussi parfaitement prononcés. Ces cristaux montrent, en même temps, toutes les faces additionnelles qui sont sujettes à se placer le long de leurs bords longitudinaux. Plusieurs d'entre eux appartiennent à la variété donnée par M. l'Abbé Haüy, dans son *tableau comparatif*, &c. pl. 3, fig. 46. Un d'eux présente les indices d'une pyramide tétraèdre ; mais ses plans son mal prononcés. D'autres appartiennent à la variété double, décrite par le même auteur dans son *traité de minéralogie*, et représentée sous la fig. 212 de cet ouvrage ; et un grand nombre sont courbés dans leur milieu, ainsi que pourroît l'être un corps mou qu'on auroit plié : les autres ne présentent rien de particulier.

NEPHELINE.

21 *Morceaux, dont 2 Cristaux isolés.*

Il existe dans la suite qui appartient à cette substance, un superbe morceau, dont la grandeur est assez considérable, et dont les prismes hexaèdres de nepheline, qui y sont en grand nombre, ont leur substance tellement mélangée de cristaux, extrêmement petits, de pyroxène, qu'ils en recoivent une teinte verdâtre. Elle renferme aussi un autre grand morceau, dont la masse qui est en entier composée de nepheline granuleuse, mélangée de hornblende, renferme une cavité dans laquelle cette substance se montre en cristaux très-parfaits, très-purs et très-transparents, entremêlés de petits cristaux, transparents aussi et d'un jaune de soufre, dont la forme est en lames quarrées, et dont je ne connois nullement la nature ; mais que je soupçonne très-fort pouvoir appartenir à la melilite. Ce morceau, ainsi que plusieurs autres de cette suite, renferme plusieurs variétés de formes cristallines non décrites.

HAÜYNE.

10 *Morceaux.*

Je possédois les morceaux qui, dans cette collection, appartiennent à cette substance, long-temps avant que la minéralogie porta son attention sur elle, et qu'elle la consacra au savant célèbre auquel elle a eu de si grandes obligations. Je les avois mis de côté, parmi les substances qui n'étoient pas déterminées, et qui

demandoient de nouveaux secours de l'observation.
Dans tous ces morceaux l'haüyne est en grains, soit du
plus beau bleu, soit d'un vert bleuâtre, et toujours
douée d'une transparence plus ou moins grande; mais
je dois observer ici que plusieurs de ces grains ou petites masses, sont en partie incolores, et en partie colorées, de sorte que dans cette substance, ainsi que
dans toutes les pierres, la couleur n'est pas un caractère
essentiel; et je suis presqu'assuré que l'haüyne doit se
trouver dans les produits de la somma, peut-être plus
souvent incolore que colorée, où elle est prise pour
appartenir, soit à la meïonite, soit à la nepheline, soit
peut être même à la chaux carbonatée. Déjà je puis
annoncer que les morceaux que je possède, contiennent, dans de petites cavités, de petits cristaux d'un
blanc un peu jaunâtre, dont je n'ai pu établir parfaitement la forme; mais qui bien certainement n'appartiennent à aucune des substances que je viens de citer,
et qui par leur rapport avec la variété blanche de
l'haüyne, me paroissent, avec infiniment de probabilité,
devoir lui appartenir.

ANDALOUSITE.

15 *Morceaux, dont un Cristal isolé.*

Parmi les morceaux d'andalousite, qui existent dans
cette collection, un seul, joint à plusieurs fragments,
vient d'Espagne; les autres sont d'Ecosse, où cette substance est beaucoup plus belle que celle d'aucun des
autres cantons où jusqu'ici elle s'est montrée.

Parmi les morceaux qui, dans cette suite, appartiennent à l'Ecosse, plusieurs laissent apercevoir, par leur
cassure, la direction des joints naturels suivant les côtés

d'un prisme tétraèdre rectangulaire. Deux de ces morceaux font voir des prismes très-parfaits, mais sans la conservation de leur terminaison. Il est joint à cette suite un cristal isolé en prisme rectangulaire, mais de même sans la conservation de la face terminale.

Je crois rendre service à la minéralogie, en ajoutant ici que je trouve dans mes notes avoir vu chez M. Sowerby, auteur d'un ouvrage périodique sur la minéralogie avec planches colorées, et minéralogiste plein de zèle, de petits cristaux de cette substance avec facettes additionnelles, et qu'ayant pris alors un à peu près, aussi exact que possible, de la mesure de leurs angles, j'ai trouvé, sur un cristal, les angles solides remplacés par un plan triangulaire qui faisoit un angle d'environ 146°, avec les faces terminales; que dans un autre cristal, les bords longitudinaux étoient remplacés par des plans linéaires, également inclinés sur les faces adjacentes; et que dans un troisième ces mêmes bords étoient en outre remplacés par deux autres plans, faisant avec les côtés du prisme sur lesquels ils inclinent, un angle d'environ 160°: sur un de ces cristaux enfin, il existoit à un des angles solides un plan de remplacement différemment incliné que celui cité précédemment, et faisant avec la face terminale un angle d'environ 134°.

D'après cet exposé si, comme je le crois, la face terminale du prisme rectangulaire est perpendiculaire sur son axe et est un quarré, le cristal primitif de l'andalousite seroit un prisme tétraèdre rectangulaire à base quarrée, dont la hauteur seroit aux bords des faces terminales dans le rapport de 17 à 24.

Ce cristal primitif seroit donc, dans cette substance,

soumis à quatre modifications, dont deux aux angles des faces terminales, et deux le long des bords longitudinaux du prisme.

Des deux modifications le long des bords du prisme, l'une remplace ces bords par un plan qui fait avec ceux adjacents un angle de 135°, et est produit par un reculement, le long de ces bords, par une simple rangée ; l'autre remplace ces mêmes bords, chacun d'eux par deux plans qui font avec les côtés du prisme sur lesquels ils inclinent, un angle de 161° 33', et sont produits par un reculement par trois rangées le long de ces mêmes bords.

Des deux modifications aux angles des faces terminales, l'une remplace ces angles par un plan qui fait avec la face terminale un angle de 135°, et est produit par un reculement par une simple rangé à ces mêmes angles. L'autre remplace ces angles par un plan qui fait avec les faces terminales un angle de 146° 16', et est produit par un reculement à ces angles, par trois rangées en largeur sur 2 lames de hauteur.

Telle seroit l'étude cristalline de cette substance si, ainsi que je le pense, je n'ai commis aucune erreur à son égard ; mais ce sur quoi je crois qu'il ne peut y avoir aucun doute, c'est qu'elle n'appartient, ni au corundum, ni au feldspath.

Dans plusieurs morceaux de cette même série, l'andalousite a une texture fibreuse, et est mi-partie du rouge violet qui lui est le plus ordinaire, et mi-partie d'un blanc grisâtre.

DICHROÏTE.

13 *Morceaux.*

Des 13 morceaux qui composent la suite de cette substance, dans cette collection, 6 qui viennent du Cape de Gates faisoient partie de celle extrêmement considérable que je possédois en France, avant sa cruelle révolution : il y a donc plus de 20 ans qu'ils y avoient été placés. J'en ai dû de nouveau la possession à M. l'Abbé Haüy qui, ayant fait à Paris l'acquisition d'une petite boîte, dans laquelle ils étoient placés avec plusieurs petits cristaux de pyroxène, d'une variété de forme peu commune, et ayant appris, par mon ancien ami M. Gillet de Laumont, qu'elle provenoit de mon ancienne collection, a eu la grande honnêteté de me la faire passer.

Je dois à M. Gillet de Laumont, la satisfaction de pouvoir classer les 7 autres à leur véritable place. Ils étoient placés, sans avoir été soumis à aucun examen antérieur, parmi les quartz de ma collection, place qui avoit été donnée depuis long-temps aux morceaux de la même nature, par les auteurs, sous les divers noms de faux saphir, saphirs d'eau, saphir occidental, leuco saphir et quartz bleu. Dans une lettre que j'ai reçue de lui il y a quelque temps, en réponse à quelques observations minéralogiques, qui m'avoit mis dans le cas de citer cette substance comme un quartz bleu, il me témoigna quelques doutes qu'elle appartînt en réalité au quartz, en me laissant entrevoir qu'il la croyoit, ainsi que quelques autres minéralogistes françois, de la même nature que le dichroïte. Je portai alors plus particulièrement mon attention sur cette substance, et je reconnus qu'en effet elle s'écartoit du quartz par la plus grande partie de ses caractères, tandis qu'en réalité aussi elle s'en rapprochoit par les autres ; mais qu'en tout ses caractères s'accordoient avec ceux du dichroïte, si parfaitement établis par M. Cordier.

Cette substance est moins dure que le quartz, qui la raye avec facilité, tandis qu'elle ne peut y produire aucune impression ; cependant le dichroïte du Cape de Gates à un peu plus de dureté : cela ne proviendroit-il pas de quelques parties appartenant au grenat, disséminées dans sa substance, qui d'ailleurs a tous ses autres caractères parfaitement semblables à ceux du dichroïte ? La couleur de cette variété est d'un très-beau bleu foncé de saphir, dans un seul sens, tandis que dans tous les autres elle est d'un gris pâle un peu bleuâtre.

Des 7 morceaux qui composent la série de cette dernière variété, qui est dite venir de Macédoine, 4 sont taillés en cabochon, un est taillé de manière à être monté en bague, et les deux autres sont bruts ; le dichroïte y est accompagné de cuivre jaune.

HUMITE (*Nobis.*)

19 *Morceaux, dont 9 Cristaux isolés.*

Je ne connnois aucune substance minérale à laquelle il me soit possible de rapporter celle-ci. Sa forme n'a absolument aucun rapport avec celle des autres substances connues. Elle est pyramidale, et ses pyramides qui sont de diverses dimensions semblent devoir être octaèdres ; mais leurs plans sont très-difficiles à saisir, et encore plus à déterminer, par la grande quantité de facettes dont habituellement elles sont surchargées : ces plans sont fréquemment striés transversalement. Sa couleur est le brun rougeâtre de canelle foncé, elle est très-transparente et d'un lustre éclattant ; ce qui sembleroit devoir annoncer en elle une pierre dure, cependant elle ne raye le quartz qu'avec beaucoup de difficulté.

Cette substance qui n'a point encore été citée, est fort rare, je n'ai encore apperçu d'elle que ce qui fait partie de cette collection. Elle est de la Somma, où elle a une gangue très-particulière, qui est une roche composée de topaze granuleuse d'un gris sale, mélangée de quelques grains de topaze d'un jaune pâle un peu verdâtre, qui offre quelques cristaux de cette même couleur dans les cavités ; de mica d'un vert brun, réfractant, parallèlement à son axe ou à travers ses pans, une couleur très-belle d'un rouge orangé très-foncé, et probablement aussi d'haüyne incolore*.

J'ai donné à cette substance le nom d'humite en honneur de mon ami Sir Abraham Hume bart. vice président de la Société Géologique de Londres, possesseur d'une des premières collections de minéralogie de cette ville, et dont le zèle pour cette science est connu : c'est un hommage rendu à l'amitié par la reconnoissance.

La suite que cette collection renferme dans cette substance est très-propre à en faciliter l'étude, lors surtout que quelques cristaux un peu plus grands per-

---

* Depuis la rédaction de cet ouvrage, j'ai rencontré l'humite sur quelques-autres morceaux de la Somma. Lorsqu'une substance non connue vient à être observée une fois, il est assez ordinaire de s'appercevoir qu'elle est plus commune qu'on ne l'imaginoit, et qu'elle n'avoit échappée à nos observations que parce que ses caractères n'avoit point encore été déterminés.

mettront de la soumettre au calcul ; ce à quoi cette première citation pourra probablement contribuer.

FIBROLITE. (*Nobis.*)

7 *Morceaux*.

J'ai cru devoir réunir les 7 morceaux qui composent cette suite, à la nombreuse série de ceux placés avec le corundum, dans la partie qui concerne les diverses gangues de cette substance ; quelque-uns d'eux cependant demanderoient à être vérifiés par l'analyse. Un des morceaux de cette suite est très-intéressant par le noyau de plombagine qu'il renferme.

PÉRIDOT. CHRYSOLITE. (*Werner.*)

25 *Morceaux, dont* 17 *Cristaux isolés*.

Presque tous les cristaux isolés de cette suite sont du Vésuve. Quoique mis à nud par la décomposition de la lave qui les renfermoit, et ramassés dans les produits transportés de cette décomposition, la plupart sont parfaitement conservés.

Cette suite renferme en outre quelques morceaux assez grands de péridot informe ; mais elle ne contient qu'un cristal et un fragment de celui en beaux cristaux qui nous sont apportés du Levant. Elle contient aussi deux morceaux avec plusieurs cristaux très-parfaits de la Somma, où cette substance est beaucoup plus rare qu'on ne le pense généralement ; plusieurs des cristaux qui appartiennent au pyroxène vert et transparent, étant bien souvent considérés comme lui appartenant.

WAVELLITE. ARGILE HYDRATÉE. DIASPORE.

32 Morceaux.

Parmi les morceaux de cette collection, qui appartiennent à cette substance, il y en a plusieurs de très-petits; mais ils servent à la faire connoître sous tous ses rapports: plusieurs d'entre eux sont très-rares. Plusieurs sont aussi très-intéressants, en ce que cette substance y laisse apercevoir sa forme cristalline, d'une manière parfaitement distincte : ce qui s'observe rarement.

Cette forme est un prisme tétraèdre rhomboïdal d'environ 135° et 45°, terminé par un sommet dièdre, dont les plans triangulaires isocèls sont placés en opposition des bords du prisme formés par la rencontre des côtés sous l'angle de 135°, et se rencontrent entre eux sous un angle d'environ 125°, fig. 8, pl. 1. Telle est la forme cristalline qui appartient à la variété de Barnstaple, dans le Dévonshire, dont il existe de fort beaux morceaux dans cette collection. Dans ces morceaux, le prisme tétraèdre n'a pas une longueur considérable; mais dans le Cornwall, où le wavellite se montre aussi, il y existe en petites aiguilles très-allongées, ordinairement rassemblées en faisceaux divergents: plusieurs des morceaux de cette suite appartiennent à cette variété. Parmi les aiguilles dont ils sont composés, et qui sont ordinairement très-minces, plusieurs appartiennent à la variété, fig. 8, allongée, ainsi que le représente la fig. 9. D'autres appartiennent à cette même variété, dans laquelle les bords de 135° du prisme, sont remplacés par un plan d'une largeur très-considérable, fig. 10. Le wavellite de Cornwall, est ordinairement incolore ou d'un blanc mat, tandis que celui de Barnstaple est communément coloré en un jaune brun. Quelques uns des petits morceaux de la variété de Cornwall, que renferme cette suite, contiennent de petits cubes de chaux fluatée d'un violet foncé, ainsi que quelques petits cristaux de quartz, substance à laquelle appartient leur gangue; d'autres contiennent, en outre, de petits cristaux d'uranite jaune. La gangue de la variété de Barnstaple est un schiste argileux.

Les caractères minéralogiques du wavellite et du diaspore paroissent avoir entre eux le même rapport que ceux qui existent entre les caractères chimiques; car Mr. l'Abbée Haüy, dans la description qu'il en donne, en fixant environ 130° et 50° pour mesure des angles du prisme tétraèdre rhomboïdal du diaspore, est aussi incertain sur la justesse de cette mesure, que je le suis à l'égard de celle de 135´ et 45°, que j'ai donné pour le prisme tétraèdre rhomboïdal du wavellite, à raison de la petitesse habituelle des cristaux. Or, en supposant que l'angle de 130°, donné par ce savant, fût un peu trop petit, et celui de 135°, pris par moi, un peu trop grand, les deux prismes tétraèdres rhomboïdaux de ces deux substances s'accorderoient facilement. Le prisme du wavellite se divise parallèlement à sa petite diagonale, ainsi que le fait celui du diaspore. La dureté de ces deux substances est la même, et quant à la pesanteur spécifique, il est difficile de l'évaluer, à raison de la petitesse des échantillons sur lesquels cette pesanteur pourroit être prise; mais on conçoit facilement que le wavellite contenant plus d'eau de critallisation que le diaspore, doit être de quelque chose plus léger. Il ne pétille pas non plus sous l'action du chalumeau, ainsi que le fait le diaspore ; mais cette propriété pourroit très-bien provenir d'une cause étrangère à la nature de leur substance commune. Si, ainsi que je le pense, l'excès de l'eau que le wavellite renferme est simplement interposé dans sa substance, il seroit possible qu'en se dissipant la première, et interrompant déjà par là la liaison qui existe entre les parties de cette pierre, elle s'opposa à l'espèce d'explosion occasionnée par le dégagement de l'eau de composition, lorsque ce dégagement n'est précédé par aucun autre. J'avoue que je crois fortement à l'identité de nature entre le wavellite et le diaspore. Dans ce cas, le cristal primitif commun à tous deux, seroit un prisme tétraèdre rhomboïdal, dont la mesure encore incertaine, doit être placée entre 130° et 135° ; et ce prisme est divisible suivant la petite diagonale. J'ai cru souvent apercevoir ce prisme complet parmi les cristaux de Cornwall ; mais leur petitesse m'a toujours empêché de m'assurer positivement si leur face terminale étoit une cassure ou une face naturelle, et si elle étoit exactement perpendiculaire à l'axe.

Il est joint à cette collection un petit morceau d'une masse de wavellite, rapporté du Brésil par M. Maw. Le wavellite y est stalactiforme fistulaire de la grosseur du petit doigt, composé de couches concentriques et fibreuses. Sa couleur est gris de cendre ; mais à l'extérieur sa surface est colorée par un oxyde de fer. Cette variété, à l'exception de la texture, a le plus grand rapport avec le diaspore.

FELSPATH.

360 *Morceaux, dont* 65 *Cristaux isolés.*

Outre la partie cristalline de cette substance, qui
est considérable dans cette collection, où elle présente
plusieurs variétés de formes non décrites, il y existe
une série de morceaux de feldspath de Labrador, très-
précieuse et très-belle par la variété des couleurs, ainsi
que par le nombre des faits intéressants qu'elle présente : le nombre des morceaux qui composent cette
série s'élève à plus de 30, et plusieurs d'entre eux sont
rares.   Il y existe aussi une série de feldspath vert, et
une de feldspath compacte bleu.   La série qui concerne le feldspath compacte est très-riche et très-considérable; elle fait voir cette substance sous toutes les
nombreuses variétés de l'état compacte pur ou mélangé qui lui appartiennent.

On vient de voir la substance dite feldpath compacte bleu, placée au nombre des variétés de cette
substance.   M. l'Abbé Haüy, dans son tableau comparatif, élève quelques doutes sur l'identité de nature entre le feldspath et elle.   Je suis très-parfaitement de son opinion à cet égard, et crois que la
substance dite feldspath compacte bleu, n'appartient
nullement au feldspath.   On trouvera, dans cette collection, deux fort beaux morceaux de cette substance.
Elle est sensiblement plus pesante que le feldspath.
Sa texture est lamelleuse, mais elle présente un aspect
totalement différent de celui qui appartient au feldspath, et qu'on ne peut mieux comparer qu'à celui qui
est offert par le quartz lamelleux.   Sa dureté est aussi
très-inférieure.   L'un des deux morceaux placés dans

cette collection, ayant une partie de sa substance non
colorée, ou colorée très-faiblement, tandis que l'autre
est fortement colorée en bleu, présente un point de
comparaison important avec le feldspath.

Il existe, en outre, dans la suite des morceaux de
cette collection, une série de morceaux provenant des
Indes Orientales, dans lesquels le feldspath offre un
aspect particulier qui, sans sa texture fortement lamelleuse, feroit considérer quelques-uns des morceaux qui
lui appartiennent comme une variété de l'œil de chat.
J'ai été autrefois moi-même trompé par cette variété,
que je croyois former une espèce nouvelle.

Parmi les feldspath du Labrador, je citerai particulièrement une très-belle variété dont la couleur réfléchie a un lustre parfaitement métallique, ayant une
teinte d'un jaune rougeâtre, analogue à celle du mikel,
et ressemblant beaucoup aussi à celle réfléchie par
l'hyperstein du Labrador. Quelques-uns des morceaux qui lui appartiennent laissent apercevoir, dans
la partie de leur substance qui est au-dessous de leur
surface polie, lorsque le morceau est placé de manière
à ce que la réflexion de cette surface puisse être favo-
rable à cet effet, une quantité immense de petites
paillettes brillantes, dont la forme la plus habituelle
est un rectangle : leur pouvoir réflectif est très considérable, et les couleurs réfléchies par elles sont souvent
très-variées. Ces petites paillettes sont arrangées
entr'elles par rangées et symétriquement, ainsi que le
sont les petites plumes des ailes de papillon observées
au microscope, avec lesquelles leur aspect a beaucoup
de rapport. Ce fait est très-certainement dépendant
de la cristallisation, et ces petites paillettes sont proba-

blement aperçues par une des faces rectangulaires qui appartiennent à la molécule, soit intégrante, soit de cristallisation de cette substance.

INDIANITE. (*Nobis.*)
6 *Morceaux.*

Si l'on vouloit faire l'étude de cette substance, outre les six morceaux placés sous cet article, on pourroit en ajouter un nombre assez considérable placés à la suite du corundum, parmi les diverses substances qui l'accompagnent dans les différentes localités.

Quoique l'indianite doive être connue depuis 1802, que j'en ai parlé pour la première fois dans les transactions philosophiques, dans mon mémoire sur le corundum et ses variétés, cette substance est cependant neuve encore pour la minéralogie, nul auteur n'en ayant parlé, depuis cette époque, dans les différents traités de minéralogie qui ont été publiés. Cependant, d'après les détails dans lesquels j'étois entré à son égard, il étoit difficile de la rapporter à aucune des autres substances minérales connues : la seule avec laquelle son extérieur sembleroit lui donner quelque rapport, seroit le feldspath ; mais la plupart de ses caractères extérieurs, ainsi que son analyse, l'en écartent totalement.

Cette considération me détermine à placer de nouveau ici la description de cette substance, sous le nom d'*indianite* que je lui ai donné depuis, ne lui en ayant à l'origine donné aucun, d'après l'opinion que, sans doute, après avoir vérifié sa nature, et déterminé la place qu'elle devoit occuper dans le système, elle en recevroit un des minéralogistes qui s'en occuperoient.

Le seul aspect sous lequel j'aie encore observé l'in-

dianite, quoiqu'il m'en ait passé une quantité incroyable de morceaux entre les mains, est en masse
informe granuleuse, dont les grains sont souvent très-
gros, et donnent à la pierre le même aspect que celui
qui est offert par un grès à gros grains ; mais quelquefois ces mêmes grains, quoique toujours existants,
sont moins apparents, et ont une adhérence très-in-
time. La pierre alors resemble assez, soit à la variété
de la chaux carbonatée connue sous le nom de marbre
salin, soit à celle lamelleuse à lames courtes ayant
différentes directions. Chacun de ces grains est un
cristal indéterminé, et sa cassure est parfaitement lamelleuse ; mais malgré cette tendance très-marquée à
la cristallisation, il ne m'a pas encore été possible d'y
observer aucune forme déterminée : j'ai cru quelquefois
y apercevoir celle d'un rhomboïde obtus ; mais cependant toujours d'une maniére trop confuse pour pouvoir
hasarder aucune opinion à cet égard ; ses fragments
paroissent être rhomboïdaux. La cassure lamelleuse
des grains qui composent les masses de cette substance
devient très-sensible par le reflet de la lumière
lors-qu'on en fait mouvoir un morceau entre les
doigts.

Généralement elle est incolore et ne se montre colorée
qu'accidentellement ; dans le plus grand nombre de
ses morceaux, elle n'est que translucide ; mais dans
quelques-uns elle est presque transparente : dans ce
dernier cas, sa couleur est un peu grisâtre.

Sa pesanteur spécifique est de 27,420, et cette pesanteur m'a offert fort peu de variation : lors même
que cela est arrivé, cette variation a toujours été extré

mement légère. Cette pesanteur est donc un peu plus considérable que celle du feldspath.

Assez dure pour rayer le verre, elle est elle-même rayée par le feldspath.

Elle n'est nullement électrique par le frottement.

Elle ne fait aucune effervescence avec les acides, à moins que sa surface n'ait été légèrement altérée, ce à quoi elle est fort sujette ; mais si l'on en laisse digérer un morceau dans l'acide nitrique, sans que sa forme soit altérée en rien, au bout de 24 heures, ou environ, ce morceau étant tiré de l'acide, peut être facilement écrasé entre les doigts, et même y être réduit en une espèce de pâte : j'ai même rencontré quelques variétés qui formoient avec cet acide une espèce de gelée.

J'avois cru autrefois que cette substance étoit fusible au chalumeau ; mais c'est une erreur, qui a probablement été occasionnée par quelque mélange dans la substance du morceau essayé ; toutes les tentatives que j'ai faites depuis, à cet égard, ont été infructueuses.

D'après l'analyse qui en a été faite par M. Chenevix, elle contient ; silice 42,5, alumine 37,5, chaux 15, fer 3, et une trace de manganèse. Elle renfermeroit conséquemment beaucoup plus d'argile et de chaux que le feldspath.

C'est dans cette pierre que se trouve disséminé en cristaux et en masses isolées, et d'une grandeur plus ou moins considérable, le corundum du Carnatic. Elle est généralement plus ou moins mélangée de horn-blende noire, et fréquemment de diverses autres sub-stances, dont j'ai donné le détail dans le mémoire cité plus haut.

L'indianite est d'une altération et même d'une dé-
omposition facile. Dans ce dernier cas, les parties
alcaires qu'elle renferme étant mises à nud, sont prises
ar les eaux, chariées par elles, et ensuite déposées;
e à quoi on doit attribuer les fragments de corundum
jui se montrent fréquemment incrustrés, ou même tota-
ement enveloppées, par une chaux carbonatée terreuse.

JADE.

La partie concernant le jade, qui est placée dans
cette collection, étant fort peu de chose, par la difficulté de se procurer cette substance en petits morceaux, je place ici cet article seulement pour avoir
l'occasion de faire quelques réflexions à l'égard des
substances auxquelles on a donné ce nom.

Les minéralogistes placent, assez généralement aujourd'hui le jade, connu sous le nom de jade néphrite,
ou de pierre néphrétique, avec le feldspath, sous le nom
de *feldspath tenace*. Il me semble que cette phrase
porte avec elle l'expression d'une qualité étrangère au
feldspath; ainsi que le fait celle de feldspath apyre,
employée quelquefois pour désigner l'andalousite. Les
deux variétés admises dans le jade néphrétique, ou
feldsphath tenace, sont pour l'une d'elles, celle des
Alpes, &c. nommé à juste titre saussurite, d'après le
célèbre minéralogiste qui le premier l'a observée; et
pour l'autre, celle des Indes Orientales et de la Chine,
deux substances qui me paroissent totalement différentes entre elles. Le jade de l'Inde, et principalement celui de la Chine, d'un blanc quelquefois éclatant, et dont nous possédons des vases si artistement,
et souvent si élégamment travaillés, me paroît n'avoir

absolument aucun rapport avec le feldspath, et s'il est aucune substance minérale connue, à laquelle il puisse être rapporté, je crois que c'est à la prehnite. Sa texture me paroît être la même que celle de certains morceaux de cette substance, et ses autres caractères me semblent venir de même à l'appui de cette opinion. Cette texture est composée de petites lames courtes qui se croisent, suivent toutes les directions, et qui en même temps déterminent sa tenacité, et peut-être le lustre gras que ce jade reçoit du poli, et que la prehnite admet aussi dans le même cas. Il doit exister parmi les prehnites, dans le cabinet de feu M. Greville, aujourd'hui renfermé dans le musé britannique, un très-beau morceau de ce jade blanc non poli, que j'ai donné à l'ancien propiétaire de cette collection, et que je tenois moi-même de Sir Abraham Hume, qui l'avoit reçu directement de la Chine : ce morceau montre parfaitement la texture dont je viens de parler. Sa substance est blanche avec quelques traces d'un beau vert de pré. J'ai dù depuis à Sir Abraham Hume deux autres morceaux de même de jade blanc, venant aussi de la Chine. Dans l'un de ces morceaux la substance du jade est d'un beau blanc, légèrement bleuâtre, ainsi que le sont de même quelquefois les beaux vases qui nous viennent de la Chine : il y a en outre quelques taches d'un vert de pré fondues dans sa substance. On distingue sur sa surface, et dans quelques-unes de ses cassures, des prismes tétraèdres rhomboïdeaux très-minces et allongés parallèlement à leurs faces terminales, ayant parfaitement l'aspect que présenteroit la prehnite dans le même cas ; et en faisant mouvoir ce morceau entre les doigts, on

observe, dans sa substance, plusieurs des mêmes cristaux disséminés confusément, ainsi que je l'ai dit plus
haut.

L'autre de ces deux morceaux appartient au même
jade blanc ; les taches d'un vert-pré y sont plus multipliées. On distingue plus facilement dans sa substance, et en plus grand nombre, les petits prismes cristallins lamelleux placés très-confusément et s'entrecroi-
sant. Il renferme en outre, mélangé dans une grand
partie de sa substance, beaucoup de hornblende en
prismes allongés et accumulés qui paroissent d'un vert
foncé ; mais qui divisés en parties minces , qui sont
alors transparentes, se montrent être d'un beau vert de
pré. C'est, je crois, à cette hornblende que doit être rapportées les taches d'un vert de pré qui existent dans
ces morceaux : elle y remplit alors le rôle de matière
colorante, ainsi que le fait la thallite à l'égard du
quartz prase, et nous avons vu, à l'article du corundum
que la thallite et le grenat j'ouoient le même rôle à
l'égard de l'indianite.

Je croirois, d'après sa grande ténacité, que la saussurite devroit appartenir à la même substance ; mais
l'analyse qui en a été donnée par M. de Saussure le
fils, seroit peu d'accord avec cette opinion. Je ne
puis à cet égard rien vérifier par moi-même, n'ayant
pu m'en procurer un seul échantillon. Quant à la substance qui a été nommée jade ascien, Beilstein des Allemands, cette pierre me paroît avoir un très-grand rapport, tantôt avec l'actinote, celle qui n'appartient pas
à la hornblende, ainsi qu'on le verra par la suite, et
tantôt avec l'asbeste solide : car les morceaux de ce
jade taillés en hache, qui nous viennent d'Amérique,

varient dans leur texture, et dans leur dureté. Cette pierre n'appartient bien certainement pas non plus au feldspath.

D'un autre côté, il faut convenir que j'ai vu quelquefois, venant de l'Inde, des pierres données pour jades, et qui en avoient parfaitement l'apparence ; mais qui n'étoient en effet que du feldspath compacte : j'ai été moi-même induit en erreur pendant long-temps par cette cause, et ce n'est guères que depuis quatre ou cinq ans que j'ai séparé déterminément les substances connues sous le nom de jade, du feldspath. Je doute fortement, dans ce moment, qu'il y ait une substance à laquelle le nom de jade puisse convenir comme désignant une espèce.

FETTSTEIN.

1 *Morceau.*

AXINITE.

51 *Morceaux, dont 27 Cristaux isolés.*

Parmi les cristaux de cette substance, il y en a un parfaitement régulier de deux pouces de longueur sur 15 lignes de largeur. Dans la série qui appartient à l'axinite de Cornwall, il existe plusieurs variétés de formes non décrites, il en existe de même dans la série des cristaux qui viennent du Dauphiné. Il y existe en outre, de cette dernière Province de France, une série de petits morceaux, sur lesquels sont placés de fort petits cristaux d'axinite d'un jaune paille, très-transparents et très-éclatants, d'une variété de forme non décrite.

THALLITE. ÉPIDOTE (*Haüy*).

66 *Morceaux, dont 32 Cristaux isolés.*

La suite des variétés de formes qui, dans cette collection, appartiennent à cette substance, en renferme un grand nombre qui n'ont pas été décrites, tant de Norwège que du Dauphiné. Il y existe, de ce dernier canton, une série de morceaux, d'autant plus beaux que tous les cristaux qu'ils contiennent ont conservé leurs pyramides, et sont la plupart fort grands pour la variété à laquelle ils appartiennent. Il y existe aussi une série de morceaux dans lesquels l'actinote est à l'état, soit granuleux, soit compacte, variété commune dans beaucoup de roches d'Angleterre et d'Ecosse, où elle forme même fort souvent une partie essentielle de leur massse. Cette variété existe de même dans beaucoup d'autres contrés, et elle y est fréquemment prise pour une variété du grenat vert.

On a réuni la zoisite avec la thallite, et j'avoue que cette réunion a beaucoup de chose pour elle ; mais est-elle bien fondée ? La zoisite a une texture lamelleuse beaucoup plus déterminée et beaucoup plus sensible que la thallite ; elle se clive avec beaucoup plus de facilité sur deux des pans opposés de son prisme que sur les deux autres, ce que ne fait pas la thallite ; et le plan de la cassure a assez généralement un lustre nacré, qu'on n'observe sur aucun des plans de clivage de la thallite. D'un autre côté, est-il bien certain que dans le prisme tétraèdre rhomboïdal de la zoisite, la face terminale soit perpendiculaire sur l'axe ? Dans toutes les cassures que j'ai pu faire sur cette substance, ainsi que dans tous les fragments que j'ai examinés, il m'a toujours paru que les faces terminales avoient une direction inclinée sur l'axe. Il me semble donc que l'identité de nature entre ces deux substances mériteroit d'être soumise à un nouvel examen. Je ne puis cependant offrir à cet égard que des doutes ; mais en jettant un coup-d'œil sur les analyses de la thallite rapportées par M. l'Abbé Haüy, le doute se fortifie, ces analyses m'y faisant observer deux substances différentes, dont l'une contient plus de quartz et moins de fer ; car ce métal ne me paroît nullement devoir être étranger à la thallitte.

ZOISITE.

6 Morceaux.

Ces six morceaux sont accompagnés d'un grand nombre de fragments, destinés à l'étude de cette substance (voyez l'article précédent).

TOURMALINE.

194 Morceaux, dont 98 Cristaux isolés.

La suite qui, dans cette collection, appartient à la tourmaline est d'une richesse immense, soit pour la variété des formes, dont un grand nombre n'ont pas été décrites, soit pour les couleurs, soit pour les divers faits intéressants qu'elle présente. Pour ce qui concerne les couleurs, elle renferme des tourmalines noires, brunes jaunâtres, et couleur d'hyacinte de Ceylan, rouges de chair du Pégu et rouges violet de Sibérie, vertes de différentes nuances jusqu'au beau vert d'émeraude du Pégu, d'un vert brun du Brésil, d'un gris bleuâtre de Sibérie, d'un bleu foncé du Brésil, nuancées de vert et de bleu du Brésil, nuancées de rouge et de bleu, ainsi que de vert et de rouge de Sibérie, jaunâtres et enfin incolores du Pégu.

Un très-grand nombre des cristaux, même pris parmi ceux qui possèdent leurs deux pyramides, sont transparents, soit parallèlement à leur axe, soit dans le sens même de cet axe : la plupart des tourmalines du Pégu, de Ceylan et du Brésil sont dans ce cas. Il existe, dans cette suite, une tranche polie et d'à-peu-près un pouce de diamètre sur une ligne d'épaisseur, prise par une coupe faite tranversalement sur un cristal de tourmaline rouge de Sibérie, et dont les bords conservent encore la trace des côtés du cristal. Cette plaque, qui est transparente, donne par réfraction une couleur d'un rouge violet, analogue à celle du plus beau rubis oriental. Cette collection renferme une série très-intéressante et rare de cette même tourmaline rouge, soit sans gangue, soit avec sa gangue.

Cette suite de tourmaline contient, en outre, une série de morceaux à fibres très-déliées, et même capillaires, la plupart très-rares : il existe parmi eux un morceau, assez grand, dans lequel des cristaux de tourmaline parfaitement prononcés dans leur partie inférieure sont, dans celle supérieure, à l'état capillaire. Il y existe aussi une aiguille de cristal de roche dont l'intérieur est rempli des mêmes fibres, ainsi qu'un autre petit groupe très-agréable de cristal de roche, dont l'intérieur des aiguilles contient des fibres de tourmaline verte ; ce groupe est de Sibérie. Il existe enfin dans cette suite, une série de morceaux de tourmaline granuleuse, et un autre de tourmaline compacte. J'ai donné à la collection de M. Greville un très-grand nombre de petits cristaux, la plupart très-parfaits, des variétés du Pégu et de Ceylan.

PYROXÈNE. AUGITE, (*Werner.*)

319 Morceaux, dont 202 Cristaux isolés.

Le pyroxène présente encore, dans cette collection, une de ces suites que je crois unique, et dont je ne pense pas qu'on puisse trouver d'exemple dans aucune autre collection : la seule partie des cristaux isolés, dont plusieurs sont fort grands, renferme plus de 80 variétés de formes, dont le beaucoup plus grand nombre n'ont point été décrites. Parmi ces formes, est un cristal fort petit, mais peut-être unique, qui appartient à celui primitif parfaitement complet.

Cette suite renferme une série considérable de morceaux de la Somma, qui tous sont garnis de cristaux de pyroxène parfaitement transparents, et de diverses teintes de vert. Ne les ayant point encore examinés, avec l'attention qu'on porte à l'étude directement tournée vers un objet, je ne puis que dire que cette dernière série renferme elle-même un grand nombre de formes nouvelles, en outre de celles offertes par les cristaux isolés que j'ai précédemment cités. Dans quelques collections plusieurs de ces morceaux seroient considérés comme appartenant au péridot.

Il existe en outre, dans cette suite, une série de morceaux dans lesquels le pyroxène est placé dans une roche primitive de nature granitique. Il y existe aussi une autre suite de la variété granuleuse à gros grains, dite cocolite, avec démonstration complette de l'identité de nature de cette substance avec le pyroxène;

ainsi qu'un grand nombre de morceaux, provenant du Vésuve, qui montrent cette substance sous différents états, tels que celui compacte. Le pyroxène existe aussi dans cette collection sous différents états de décomposition.

OLIVINE.

J'avois toujours eu le projet de former une suite des diverses variétés de pierres auxquelles le nom d'olivine est donné ; l'occasion m'ayant manquée, cette suite ne se rencontre pas dans cette collection. Je crois cependant devoir placer ici, malgré la privation des morceaux, quelques observations que je crois intéressantes à l'étude de cette substance.

Parmi les différents échantillons que j'ai pu observer renfermant des noyaux d'olivine, soit provenant du Vésuve et de l'Etna, soit provenant de différents volcans éteints, un grand nombre m'ont toujours semblés appartenir au pyroxène, et d'autres an péridot. Beaucoup d'autres de ces noyaux m'ont cependant parus n'appartenir ni à l'une ni à l'autre de ces deux substances : c'est principalement à ces derniers que peut convenir le nom d'espèce *olivine*, donné par M. Werner ; ce nom ne pouvant appartenir aux deux autres substances, dont chacune a en son particulier le nom d'espèce qui lui appartient. Mais la nature de cette olivine qui n'est ni pyroxène ni péridot, a-t-elle été bien examinée, et son origine parfaitement reconnue ? Et n'en auroit-elle pas une différente de celle qu'on sembleroit, d'après les données actuelles, être dans le cas de lui supposer ? Les noyaux d'olivine qui sont renfermés dans un grand nombre de laves, basaltes volcaniques et autres produits des volcans,

principalement des volcans éteints, m'ont toujours
parus composés de grains beaucoup moins durs et d'une
décomposition infiniment plus facile que ceux qui appartiennent, soit au pyroxène, soit au péridot que renferment les volcans actuellement embrasés. Il est très-
commun de rencontrer de ces noyaux tellement décomposés, qu'ils ne présentent plus qu'une espèce d'argile sans consistance, et colorée plus ou moins fortement
par le fer.

En repassant mes notes, et principalement celles qui
ont trait à la dernière tournée géologique que j'ai faite
en France, en 1788, dans les volcans éteints de l'Auvergne, du Forez, du Velay et du Vivarais, j'y retrouve
celle suivante. Arrivé près de St. Antelme en Auvergne, j'y observai un granit renfermant des noyaux
de diverses grandeur, depuis celle d'un pois jusqu'à
celle du poing, et souvent beaucoup au-dessus, d'une
couleur verte plus ou moins foncée, et d'une texture
granuleuse qui, s'ils eussent été dans une roche de
basalte, m'eussent fait prononcer sans hésiter qu'ils
appartenoient à l'olivine. Le granit qui renfermoit ces
noyaux étoit composé de quartz, de feldspath et de
mica ; mais cette dernière partie intégrante de la masse
y étoit en beaucoup moins grande quantité que les
deux autres. Ses grains avoient en général peu d'adhérence entre eux ; cependant, dans quelques parties
de la suite des mêmes roches, elle y présentoit plus
de solidité. Ce granit répendoit en outre une odeur
argileuse très-forte, étant humecté par la respiration ;
le quartz étoit coloré en brun, le feldspath, surtout
dans les parties de la roche voisine de la surface, étoit
d'un blanc mat, et le mica d'un brun noirâtre. Les

noyaux que ce granit renfermoit tranchoient fortement,
par leur couleur verte, sur celle grisâtre de la roche.
Les grains qui composoient ces noyaux étoient, assez
géréralement, de forme angulaire et irrégulière. Ils
étoient de différentes teintes de vert, les uns d'un vert
pâle, d'autres d'un vert jaunâtre; plusieurs étoient
d'un beau vert foncé; dans quelques-uns même cette
couleur étoit si foncée qu'ils paroissoient noirs; d'autres de ces grains enfin étoient à peine colorés ou simplement grisâtres. Tous avoient en général une dureté peu considérable, et étoient facilement entamés
par un instrument tranchant; souvent ils renfermoient
en outre de petits grains de quartz, dont la couleur la
plus habituelle étoit celle jaunâtre. Quel est le minéralogiste qui, observant un seul de ces noyaux, et
négligeant d'essayer la dureté des grains composants,
ne les considéreroit pas comme appartenant à l'olivine?

Parvenu ensuite à Mont Pelou, bute de basalte en
fort grandes colonnes, situé derrière St. Antelme, j'y
observai le balsate rempli de noyaux d'olivine, ayant
le degré de dureté qui est propre à cette substance,
et je ne fus pas peu satisfait en observant qu'une des
grandes colonnes de cette bute, qui avoit été cassée,
renfermoit, dans son intérieur, un fragment non altéré
du granit à noyaux cité précédemment.

Portant ensuite mes regards sur les ruines d'un ancien château, qui avoit été bâti sur cette bute basal-
tique, ainsi que cela a existé anciennement sur la plupart de celles de cette nature, dans cette même contrée, j'y observai, avec le plus grand intérêt, la réunion
du granit à noyaux avec le balsat renfermant l'olivine.
Le granit extrait des roches granitiques voisines avoit,

à raison de la plus grande facilité qu'il présentoit à la taille, servi à la construction des fenêtres et des portes de cet ancien édifice, tandis que ses murs avoient été construits avec des tronçons de colonnes de basalte à noyaux d'olivine, placés simplement l'un sur l'autre à la manière du bois de moule.

Lorsque je fis cette observation, ma marche me dirigeoit vers le Puy en Velay. Dans la route que je tins pour y arriver, je traversai des montagnes de granit, ainsi que d'autres composées en totalité de produits volcaniques.

Parmi ces granits, beaucoup appartenoient à celui à noyaux que j'ai décrit précédemment, à quelques différences près, soit dans la variété, soit dans le rapport entre eux des ingrédients qui entroient dans la composition de leur masse. Quelques-uns d'entre eux montroient, en outre de leurs grains ordinaires, des prismes hexaèdres d'un vert sombre ; et j'ai observé de ces prismes jusque dans les noyaux.

J'ajouterai ici, pour les personnes qui voudroient répéter cette observation sur les lieux, qu'elle est très-facile à faire, même sans quitter la route qui conduit de Montbrison, capitale du Forez, au Puy par St. Bonnet-le-Château, en passant par les villages de Thiranges, Chalençon, et St. André. A l'époque où je tins cette route, une partie des murs de cloture qui, de Thirange à Chalençon, défendoient les terres et les séparoient de la route, en s'élevant à une hauteur de deux pieds à deux pieds et demis, étoient en grande partie construits avec cette variété de granit.

Dans cette route, je récoltai et portai moi-même avec moi, pour être plus sûr de leur conservation, deux

morceaux que j'ai toujours beaucoup aimés, et dont je
regrète encore aujourd'hui la perte. L'un étoit un
morceau de lave compacte, renfermant un noyau d'olivine, dans lequel, parmi les grains qui le composoient,
étoit renfermé un prisme hexaèdre, dont la substance
étoit devenue très dure, mais qu'on reconnoissoit très-
parfaitement devoir avoir été de la même nature que
celle des prismes hexaèdres, que j'ai dit avoir observés
dans le granit de ce canton. L'autre étoit un morceau
de la même lave compacte, renfermant, dans sa substance, un fragment de granit à noyaux nullement
altérés, et dans lequel se faisoit observer un de ces
mêmes prismes hexaèdres, d'un diamètre à peu-près
égal à celui du prisme renfermé dans le premier de
ces morceaux : ces deux fragments de basalte étant
placés l'un à côté de l'autre, les deux noyaux avoient
entre eux une ressemblance si parfaite que, sans essayer
leur dureté, il étoit difficile de prononcer lequel des
deux appartenoit à l'olivine.

J'abrège considérablement cette observation, pour
n'en donner que ce qui peut la rendre intéressante à
l'objet dont il est ici question, sans surcharger de faits
inutiles ce catalogue, que mon intention est de rendre
le plus utile qu'il m'est possible, à une science à laquelle j'ai dû pendant long-temps une grande partie
des jouissances de ma vie.

J'observerai seulement encore que, dès l'année 1784,
j'avois déjà apperçu un granit à noyaux à-peu-près
semblables, mais cependant moins bien caractérisés,
et dont les grains, quoique toujours très-faciles à entamer avec un instrument tranchant, étoient cependant
plus durs que ceux des noyaux que j'ai prédemment

cités. Ce granit étoit alors employé, à la **Roche en Berny**, en Bourgogne, sur la route de **Lyon** à **Paris**, à la réparation de cette route. J'observerai en outre qu'on pourra remarquer, dans la partie de cette collection qui renferme les amygdaloïdes, une espèce de wake noire, qui renferme des noyaux d'une substance granuleuse qui a de grands rapports avec celle des granits à noyaux ; mais dans laquelle cependant les grains sont moins distincts, et moins variés dans leur couleur verte.

STAUROTIDE. GRANATITE. (*Werner.*)

35 Morceaux, dont 29 Cristaux isolés.

Il existe dans la suite que cette collection renferme de cette substance, un prisme tétraèdre rhomboïdal primitif parfait, qui appartient à la variété de la staurotide de Bretagne : il a environ 9 lignes de longueur. Des 29 cristaux isolés que cette substance renferme, il y en a 10 tellement accolés avec des cristaux de cyanite exactement de même grandeur qu'eux, qu'ils paroissent ne faire qu'un seul cristal mi-partie bleu, et mi-partie d'un rouge brun.

SAHLITE.

148 Morceaux, dont 77 Cristaux isolés.

La suite des cristaux de sahlite, que renferme cette collection, est très-intéressante, cette substance étant par elle-même fort rare.

M. l'Abbé Haüy a cru devoir, dans son *tableau comparatif*, &c. réunir cette substance avec le pyroxène. Comme j'ai vu, envoyés de Norwège et de Suède, un grand nombre de morceaux de pyroxène sous le nom de sahlite, je présume que ce savant aura été trompé par eux ; mais la sahlite existe et existe par elle-même indépendamment du pyroxène.

La forme primitive de cette substance est un prisme tétraèdre rectangulaire, ayant pour base un rectangle incliné sur deux des côtés opposés du prisme, de manière à faire avec eux des angles de 106° 15′ et 73° 45′. Celle du pyroxène est un prisme tétraèdre rhomboïdal de 87° 42′ et 92° 18′, ayant ses bases inclinées de manière à faire avec les bords du prisme, formées par la rencontre des côtés sous l'angle de 87° 42′, des angles de 106° 6′ et 73° 54′. Le rapport de l'angle d'inclinaison des faces terminales du pyroxène, avec celui des faces terminales de la sahlite, peut très-facilement induire en erreur ; mais dans le pyroxène cette inclinaison a lieu sur les bords obtus du prisme, tandis que dans la sahlite elle a lieu sur deux de ses plans opposés. On pourroit penser encore que dans la sahlite l'inclinaision ne porte sur les côtés du prisme, que parceque ces côtés sont produits par le remplacement des bords du prisme du pyroxène ; mais le clivage qui se fait avec beaucoup de facilité sur les côtés du prisme de la sahlite, sur lesquels l'inclinaison a lieu, détruiroit à l'instant cette objection. Les cristaux primitifs de ces deux substances sont donc totalement différents.

Cette différence d'opinon entre M. l'Abbé Haüy et moi, à l'gard de la sahlite, me détermine à placer ici l'étude cristalline de cette substance, faite sur les seuls morceaux qui appartiennent à cette collection ; cette étude d'ailleurs étant toute faite, m'en étant occupé à l'époque même où a paru le tableau comparatif de ce savant.

Je crois cependant devoir faire précéder ce qui concerne la partie des formes cristallines de cette substance, de la comparaison de ses autres caractères avec ceux que présente le pyroxène.

Sa couleur est verte ; mais ordinairement le vert est beaucoup plus pâle que celui qui le plus communément est montré par le pyroxène. Ce caractère qui en général est de fort peu de considération à l'égard des pierres, en acquerre cependant davantage, lorsqne la couleur devient celle habituelle de la substance.

Sa dureté est beaucoup moins considérable, le pyroxène l'entame avec une grande facilité.

La pesanteur spécifique de ces deux substances est la même, ce qui auroit lieu d'étonner, si leur nature étoit absolument semblable, vu la grande quantité de fer que renferme le pyroxène, à supposer même qu'il ne fut qu'interposé, et le peu qu'en contient au contraire la sahlite.

On a déja vu la différence qui existe entre les cristaux primitifs de ces deux substances. Ainsi que dans le pyroxème, le prisme primitif est divisible parallèlement à l'une des diagonales de ses faces terminales.

Dans la sahlite le prisme primitif se divise avec beaucoup de facilité suivant la direction de toutes ses faces ; mais la direction suivant laquelle le clivage s'opère avec plus d'aisance, est parallélement à ses faces terminales : dans le pyroxène au contraire le clivage suivant toute direction est peu facile, et la plus grande difficulté à cet égard est parallèlement à ses faces terminales.

La cassure de la sahlite, faite dans un sens différent de celui de ses lames, est irrégulière, raboteuse et

terne : celle faite de la même manière sur le pyroxène
est irrégulière aussi ; mais elle est partiellement con-
coïdale, et possède un lustre vitreux.

Ces deux substances, si elles sont fusibles au chalumeau à leur degré de pureté, doivent l'être avec beaucoup de difficulté ; je n'ai pu parvenir à amener, de
cette manière, à l'état de fusion aucune des deux. Je
sais cependant qu'il a été dit que la sahlite étoit fusible
avec ébulition, ce qui annonceroit, pour elle, une fusibilité assez facile. Je soupçonne fortement qu'on a
donné le nom de sahlite à plusieurs substances totalement différentes.

Si l'on porte maintenant un coup-dœil sur l'analyse
qui a été faite de ces deux substances, quoique celles
du pyroxène, à l'exception de ce qui concerne la
silice, varient beaucoup à l'égard des proportions de ses
autres parties constituantes, on verra cependant, en les
comparant avec l'analyse qui a été faite de la sahlite par
M. Vauquelin, qui a aussi analysé le pyroxène, que la
première paroît contenir plus de chaux et de magnésie que le pyroxène, et en même-temps moins de
fer. Quelques minéralogistes paroissent être portés à
rejetter le fer du nombre des parties constituantes des
pierres ; mais j'avoue que je ne puis entrevoir sur quoi
peut être appuyée cette opinion, à l'égard de la substance
minérale la plus généralement et la plus activement ré-
pandue dans la nature. Passons maintenant aux formes
cristallines de cette substance.

Ainsi qu'il a été dit plus haut, son cristal primitif est
un prisme tétraèdre rectangulaire, dont les faces terminales sont inclinées sur deux des côtés opposés du
prisme, de manière à faire avec eux des angles de 106°

15′ et 73° 45′, et ce prisme est divisible suivant une des
diagonales de ses faces terminales.　Ses bords longitudinaux étant de 20° 85′, les bords des faces terminales
sont entre eux dans le rapport de 24 à 25.　Les côtés
du prisme sont égaux entre eux.

Dans le plus grand nombre des cristaux que j'ai vus
de cette substance, ce prime s'est montré assez généralement allongé, tant parallèlement à ses faces terminales,
que parallèlement aux bords les plus courts de ces
mêmes faces.

Ce cristal primitif m'a offert 12 modifications, dont
4 le long des bords longitudinaux du prisme, 3 le long
des bords les plus longs des faces terminales, 3 le long
de ceux les plus courts, et 2 aux angles de ces mêmes
faces.

Dans la première modification, les bords du prisme
sont remplacés par un plan qui fait avec les faces adjacentes un angle de 135°, et qui, à raison de l'égalité
de la largeur des côtés du prisme, est le résultat d'un
reculement par une rangée le long de ces bords.

Dans la seconde modification, les mêmes bords longitudinaux du prisme primitif sont remplacés par un
plan qui fait avec les côtés du prisme, terminés par les
bords les plus longs des faces terminales, un angle de
140° 11′, et est le resultat d'un reculement, le long de
ces bords, par 6 rangées en largeur sur 5 lames de
hauteur.　Dans la var. fig. 31, pl. 11, les nouveaux
plans ont fait disparoître ceux primitif, ce qui donne
naissance à un prisme tétraèdre rhomboïdal de 100°. 22′
et 79° 38′.

La 3e modification, remplace les mêmes bords du
prisme primitif par un plan qui fait avec les mêmes

côtés aussi un angle de 165°, 58′, et est le résultat d'un reculement par 4 rangées en largeur.

La 4e. modification remplace les mêmes bords encore par un plan qui fait avec les mêmes côtés du prisme un angle de 170°, 32′, et est le produit d'un reculement par 6 rangées.

La 5e. modification a lieu le long des bords les plus courts des faces terminales, ceux qui forment, avec les côtés du prisme, l'angle de 73°, 45′. Elle remplace ces bords par un plan qui fait avec la face terminale un angle de 133°, 45′, et est le produit d'un reculement par une simple rangée le long de ces bords.

La 6e. modification a lieu le long des bords des faces terminales qui forment avec les côtés du prisme l'angle de 106°, 15′. Elle remplace ces bords par un plan qui fait avec la face terminale un angle de 166°, 5′, et est le produit d'un reculement le long de ces mêmes bords, par 3 rangées.

Dans la fig. 17, ce nouveau plan de remplacement, combiné avec celui de la 5e. modification, a fait disparoître les faces terminales du cristal primitif, ce qui donne naissance à un prisme hexaèdre ayant ses angles de 120°, ou du moins à infiniment peu près.

La 7e. modification remplace le bord des faces terminales, qui fait avec les côtés du prisme l'angle de 73° 45′, par un plan qui fait avec les mêmes faces un angle de 163°, 51′, et est produit par un reculement le long de ce même bord, par trois rangées. Dans la variété, fig. 18, les nouveaux plans, dus à cette modification, ont fait disparoître complettement les faces terminales : le prisme tétraèdre rectangulaire de la sahlite est alors terminé par un plan à infiniment peu de chose près perpendiculaire sur son axe : il fait sur les côtés du prisme, sur lesquels il incline extrêmement légèrement, d'un côté un angle de 90°, 8′, et de l'autre un angle de 89°, 52′.

La 8e. modification a lieu le long des bords les plus longs des faces terminales, elle remplace ces bords par un plan qui fait avec ces mêmes faces un angle de 149° 58′, et est le produit d'un reculement par 3 rangées en largeur sur deux lames de hauteur.

La 9e. modification remplace les mêmes bords par un plan qui fait avec les faces terminales un angle de 126°, 13′, et est produit par un reculement le long de ces mêmes bords, par deux rangées en largeur sur 3 lames de hauteur.

La 10e. modification remplace encore les mêmes bords par un plan qui fait avec les faces terminales un angle de 163°, 51′, et est produit par un reculement par 3 rangées.

La 11e. modification a lieu aux angles des faces terminales qui concourent à la formation de ceux solides aigus, elle les remplace par un plan qui fait avec la face terminale un angle de 136°, 51′, produit d'un reculement par 3 rangées en largeur sur deux lames de hauteur, à ces angles.

La 12e. modification a lieu de même aux angles des faces terminales ; mais à ceux qui concourent à la formation de ceux solides obtus, elle les remplace par un plan qui fait avec la face terminale un angle de 152° 17′, et est le produit d'un reculement par deux rangées à ces mêmes angles.

J'ai observé enfin, sur des cristaux de sahlite placés dans cette collection, d'autres petits plans, situés de même sur les faces terminales du cristal primitif, et dont je ne donne pas les critaux ici, pour ne pas surcharger les planches de la sahlite, qui en renferme déjà un nombre très-considérable. Ces plans appartiennent à deux autres modifications, qui ont toutes les deux lieu aux angles des faces terminales qui concourent à la formation des angles solides obtus: les plans de l'une d'elle font avec les faces terminales un angle de 136°, 24′, et sont le produit d'un reculement à ces angles par une rangée. Les plans de l'autre font avec les faces terminales un angle de 127°, 33′, et sont le produit d'un reculement par 2 rangées en largeur sur 3 lames de hauteur.

En jetant un coup-d'œil sur la série des cristaux de cette substance, que j'ai représentés dans les planches 1 et 2, et dont le numéro des modifications, placé sur les plans de chacun des cristaux, n'exige pour eux aucune autre explication, on remarquera sûrement qu'ils présentent un aspect totalement différent de celui qui appartient à la série des cristaux de pyroxène: ce qui devient surtout frappant, lorsque l'on compare les mêmes cristaux à ceux que présente une série de plus de 60 variétés de formes appartenant au pyroxène, qui existent dans cette collection; quelques-uns de ces cristaux cependant paroissent, au premier aspect, être en rapport avec certaines variétés du pyroxène. Un des plus fappant est celui représenté sous la fig. 20; il pourroit paroître, en effet, ne différer en rien de la variété du pyroxène représentée par M. l'Abhé Haüy, fig. 141, pl. 54 de son traité de minéralogie; mais on peut observer, en même-temps, que les plans qui, dans la figure du pyroxène donnée par ce savant, sont secondaires appartiennent à ceux primitifs dans la fig. 26 de la sahlite ; et le clivage, qui est très-facile sur ces mêmes plans, ne laisse aucun doute à cet égard, et établit en réalité une très-grande différence entre les deux cristaux.

Toutes les variétés de la sahlite représentées dans les planches jointes à ce catalogue, existent dans la suite de cette substance qui appartient à cette collection. Il y est joint en outre une série de morceaux, parmi lesquels plusieurs viennent du Groenland, ainsi que plusieurs autres morceaux dans lesquels les cristaux de cette substance sont accompagnés de galène, et sont même placés dans la masse de ce minéral.

Ne connoissant nullement les substances auxquelles M. Bonvoisin a donné les noms de mussite et d'alalite, non plus que le diopside, qui toutes les trois ont été réunies au pyroxène, j'ignore si aucune de ces substances peut avoir quelques rapports avec la sahlite.

HORNBLENDE. AMPHIBOLE, (*Haüy*).

254 *Morceaux, dont* 147 *Cristaux isolés.*

La série des cristaux isolés de cette substance, placés dans cette collection, renferme un très-grand nombre de formes non décrites : le nombre de celles qui y existent est de plus de 50.

La série des morceaux qui composent le reste de cette suite n'est pas moins intéressante, par le grand nombre de variétés et de faits qu'elle renferme. Parmi ces morceaux, en est un qui est un mélange parfaitement uniforme de hornblende noire et de mica d'un jaune doré, qui fait un effet très-agréable, analogue à celui que présente l'avanturine. Dans d'autre des

morceaux de cette suite, les cristaux de hornblende
verte, dont ils sont composés, sont mi-partie parfaitement réguliers, et mi-partie à l'état capillaire. Si l'on
joint à ce fait celui qui présente de même la tourmaline capillaire, et plusieurs autres substances, on se
rendra facilement raison de la nature de celles auxquelles on a donné le nom d'amiantoïde, d'asbestoïde,&c.

Environ 50 des cristaux isolés que renferme la suite
de cette substance, appartiennent à celle de ses variétés
qui en avoit été séparée autrefois sous le nom d'actinote, et ne présentent d'autre intérêt que celui qui a
trait à l'étude de cette substance, comparée avec celle
de l'actinote, au moyen de la mesure des angles d'incidence des pans de leur prisme entre eux, et des cassures qui tiennent la place des faces terminales.

ACTINOTE.

50 *Morceaux, dont 25 Cristaux isolés.*

Les cristaux isolés de cette suite, sont de simples
prismes, dont aucun ne possède sa face terminale naturelle : je n'ai point encore été assez heureux pour
rencontrer un cristal complet de cette substance. Ces
cristaux, dont plusieurs ont leurs faces terminales remplacées par une cassure, faite suivant les joints naturels de la cristallisation, sont destinés à pouvoir être
comparés avec les cristaux de hornblende, auxquels
primitivement on avoit donné le nom d'actinote, et qui
sont joints à la première de ces substances dans l'article précédent. Cette comparaison conduira, je
pense, à admettre avec moi que, parmi les cristaux
connus autrefois sous le nom d'actinote, un très-
grand nombre ne sont en réalité qu'une simple variété,

d'un trés-beau vert et à prismes longs, de la hornblende ; mais on conviendra, je crois en même temps, qu'il existe réellement aussi une substance dont les cristaux sont de même en longs prismes tétraèdes rhomboïdaux très obtus, et pour l'ordinaire colorés en vert, qui n'appartiennent pas à la hornblende, et méritent d'en rester distingués par le nom d'actinote.

Le cristal primitif de la hornblende est un prisme tétraèdre rhomboïdal de 124°, 30′, et 55°, 30′, dont les faces terminales sont inclinées sur l'axe, de manière à former avec les bords du prisme, dûs à la rencontre de ses côtés sous l'angle de 124°, 30′, des angles de 105° et 75°. Celui de l'actinote est un prisme tétraèdre reomboïdal de 130° et 50′, ou à bien peu de chose près, dont les faces terminales sont inclinées sur l'axe, de manière à former avec les bords du prisme, dûs à la rencontre des faces entre elles sous l'angle de 50°, des angles de 94° et 86°, ou à très-peu de chose près. Les formes primitives de ces deux substances sont donc totalement différentes.

J'ai donné, sous les figures 36, 37, 38 et 39 pl. 2, une série de quatre variétés de formes de cette substance, tirées toutes quatre de la suite qui lui appartient dans cette collection. Ces cristaux ne présentent que deux modifications de leur prisme tétraèdre primitif. L'une d'elle est due au remplacement de ses bords aigus, et l'autre au remplacement de ses bords obtus. N'ayant aperçu jusqu'ici, sur les cristaux de cette substance, aucun autre plan secondaire, il m'a été impossible d'établir aucune opinion quelconque sur les dimensions du cristal primitif.

Il est joint à cette suite de l'actinote, deux séries appar-

tenant à deux variétés intéressantes de cette substance.
L'une d'elles vient d'Ecosse, l'actinote y est en couches
minces et cristallines, qui se clivent assez facilement
suivant la direction des plans du prisme tétraèdre
rhomboïdal primitif : sa couleur est d'un vert grisâtre,
ayant un reflet nacré très-agréable. L'autre vient de
Norwège, elle est de même en masses lamelleuses qui
se laissent cliver assez facilement : sa couleur est un
gris verdâtre ; et elle est accompagnée, assez ordinairement, de feldspath rouge et de mica brun. Cette actinote est bien souvent confondue, dans les collections,
avec le spodumène, dont elle diffère totalement par
ses caractères.

TRÉMOLITE. GRAMMATITE, (*Haüy.*)

194 *Morceaux, dont 38 Cristaux isolés.*

Parmi les cristaux isolés de trémolite qui appartiennent à cette collection, plusieurs ont leurs faces terminales parfaitement conservées ; mais dans nombre
d'autres, cette face terminale est le résultat d'un clivage
naturel.

Cette substance a, de même que l'actinote, été réunie depuis peu avec la hornblende, mais avec beaucoup plus de tort encore. Du moins y a-t-il quelques
rapports entre l'actinote et la hornblende, soit à l'égard
de plusieurs de leurs caractères extérieurs, soit à l'é-
gard des sites que ces deux substances affectent habituellement ; tandis que je ne vois, soit dans les divers
caractères extérieurs de la trémolite, soit dans les divers sites où elle se rencontre, ainsi que dans les faits
qui l'y accompagnent, à de très-légères exceptions
près, aucune espèce de rapport quelconque avec la

hornblende. La cassure de la trémolite est assez généralement, même dans celle en cristaux les plus parfaitement déterminés, lamelleuse, passant à celle
striée et même fibreuse, celle de la hornblende est lamelleuse passant à celle irrégulière ou raboteuse. La
pression, souvent même celle simple des doigts, divise
très-facilement la trémolite en fibres qui atteignent la
finesse de l'amiante, et qui fort souvent même jouis-
sent de quelqu'élasticité ; cette dernière propriété se
fait souvent apercevoir sous le marteau, lorsqu'on en
écrase des masses un peu considérables, ce que la hornblende ne fait en aucune manière.

Les diverses analyses qui ont été faites de la trémolite et de la hornblende sont, dans chacune de ces
substances, si différentes l'une de l'autre, qu'il est
presqu'impossible de faire usage de ce caractère chimique pour servir de point de comparaison entre elles. Je
remarquerai seulement, à cet égard, que le fer, qui se
rencontre dans la hornblende, dont il fait au moins
les $\frac{20}{100}$, n'existe nullement dans la trémolite, et je répé-
terai ici, ce que j'ai déjà dit à l'article de la salhite,
que je ne vois pas pourquoi ce métal seroit exclu du
nombre des parties composantes des pierres ? Si cela
étoit, cette partie de la minéralogie offriroit un grand
nombre d'autres rapprochements, contre lesquels la nature s'éleveroit, j'avoue cependant que l'on s'exposeroit
bien souvent à l'erreur, si l'on vouloit habituellement
regarder, comme partie composante des pierres, le fer
partout où il se trouve, et dans les mêmes proportions
sous lesquelles il se montre : ce métal, si commun dans
la nature, et si universel par sa présence est, il est
vrai, très-sujet à s'interposer dans les substances au

moment même de leur formation; mais cette disposition n'est point une exclusion à sa combinaison. La variété qui existe dans les résulats des analyses qui ont été faites de ces deux substances, démontre, ainsi que beaucoup d'autres du même genre, l'incertitude de la plupart des analyses, de même que l'impossibilité de les faire servir de point d'appui principal dans la classification des minéraux. Cependant, dans le cas dont il est ici question, les analyses comparatives, faites en grand nombre, et sur des morceaux aussi parfaits et aussi sensiblement purs que possible, me paroîtroient offrir le seul moyen de répandre, par elles, quelques lumières sur cet objet.

Les formes cristallines de ces deux substances, me paroissent aussi différer très-fortement l'une de l'autre. Nous avons vu que le cristal primitif de la hornblende est un prisme tétraèdre rhomboïdal de 124°, 30′ et 55° 30′, dans lequel les faces terminales sont inclinées sur les bords de 124°, 30′, de manière à faire avec eux des angles de 105° et 75°. Le cristal primitif de la trémolite est un prisme tétraèdre rhomboïdal de 126°, 52′, et 53°, 8′ * dans lequel les faces terminales sont perpendi-

---

* Cette mesure est exactement celle que M. l'Abbé Haüy avoit donnée, dans sa minéralogie, pour être celle du prisme tétraèdre rhomboïdal de cette substance, avant qu'il réunit la trémolite à la hornblende. Je l'ai conservée parce qu'elle s'accorde parfaitement avec tout ce que j'ai pu observer à l'égard de la cristallisation de cette substance. M. l'Abbé Haüy a depuis considéré cette mesure comme une espèce d'anomalie, ou d'irrégularité, à laquelle il ajoute que les cristaux de trémolite du St. Gothard sont fort sujets; mais comme ce ne sont pas les cristaux du St. Gothard seulement qui m'ont montré avoir cette mesure, et que je l'ai rencon-

culaires à l'axe, et sont des plans rhombes, et dont la hauteur est aux bords des faces terminales dans le rapport de 2 à 1, 16. Ce prisme est divisible suivant son axe et parallélement aux deux diagonales de ses faces terminales ; sa molécule intégrante est donc un prisme trièdre rectangulaire, ayant un de ses angles de 90°, un de 63°, 26′, et le troisième de 26° 34′. Cette division est très-facile dans le sens de la grande diagonale ; mais elle l'est beaucoup moins dans celui de la petite. Ce prisme primitif se clive avec beaucoup de facilité, dans un sens paralléle à ses côtés ; ce clivage est beaucoup moins facile parallélement à ses faces terminales.

Ainsi que je l'ai déjà dit, il existe, dans la série des cristaux isolés qui appartiennent à cette substance, dans cette collection, plusieurs prismes dans lesquels les faces terminales perpendiculaires à l'axe sont parfaitement conservées, ainsi que d'autres dans lesquels ces plans ont été obtenus par cassures.

Le désir de completter, autant qu'il est en mon pouvoir, l'étude de cette substance, ainsi que celui de mettre les minéralogistes à même de déterminer, par leurs propres observations, le degré de confiance qui peut-être apporté à celles que j'ai pu faire, me détermine à joindre, à ce que je viens de dire sur cette substance, les détails cristallographiques qui la concernent. Les modifications que j'ai pu reconnoître jusqu'ici de son cristal primitif, sont au nombre de 5.

---

trée sur le beaucoup plus grande nombre de ceux que j'ai mesurés, et je crois bien plutôt devoir attribuer à une anomalie les cristaux qui lui ont offert les mesures de la hornblende, s'ils appartiennent réellement à la substance à laquelle on a donné jusqu'ici le nom de trémolite.

La première a lieu le long des bords du prisme formés par la rencontre de ses côtés sous l'angle de 53°, 1 ϫ′, elle remplace ces bords par un plan également incliné sur ceux adjacents, ce plan est le résultat d'un reculement, par une simple rangée, le long de ces bords.

La seconde a lieu le long des bords formés par la rencontre des côtés du prisme sous l'angle de 126°, 52′, elle remplace ces bords par un plan également incliné sur ceux adjacents, qui est de même produit par un reculement, par une simple rangée, le long de ces bords.

Il existe, dans cette collection, des cristaux qui appartiennent à ces deux modifications, tels que le représentent les fig. 41, 42, 43, et 44, pl. 3. La variété représentée par la fig. 44, est placée sur un petit groupe dont les cristaux sont colorés en un vert pâle un peu jaunâtre.

La troisième modification, a lieu le long des mêmes bords obtus, et elle remplace chacun d'eux par deux plans qui font avec les côtés du prisme, sur lesquels ils inclinent, un angle très-obtus de 172°, 31′, et se rencontrent entre eux sous un angle de 141°, 50′ ; ils sont produits par un reculement, le long de ces mêmes bords, par 6 rangées. Dans la variété représentée sous la fig. 46, ces nouveaux plans ont fait complettement disparoître ceux primitifs, ce qui a donné naissance à un prisme tétraèdre rhomboïdal plus obtus. dont les angles sont de 141°, 50′ et 38°, 10′: il existe, dans cette collection, un cristal qui appartient à cette variété, ainsi qu'un autre qui appartient à celle représentée sous la fig. 45.

La quatrième modification, remplace les bords des

faces terminales, chacun d'eux, par un plan qui fait avec la face terminale un angle de 144°, 4′, et est le produit d'un reculement, par une sinple rangée, le long de ces bords.

La cinquième modification, remplace les mêmes bords des faces terminales, chacun d'eux, par un plan qui fait avec la face terminale un angle de 160°, 5′, et est le produit d'un reculement, par deux rangées, le long de ces bords. La variété 47, qui existe dans cette collection, présente le plan de ces deux dernières modifications.

M. l'Abbé Haüy, dans son *tableau comparatif, &c.* cite deux autres variétés de cette substance, toutes deux avec des sommets réguliers, et dont j'ai donné, d'après ce célèbre minéralogiste, la figure des cristaux, sous celles 48 et 49 ; en plaçant sur leurs faces les lettres indicatives de ce savant, conjointement avec les nombres par lesquels, suivant ma méthode, les modifications sont indiquées.

Dans l'un de ces deux cristaux, celui représenté sous la fig. 48, les plans L me paroissent appartenir à ceux indiqués par le nombre 5, dans la fig. 47, comme étant produits par la cinquième modification. Si, en effet, on suppose que ces plans soient placés le long de deux des bords des faces terminales, contigus à un des angles obtus seulement, et que dans l'acte de cristallisation, la modification qui leur a donné naissance ait atteint ses limites, il en résulteroit le sommet dièdre de la variété de M. l'Abbé Haüy, représentée sous la fig. 48. L'incidence des plans de ce sommet sur ceux du prisme, s'accorderoit parfaitement avec celle des plans du cristal de ce savant, cet angle étant de 109°

55', mesure extrêmement voisine de celle de 110°, 2', qui appartient au cristal de M. l'Abbé Haüy.

Dans l'autre cristal, représenté sous la fig. 49, le plan qui sépare les deux plans du sommet dièdre, et qui est considéré par M. l'Abbé Haüy, comme appartenant au cristal primitif me paroît être le produit d'une sixième modification du prisme tétraèdre rhomboïdal droit de la trémolite, qui remplace un des angles obtus de la face terminale, par un plan qui est le résultat d'un reculement, à cet angle, par cinq rangées en largeur. Ce plan feroit avec le côté du prisme sur lequel il incline, un angle de 104°, 33', et ne diffèreroit que de 24' de la mesure donnée, du même angle, par M. l'Abbé Haüy, qui est de 104°, 57'.

J'ai dit, que la trémolite étoit très-facile à cliver, tant parallélement aux pans du cristal primitif, que parallélement à ses deux diagonales, et pricipalement à celle la plus grande : on observe souvent, sur les morceaux de cette substance, de larges faces unies, qui ne sont pour l'ordinaire que le résultat de la division suivant cette grande diagonale. C'est à cette propriété, et à une réunion imparfaite de deux moitiés suivant cette grande diagonale, qu'est dûe la ligne, souvent très-fortement marquée qui, dans la cassure transversale des cristaux de trémolite, divise le rhombe de la face dûe à cette cassure, par une ligne ayant la grande diagonale pour direction ; fait qui a servi à l'origine, à M. l'Abbé Haüy, de caractère pour lui donner le nom de grammatite.

Le clivage n'est pas le seul moyen qui mette à découvert la structure des cristaux de trémolite. En les plaçant à l'opposition d'une lumière un peu forte, on observe fréquemment, dans leur intérieur, un grand nombre de joints naturels, soit paralléles à leurs côtés, soit paralléles à leurs diagonales ; mais ceux paralléles aux grandes diagonales sont les plus faciles à apperce-voir, à raison de la forme du cristal. Ces joints se pro-longent pour le plus souvent jusque sur les faces ex-térieures du cristal, où ils sont alors indiqués par les stries, souvent très-rapprochées et très-fines, dont les plans du prisme, sans en excepter même ceux de remplacement de ses bords, sont très-communément chargés. Ces stries, dûes aux joints naturels, se mon-trent de même sur les faces terminales : plusieurs des cristaux que j'ai dit être placés dans cette collection, et avoir leurs faces terminales primitives parfaitement conservées, les laissent apercevoir sur elles ; les cassures même, bien souvent ne les font pas disparoître, non plus que sur les pans du prisme.

C'est à cette structure et à la facilité avec laquelle la trémolite se divise suivant la totalité des joints naturels verticaux de son cristal primitif, qu'il faut attribuer la grande facilité avec laquelle cette sub-stance se divise en fibres très-fines, malgré sa dureté, qui est telle qu'elle entame le quartz avec assez d'aisan-ce. Cette facilité à la division est si grande, qu'il existe des morceaux, et même des cristaux de cette substance qui, sous la simple pression un peu forte des doigts, se divisent en petites fibres ressemblant parfaitement à celles de l'amiante.

C'est encore à cette structure, jointe à la réunion imparfaite des lames, indiquée par la forte apparition des joints naturels, qu'on doit attribuer l'éclat très-vif de la surface d'un grand nombre des cristaux de tré-

molite, quoique frustes et parfaitement opaques, ainsi
que l'aspect nacré qui bien souvent est offert par leurs
plans.

Je viens de dire que la trémolite est assez dure pour
rayer le quartz, et même avec facilité. L'essai de sa
dureté demande quelques précautions, à raison de sa
grande fragilité; il faut pour cet essai choisir des
morceaux un peu épais, et en les appuyant sur le
quartz, sans prendre garde à leur fragilité, tirer fortement et promptement avec eux une ligne sur lui.
Lorsque la fragilité de cette substance est trop grande
pour permettre à ce moyen de réussir, en frottant alors
fortement le quartz avec la poudre même de la trémolite, on le dépolit toujours, et fréquemment on
observe en outre, dans la partie dépolie, plusieurs raies
très-sensibles, dûes à l'action des parties les plus grossières et les moins fragiles de cette poudre.

Je ne suis entré dans des détails aussi longs sur cette
substance, que pour mettre à même de mieux juger de
la différence qui existe en effet entre elle et la hornblende.

La suite des morceaux qui, dans cette collection,
appartiennent à la trémolite, est extrêmement intéressante, par le grand nombre de variétés et de faits
qu'elle renferme. Il y existe une variété des Etats-
Unis d'Amérique qui seroit très-facilement prise pour
appartenir à de l'asbeste en faisceaux divergents ;
ainsi qu'une autre qui vient d'Ecosse, où cette substance est très-commune, et est en masses, formées par
la réunion de petites fibres capillaires courtes, ressemblant très-parfaitement à de l'amiante, plus même que
la belle variété fibreuse de Carinthie, dont il existe

aussi une série assez considérable dans cette collection. Il y existe en outre de fort belles variétés du Vésuve, &c. &c. &c.

SPODUMÈNE. TRIPHANE. (*Haüy.*)

46 *Morceaux, dont* 28 *Cristaux isolés.*

Ce qui est indiqué ici, comme étant des cristaux isolés de cette substance, n'est que des fragments ; mais très-réguliers, et donnant parfaitement l'étude de la forme primitive du spodumène : ils proviennent principalement de celui d'Irlande, dont la division est beaucoup plus facile et beaucoup plus nette, qu'elle ne l'est sur celui de Norwège.

Ces fragments sont des prismes tétraèdres rhomboïdaux de 100° et 80°, ou environ, dont les faces terminales sont inclinées sur son axe. Cette inclinaison est telle que ces faces forment avec les côtés du prisme les mêmes angles d'environ 100° et 80°, que les côtés du prisme forment entr'eux. Cette égalité d'inclinaison, joint à ce que le clivage se fait avec la même facilité sur tous les plans de ce prisme, m'engage fortement à penser que le cristal primitif de cette substance est un rhomboïde légèrement aigu, dont les plans se rencontrent entre eux sous un angle d'environ 100° et 80°. Ce rhomboïde alors seroit divisble suivant la petite diagonale de deux de ses plans opposés.

ANTHOPHYLLITE.

29 *Morceaux.*

Parmi les morceaux de cette substance, il y a plusieurs fragments d'étude, qui viennent parfaitement à l'appui de l'opinion de M. l'Abbé Haüy, sur la forme de son cristal primitif.

YÉNITE.

14 Morceaux, dont 10 Cristaux.

Au nombre des 4 morceaux qui entrent dans la suite que renferme cette substance, il y en a un fort beau, dont les cristaux me paroissent démontrer que la forme primitive de l'yénite est un prisme tétraèdre rectangulaire droit, et la figure 35, donnée par M. l'Abbé Haüy, dans la seconde planche de son *tableau comparatif*, &c: sembleroit indiquer que les bases ou faces terminales de ce prisme sont perpendiculaires à son axe. Les cristaux isolés de cette substance, qui sont placés dans cette collection, viennent fortement à l'appui de cette opinion, que j'ai déjà communiquée à plusieurs personnes, et entre autre à M. Sowerby qui en a fait mention dans le No. 5 de ses cahiers, avec planches colorées, des minéraux étrangers à l'Angleterre, en donnant, en même temps, la figure des morceaux de cette collection que je lui avois communiqués. Je cite ici cet ouvrage, pour avoir occasion de rendre justice au zèle, à l'activité et en même temps aux talents de son auteur, ainsi que de ceux de son fils, co-opérateur de son ouvrage.

Plusieurs cristaux des morceaux que je viens de citer, laissent observer des joints naturels suivant la direction des plans de leurs prismes, et ils sont eux-mêmes des prismes rectangulaires parfaits. Parmi ces cristaux, plusieurs sont assez translucides pour qu'on puisse reconnoître que leur véritable couleur est un vert foncé. Dans un autre des morceaux de cette collection, les prismes rectangulaires, qui sont parfaits à une de leurs extrémités, se divisent à l'autre en fibres capillaires, qui sont douées de flexibilité, et font de ces cristaux de véritables pinceaux. Il y existe enfin un morceau des Etats-Unis d'Amérique.

LASULITE.

3 *Morceaux.*

L'un des trois morceaux, qui composent la suite de cette substance, contient un assez grand prisme qui paroît rectangulaire, ou du moins très-voisin de cette forme.

WERNÉRITE. SCAPOLITE, *paranthine.* (*Haüy.*)

71 *Morceaux, dont* 41 *Cristaux isolés.*

La scapolite est ici réunie à la wernérite, ces deux substances n'étant, d'après l'opinion que l'observation m'a fait adopter depuis long-temps à leur égard, qu'une seule et même espèce. Forcé, d'après cela, de ne conserver qu'un seul des noms qui lui ont été donnés, les minéralogistes applaudiront certainement à celui, si célèbre parmi eux, que j'ai conservé à cette substance. Les cristaux isolés qui appartiennent à sa suite, dans cette collection, sont pour la plupart petits ; mais ils sont très-parfaits ; ils n'offrent aucune variété nouvelle. Il existe, parmi eux, un cristal de la variété fig. 37, pl. 3 du *tableau comparatif,* &c. de M. l'Abbé Haüy, qui a un pouce 4 lignes de longueur, sur 6 lignes de diamètre. Parmi la suite des morceaux, sont plusieurs petites groupes, dans lesquels les cristaux sont plus ou moins parfaits. Les variétés vitreuses et nacrées manquent dans cette collection.

CHIASTOLITE. *Macle* (*Haüy.*)

20 Morceaux, dont 3 Cristaux isolés.

Les trois cristaux isolés, qui appartiennent à cette substance, sont de grands prismes tétraèdres rectangulaires,
avec des sommets dièdres, mais arrondis par le frottement.

FAHLUNITE.

9 Morceaux.

Un de ces morceaux laisse apercevoir des traces de
critallisation.

GABRONITE.

4 Morceaux.

Le fer oligiste qui accompagne deux des morceaux
de cette suite est magnétique.   Il est joint aux morceaux de cette substance plusieurs fragments.   Deux de
ces morceaux ont des traces de cristallisation, qui ne
permettent pas de considérer cette substance comme
un feldspath compacte.

ALLOCHROÏTE.

8 Morceaux.

BERGMANITE.

1 Morceau.

MÉLILITE.

3 Morceaux.

Les trois morceaux de cette substance, qui sont
placés dans cette collection, sont fort petits, les
cubes de mélilite qui sont placés sur eux, demandent à
être vus avec la loupe, pour être bien distingués ; mais
ils sont parfaitement prononcés.

MEÏONITE.

45 *Morceaux, dont* 25 *Cristaux isolés.*

Parmi les morceaux qui, dans cette collection, appartiennent à cette substance, il y en a 8 fort petits, mais intéressants et très-rares, en ce qu'on peut observer, sur chacun d'eux, de petits prismes tétraèdres rectangulaires primitifs de meïonite, dont plusieurs sont en lames quarrées fort minces. Parmi les autres groupes, ainsi que parmi les cristaux isolés, il y existe en outre quelques variétés de formes non décrites, et une variété compacte.

MÉSOTYPE.

48 *Morceaux, dont* 32 *Cristaux isolés.*

La suite des morceaux qui appartiennent à cette substance, est extrémement intéressante et précieuse. Parmi les groupes, il y en a un garni de prismes tétraèdres rectangulairs primitifs assez grands, qui laissent apercevoir, sur leur face terminale, la direction des joints naturels suivant les deux diagonales de ces mêmes faces, indiquée par une glus grande transparence dans la substance, sur ces mêmes diagonales. Dans un autre petit morceau, ces prismes, qui ont jusqu'à 7 lignes de longueur, ont chacun de leurs angles solides remplacé par un plan plus ou moins grand. On peut observer aussi, dans cette même suite, de petits morceaux de trémolite accompagnés de cristaux de mésotype, sur l'un desquels existe un cristal primitif de cette substance. Cette suite renferme en outre un cristal, placé sur du quartz cristallisé, et qui, quoiqu'il ne soit vû que dans les trois quart de sa longueur, a un pouce

de long sur 8 lignes de large. Il appartient à la variété fig. 175 pl. 58 du traité de minéralogie de **M.**
l'Abbé Haüy ; mais dans laquelle les plans du prisme,
étant beaucoup moins allongés, sont des rhombes au lieu
d'être des hexagones Au nombre des morceaux de
cette substance en sont plusieurs, soit d'Ecosse, soit
d'Irlande.

STILBITE.

190 *Morceaux, dont 70 Cristaux isolés.*

La suite de la stilbite placée dans cette collection,
est extrêmement précieuse par le grand nombre de
faits particuliers, de morceaux intéressants et de cristaux non décrits qu'elle renferme. Parmi les derniers
doit être distingué un prisme tétraèdre rectangulaire
primitif, ainsi qu'une agrégation des mêmes cristaux,
variété très-rare. Parmi ces morceaux, je citerai particulièrement une suite de petits échantillons, dans lesquels la stilbite cristallisée est placée sur de la thallite
mélangée de quartz, qui recouvre une veine de stilbite
compacte, dont la substance est intimement mélangée
de beaucoup de quartz : ce morceau vient de l'isle de
la Désolation ou de Kergulan. Je citerai enfin une
série de stilbite rouge cristallisée et compacte d'Ecosse,
ainsi que plusieurs morceaux de celle incolore d'Irlande.

APOPHYLLITE. ICHTHYOPHTALMITE.

13 *Morceaux, dont 10 Cristaux isolés.*

Cette substance, bien propre à fixer l'attention du
minéralogiste, par les rapports séduisants qu'elle a avec
deux autres pierres plus anciennement connues, la mésotype et la stilbite, demandoit en même temps à être
étudiée avec beaucoup de soin, pour distinguer parfaite-

ment ses caractères, et reconnoître ceux propres à indiquer si en effet elle doit être placée, comme espèce,
dans le système minéralogique. J'avois fait ce travail
lorsque le *tableau comparatif des résultats de la cristallographie et de l'analyse chimique des minéraux de
M. l'Abbé Haüy*, nous est parvenu à Londres. Le
137e. numéro du journal des mines, dans lequel ce savant avoit déjà donné une description plus complette
encore de cette substance, n'y étoit de même point
encore connu. L'étude cristallographique que j'en
avois faite ne correspondant en aucune manière
avec celle de ce célèbre minéralogiste, me fit porter
un soin plus particulier encore sur le nouvel examen
auquel je soumis les cristaux de cette substance, qui
existent dans cette collection. Ce second travail
m'ayant conduit absolument aux mêmes résultats, je les
place ici, non comme propres à être adoptés de préférence à ceux obtenus par ce savant, auquel je les soumets ; mais comme le remplissement d'un devoir contracté envers la science et la vérité, par tout homme
qui se livre à l'étude de la nature : il peut avoir tort,
et j'ai souvent été dans ce cas ; mais alors la science à
laquelle il fait l'hommage de ses observations et de ses
opinions, devient son juge et prononce sa condamnation.
Placé avec quelqu'avantage par la collection, je puis
dire immense, de cristaux que je suis parvenu, par un
travail actif et long à rassembler, j'ai souvent dû au hazard, qui préside si fréquemment à ce genre de collection, les observations les plus intéressantes que je puis
avoir faites. D'après ce que dit M. l'Abbé Haüy, à l'é-
gard des cristaux qui ont servis de base à l'étude cristallographique qu'il a faite de cette substance, ses ma-

tériaux, pour ce travail, étoient incomplets. Si celui que je vais présenter ici sur cette même substance, reçoit l'aprobation des minéralogistes, ce sera encore à ce même hazard, qui a placé entre mes mains un plus grand nombre de cristaux, et mieux déterminés, que je le devrai.

La forme primitive de cette substance, est un prisme tétraèdre rectangulaire, dont les bases sont des rectangles, et dont la hauteur étant de 16, 44, les bords les plus longs des faces terminales sont de 24, et ceux les plus courts de 23.

Cette substance m'a offert quatre modifications différentes de ce cristal primitif.

Dans la première, les angles des faces terminales sont remplacés par un plan qui fait avec elles un angle de 120°, 1′, fig. 50, pl. 3. Ce plan est produit par un reculement par 4 rangés en largeur sur 7 lames de hauteur, à ces mêmes angles.

Dans la seconde modification, les bords les plus longs des faces terminales sont remplacés par un plan qui fait avec cesmêmes faces un angle de 115°, et est le sésultat d'un reculement, le long de ces bords, par une rangée en largeur sur 3 lames de hauteur.

Dans la troisième modification, deux des bords opposés du prisme sont remplacés par un plan qui fait avec le côté du même prisme sur lequel il incline, et qui appartient à ceux qui sont terminés par les bords les plus longs des faces terminales, un angle de 154° 24′, et est le résultat d'un reculement, le long de ces mêmes bords, et sur le même côté du prisme par deux rangées.

Dans la quatrième modificaton, les deux autres

bords opposés du prisme sont remplacés par un plan
qui fait avec les côtés du même prisme, terminés par
les bords les plus longs des faces terminales, un angle
très-obtus de 172°, 12'.   Il est le résultat d'un reculement, le long de ces mêmes bords, et sur les mêmes
côtés du prisme, par 7 rangées.

Les cristaux que renferme la suite de l'apophyllite,
dans cette collection, présentent le cristal primitif complet de cette substance, ainsi que toutes les variétés qui
appartiennent aux quatre modifications que je viens de
décrire, et qui sont représentées dans la troisième
planche.

Des six faces qui appartiennent au prisme rectangulaire primitif, deux d'entre elles ont communément un
reflet nacré : c'est dans une direction parallèle à ces
deux faces que le clivage de cette substance est le plus
facile ; elle se divise même dans ce sens avec la plus
grande facilité : l'action de la chaleur l'opère de même
très-promptement, et la divise en feuillets très-minces.
Elle se clive beaucoup moins facilement dans les directions parallèles aux quatre autres faces ; mais on peut
cependant y parvenir : il existe, dans cette collection,
deux cristaux sur lesquels ce clivage a été fait de manière à ne laisser aucun doute, sur le caractère primitif
des plans obtenus par lui.

On peut observer sur la fig. 50, qui renferme les plans
dus à la première modification, ainsi que d'après la
direction de ces plans, que j'ai pris pour face terminale
de ce prisme, une de celles considérées par M. l'Abbé
Haüy, comme appartenant aux faces longitudinales de
ce même prisme, celle indiquée par la lettre M, dans
la figure donnée par ce savant, dans son *tableau compa-*

ratif, &c.; mais il me paroît qu'à cet égard la nature ne laissoit aucune liberté dans le choix: les plans triangulaires qui remplacent les angles, ayant une inclinaison égale sur deux des plans adjacents, inclinaison qui est très différente sur le troisième, me paroissent indiquer sensiblement pour face terminale le dernier de ces plans qui, avec celui opposé, sont ceux sur lesquels le reflet nacré se fait apercevoir. D'ailleurs les quatre autres plans sur lesquels on n'observe aucun reflet, sont communément striés, et leurs stries sont perpendiculaires aux faces nacrées. La nature détermine donc en effet elle-même les deux faces nacrées rectangulaires de l'apophyllite, comme étant celles terminales de son prisme primitif. Trois des cristaux de cette collection, possèdent les plans dus à cette première modification. Dans tous j'ai constamment trouvé l'angle de 120°, pour mesure de l'incidence des plans de remplacement des angles solides, sur les faces terminales ou nacrées; aucun de ces plans ne m'a permis de reconnoître, pour cet angle d'incidence, celui de 110°, 50′ que donne M. l'Abbé Haüy. Probablement il existe dans cette substance un autre modification, dont l'action est de remplacer les angles des faces terminales par le plan observé par ce savant: dans ce cas, il seroit le produit d'un reculement, à ces angles, par 3 rangées en largeur sur 8 lames de hauteur ; l'angle d'incidence de ce plan sur les faces terminales seroit de 110°, 46′, et ne différeroit par conséquent que de six minutes de celui de 110°, 52′ cité par M. l'Abbé Haüy.

Les variétés fig. 51 et 52 viennent de Stronthian en Ecosse. Je les avois considérées autrefois comme appartenant à la stilbite, et depuis cette époque elles

avoient été classées avec cette substance ; mais l'introduction de l'apophyllite dans la minéralogie comme espèce nouvelle, m'a fait douter qu'elles appartinssent en
réalité à la stilbite, et un nouvel examen me les a fait
réunir à l'apophyllite.   A Stronthian ces deux variétés
sont souvent accompagnées de galène, de chaux carbonatée, de baryte sulfatée, d'ercinite ou harmotome, et
de stronthian carbonaté. Il existe, dans cette collection,
un petit morceau de cette dernière substance, qui renferme de petits prismes tétraèdres rectangulaires primitifs d'apophyllite.   La roche qui, dans ce canton, renferme le filon qui contient cette substance, est une
espèce de gneiss, composé de quartz en fort petite
quantité, de mica noir et de feldspath.

Il existe, dans cette collection, deux autres groupes
sur lesquels sont des cristaux d'apophyllite, présentant
les mêmes variétés que celles que je viens de dire se
montrer à Strouthian ; ils viennent de Norwège : l'a-
pophyllite y est mélangée de cristaux de stilbite, de
chabasie, de chaux carbonatée et de grenats, sur une
gangue granitoïde, composée de hornblende et de feldspath en parties très-petites, mélangées de fer oxydulé et
quelques parties de thallite.   Les cristaux de stilbite y
appartiennent à une variété que j'ai représentée sous la
fig. 55, pl. 3, et comme ces cristaux sont de même que
ceux de l'apophyllite, minces et allongés, ils seroient
très-facilement pris pour lui appartenir, et vice versa.

Le cristal placé sous la fig. 53, est donné d'après la
grandeur même qui lui appartient dans cette collection.

La mésotype, la stilbite et l'apophyllite ont des rapports si considérales entre elles qu'il est très-difficile
de les discerner l'une de l'autre.   Elles ont cependant

des caractères distincts, en outre de ceux qui appartiennent aux formes cristallines proprement dites. Les
deux cristaux primitifs de la stilbite et de la l'apophyllite, ont chacun deux de leurs faces opposées nacrées ;
mais dans la stilbite ces deux faces sont prises parmi
celles longitudinales du prisme, et dans l'apophyllite
elles forment au contraire celles terminales ; l'apophyllite est en outre un peu plus dure que la stilbite.
La mésotype a de même que l'apophyllite ses deux
faces terminales nacrées ; mais outre que ces faces sont
des quarrés dans la mésotype, et des rectangles dans
l'apophyllite, en regardant à travers ces faces terminales, dans la mésotype, on aperçoit assez fréquem
ment la direction des joints naturels paralléles aux
deux diagonales de ces faces, ce que l'apophyllite ne
m'a jamais laissé apercevoir. En outre, cette dernière
substance se clive avec beaucoup de facilité parallélement à ses faces terminales, et avec beaucoup de
difficulté dans la direction des autres ; ce qui est absolument le contraire dans la mésotype. Enfin la pe
santeur spécifique de la mésotype est moins considérable que celle de l'apophyllite. J'ai pensé que ce léger
détail, sur les différences qui existeut entre les caractères extérieurs de ces trois substances, pourroit
être utile, en facilitant le moyen de les reconnoître.

NATROLITE.

8 *Morceaux.*

Plusieurs de ces morceaux, dont deux assez grands,
sont garnis de petits cristaux capillaires de cette
substance.

SODALITE.

24 *Morceaux, dont* 15 *Cristaux isolés.*

La forme primitive de cette substance est le dodécaèdre à plans rhombes: les 15 cristaux isolés, qui
existent dans cette collection, sont tous de cette même
forme, la seule que j'y aie encore aperçue; un seul
d'entre eux est le résultat de la cristallisation, les autres
ont été amenés à cette forme par le clivage.

Cette substance est nouvelle. Elle a été décrite,
par le Dr. Thomson d'Edinbourg, dans les transactions
de la Société Royale de cette ville, de l'année 1811,
d'après des morceaux venant du Groenland et tirés de
la collection de M. Allan, à l'amitié duquel je dois
ceux qui existent dans cette collection. Quelques-
uns de ces morceaux laissent apercevoir plusieurs dodécaèdre; tous sont mélangés de sahlite, de grenats et
de pyroxène.

LAUMONITE.

128 *Morceaux, dont* 82 *Cristaux isolés.*

La suite que cette collection renferme, dans cette
substance, est extrêmement intéressante par le très-grand
nombre de variétés de formes qu'elle contient, et dont
j'ai donné le détail dans un mémoire particulier, inséré
dans le premier volume des transactions de la Société
Géologique de Londres. L'intérêt que cette suite présente est encore augmenté, en ce qu'en outre de la variété d'Huelgoët, que je dois en entier à mon excellent
ami M. Gillet de l'Aumont, et qui seule étoit connue,
elle renferme des échantillons de divers autres pays;
tel que de l'isle de Ferroë, dont cette collection ren-

ferme un grand et très-beau morceau, dans lequel les cristaux de laumonite sont placés sur des cristaux de stilbite : il y en existe un autre, venant de même de Ferroë, qui est en entier composé de petits cristaux de laumonite, placés perpendiculairement sur la base du morceau qui les renferme ; ils offrent une particularité intéressante, en ce que, quoiqu'existant dans cette collection depuis plus de 10 années, et sans que j'eusse pris aucune précaution pour les préserver, ils sont restés intacts, ayant conservé jusqu'à leur transparence. Une autre variété de cette substance vient de Paisley en Ecosse ; la laumonite y est groupée avec de l'analcime : je dois ce morceau à M. Richard Phillips. Un autre vient de Portrush en Irlande : la laumonite y est groupée avec des cristaux de stilbite. Une cinquième localité est donnée par un morceau venant de Dupapiatra près de Zalathna en Transilvanie. Un autre des morceaux de cette collection est de la Chine ; la laumonite y est placée sur de la prehnite d'un vert pâle. Dans une autre variété très-intéressante, la laumonite forme les noyaux d'une amigdaloïde très-argilleuse, des états de Venise. Et enfin une huitième variété est en petits cristaux, d'un blanc mat, renfermés dans une substance granuleuse qui paroît lui appartenir, et dont j'ignore la localité.

CHABASIE.

51 Morceaux, dont 21 Cristaux isolés.

Parmi les cristaux isolés de cette substance, qui sont placés dans cette collection, il existe une série très-belle de cristaux en rhomboïdes primitifs, dont je citerai un groupe, dans lequel les cristaux ont jusqu'à a lignes de côté. Plusieurs des morceaux de cette substance appartiennent à l'Irlande, d'autres à l'isle de Ferroë, à Oberstein, à la Norwège, à l'isle de Bourbon, &c.

ANALCIME.

94 Morceaux, dont 12 Cristaux isolés.

La suite des morceaux de cette substance est intéressante par le grand nombre de variétés d'aspect sous lesquels elle se présente. La plupart des morceaux qui lui appartiennent viennent d'Ecosse ; il y en existe plusieurs de la variété colorée en un rouge brun.

Parmi les morceaux d'analcime de Dumbarton en Ecosse, il y en a plusieurs dans lesquels des mamelons d'analcime sont recouverts par de la prehnite, et le passage de l'une de ces deux substances à l'autre est si insensible que, même dans la cassure, il est impossible de déterminer le point où l'une des deux substances finit et où l'autre commence. Ces deux substances ne différant que par la manière dont leurs principes composants sont dosés, ce passage est peu fait pour étonner.

PREHNITE.

92 Morceaux, dont 9 Cristaux isolés.

On peut observer dans cette suite, qui est très-considérable, plusieurs morceaux rares, entr'autre un fort beau groupe dont les cristaux sont colorés en un jaune un peu rougeâtre, et plusieurs morceaux appartenant à la substance connue sous le nom de jade blanc de la Chine, et dont j'ai déjà parlé à l'article du jade.

ERCINITE *(Napione.)* **HARMOTOME** *(Hüay.)* **KREUS-TEIN** *(Werner.)*

62 *Morceaux, dont* 25 *Cristaux isolés.*

La suite des cristaux de cette substance, placés dans cette collection, renferme un grand nombre de variétés de formes cristalles non décrites.

Il y a quelque chose dans les faits de cristallisation que présente l'ercinite, qui me paroît ne pas pouvoir s'accorder avec la forme primitive qui lui a été assignée jusqu'à ce moment, et qui me semble demander à cet égard un nouveau travail sur cette substance.

Parmi les cristaux isolés qui lui appartiennent, il y en a plusieurs qui sont d'un volume très-considérable. Au nombre des morceaux, on peut observer une variété de Suède qui est colorée en un rouge brun.

LÉPIDOLIDE.

32 *Morceaux, dont* 10 *Cristaux isolés.*

Quelques-uns des cristaux isolés qui appartiennent ici à cette substance, sont plutôt des exfoliations de cristaux que des cristaux mêmes; ils appartiennent à la variété à grandes lames, dont il existe, dans cette collection, une suite intéressante de petits morceaux. Dans plusieurs on observe très-distinctement des prismes hexaèdres réguliers qui, en général, ont fort peu d'épaisseur; mais parmi lesquels cependant on peut en remarquer quelsques-uns dont l'épaisseur s'élève à plus d'une ligne et demie, sur deux ou trois lignes de diamètre, ce qui est extrêment rare.

Il paroît que plusieurs minéralogistes considèrent aujourd'hui cette substance comme appartenant au mica, et cela principalement depuis que M. Klaproth a trouvé de la soude dans l'analyse de ce dernier. Je ne puis en aucune manière adopter cette opinion, cette substance me paroît former une espèce particulière parfaitement distincte du mica. Elle a bien en effet, au premier aspect, quelques rapports avec le mica, telle que sa texture en petites paillettes distinctes les unes des autres, le lustre de ces paillettes, la pesanteur spécifique. Mais le fer paroît être essentiel à la composition du mica, et ce métal paroît en outre avoir une telle attraction avec ses molécules intégrantes, qu'en outre de celui qui fait partie de sa substance, il s'y interpose très-fréquemment en quantité variable et souvent très-considérable. Le fer ne paroît pas être de même essentiel à la composition de la lépidolite, et si un métal pouvoit être dans ce cas à son égard, ce seroit le manganèse ; cependant d'après les analyses de M. Klaproth, il paroîtroit que ni l'un ni l'autre de ces deux métaux ne lui est essentiel. Le mica est fusible au chalumeau, mais avec difficulté, et il donne un vert tirant plus ou moins fortement sur le brun ou le noir ; à peine la flamme du chalumeau a-t-elle touché la lépidolite, que cette substance fond en bouillonnant, et donne un vert parfaitement incolore. J'ai fort souvent fait fondre la lépidolite en la plaçant simplement dans mon feu, en l'en retirant elle couloit en produisant de petites fibres de verre capillaire, analogues à celles volcaniques que l'on sait avoir été produites par le volcan de l'isle de Bourbon. La forme primitive de cette substance diffère aussi de celle du mica, et comme sa forme habituelle, lorsqu'elle en admet une déterminée, est le prisme hexaèdre ayant tous ses

angles de 120°, en admettant que son cristal primitif
fût le prisme tétraèdre rhomboïdal de 60° et 120°, ce
qui est probable, les faces terminales de ce prisme seroient perpendiculaires sur son axe, ce qui n'existe
nullement dans le mica. Dans cette dernière substance, lorsqu'elle est colorée, la couleur réfractée suivant le sens de son axe, est pour l'ordinaire différente
de celle réfractée dans tout autre sens ; celle réfractée
par la lépidolite est la même dans tous les sens. Cette
substance a cependant de commun avec celle du mica,
d'avoir ses molécules d'une dureté considérable, quoique très-foible en apparence. En effet, quoique le
dégré très-foible de cohésion qui existe entre ses molécules intégrantes, permette très-facilement à un
instrument tranchant d'en entamer la masse, lorsque
les cristaux de lépidolite ont un peu d'épaisseur, on
parvient avec eux à entamer le verre avec facilité : il
existe, dans cette collection, plusieurs de ces cristaux
qui ont jusqu'à une ligne et demie d'épaisseur, avec
lesquels cette observation est facile à répéter. On devoit dailleurs être naturellement conduit à considérer
la lépidolite comme devant en effet être classée avec
les pierres dures, d'après la force de son pouvoir réflectif.

Il existe dans la suite des morceaux qui appartiennent à cette substance, un petit morceau à l'état compacte, sans aucunes apparences quelconques de lames
ou écailles, et d'un violet brun foncé ; c'est un petit
fragment d'un morceau plus considérable, dont j'ai
donné la contre partie à M. Greville, dans la collection
duquel elle doit être. J'en ai dû la possession à M.
Fichtel, fils du célèbre minéralogiste du même nom,

auquel j'ai eu l'obligation d'un très grand nombre de morceaux, tous intéressants et plusieurs fort rares.

Je soupçonne beaucoup que les lépidolites vertes et jaunes, qui ont été citées par quelques auteurs, appartiennent au mica. On trouvera dans la suite des morceaux qui appartiennent à cette dernière substance, des variétés qui sont très-propres à induire en erreur à leur égard.

LAPIS LAZULI.

24 *Morceaux.*

Cette suite de petits morceaux renferme toutes les variétés qui ont été observées jusqu'ici dans cette substance. On peut y remarquer un petit morceau qui laisse appercevoir une partie, assez considérable, d'un cristal dodécaèdre à plans rhombes, d'un blanc légèrement bleuâtre avec quelques taches plus foncées. Le même morceau contient en outre un long prisme hexaèdre d'un gris sale un peu jaunâtre, et d'environ 5 lignes de longueur : sa pyramide est engagée dans la gangue ; mais d'après l'inclinaison d'un de ses plans qui peut être apperçu facilement, ce cristal appartient au dodécaèdre devenu prismatique par l'allongement de six de ses plans, ainsi que cela arrive quelquefois dans le grenat fig. 57 pl. 3.

MICA.

471 *Morceaux, dont* 183 *Cristaux isolés.*

La suite du mica qui appartient à cette collection, est, je crois unique, elle est extrêmement précieuse par le grand nombre de faits qu'elle renferme ; et elle l'est même d'autant plus que les faits, qui prouvent que cette substance a été mal connue et très-incomplettement décrite jusqu'ici, présentent en même temps, tout ce qui est nécessaire à son étude, et à la rectification des erreurs qui ont été commises à son égard.

L'étude cristalline de cette substance étant du nombre de celles dont j'ai terminé le travail depuis quelque temps, c'est avec beaucoup de satisfaction que je vais en placer ici le résultat sous les yeux des minéralogistes.

La forme primitive du mica est un prisme tétraèdre rhomboïdal de 60° et 120°, à bases rhombes ; mais les bases, au lieu d'être perpendiculaires sur son axe, ainsi qu'il a été dit jusqu'ici, sont inclinées sur ce même axe de manière à faire avec les bords, formés par la rencontre des côtés du prisme sous l'angle de 120°, des angles de 98° et 102° ; la hauteur de ce prisme est égale à la longueur des faces terminales fig 61 pl. 4.

Ce prisme se divise, avec la plus grande facilité, parallélement à ses faces terminales ; mais il résiste fortement à la division parallélement à ses pans ; cependant, avec un peu d'adresse et de soin, on parvient à cliver, suivant cette direction, et d'une manière nette, des lames minces de cette substance.

Il existe, dans cette collection, plusieurs cristaux primitif isolés de mica, et la plupart ont un épaisseur assez considérable. Je citerai entr'autre un petit morceau de granit, sur lequel est un de ces cristaux primitifs extrémement parfait, ayant environ 4 lignes dans son plus grand diamêtre, sur 3 lignes d'épaisseur.

Le prisme tétraèdre rhomboïdal primitif de cette substance se divise, ainsi que l'indiquent les lignes ponctuées de la fig. 62, en quatre prismes trièdres fig. t. 3, forme de ses molécules intégrantes. Ces prismes

ont chacun pour bords de leurs bases, 1°. un des bords
du rhombe de la face terminale du cristal primitif, ou
un bord égal à lui, 2°. une moitié exacte de ce même
bord, et enfin, 3°, une perpendiculaire abaissée d'un des
angles de 120°, des faces terminales sur le bord opposé,
et d'après les propriétés du rhombe de 90° et 120°, cette
perpendiculaire tombant exactement sur le milieu du
bord opposé de l'angle de 120°, d'où elle est abaissée,
ces quatre prismes sont égaux et semblables, et composent exactement, par leur réunion, le prisme rhomboïdal primitif.

Parmi la suite des cristaux qui appartiennent, dans
cette collection, à cette substance, il y existe 4 séries
différentes qui montrent, d'une manière frappante, cette
division du cristal primitif du mica, soit faite par le
retranchement au prisme rhomboïdal primitif, d'un ou
de deux de ces prismes trièdres composants, soit indiquée par des lignes tracées, par la nature elle-même,
sur la surface du cristal, dans la direction de ses joints
naturels. L'une de ces séries appartient à un mica
d'un gris argentin de Suède, la seconde à un mica
brun qui accompagne le corundum du Carnatic, dans
sa gangue ; la troisième appartient à un mica, or de
chat, qui vient aussi de la presqu'île de l'Inde ; la quatrième enfin, appartient encore à un mica, or de chat,
placé dans une scorie du Vésuve. Chacune de ces
quatre séries présente aussi, par suite du clivage, des
prismes tétraèdres rectangulaires, ayant pour base un
rectangle, fig. 64, et dont les faces terminales sont inclinées sur deux des bords opposés du prisme, de manière à faire avec eux des angles de 98° et 82°. La
fig. 62 laisse facilement apercevoir la manière dont,

par le clivage, ce prisme tétraèdre est formé. Lorsque ce prisme a les dimensions qui lui appartiennen d'après celles du cristal primitif de cette substance dont il dérive, les bords les plus longs du rectangle qui appartient à leurs faces terminales, sont à ceux les plus courts, dans le rapport de la perpendiculaire abaissée de l'angle de 120°, sur le bord opposé*, à la moitié d'un des bords de ce même rhombe. Mais le clivage pouvant aussi se faire en même temps sur les côtés les plus étroits du prisme rectangulaire, les faces terminales de ces prismes tétraèdres rectangulaires, produits ainsi par un clivage naturel, approchent souvent plus ou moins du quarré parfait.

Il existe, dans la nature, des cristaux de mica qui, par le simple produit de la cristallisation, et sans aucun clivage, appartiennent à ce prisme rectangulaire : ils sont pour l'ordinaire très-étroits et très-allongés ; cette collection en fournit des exemples. On sent parfaitement que cette modification du cristal primitif, qui est assez rare, provient de la simple suppression des deux molécules intégrantes destinées à former les parties du prisme tétraèdre rhomboïdal qui renferment l'angle de 60°.

Le mica m'a fait observer quatre modifications de son cristal primitif. La première a lieu par le remplacement des bords de 60°, par un plan également incliné sur ceux adjacents, avec chacun desquels il fait un angle de 120° : ce plan est le résultat d'un reculement, le long de ces bords, par une simple rangée, fig. 65.

---

* D'après les propriétés du rhombe de 60° et 120°, cette perpendiculaire est égale à la moitié de sa plus grande diagonale.

Parmi les cristaux isolés de cette collection, qui appartiennent à cette variété, j'en citerai un très-parfait,
qui a deux pouces de longueur dans son plus grand
diamêtre, sur plus de 5 lignes d'épaisseur ; ce cristal
est translucide à travers les pans de son prisme. Il
est très-propre, ainsi qu'un grand nombre d'autres de
cette collection, à faire reconnoître l'inclinaison des
faces terminales du prisme tétraèdre rhomboïdal primitif sur son axe. Il existe aussi, dans cette collection, plusieurs cristaux en prismes héxaèdres très-allongés, ainsi que le représente la fig. 67.

La seconde modification remplace les bords de 60°
du prisme, chacun d'eux, par deux plans, qui font avec
ceux des côtés du prisme sur lesquels ils inclinent, un
angle de 150°, et sont le produit d'un reculement, le
long de ces mêmes bords, par deux rangées, fig 68.

Il existe, dans cette collection, plusieurs petits groupes
qui viennent de Sibérie, et dont les cristaux apparticn-
nent à cette variété : le mica y est argentin. Il y
existe aussi plusieurs petits groupes, ainsi que des cristaux isolés, qui appartiennent à la variété représentée sous
la fig. 69 : ils viennent de Schlaggenwald en Bohème,
où ils sont quelquefois groupés avec de petits cristaux
de chaux fluatée et de schéelin calcaire.

La troisième modification remplace les angles de
60°, des faces terminales par un plan qui fait avec ces
mêmes faces un angle de 98°, 13′, et est le résultat
d'un reculement, à ces mêmes angles, par une rangée
en largeur sur 6 lames du hauteur.

Ces deux dernières modifications se montrent, tantôt séparément, tantôt réunies sur le même cristal.
Leur réunion offre un fait cristallographique dont je

ne connois encore que ce seul exemple, qui est de donner naissance à une pyramide oblique, fig. 73. En
effet, les angles d'incidence des plans de chacune de ces
deux modifications, sur les faces terminales, étant les
mêmes ou du moins à très-peu de chose près, et cet
angle étant encore le même que celui obtus, dû à l'inclinaison des faces terminales sur les côtés du prisme,
il en résulte que du concours des 4 plans, dus aux deux
dernières modifications, avec les côtés du prisme qui
font avec les faces terminales l'angle de 98°, il naît une
pyramide héxaèdre très-aigue, représentée par la fig.
73, dans laquelle, tandis que 4 de ses faces sont inclinées de manière à se réunir entr'elles en un même
point, qui est le sommet de la pyramide, les deux
autres, sans aucune inclinaison, concourent aussi au
même point, ce qui donne nécessairement naissance à
une pyramide oblique.   Il existe, dans cette collection,
un petit cristal de cette variété, qui est très-parfait, à
une petite compression près placée sur une de ses
faces ; il est du Vésuve. Les variétés fig. 70, 71, 72 et
74 qui, d'après ce que je viens de dire, n'ont besoin
d'aucune autre explication, existent de même aussi dans
cette collection : les trois premières sont du Vésuve,
et celle fig. 74 du Pégu.

Parmi les variétés de mica de Schlaggenwald, dont
j'ai déjà parlé, à raison de la variété représentée par la
fig. 69, les plans dus à ces deux dernières modifications, se rencontrent aussi quelquefois, ainsi que le
représentent les fig. 75 et 76. Lorsque le cristal est
très-court, ainsi que cela existe dans la fig. 76, les
plans dus à la 2e. modification deviennent souvent
triangulaires scalènes, et si l'on ne faisoit pas attention

à l'inclinaison des plans qui ont remplacé ceux dus à la première modification, on seroit conduit à les rapporter à une variété nouvelle.

Cette collection renferme plusieurs autres variétés de formes du mica ; mais celles que j'ai données suffisent pour mettre à même de reconnoître facilement toutes les autres.

Parmi les cristaux de mica, soit isolés, soit en groupes, qui sont placés dans cette collection, il en existe un grand nombre qui, soit par leur transparence, soit par la nature de leur lustre, seroient d'autant plus facilement pris pour appartenir à la classe des gemmes, que la perfection de leur cristallisation, rend totalement insensible le joint des lames placées perpendiculairement à leur axe ; joints qui sont généralement si apparents dans cette substance. Le grand éclat de ces cristaux, qui est dû à la fois à leur pouvoir réfractif et réflectif, annonce déjà, avant toute autre observation, une pierre dure ; tel est en effet le mica, non par suite de la force de cohésion de ses molécules intégrantes entre elles, cette force est très-foible, et cède très-facilement, mais par celle qui est propre à chacune de ces mêmes molécules. Cette dûreté est telle, que lorsqu'on peut donner à ces modécules un point d'appui suffisant pour les empêcher de céder, telle qu'une grande épaisseur dans le cristal ou morceau de mica que l'on veut essayer, on parvient, avec lui, à rayer, non-seulement le verre avec facilité, mais encore le quartz, ainsi que je l'ai déjà fait observer dans mon traité complet de la chaux carbonatée, volume 1er. introduction, p. 17.

Un grand nombre de ces mêmes cristaux font voir que, lorsque le mica est parfaitement pur, et qu'il

existe une contiguité exacte dans la réunion de ses molécules, il est susceptible d'être aussi transparent que
les autres substances, soit parallélement, soit dans le
sens même de son axe, et cela même sous une épaisseur assez considérable. Parmi les cristaux qui sont
dans ce cas, il y en a plusieurs qui, dans le sens parallèle à leur axe, ont une transparence aussi parfaite que
peut être celle du rubis ou du saphir le plus transparent.

Cette transparence du mica, tant à travers ses faces
terminales, qu'à travers les pans de son prisme, met dans
le cas d'observer facilement la différence qui existe
entre la couleur donnée, dans ces deux cas, par la réfraction. Cette couleur s'est toujours offerte à moi avec
des teintes différentes ; mais quelquefois ces deux
teintes se rapprochent, en quelque manière, l'une de
l'autre, tandis que d'autrefois elles s'écartent au contraire très-fortement. On observera, par exemple,
dans cette suite, un cristal très-parfait du Pégu, et en
même temps très-transparent et ayant une épaisseur
assez considérable, dont la couleur, observée dans le
sens de l'axe, est d'un vert pâle et jaunâtre, tandis que
celle observée à travers les pans du prisme est d'un
beau vert d'herbe ; ce cristal est celui représenté sous
la fig. 74. Dans d'autres cristaux, la couleur dans le
sens de l'axe est d'un très-beau vert, tandis que dans le
sens opposé elle est d'un jaune rougeâtre ou orangée ;
dans d'autres, le cristal est incolore dans le sens de
l'axe, et d'une belle couleur de chair à travers les pans
de son prisme. Outre toutes ces variétés, il en existe
une, dans cette collection qui, vue suivant la direction
de son axe, est d'un vert sombre, et est d'un beau rouge

d'hyacinthe à travers les pans de son prisme. Cette suite renferme un grand nombre de morceaux très-beaux et très-rares pour quelques-uns, qui tous mettent dans le cas de faire l'observation dont je viens de parler, et peuvent très-probablement conduire à quelques autres observations précieuses à la théorie des couleurs et de la réfraction,

Parmi les groupes de cette substance, il en est un dans lequel les cristaux de mica, qui ont une épaisseur considérable, laissent appercevoir, d'une manière frappante, le reculement des lames pour produire la variété pyramidale ; dans ce morceau, les cristaux de mica sont groupés avec des cristaux de tourmaline et de feldspath ; il sont en outre parsemés de petits cristaux d'apatite d'une variété cristalline fort rare. Je dois la possession de ce joli groupe, qui est du Brésil, à l'amitié de M. le Comte de Funchal, ambassadeur plénipotentiaire à Londres, de S. A. R. le Prince du Brésil.

La suite extrêmement riche de cette substance, renferme en outre, toute les variétés d'aspect et de couleur sous lesquelles le mica s'est montré jusqu'ici, et dont un très-grand nombre sont fort rares ; tel que, dans les couleurs, le beau vert d'émeraude, le jaune citron, et la couleur de chair. A l'égard des variétés d'aspect, celui fibreux à fibres divergentes, celui mamelonné, &c. Il y existe une série très-intéressante des variétés compactes, ainsi qu'une autre dans laquelle le mica est en décomposition. Cette dernière fait voir que, par ce moyen, cette substance met à nud un fer oxydé très-abondant. C'est cette observation, souvent répétée sur la nature même, joint à ce que m'ont fréquemment montré, à cet égard, les grandes masses de granit, de

gneiss et en général toutes celles dans lesquelles le mica
forme une partie abondante parmi celles integrantes
aggrégées de leur masse, c'est le fer oxydé qui y est
produit par leur décomposition et celle du mica
qu'elles renferment, et qui ensuite a été charié dans
les terreins bas, où la déposition l'a mélangé avec les
argiles, et les produits pierreux qu'on y observe encore
aujourd'hui, qui m'a fortement pénétré de l'opinion que
le fer oxydé, si abondant dans les produits pierreux secondaires, provient originairement de la décomposition
de mica du granit, et des roches primitives micacées,
dont la formation a succédé à la sienne; opinion que
j'ai déjà donnée dans mon traité complet de la chaux
carbonatée, vol. 1er. introduction, pl. 62.

On trouvera la *chlorite* placée ici avec le mica, dont
elle n'est, selon moi, qu'une simple variété. Je n'ai jamais pu reconnoître dans cette substance, aucun rapport avec le talc, tandis qu'elle me semble montrer tous
les caractères du mica. La suite qui lui appartient,
dans cette collection, présente un nombre de morceaux
intéressants et rares, tels que de superbes échantillons
de la variété d'un blanc argentin, et une série de divers
passages fortement indiqués du mica à la chlorite. Dans
la partie de cette collection qui appartient au quartz,
on pourra observer, parmi ceux accidentés du Brésil,
cette variété du mica de presque toutes les couleurs.

PINITE.

32 *Morceaux, dont 5 Cristaux isolés.*

Parmi les morceaux qui, dans cette collection, composent la suite de cette substance, il en existe de très-
rares. Tel est, par exemple, une série de petits mor-

ceaux d'un feldspath granuleux, contenant de très-petits
cristaux, mais très-parfaits, de pinite, d'un vert brun
et translucides, qui viennent du rocher de St. Michel, en
Cornwall.   Telle est encore une nouvelle série, dans
laquelle les cristaux de pinite appartiennent à la variété
rare en prismes tétraèdres rectangulaires, parmi lesquels on peut en observer un très-parfait qui a plus de
6 lignes de longueur, et dont les morceaux ont été extraits des pavés de Londres.

HYPERSTHÈNE.

21 *Morceaux.*

Il est joint à la suite des morceaux de cette substance,
une quantité très-considérable de fragments, dont plusieurs sont très-réguliers, et tendent à confirmer que la
forme primitive de l'hypersthène est un prisme tétraèdre
rhomboïdal d'environ $80°$ et $100°$, ainsi que l'a parfaitement observé M. l'Abbé Haüy.

DIALLAGE SMARAGDITE.   (*Saussure.*)
153 *Morceaux, dont 2 Cristaux isolés.*

Cette suite est très-précieuse par le nombre très-considérable de variétés qu'elle renferme dans cette substance.   En outre de toute celles connues, elle en contient plusieurs qui n'ont point été décrites.   Tel est
par exemple un diallage d'un beau rouge brun, tirant
sur le violet, qui est renfermé dans une gangue de
quartz, et est de Tunaberg, en Suède: j'ignore si cette
substance ne seroit pas celle à laquelle a été donné, en
Suède, le nom de pétalite ; elle m'a été envoyée de ce
pays sous le nom de feldspath rouge.   Telle est une
autre variété qui vient des Indes Orientales, et est d'un

beau gris de perle, avec un reflet parfaitement semblable
celui de la nacre de perle : il en existe un autre très-
beau morceau placé avec l'aplome, dont il renferme
des cristaux. Telle est aussi une autre variété qui,
par sa belle couleur verte et sa demi-transparence,
mérite bien parfaitement le nom de smaragdite ; elle y
est intimement mélangée de quartz, et contient fort
souvent de petites parties très-brillantes de titanium
oxydé, d'un très-beau rouge : cette variété est, de
même que la précédente, des Indes Orientales. Telle
est enfin une autre variété, d'un très-beau vert aussi,
disséminée par taches, plus ou moins grandes, dans
un feldspath compacte, du Labrador.

Le cristal primitif de cette substance est un prisme
tétraèdre rectangulaire, dont les bases, qui sont des
rectangles, sont inclinées sur les côtés les plus larges
du prisme de manière à faire avec eux des angles de
$95°$ et $85°$, ou à très-peu de chose près, fig. 58, pl. 3.
Ce prisme est divisible parallélement à tous ses plans ;
mais avec plus de facilité dans la direction parallèle à
ses faces terminales, que dans les autres. Ces faces,
ainsi que les plans du clivage fait parallélement à elles,
ont toujours un reflet très-brillant, dont le lustre est
métallique ; tandis que les autres plans du cristal primitif, ainsi que les plans de clivage faits parallélement
à eux, ont toujours un aspect terne, semblable à celui
que présente la cassure des serpentines est stéatites,
pour lesquels cette substance, étant vue dans le sens
de ces plans, seroit très-facilement et même très-fréquemment prise, lorsque sa situation, sur les morceaux
qui la renferment, est telle qu'on ne puisse apercevoir

celles de ses parties qui répondent aux faces terminales de son prisme primitif.

Les deux cristaux isolés qui sont cités au nombre des morceaux de cette substance, ne sont en réalité que deux fragments, résultats d'un clivage; mais ils sont si parfaits et si réguliers, qu'ils peuvent très-bien être considérés comme de véritables cristaux primitifs.

Le cristal primitif du diallage pourroit être considéré aussi, comme étant un prisme tétraèdre rhomboïdal droit de 95° et 85°, et dans ce cas, ceux de ses plans qui ont un lustre métallique, appartiendroient à deux des côtés longitudinaux de ce prisme. Mais le lustre de ces plans, le clivage plus facile parallélement à eux, et l'allongement du cristal parallélement aussi à ces mêmes plans, dans les variétés représentées sous les fig. 59 et 60, m'a semblé les indiquer fortement comme devant en effet être les faces terminales.

Ces deux variétés fig. 59 et 60, que je viens de citer, sont extrêmement intéressantes. Le lustre métallique de leurs faces terminales est parfaitement en rapport avec celui, soit du fer oligite, soit du fer oxydé cristallisé, et ces cristaux seroient d'autant plus facilement pris pour appartenir à ce dernier minerai, que leur prisme est rectangulaire, et qu'étant grattés, leur poudre est du même rouge brun foncé.

Ces cristaux que j'ai observés dans deux gangues différentes, viennent de Calton-hill en Angleterre. Une de ces gangues est une espèce de porphyre à base de feldspath granuleux, mélangé de stéatite, et ayant une forte action sur le barreau aimanté. L'autre est une de ces roches composées, connues sous le nom de whin en Ecosse et dont je parlerai par la suite: le diallage y est en beaucoup plus grande quantité que dans la gangue précédente : mais le plus grand nombre des cristaux qui lui appartiennent, ne se montrant à l'extérieur que par ceux de leurs plans qui répondent aux faces dénuées de lustre dans leurs cristaux primitifs, ne paroissent que sous l'aspect de petites taches brunes et souvent rougeâtres. Parmi ceux de ces cristaux qui laissent paroître le lustre de leurs faces terminales, plusieurs ne laissent apercevoir ce lustre que sur les bords de ces même faces, leur centre en étant privé.

Parmi les morceaux de cette substance qui appartiennent à cette collection, on en trouve plusieurs qui quoique d'une couleur soit bronzée, soit verte à l'origine, sont passés au rouge brun par altération,

Quoique, d'après ce qui vient d'être dit, cette substance soit bien certainement une de celles dans lesquelles les caractères déterminants soient les plus frappants, elle est cependant une de celles sur lesquelles les opinions des minéralogistes présentent le plus de différences. Plusieurs d'entre eux font encore aujourd'hui diverses espèces particulières, de ce qui par d'autres est considéré, et je crois avec raison, comme n'étant que de simples variétés d'une seule et même substance. C'est ainsi que, suivant quelques auteurs plusieurs des variétés vertes appartiennent au strahlstein granuleux de M. Werner ; tandis que d'autres appartiennent à une espèce particulière qui a été faite sous le nom de schillerstein ou de schillerspath. Quelques minéralogistes font, sous le nom de bronzite, une espèce particulière de la variété qui réfléchit une couleur jaune accompagnée d'un lustre métallique ; tandis que d'autres la considèrent comme étant une simple variété de l'anthophyllite. Celle d'un beau vert d'émeraude, mélangée de quartz, et contenant de petites parties de titanium, des Indes Orientales, seroit bien certainement nommée serpentine noble par un grand nombre de minéralogistes.

L'existence du diallage dans différentes roches est beaucoup plus commune qu'on ne l'imagine. Il y est souvent pris pour de la stéatite, et d'autres fois pour du mica. Lorsqu'il est disséminé dans la serpentine, ainsi que dans la stéatite, il est très difficile de l'y reconnoître, et ce n'est qu'en cherchant par différentes cassures, à mettre à découvert celles de ces faces qui ont un lustre métallique, et sur lesquelles la texture lamelleuse est très-apparente, qu'on peut y parvenir.

Le diallage a une propriété qui lui est commune avec quelques substances dans lesquelles nous l'avons déjà observée, c'est d'avoir, dans ses molécules intégrantes, plus de dureté que de cohésion entre elles, ce qui pouvoit déjà être présumé par la grande facilité avec laquelle il se casse, et les différents aspects des cassures : aussi, quoique très-facilement entamé avec un instrument tranchant, a-t-il une dureté assez considérable pour rayer le verre.

D'après ce qui a précédé sur cette substance, on voit que le diallage ne peut être confondu, ni avec le strahlstein de M. Werner qui, dans le clivage sur les 4 pans de son prisme primitif, laisse des surfaces également lisses et brillantes, ni avec l'anthophyllite qui est dans le même cas : le prisme primitif de chacune de ces deux substances a d'ailleurs une inclinaison différente entre ses pans. Il existe telles variétés dans le diallage vert, qui seroient, ainsi que je l'ai déjà dit, prises facilement pour de la serpentine, surtout pour celle nommée serpentine noble par M. Werner; mais, outre une différence dans la dureté, ce diallage est coloré par le chrôme, tandis que la serpentine verte est colorée par le fer.

TALC.

14 *Morceaux.*

Au nombre des morceaux qui composent la suite de cette substance, dans cette collection, est la belle variété de Sibérie d'un vert bleuâtre, composée de la réunion intime de petites masses distinctes, dans lesquelles ce talc est en faisceaux divergents, ainsi qu'une autre dans laquelle la forme prismatique hexaèdre est parfaitement indiquée.

Quelques minéralogistes semblent disposés, dans ce moment, à considérer le talc comme étant une simple variété du mica. La réunion de ces deux substances seroit à mon avis extrêmement fautive. Il n'existe absolument aucune analogie entre leurs caractères spécifiques, à l'exception seulement de celui qui a trait à leur aspect feuilleté, sous une seule et même direction, ainsi que dans le lustre brillant de leur cassure sous cette même direction ; mais ce caractère est bien léger, pour pouvoir établir sur lui un fait aussi important que celui de la réunion de deux substances sous une même espèce. Le rapprochement du talc avec la lépidolite, quelque défectueux qu'il seroit, le seroit cependant beaucoup moins. Je me rappelle ici un fait qui doit apprendre au minéralogiste à se méfier de l'impression que peuvent quelquefois faire sur lui certains caractères très-frappants, comme ceux de la couleur,

du lustre et de la texture grossièrement observée, &c.
&c. J'ai vu, il y a quelque temps, entre les mains du
Dr. Wollaston, un petit morceau que je n'hésitai pas
un moment à prononcer appartenir à la variété du
talc connue sous le nom de talc lamelleux : il en avoit
parfaitement l'aspect, et peut-être beaucoup d'autres
eussent-ils de même été trompés : c'étoit de la magnésie pure, il venoit d'en faire l'analyse, et il n'y a pas
un minéralogiste qui ne connoisse la confiance qui doit
être apportée à l'habileté des essais et des observations
de ce savant estimable, envers lequel la science a contracté un grand nombre d'autres obligations.

STÉATITE.   SERPENTINE.   PIERRE OLLAIRE.   ÉCUME
DE MER, &c. &c.

150 *Morceaux.*

Si parmi les différentes substances qui composent la
suite de celles qui sont réunies ici sous un même article,
une seule peut me paroître mériter plus particulièrement
le nom d'espèce, c'est la stéatite ; mais si, ainsi que je le
pense, la stéatite elle-même n'est point une espèce,
mais une simple variété du talc, soit à l'état compacte,
soit mélangé, toutes ces substances ne seroient alors
aussi que de simples variétés du talc. Elles ne proviennent toutes, suivant mon opinion, que de l'union
de substances étrangères avec celles du talc par simple
mélange, mais intime ; soumis bien certainement à des
lois que nous ne connoissons pas encore, mais variables, et bien différentes, par conséquent, de celles
fixes et déterminées qui établissent la nature de la composition chimique des corps du règne minéral, et par
elle tout ce qui concerne leurs molécules intégrantes,

l'agrégation de ces mêmes substances, et la formation
des espèces.   C'est ce mélange, non douteux, de substances, étrangères à elles, dans les espèces qui souvent
paroissent même les plus pures, soit par la perfection de
leur forme, soit par leur transparence ; c'est à ce que ces
substances étrangères sont soumises, dans ces mélanges,
à des lois non douteuses, quoique variables, suivant les
pays, les diverses circonstances de localités, &c. ; c'est
à l'ignorance dans laquelle nous sommes de ces lois,
qu'une classification de minéraux par le simple secours
de la chimie, telle qu'elle existe encore à présent, me
paroît de toute impossibilité.

ASBESTE ET AMIANTE.

120 *Morceaux.*

Ces deux substances, ainsi que celles connues sous
les noms d'abestoïde et d'amiantoïde, ne me paroissent
nullement pouvoir être considérées comme formant,
dans le système minéralogique, de véritables espèces.
On a pu voir, dans ce qui a précédé, que la hornblende, et principalement celle verte, qui étoit autrefois confondue avec l'actinote, que la tourmaline, la
trémolite, l'yénite, &c. étoient sujettes à se présenter
non-seulement à l'état fibreux, mais encore leurs fibres
étant parfaitement capillaires. Sous cet état, ces fibres
sont plus ou moins flexibles : ce qui m'a paru dépendre principalement de la grande division dans laquelle y est la substance, division qui est en rapport de
la finesse de ces fibres. Parmi les cristaux de quartz
accidentés, de cette collection, qui renferment des
fibres capillaires de tourmaline, et qui pour le plus
grand nombre viennent de Cornwall, il y en a dans

lesquelles ces fibres sont réunies en mèches courbées et contournées, ainsi que se montre quelquefois l'amiante dans pareil cas.

Il y a déjà long-temps que j'ai cru devoir supprimer l'asbeste et l'amiante de la liste des espèces minéralogiques, sans cependant condamner pour cela l'opinion de ceux qui croient devoir les y conserver. J'ai vu depuis, avec un véritable plaisir, dans le *tableau comparatif*, &c. de M. l'Abbé Haüy, que M. Cordier, dont on connoît l'étendue des connoissances et des travaux dans la science, présumoit que tous les asbestes pourroient bien appartenir à la hornblende; tous, je ne le pense pas, mais un grand nombre, je suis parfaitement de son opinion. Je ne crois pas non plus que les diverses substances auxquelles les asbestes et les amiantes peuvent appartenir, y soient parfaitement pures, et le mélange qu'elles peuvent avoir éprouvées en passant à cet état, pourroit très-bien avoir beaucoup contribué à la grande division dans laquelle paroît y être leur substance. J'ai souvent exposé les fibres les plus déliées de l'amiante au microscope, elles m'ont toujours fait apercevoir des prismes tétraèdres rhomboïdaux; mais j'ai cru quelquefois aussi y reconnoître une différence apparente dans les angles de ces prismes, et plusieurs fois j'ai cru y apercevoir, en outre, des faces terminales inclinées sur leur axe : je ne donne cependant à cette observation que la légère valeur qu'elle peut mériter. Il seroit possible aussi qu'il y eût telles circonstances, dans lesquelles, par une cause analogue à celle qui a été citée précédemment, le talc, sujet déjà à nous présenter un si grand nombre de variétés, fût propre aussi à nous offrir celle-là; et j'avoue que je suis très-porté à le croire : quelques variétés du diallage pourroient conduire à prendre à son égard la même opinion.

Parmi les morceaux qui composent la suite de l'amiante, dont les variétés sont connues sous un grand nombre de dénominations différentes, et parmi lesquelles il y en a de très-rares, on peut remarquer principalement les trois suivantes. L'une d'elles est en petites fibres parallèles d'un brun foncé très-brillant. Une autre est en fibres réunies d'un bleu d'ardoise, placées sur un quartz granuleux mélangé de feldspath. La troisième est en fibres très-fines, d'un beau bleu de ciel, formant une veine, d'environ quatre lignes d'épaisseur, renfermée entre deux couches de fer oxydulé compacte, en partie passé à l'état d'oxyde et coloré par lui ; mais laissant apercevoir, dans sa substance, un grand nombre de petits octaèdres, qui s'y rendent sensibles par le lustre de leurs faces.

PRODUITS VOLCANIQUES.

475 *Morceaux.*

La suite des produits volcaniques renfermés dans cette collection, est d'autant plus intéressante, qu'en ayant retranché tout ce qui a trait à ceux de ces produits qui doivent être observés en masses un peu volumineuses, pour être parfaitement saisis, telles que les différentes laves, soit compactes, soit poreuses, les basaltes, les scories, &c., elle ne renferme, à leur égard, que ce qui peut tenir à des faits intéressants, et particuliers concernant ces substances, et qu'il y a été rassemblé, avec le plus grand soin, tout ce qui peut concourir à l'étude des diverses substances sur la nature et l'origine desquelles des minéralogistes du plus grand mérite, mais ayant adopté dans leur étude des systèmes différents, et surtout écrivant dans des pays différents aussi, sont encore aujourd'hui totalement divisés, et cela sans aucun préjugé et de très bonne foi, étant influencés par les objets dont ils sont entourrés, ainsi que par la manière dont ils se présentent à eux, d'après la direction première de leur opinion à ce sujet.

Qu'on me permette ici de faire une observation, à laquelle je suis conduit par l'intérêt que je porte aux progrès de la science. Comment est-il possible que M. Werner, que l'étendue de ses connoissances, ainsi que le génie avec lequel il les a rendues utiles, a fait placer, par toute l'Allemagne, au rang des principaux législateurs de la minéralogie, en donnant en même temps force de loi à ses décisions, au moment où il a vu des minéralogistes, faits pour inspirer quelque confiance, s'élever contre l'exclusion qu'il avoit donnée à plusieurs substances, du nombre de celles d'origine volcanique, et s'appuyer pour cela sur des faits présentés par les volcans eux-mêmes, soit ceux éteints depuis des époques inconnues et plus ou moins éloignées, soit ceux actuellement embrasés, n'a-t-il pas eu le désir de joindre à ses connoissances immenses, celle des effets opérés par ces phénomènes si grands et si puissant de la nature? Comment n'est-il pas venu les étudier dans leurs sanctuaires, et acquérir par-là le droit de réfuter, avec les armes propres à cet effet, toute opposition à ses exclusions, ou de déchirer lui-même les feuillets de son système qui les renferme? Il eût par-là ajouté le comble aux grandes obligations que la minéralogie a dues à ses travaux.

En étudiant les volcans embrasés, et portant successivement son attention sur ceux les plus récents des
produits de leurs éruptions, sur ceux qui les ont de-
vancés à différentes époques, sur leurs diverses altéra-
rations, ainsi que sur les causes auxquelles elles peuvent
être attribuées, sur ceux qui ont été travaillés, altérés
et souvent même entièrement remaniés par les eaux :
en examinant ensuite, d'après cette étude première des
caractères propres à faire reconnoître les substances
volcaniques, les traces qui peuvent en exister à des
distances plus ou moins éloignées du foyer actuel de
leur embrasement, on est forcé de convenir que sans
le premier de ces deux examens, sans la première
étude dont on avoit fait devancer les nouvelles observations que l'on vouloit faire, l'esprit auroit rejeté, et
cela peut-être avec dédain, l'origine qu'alors on est
forcé de reconnoître soi-même aux substances qu'on
observe.

Que le même observateur, qui a fait ce premier
examen, se transporte ensuite en Auvergne, et qu'après
en avoir étudié les différents faits géologiques et leurs
rapports entre eux, il porte de même ensuite ses observations, sur le Velay, le Vivarais, et le Forez, sur les
volcans éteints renfermés entre les bords du Rhin et
ceux de la Moselle, &c. &c. ; là où précédemment il
n'auroit vu que des roches, souvent très-extraordinaires,
qu'il auroit cherché, au milieu d'une infinité de difficultés, de rapporter aux trapps, aux basaltes d'origine
acqueuse, aux grunsteins, aux wakes, aux porphyres,
et quelquefois même au granit, il ne voit plus qu'un
vaste foyer d'incendie, auprès duquel ceux actuels du
Vésuve, de l'Etna, de l'Hécla, &c. ne sont presque

plus . rien, et dans ces mêmes roches le produit sensible de leur action. Il reconnoît alors un grand nombre de leurs caractères, il suit les courants de lave, il en compare le produit, avec ceux que lui ont offert les volcans actuellement embrasés, il en reconnoît un grand nombre de parfaitement semblables ; mais aussi il en apperçoit une quantité considérable de totalement différents, et la différence des produits pierreux, formant la base originaire du sol, lui fait concevoir cette différence.

Qu'il se conduise maintenant, au milieu de ces volcans éteints, ainsi que nous avons dit qu'il devoit le faire dans l'examen de tout ce qui concerne les volcans embrasés. Qu'il s'écarte de ceux de ces foyers qu'il aura le plus parfaitement reconnus ; qu'il examine sur leurs produits à différentes hauteurs et à différentes distances, ainsi que sur les courants visiblement les plus anciens, les effets du temps et de ses ravages, la décomposition plus ou moins avancée de ces produits, les restes à peine apparents de quelques cratères qui, par les matières qui en sont sorties, devoient avoir été très-considérables, la disparition complette d'un grand nombre, le nivellement des cantons visiblement alors couverts d'assez grandes hauteurs et de fortes aspérités, l'enfoncement, l'élévation et le bouleversement de beaucoup d'autres, les traces des grands événements qui ont succédés, les inondations, de nouveaux dépôts superposés sur les anciens produits du feu de ces contrées, placés entre eux, introduits dans leurs fissure, &c. &c. Alors il se rendra facilement raison de la possibilité de retrouver dans d'autres contrées, qui ont été ou plus anciennement soumises à la même action destructive du temps, ou peut-être même plus complettement, des traces, isolées et sans suite, d anciens produits des volcans jadis existants dans ces contrées, et surtout de ceux qui, tels que les différents produits vitreux, échappent les plus facilement à cette destruction ; tandis que les caractères principaux, ont totalement disparu. Dans cette position, ne pouvant plus retrouver le fil propre à le faire sortir du labyrinthe dans lequel il se trouve, il se rappellera ce qu'il a vu, et jugera, sinon avec une parfaite certitude, du moins avec quelque vraisemblance, en se servant des rapprochements fournis par l'analogie.

Reportons-nous à présent à une époque qui n'est pas très-reculée, où l'action du feu des mines de charbon embrasées sur les substances qui en renferment les couches, et dont je crois être le premier minéralogiste qui se soit occupé, n'avoit pas encore été reconnue. On verra qu'on avoit regardé comme un jaspe, et classé avec lui, sous le nom de jaspe porcelaine, un des produits de cette inflagration qui, même encore aujourd'hui, malgré son origine parfaitement reconnue et avouée, tient encore, dans quelques minéralogies, sa place parmi les jaspes. Il est donc en effet possible de méconnoître l'origine véritable des substances, et de considérer comme un produit de l'eau, ce qui en réalité est un produit du feu, lorsque les traces propres à instruire sur cette origine peuvent avoir été effacées.

Si cependant, on vouloit conclure de ce qui vient d'être dit, que mon opinion est que toute les substances qui peuvent avoir de fortes analogies avec celles d'origine incontestablement volcaniques, ont eu nécessairement le feu pour principe de leur formation, on auroit tort. Je connois trop bien le danger de toutes les opinions exclusives, ainsi que les erreurs qu'elles enfantent, pour en embrasser aucune : mon seul désir est de repousser au contraire celle exclusive, qui fait rejeter des produits du feu, les substances qui peuvent avoir quelqu'analogie avec d'autres, auxquelles l'observation peut avoir reconnu un autre origine. Je n'entreprendrai même point de discuter ici si l'opinion, prise de cette manière, sur telle ou telle substance, dans telle ou telle contrée, est fondée ou non ; je ne pourrois le faire qu'en connoissant parfaitement les lieux et les faits qui les ont fait naître, et je suis fort éloigné de les connoître tous. Je me contenterai de répéter ici, ce que j'ai déja dit dans l'introduction de mon traité complet de la chaux carbonatée, vol. 1er. page 99 et 100, que, pour moi, l'éruption de la lave, à travers les flammes du volcan, a l'état de liquidité pâteuse, et son mouvement de transport sur la pente du terrain environnant, n'est qu'une suite de la solution, dans le fluide de la chaleur ou calorique, des pierres sur lesquelles son action s'est portée. Que lorsque ce fluide solvant se combine avec les éléments terreux de cette solution, il en résulte les différents produits volcaniques à l'état de vitrification ; mais que lorsque, par des circonstances plus amplement expliquées dans l'ouvrage que je viens de citer, tel qu'un refroidissement lent, le solvant se sépare tranquillement et en entier de la solution, il ne peut en résulter qu'un produit pierreux, ayant plus ou moins de ressemblance avec ceux qui peuvent avoir eu l'eau pour menstrue de leur formation. Il importe en effet fort peu, selon moi, dès l'instant que le solvant d'une solution se dégage en entier, quel il ait été ; et je conçois facilement la possibilité, et même la probabilité, de la formation de substances exactement semblables, résultant du dégagement de l'un ou l'autre de ces deux solvants principaux de la nature, l'eau et le calorique.

Comme après le basalte c'est principalement sur les ponces, les pechsteins fusibles ou résinites, les obsidiennes et leurs variétés désignées sous le nom de perlstein, etc. etc., que les opinions des minéralogistes sont en opposition, j'ai cherché à rassembler ici, dans chacune de ces substances, tout ce qui pouvoit contribuer à son étude ; sans m'attacher à distinguer celles de ces substances qui peuvent être démontrées avoir une origine volcanique, d'avec celles qui peuvent encore, d'après leurs localités, laisser place à quelques doutes.

Parmi les ponces, outre plusieurs variétés rares, il existe, dans cette collection, une série considérable et très-intéressante de celles de Hongrie. J'ignore comment avec l'opinion de la formation de cette substance par l'intermède de l'eau, on peut expliquer le contournement et l'espèce de tourmente que présentent les fibres de la plupart de ces morceaux, les pores multipliés ayant tous une direction commune, et l'état dans lequel le quartz se trouve dans ces morceaux. Dans ceux dans lesquels il existe des parties plus ou moins grandes de cette substance, elle y est étonnée et brisée comme si elle avoit éprouvé le choc d'un marteau, ou beaucoup plus proprement encore, comme si elle avoit éprouvé une forte action du feu. Il existe bien souvent aussi dans ces morceaux, de petites paillettes de mica noire en hexaèdre parfaitement régulier ; mais on peut observer, dans cette même suite des produits volcaniques, des scories du Vésuve ayant une origine vol-

canique non douteuse et renfermant de même des cristaux parfaitement conservés de mica. J'en citerai
entr'autre un morceau assez grand, et placé dans cette
collection, dans lequel il existe un prisme hexaèdre allongé de mica noir de 11 lignes dans son plus grand
diamètre, et 6 lignes dans le plus petit, dont l'épaisseur
est de plus de 2 lignes et demie. Plusieurs des morceaux de cette même série, et provenant principalement
de Lipari, laissent appercevoir la tendence que la lave,
à l'état vitreux, a à passer à celui de ponce lorsqu'elle
est remaniée par le feu des volcans.

Dans la série des morceaux d'obsidienne, en est une
considérable renfermant des morceaux de l'Hécla, du
Vésuve et des îles de Lipari. Cette série présente un
grand nombre de faits intéressants : tel que le passage,
presqu'insensible de la lave à l'obsidienne, ainsi que
celui de l'obsidienne à l'état pierreux, probablement
par suite d'un refroidissement lent éprouvé par elle.
Il y existe aussi une série de morceaux destinés à faire
voir que la lave, remaniée par le feu du volcan, passe
très-facilement à l'état vitreux.

Parmi les morceaux d'obsidienne, je citerai particulièrement encore un très-beau morceau de l'obsidienne
verdâtre et chatoyante de la nouvelle Espagne, ainsiqu'un
autre morceau, qui vient du Mexique, dans lequel l'obsidienne est d'un brun noirâtre nuancé de taches d'un brun
rougeâtre qui la font ressembler à certaines variétés
du pechstein infusible ou opale commune de Werner :
lorsqu'on regarde ses bords avec la loupe, on distingue,
à l'aide de leur transparence, une substance interposée
d'un brun rougeâtre qui paroît fibreuse. On ne peut
douter d'après les caractères de cette obsidienne que ce

ne soit un véritable verre, ainsi que celle précédente. Cette obsidence du Mexique ressemble parfaitement à la variété bigarrée en globules dites perlstein de Mexikan au Kamtzchatka.

La série des morceaux qui appartiennent aux pechsteins fusibles, ainsi qu'à celle de ses variétés qui porte le nom de perlstein, et qui ne me paroît être qu'une simple variété de l'obsidienne, est très-nombreuse et présente la plupart des variétés de Hongrie, d'Ecosse, d'Auvergne, de Lipari et du Kamtzchatka : la partie qui appartient au perlstein, renferme plusieurs variétés intéressantes et fort rares de Sibérie, ainsi qu'une très-belle série de celle de Hongrie, dans laquelle plusieurs des morceaux présentent à la fois le pechstein fusible ordinaire, le perlstein et la ponce. Parmi les globules de perlstein on en observe plusieurs qui ne sont que des capsules, leur intérieur étant vide, ainsi que cela arrive dans les produits de la vitrification. Plusieurs morceaux, pris parmi les pechsteins fusibles, contiennent, disséminées dans leur substance, ces petites parties blanches, très-lamelleuse, et pour l'ordinaire d'un lustre éclatant, que l'on considère généralement comme appartenant au feldspath ; ce qui a fait donner à ces pierres le nom de porphyre à base de pechstein. Mais est-on bien sûr que cette substance blanche appartienne en effet au feldspath ? J'avoue que j'en doute fortement : cette substance me paroît beaucoup moins dure, et avoir habituellement plus d'éclat que le feldspath.

PRODUITS DE L'ACTION DES MINES DE HOUILLE EMBRA-
SÉES, SUR LES SUBSTANCES ENTRE LESQUELLES LEURS
COUCHES SONT PLACÉES, ET VERRES ARTIFICIELS,
AYANT ÉPROUVÉ UN REFROIDISSEMENT LENT.

61 *Morceaux.*

La série des verres ayant éprouvé un refroidissement lent, offrent deux variétés intéressantes, en ce que l'une d'elle ressemble parfaitement à la thallite et l'autre à une variété de l'anthophyllite. Il existe aussi, dans cette suite, une petite série du refroidissement lent, éprouvé par la fusion du Rowleyrag d'Angleterre. Elle provient des expériences faites à ce sujet par un jeune minéralogiste très-habile, que la science a perdu avec infiniment de regrets, M. Gregory Watt : on y aperçoit des traces non douteuses de la tendance à la cristallisation.

Il est joint à cette suite une série très-intéressante de verres colorés de différentes couleurs, trouvés dans les environs des ruines de l'ancien phare élevé par Ptolomé Philadelphe, à Alexandrie, en Egypte. Plusieurs de ces verres sont taillés en petits cubes propres à être employés à la facture des mosaïques. Ils sont principalement destinés ici à faire voir l'action du temps sur cette substance. Elle a opéré sur plusieurs de ces verres des effets très-agréables, qui imitent parfaitement la dorure en couleur. Quelques-uns de ces fragments assez grands, sont colorés en bleu ; l'un deux laisse apercevoir, dans sa substance, un globule de cuivre métallique, qui fait voir que la matière colorante des anciens pour le verre bleu, étoit le cuivre ; ce que la chimie elle-même a découvert dans ces derniers temps.

A cette série est joint un culot ou fond de creuset qui appartient à une scorie de fer, dans laquelle est renfermé un petit prisme rectangulaire d'environ 10 lignes de longueur, d'un verre jaunâtre, dont tous les bords avoient été légèrement coupés, avant que ce prisme eût probablement été accidentellement renfermé dans cette scorie : la perfection de ce prisme, son poli et sa grande régularité, le feroit très-facilement prendre pour un cristal : ce morceau a été trouvé au même endroit que ceux précédents.

Les produits de l'action du feu des mines de houille embrasées sur les couches qui les renferment, sont d'Angleterre.

WHIN ET AMYGDALOÏDES.

158 *Morceaux.*

Ces deux suites différentes l'une de l'autre, quoique réunies ici, appartiennent proprement aux roches, qui ne font point partie de cette collection ; elles n'y ont été placées qu'à raison de l'intérêt particulier que m'a inspiré tout ce qui a trait aux deux genres de roches auxquels elles appartiennent, et principalement celui des whin. L'étude que d'après cela j'en ai faite, ma mis dans le cas de chercher à rassember tout ce qui pouvoit m'instruire à leur égard.

Le nom de whin est donné en Ecosse à une suite très-considérable de roches dont plusieurs, quoique ayant, dans leur aspect extérieur, des différences qui sembleroient devoir en faire des espèces de roches totalement différentes, sont cependant d'une nature extrêmement rapprochée, tandis que d'autres sont en effet parfaitement différentes les unes des autres, et out été

très-improprement réunies aux premières sous une dénomination commune.

La roche, qui sous le nom de whin fait un des
objets particuliers de cet article, est tantôt à gros grains
et assez lâches pour permettre d'en discerner, avec une
bonne loupe, toutes les parties ou petites masses intégrantes, et d'autres fois en grains moins gros et plus
serrés. Dans d'autres morceaux, sa texture est à
grain fin ; et dans d'autres enfin le grain est absolument insensible ; sa substance semble, dans ce cas,
être partout parfaitement homogène : c'est alors le véritable basalte, si commun en Ecosse et en Irlande, et
jusqu'ici l'objet d'un si grand nombre d'observations
et de si chaudes discussions, et qui, si le règne minéral
avoit ses amphibies comme celui animal, pourroit être
regardé comme tel entre les produits pierreux de l'eau
et du feu.

Les substances qui entrent dans la composition des
roches qui appartiennent au whin, et que je suis parvenu à reconnoître, en examinant avec une bonne loupe,
tous ceux des échantillons dont la texture et la grosseur des grains composants pouvoient permettre cet
examen, sont 1°. du quartz, quelquefois en parties sensibles ; mais cependant ne s'y montrant pas communément. 2°. De l'argile, toujours sensible en humectant
le morceau par la respiration. 3°. du mica en petites
paillettes ; mais rarement, et en petite quantité. 4°. De
la chaux carbonatée ; souvent en petites masses. 5°. Du
feldspath ; mais rarement, et le plus ordinairement à
l'état compacte. 6°. Du diallage, qu'il n'est pas toujours
facile d'y reconnoître lorsqu'il ne laisse pas appercevoir
ses faces ou cassures ayant un lustre métallique ; mais

que l'habitude parvient cependant facilement à discerner. 7°. de la stéatite. 8°. de la mésotype. 9°. de
la stilbite. 10°. de l'analcime. 11°. de la chabasie. 12°.
du péridot. 13°. du fer oxydulé, qui s'y montre quelquefois en petits octaèdres. 14°. enfin, quelquefois, mais
pas généralement, des pyrites martiales. Il faut ajouter à cette énumération des substances composantes des
diverses variétés de whin, une substance que je crois
zéolitique qui, très-communément, est disséminée dans
sa masse en petites lames minces et souvent même
prèsque capillaires, très-brillantes, et dont la texture
est très-lamelleuse, et qui m'ont toujours parues avoir
une forme prismatique rectangulaire. Ces lames, beaucoup moins dures et ayant plus d'éclat que le feldspath, se laissent facilement entamer par un instrument tranchant, je les crois parfaitement en rapport
avec les parties blanches qui paroissent être des prismes
rectangulaires aussi, mais ordinairement plus grandes,
qui existent souvent dans le pechstein fusible et que
j'ai déjà dit, à l'article de ce pechstein, considérer
comme appartenant à une substance différente du feldspath. Il faut y ajouter aussi une substance d'un jaune
brun, transparente, et dont les cassures naturelles ont
lieu suivant les pans d'un prisme, soit rectangulaire,
soit du moins très-approchant : je l'ai pendant quelque
temps considérée comme pouvant appartenir au pyroxène ; mais sa texture est plus lamelleuse, et sa dureté
beaucoup moins considérable ; elle est facilement entamée par un instrument tranchant.

Ces substances ne sont pas toutes à la fois renfermées dans le whin et ses variétés, mais cependant un
grand nombre d'entre elles s'y trouvent souvent réunies.

Celles qu'on y rencontre le plus fréquemment sont, le diallage, qui souvent y est très-abondant, l'argile, le fer oxydulé, la stéatite et au moins une des substances zéolitiques que j'ai citées ; elle y domine même très-fréquemment sur toutes les autres. Quelquefois cependant d'autres substances telles que la chaux carbonatée, le quartz, le péridot et la substance que j'ai dit être d'un jaune brun, y deviennent plus abondantes, et même jusqu'au point de dominer ; mais ces cas sont rares et pour le plus souvent accidentels.

Ainsi que je l'ai dit plus haut, les différentes variétés du whin passent, par une dimunition dans la grosseur des grains, qui appartiennent à chacune des parties intégrantes de la masse, à celle dans laquelle ces grains sont devenus insensibles ; variété sous laquelle cette substance est alors connue sous le nom de basalte : on rencontre même quelquefois de ces basaltes dans lesquels quelques-unes des substances que j'ai énumérées ci-dessus, sont plus ou moins sensibles. Je dois observer cependant ici que l'étude que je viens de faire ne porte que sur les whins et basaltes d'Ecosse et d'Irlande, et non sur ceux de l'allemagne, sur lesquels je n'ai pas été à portée de faire, à beaucoup près, un travail aussi complet : les minéralogistes de cette vaste partie de l'Europe, jugeront jusqu'à quel point cette étude peut être applicable aux whins et basaltes de leurs contrées. D'après celle qui vient d'être faite, ces roches paroissent être d'une nature totalement distincte de celle de toutes les autres, elles renferment nombre de substances qui ne s'y rencontrent pas, et d'autres qui ne s'y montrent quelquefois qu'accidentellement, et elles me paroissent dater d'une formation qui n'appartient qu'à elles.

Un grand nombre de ces roches seroient bien certainement classées, par beaucoup de minéralogistes, parmi celles auxquelles M. Werner a donné le nom de grunstein, et il faut avouer que plusieurs d'entre elles en ont parfaitement l'aspect; mais cette dernière roche est essentiellement composée de feldspath et de hornblende, et quelques recherches que j'aie pu faire, je n ai jamais pu apercevoir la moindre trace de hornblende, dans les whins et ainsi je l'ai dit le feldspath y est très-rare.

Cette assertion de la rareté du feldspath dans les whins d'Ecosse et d'Irlande, paroîtra sans-doute trèsforte, et peut-être même hazardée à plusieurs minéralogistes qui, à l'inspection de ces roches, pourroient être portés à considérer au contraire le feldspath comme y formant souvent la partie dominante ; en regardant comme appartenant à cette substance, les cristaux zéolitiques qui souvent y sont disséminées en grande abondance, ainsi que les petites lames brillantes, plus ou moins grandes, et le plus souvent incolores, qui s'y montrent, et les petites masses qui paroissent leur appartenir. Mais j'observerai de nouveau ici, que le lustre de ces lames est plus éclatant que celui du feldspath, leur dureté moins considérable, leur texture fortement lamelleuse dans tous les sens, et que quelque soin que j'aie mis à leur examen, elles m'ont toujours offert des cassures faites parallélement aux pans d'un prisme tétraèdre rectangulaire. Qu'on me permette de renouveller ici ce que j'ai déjà dit à l'article du pechstein fusible, qui est qu'il me paroît qu'on donne bien souvent, sans un examen suffisant, dans nombre de roches, le nom de feldspath à des substances qui me paroissent ne pouvoir en aucune manière lui appartenir, et il en est absolument de même à l'égard de la hornblende. Pour en donner un exemple, je citerai un morceau assez grand placé dans cette suite, il appartient à la gangue de l'opale de Hongrie, et il est garni lui-même de beaucoup d'opale. Cette gangue, dans ce morceau, est du nombre de celles dans lesquelles la texture semble la moins altérée, et dont l'aspect est porphyrique ; c'est aussi comme telle qu'elle est généralement considérée : c'est comme un porphyre renfermant de petits cristaux de feldspath et décomposé. Ce morceau présente, parfaitement à découvert, sur une de ses faces, plusieurs de ces petits cristaux, qui laissent facilement apercevoir leur forme cristalline : cette forme est un prisme tétraèdre rectangulaire court, ces cristaux n'appartiennent donc pas au feldspath : la substance qui les renferme ne peut non plus être un grunstein, je n'y ai jamais aperçu la moindre trace de hornblende : javoue que je suis fortement porté à considérer cette gangue comme une espèce de whin décomposé.

Un autre morceau assez grand, qui appartient aussi à cette suite, présente si parfaitement l'aspect d'un grunstein, qu'il y a fort peu de minéralogistes qui, dans le même instant qu'il jette ses regards sur lui, ne prononce que telle est en effet sa nature ; cependant il ne renferme pas un atôme ni de hornblende ni de feldspath, les parties intégrantes de sa masse sont assez bien prononcées et assez distinctes, quoique son grain ne soit pas très-gros, pour être aperçues avec la loupe : par ce moyen, on y distingue du diallage et de la stéatite tous deux verts, de petits grains de fer oxydulé et des grains plus considérables, qui sont ceux dominants, qui

appartiennent à l'analcime à 24 facettes trapézoïdales,
la plupart incolores, mais quelques-uns, cependant,
ayant une légère teinte rosée ; on y observe enfin ces
petites lames presque fibreuses, et très-brillantes, dont
il a été parlé plus haut.

Parmi les autres morceaux qui composent cette suite,
il n'y en a pas un qui ne présente quelques faits intéressants.

Ce qui vient d'être dit à l'égard des whins d'Ecosse,
aidera à distinguer, j'imagine, la roche très-variée qui
sert de base aux amygdaloïdes ou mandelstein, et
toadston du même pays, et dont quelques variétés
ont été réunis à cette suite : je doute qu'on y aper-
çoive des grunsteins soit intactes, soit en décomposition.

DIAMANT.

46 *Cristaux isolés.*

Les cristaux de diamant de cette collection, sont fort
petits ; mais ils appartiennent tous à des variétés rares.
Il y existe une petite série de ceux qui appartiennent à
la forme cubique.

Le diamant est de toutes les substances minérales
celle la moins connue à l'égard de ses formes cristallines,
quoiqu'elle soit cependant celle qui mérite le plus de
l'être, tant à raison du très-grand nombre de variétés
qu'il renferme, qu'à raison des faits extrêmement intéressants que ces variétés présentent, et dont un très-
grand nombre lui sont propres.

Comme il m'est passé sous les yeux, à différentes
époques, un nombre, je puis dire immense, de cristaux
de cette substance, et que j'en ai formé diverses collec_
tions particulières, dont plusieurs très-considérables,

j'ai été à même de faire sur la cristallisation du diamant uue étude particulière et approfondie. Je regrette infiniment que la nature, nécessairement bornée, de ce catalogue, joint au manque de temps, ne me permette pas d'en placer ici le résultat ; et combien de regrets de ce genre n'ai-je pas éprouvé depuis que je suis occupé de la rédaction de cet ouvrage. Les minéralogistes apprendrons peut-être avec plaisir à cet égard, qu'il existe à Londres, trois collections capitales de cette pierre précieuse, dont deux ont été formées par moi, celle de Sir Abraham Hume la première de toutes, par le nombre des variétés qu'elle renferme, et celle que j'avois formée autrefois dans la collection de M. Gréville, aujourd'hui placée au Musée Britannique ; mais celle-ci manque des dernières variétés que l'observation m'a fait observer, ainsi que des faits que m'a fait connoître le travail postérieur que j'ai fait sur elle. La troisième de ces collections est celle de M. Lowry, artiste du premier mérite : elle a été formée par lui-même, et renferme un grand nombre de variétés extrêmement précieuses, dont plusieurs sont uniques. Cette collection, ainsi que celle qu'il a rassemblées dans les diverses autres parties de la minéralogie, fait autant d'honneur à ses connoissances dans cette science, que ses ouvrages en font à son habileté dans la partie de l'art de la gravure, à laquelle il se livre. Ces collections sont nécessaires à consulter pour se former une idée de la richesse cristallographique de cette gemme, peu d'autres, je crois, peuvent leur être comparées.

Avant de quitter cette substance précieuse, dont l'étude cristalline, lorsque je l'ai faite, m'a singulièrement intéressé, je ne puis résister au désir d'observer ici que par elle j'ai eu l'entière démonstration d'un fait que je soupçonnois déjà auparavant, que je regardois même comme non douteux ; mais qui jusque-là cependant tiroit plus sa preuve du raisonnement que de l'expérience. Ce fait est que l'octaèdre régulier a sa molécule particulière, qui n'a absolument aucun rapport avec celle du rhomboïde de 60° et 120°, et qu'en considérant l'effet du reculement des lames sur ses faces triangulaires équitalérales, comme s'il avoit lieu sur les faces rhomboïdales du rhomboïde de 60° et 120°, dont celles triangulaires de l'octaèdre régulier sont une moitié exacte, le résultat auquel on parvient est faux, eu égard à l'acte de cristallisation opéré par la nature sur l'octaèdre régulier.

La véritable forme de la molécule intégrante de l'octaèdre ne nous est pas encore connue ; mais, à son défaut, si l'on réfléchit que les opérations cristallines, auxquelles cette forme est soumise, ainsi que les observations que m'a permis de faire la chaux fluatée, observations, dont j'ai fait mention dans mon traité complet de la chaux carbonatée, vol. 2, p. 395 et 396, indiquent des joints naturels non seulement parallélement aux faces de l'octaèdre, mais encore passant par ses arrêtes et son axe, on verra qu'on peut du moins connoître la forme et les dimensions de la lame cristalline, produite par la réunion de ces molécules, et procéder par elle au calcul de ses faces secondaires. On reconnoitra alors qu'on peut parvenir, par le calcul, très-simplement et très-facilement à la détermination des nombreuses modifications qu'éprouve le diamant, et par chacune desquelles les arêtes de l'octaèdre se remplacent par des plans qui forment sur chacune de ces

mêmes arétes un angle rentrant, qui varie dans sa mesure toute les fois que la nature du reculement, auquel
appartient la modification, varie aussi. On reconnoîtra,
en conséquence, que la plupart des angles rentrants
offerts par les diverses variétés du diamant, sont un
produit direct des lois de reculement de la cristallisation, et n'appartiennent nullement à autant de macles,
ainsi qu'on seroit tenté de le croire, d'après la marche
observée jusqu'ici dans cette opération de la nature.
Ces modifications à angles rentrants, produits par la
cristallisation, n'excluent cependant pas des formes du
diamant, les cristaux de même à angles rentrants qui
appartiennent à de véritables macles, on y observe en
outre toutes celles propres à l'octaèdre et qui sont si
communes dans le spinelle.

A supposer que les circonstances ne me permettent
pas de reprendre un jour l'étude de la cristallisation de
cette substance, pour la donner au public, ce que je
ferois avec beaucoup de satisfaction, l'observation que
je viens de faire, en écartant du minéralogiste cristallographe, qui l'aura vérifiée, une difficulté dont la solution
ne se seroit peut-être pas présentée à lui, parcequ'elle est
hors des données que la science nous avoit fournies
jusqu'ici, le mettra dans le cas de pouvoir entreprendre
lui-même, et peut-être encore avec plus de succès, l'é-
tude cristalline du diamant, en se servant des trois
précieuses collections que je viens de citer.

J'ai dit que la forme de la molécule intégrante de
l'octaèdre régulier ne nous étoit pas encore connue,
c'est dire que je ne reconnois pas comme telle le tétraè
dre régulier obtenu par le clivage, dans quelques-unes
des substances dont l'octaédre est la forme primitive.

telle que la chaux fluatée ; et je n'admetterois pas d'avantage le rhomboïde de 60° et 120°, ainsi que l'octaèdre lui-même, qui sont quelquefois obtenus aussi par le même clivage. Comme la cristallographie s'est fixée, jusqu'ici, dans le choix entre ces trois formes, sur le tétraèdre régulier pour celle de la molécule intégrante de l'octaèdre, je m'arêterai sur elle, et, parmi les objections qui pourroient être faites contre cette forme dans la construction de l'octaèdre, je choisirai les deux suivantes qui me paroissent difficiles à détruire. En construisant l'octaèdre avec des molécules tétraèdres, les 8 tétraèdres employés à cette construction ne se touchent que par quelques-uns de leurs bords, et laissent en conséquence dans la substance de l'octaèdre, lorsqu'il est formé, un peu plus de deux fois plus de vide que de plein. Il en résulteroit donc que la substance la plus dure de la minéralogie, le diamant, ainsi qu'une de celle qui présente la plus de résistance à la séparation de ses molécules intégrantes, à raison de la forte cohésion qui existe entre elles, tel que le spinelle, seroient en même-temps celles dans laquelle les points de cohésion, entre les molécules intégrantes, seroient en beaucoup plus petits nombre, et présenteroient en même-temps, dans ces mêmes points, une surface dont la petitesse seroit infinie, eu égard à la molécule, qui déjà est pour nous d'une petitesse infinie elle-même. Si ensuite on veut comparer, par exemple, la chaux fluatée, dont le cristal primitif est l'octaèdre régulier, avec la chaux carbonatée, dans laquelle ce cristal est un rhomboïde, et dont les bases semblables sont combinées avec des acides différents, afin de chercher à évaluer, d'après la pesanteur connue de l'acide carbonique celle de l'acide fluorique, en faisant entrer dans le calcul la différence de texture qui existe entre ces deux substances, les points de cohésion des molécules intégrantes de la chaux carbonatée occupant exactement toute leur surface, on trouvera pour résultat que l'acide fluorique auroit une pesanteur très-rapprochée de celle de la platine. Or, je le demande, ces deux faits sont-ils vraisemblables.

Ce résultat est obtenu, d'après la supposition que l'emplacement vacant entre les tétraèdres, et dont la forme seroit celle d'un octaèdre, dont les bords seroient égaux à ceux des tétraèdres, ce qui formeroient six cavités semblables dans l'octaèdre cristal primitif; en supposant, dis-je, que ces espaces soient parfaitement vides. S'ils étoient occupées par un liquide ou un fluide quelconque, ce résultat éprouveroit nécessairement quelques variations. Mais quelle pourroit donc être la nature de la substance, ainsi placée dans ces cavités, et y tenant plus de deux fois plus d'espace que celle solide principale; ce ne pourroit être ni de l'eau ni de l'air, si c'étoit l'un ou l'autre, l'action de la chaleur, au moment où elle agiroit avec un peu de force sur la substance, la briseroit avec explosion, ce qui n'arrive nullement à l'égard du diamant et du spinelle : la chaux fluatée décrépite il est vrai, lorsqu'elle est placée sans précaution sur des charbons ardens ; mais avec bien peu d'attention on parvient à l'empêcher d'éprouver cet effet ; on sait d'ailleurs qu'il y a des variétés de cette substance qui cuoi qu'à l'état cristallin ne décrépitent nullement.

On pourroit m'objecter, qu'en établissant moi-même, dans mon traité complet de la chaux carbonatée, que les molécules intégrantes des minéraux ne sont pas

entre elles en un contact immédiate, mais séparées par
une légère couche de calorique, qui forme une espèce
d'athmosphère autour de chacune d'elles, j'ai déjà introduit, dans ces corps, des espaces non occupés par la
matière solide des substances minérales. Cela est très-
vrai, et je crois que sans cette supposition un grand
nombre des faits les plus frappants des corps, tels que
l'élasticité, la compressibilité, la réfraction de la lumière, l'action du fluide électrique, celui du fluide
magnétique, &c. ne pourroit être conçus. Mais
qu'elle différence entre cette légère couche de calorique
enveloppant généralement et uniformément les molé ·
cules intégrantes, faisant pour ainsi dire partie essentielles même de la molécule qui le fixe autour d'elle, et
dont l'espace occupé par lui peut-être dans une proportion très-petite, en comparaison de celui occupé par
la molécule même, et le résultat que présente l'hypothèse
admise dans la formation de l'octaèdre. Dans cette hypothèse chaque système particulier ou échafaudage de
huit tétraèdres considéré isolément, seroit accompagné,
d'une manière strictement obligée, de 6 espaces vides
placés entre eux, dont chacun seroit quatre fois plus
grand que chacun des tétraèdres, et à raison de ce que
la moitié de chacun de ces espaces octaèdres, dans chaque molécule appartient, dans les masses, aux molécules
adjacentes, simplement deux fois plus. Quel jeu alors
et qu'elle action le fluide, quel qu'il fût, renfermée dans
ces cavités si grandes en comparaison des parties solides,
n'auroit-il pas du moment où, par une cause quelconque, il seroit mis en mouvement, et cela contre des molécules dont les points de cohésion entr'elles seroient
presque nuls ! Combien facile devroit être la décom-

position et sur-tout la désintégration des substances, qui auroient l'octaèdre régulier pour cristal primitif, et cependant ces substances sont toutes au nombre de celles qui paroissent résister le plus fortement à ces moyens de destruction de la nature.

C'est avec beaucoup de regret que je viens de chercher à détruire une hypothèse que je crois fausse, sans être en état de la remplacer par aucune autre meilleure ; mais, si elle est fausse en effet, c'est toujours un pas utile de fait dans la science. Je terminerai cet aticle, en observant qu'à l'égard des molécules intégrantes des substances qui prennent, soit l'octaèdre, soit le tétraèdre, la nature semble être enveloppée d'un voile que nos connoissances cristallographiques, ne sont pas encore suffisantes pour soulever ; il faut les attendre du travail, et de l'observation, et jusque-là, nous servant à l'égard de ces substances des seuls faits cristallographiques que nous connoissons, et des moyens d'en faire un usage utile, avouer notre ignorance sur les autres, jusqu'à ce que nos efforts, et le temps, la fassent disparoître.

MORCEAUX MÉLANGÉS SORTIS DES SUITES, A RAISON DE LEUR GRANDEUR, ET PLACÉS DANS DES TIROIRS SÉPARES, DONT LES CASES SONT PLUS GRANDES.

150 *Morceaux.*

La plupart de ces morceaux sont très-beaux, et un grand nombre sont fort rares ; tous présentent un intérêt particulier. Je citerai principalement parmi eux 1°. un superbe morceau de corundum de la Chine, dans sa gangue ; elle renferme un grand prisme hexaèdre de cette substance qui, outre les plans conservés du

cristal primitif, contient les faces d'une des variétés
pyramidales. 2°. un grand cristal isolé de corundum,
en pyramide hexaèdre de 3 pouces de longueur sur un
pouce de diamètre à sa base, et dont la couleur de sa
substance est en totalité du rouge violet très-foncé du
rubis oriental. 3°. un grand grenat noir à 24 facettes
trapezoïdales, ayant conservé des traces peu considérables des plans du dodècaèdre primitif, entourrés de
petites facettes, placées le long des bords de ces mêmes
plans; dans une chaux carbonatée lamelleuse couleur
de chair, ayant pour gangue une masse de fer oxydulé
compacte, de Suède. 4°. un grand cristal de quartz
en pyramide aigue, surmontée par celle ordinaire à
cette substance. 5°. un superbe et grand cristal de
roche noir, chargé des faces additionnelles qui se
montrent souvent sur cette substance. 6°. un autre
cristal de roche noire avec faces additionnelles; ces faces
seules étant comme dépolies et de couleur grise, tandis
que le reste du cristal est d'un beau noir, et a le lustre
propre à cette substance. 7°. un très-beau groupe de
cristal de roche, dont les cristaux renferment, dans
leur intérieur, de petites aiguilles de tourmaline vertes,
de Sibérie. 8°. un très-beau groupe de cristal de roche
incolore à pyramide aigue du Mexique. 9°. un quartz
coupé et poli du Brésil, renfermant, dans l'intérieur de
sa substance, des lames fort grandes et d'une forme
cristalline parfaitement déterminée, de fer oligiste;
ces lames appartiennent à une variété de forme analogue à celle que présente le fer oligiste de Volvic et
de Stromboly. 10°. un autre morceau de quartz poli,
aussi du Brésil, renfermant, dans son intérieur, un groupe

très-considérable et en forme d'hérisson de petites aiguiles de titanium oxydé. 11°. un très-beau morceau de quartz rose de Finlande. 12°. une grande calcédoine onix avec quartz, du Levant. 13°. une très-belle calcédoine onix, formant une plaque, non polie, de trois pouces de longueur, sur deux pouces et demi de largeur, et plus d'un pouce d'épaisseur. Elle est composée de deux couches à-peu-près égales, l'une de gyrasole d'un beau blanc un peu bleuâtre, et l'autre de calcédoine : cette dernière est elle-même composée de trois couches à-peu-près égales, dont deux de calcédoine d'un gris un peu verdâtre, et la troisième, placée entre les deux premières, de calcédoine blanche : ce beau morceau est des Indes Orientales. 14°. un grand morceau de la belle variété de l'agate brèche. 15°. une suite de huit grands morceaux d'hydrophane très-rare et d'une variété non connue. 16°. un beau morceau de jaspe à noyaux, de Sibérie. 17°. deux très-beaux morceaux d'étude pour le granit graphique, de Sibérie. 18°. un beau morceau de feldspath compacte rouge quartzeux, dit pétrosilex de Suède ; cette substance, par ses caractères extérieurs, ainsi que par le produit de son analyse, est intermédiaire entre le feldspath compacte et le pétrosilex. 19°. un grand morceau de la roche particulière à la somma, parmi les cristaux de méïonite duquel on en observe plusieurs affectant la forme du dodécaèdre à plans rhombes ; mais dont les rhombes ne sont point semblables : ce morceau est chargé, en outre, d'une quantité immense de très-petits octaèdres de spinelle (pléonaste noir). 20°. un superbe morceau de mica en grands prismes tétraèdres rhomboïdaux, de Suède. 21°. un très-beau morceau de wavellite cristallisé d'une manière déter-minée, du Cumberland. 22°. un morceau de chaux fluatée poli, dont l'intérieur est rempli de pyrites martiales très-brillantes, appartenant à une variété non décrite, du Derbyshire. 23°. un morceau renfermant plusieurs cristaux de chaux fluatée octaèdre d'une variété très-rare et non décrite, dans laquelle chacune des arêtes de l'octaèdre est remplacèe par deux plans, de Suède. 24°. un morceau d'axinite d'un violet pâle, dans une gangue de quartz granuleux, de Suède. 25°. un morceau mélangé de chaux carbonatée, de chaux fluatée et de stronthian sulfatée des environs de Bristol en Angleterre. 26°. un grand morceau de bois pétrifié à l'état calcaire, ce qui est assez rare, mélangé d'un grand nombre de petits cristaux de quartz d'un brun foncé, de Sibérie. 27°. un grand morceau de zéolite stilbite avec l'aumonite, de Feroë. 28°. un superbe morceau de l'aumonite, en cristaux parfaitement déterminés. 29°. une zéloite mamelonnée, dont il est bien difficile de déterminer l'espèce, sur une lave poreuse de l'isle de Madère. 30°. un morceau de chaux sulfatée bardiglione, de Halles. 31°. un autre morceau de bardiglione, dont les éléments rectangulaires sont parfaitement prononcés, du Mont Blanc. 32°. un très-beau et grand morceau de chaux hydrosulfatée ou gypse, recouvert en totalité par des cristaux de cette même substance, en prismes minces allongés transparents et très-parfaits. 33°. un morceau de lave poreuse avec un très-grand cristal de mica noir, cité à l'article des produits volcaniques. 34°. un autre mor-

ceau de lave poreuse, formée presqu'en totalité, de leu-
cite d'un rouge de chair, avec du gypse cotoneux d'un
blanc éclatant dans ses cavités. 35°. un morceau de
corundum compact, appartenant à une variété rare, du
Thibet. 36°. un morceau de trémolite du Mexique.
37°. un très-beau morceau de la belle variété chatoyante de l'obsidienne de la Nouvelle Espagne, &c. &c.

Je terminerai cette notice particulière de quelques-
uns des morceaux placés sous cet article, par la citation d'un grand et beau morceau d'ampelite ou schiste
graphique, nommé aussi craie des charpentiers. Ce
morceau renferme, disséminés dans sa substance, plusieurs noyaux assez considérables, dans lesquels la
substance charboneuse, au mélange de laquelle ce schiste
doit sa propriété tachante, est parfaitement pure et a
l'état pulvérulent, ce qui fait qu'elle se dégage facilement, et laisse communément à sa place une cavité.
Sur une partie de la surface de ce morceau on observe
une substance blanche, divisée, par des lignes parallèles, en lames rhomboïdes d'environ 80° et 100°,
qui ont jusqu'à une demie ligne d'épaisseur et plus, et
qui sont fortement striées parallélement à deux de leurs
bords opposés. La plus légère pression divise ces
lames en fibres capillaires très-fines et flexibles,
ressemblant parfaitement à l'amiantes. M. Mohs,
dans son savant catalogue du cabinet de M. Von
der Null, Vol. I, p. 459, est le seul auteur qui,
à ma connoissance, ait parlé de cette substance,
qu'il rapporte à l'amiante. D'après l'opinion que j'ai
avancée, sur cette dernière substance, à l'article qui la
concerne, en refusant de la considérer comme espèce,

ce seroit ne rien dire. La réunion très-étroite de ces
fibres entre elles, la forme constante prismatique rhomboïdale de 80° et 100° affectée par leur division, sembleroit annoncer cette même forme pour chacune
d'elles. Cette substance appartient-elle à une de celles
déjà connues, ou est-elle une espèce nouvelle? J'avoue
que je n'ai pu adopter aucune opinion à cet égard, et
je me contente, en conséquence, de rapporter ce que
cette substance m'a fait observer, afin de diriger l'attention sur elle.

SUBSTANCES INFLAMMABLES.

SOUFRE.

78 Morceaux, dont 53 Cristaux isolés.

Les cristaux isolés de cette substance offrent un grand nombre de variétés de formes qui n'ont pas été décrites.

SUCCIN.

34 Morceaux.

Cette suite est très-intéressante, tant à raison des différentes couleurs sous lesquelles s'y montre le succin, qu'à raison de celles de ces variétés qui renferment des insectes.

MELLITE.

8 Morceaux, dont 5 Cristaux isolés.

Parmi les morceaux de cette substance, est un petit groupe dans lequel les octaèdres de mellite ont leurs angles solides occupés par un plan.

POIX MINÉRALE ET ASPHALTE.

5 Morceaux.

Ces cinq morceaux sont d'Anglettere : il existe parmi eux un seul morceau de poix minérale; c'est une espèce de grès à gros grains réunis entre eux par cette poix.

BITUME ÉLASTIQUE.

20 Morceaux.

Cette suite renferme ce bitume, depuis sa parfaite mollesse et élasticité, jusqu'au desséchement complet, dans lequel il ne conserve plus aucune souplesse et aucune élasticité quelconque. En se desséchant, il paroît que ce bitume retient beaucoup d'air dans sa substance, en brûlant il pétille et fait de temps en temps de petites explosions.

LIGNITE.

16 *Morceaux.*

HOUILLE OU CHARBON MINÉRAL.

54 *Morceaux.*

Cette collection de houille, en outre de ses différentes variétés, contient une suite dont les morceaux ont deux de leurs faces opposées, celles qui terminent chacune des petites couches particulières dont la couche générale est composée, recouvertes par une couche légère de charbon végétale, ayant conservé traces de la structure propre aux vegétaux dont ce charbon tire son origine, et destinée à faire voir, par ces mêmes traces, que la bituminisation qui a produit la houille, a plus généralement opéré sur des végétaux appartenant aux plantes, que sur ceux appartenant aux bois. Dans d'autres morceaux, ces surfaces sont recouvertes par une couche très-minces de chaux carbonatée, dans laquelle on distingue de petits rhomboïdes de cette substance, entremêlés de petits cristaux de gypse : la chaux carbonatée y est communément martiale.

Joint à cette collection, est un morceau assez considérable de Jayet, ayant encore, dans une grande partie de sa substance, conservé la texture qui appartient au bois ; mais faisant voir, par la manière dont cette par-

tie est étonnée et fendillée, que, lors de la réaction
les uns sur les autres des principes qui ont concouru
à la formation du bitume, la masse devoit être dans
un état pâteux, qui ensuite, par le desséchement, s'est
tourmentée et fendillée, ainsi qu'elle se présente dans
ce moment.

ANTHRACITE.

32 *Morceaux.*

La suite des morceaux de cette substance présente
des variétés très-intéressantes, parmi lesquelles je citerai 1°. une variété dont la cassure offre, dans quelques-unes de ses parties, une texture fibreuse; cet
anthracite est traversé par de petites veines de charbon
végétale.   2°. une série composée de quatre morceaux,
d'une roche stéatitique parsemée de petites parties
d'anthracite.   3°. un morceau d'anthracite lamelleux,
dans une chaux carbonatée lamelleuse, mélangée de
quelques pyrites, des EtatsUnis d'Amérique.   Une
partie de la surface de ce morceau ayant été com-
primée, lors de sa formation, présente un aspect
spéculaire, aussi brillant que celui qui est offert, par
suite de la même cause, par la variété de galène
connue sous le nom de slickenside en Derbyshire.
4°. un grand et superbe morceau, dans lequel l'anthracite, qui a pour gangue une roche quartzeuse mélangée
de chaux carbonatée et d'anthracite pulvérulent, laisse
apercevoir, à sa surface, des parties d'anthracite mamelonnées, et comme si elles avaient coulées, entre-
mêlées de chaux carbonatée en petites lames hexaèdres,
et de chaux fluatée en petits octaèdres, offrant une
variété de forme non décrite, dans laquelle les arêtes
de l'octaèdre sont remplacées chacune d'elles, sur quel-

ques cristaux, par deux plans, et sur d'autres, par
trois, de Kongberg. 5°. un morceau de schiste argileux
micacé, offrant à la fois des empreintes de végétaux,
des parties de charbon végétale, dans lesquelles la
texture propre aux végétaux est encore conservée, et
des parties d'anthracite.

PLOMBAGINE. GRAPHITE.

22 *Morceaux.*

Il est joint aux morceaux de cette substance, une
série de la plombagine en petites écailles minces, qui
s'attachent aux parois des fourneaux de fusion du fer.
Il y est joint en outre une série de la plombagine
d'Ecosse, à laquelle l'action du feu d'une mine de
charbon voisine, a fait éprouver une retraite qui l'a
divisée en petites colonnes, à la manière des balsates ou
des ludus. On observe, sur les faces terminales de
quelques-unes de ces petites colonnes, des traces de
charbon de bois ayant conservé la structure végétale.
L'intervalle de chacune de ces colonnes est occupé par
une légère couche de fer oxydé d'un rouge jaunâtre.

MORCEAUX D'ÉTUDE CONCERNANT UN GENRE DE RE-
TRAITE ÉPROUVÉ PAR LA HOUILLE, AINSI QUE PAR
LE SCHISTE, ENTRE LES COUCHES DUQUEL LES
VEINES DE CHRABON SONT PLACÉES ; ACCOMPAGNÉS
DE QUELQUES RÉFLEXIONS GÉOLOGIQUES.

40 *Morceaux.*

La raison qui m'a déterminé à jeter mes regards sur
cette partie de l'étude de la minéralogie, est l'assertion
qui a paru, il y a quelque temps, dans un ouvrage
minéralogique, de la propriété que la houille avoit de

cristalliser sous la forme de prismes tétraèdres rhomboïdaux. J'observai qu'en effet plusieurs houilles, et
principalement celle du Staffordshire, en Angleterre,
avoient une tendance à prendre, en se divisant, une
forme prismatique tétraèdre rhomboïdale ; mais comme
ces prismes montroient en même-temps, une très-grande
irrégularité dans la mesure de leurs angles, qui tous
cependant sembloient tendre, plus ou moins, vers ceux
de 60° et 120°, sans être jamais, ou du moins presque
jamais exactes, je présumai que cette forme pouvoit
bien être l'effet d'un retrait. Je tardai fort peu ensuite
à reconnoître, qu'il étoit dû à celui qu'avoit éprouvé le
schiste, entre les couches duquel la veine de houille
étoit placée.

Comme ce fait, ainsi que son explication, est d'un
intérêt capital, tant à la minéralogie qu'à la géologie,
pricipalement à l'égard des principes et des observations sur lesquels il est appuyé, et qu'il demande, pour
être bien entendu, quelques observations et explications
préliminaires ; on verra peut-être sans peine que je
m'occupe des objets qui peuvent conduire à l'explication de ce fait, avant de m'occuper de l'explication
elle-même.

On a souvent mis en avant, dans les divers systèmes
qui ont été donnés sur la formation de notre globle,
cette action destructive et continuellement agissante, par
laquelle le temps, qui détruit tout, n'exclue pas même
de ses ravages ces rocs orgueilleux qui sembleroient
devoir confondre leur origine avec celle du globe, et ne
devoir se détruire qu'avec lui ; mais la nature même
de cette destruction, ainsi que celle des causes par lesquelles elle peut être produite, et qui nécessairement

doivent influer puissamment sur les effets qui peuvent en résulter, a fort peu fixé sur elle l'attention des géologues.

Ne pouvant rapporter à une seule et même époque de formation tout ce qui concerne la partie solide de notre terre, telle qu'elle se montre aujourd'hui à nos observations, on s'occupe de l'ordre que ces diverses formations doivent avoir eu entre elles, on cherche à établir les différentes époques de chacune d'elles, à en tracer la marche, en les fixant en même temps en limites. Peut-être arriveroit-on plus facilement et plus sûrement à la solution de ce grand problême, si, tout en s'occupant des diverses formations qu'on croit apercevoir, on portoit une attention plus exacte et plus suivie, sur la destruction à laquelle ont dû être exposés les produits pierreux antérieurement formés, en tenant compte de tous les moyens qui peuvent avoir concouru à leur destruction. Cette réflexion nous conduit naturellement à jeter un léger coup-d'œil sur ceux de ces moyens les plus habituellement agissants, et les plus actifs, que l'observation et nos connoissances actuelles nous permettent de reconnoître.

Parmi ces moyens, le calorique et l'eau semblent, bien certainement, devoir occuper la première place. Par l'action du calorique continuellement agissante sur les molécules intégrantes des substances minérales ; par la variation continuelle de la force solvante* qu'il exerce sur ces molécules, variation qui suit celle de la température de l'air ambiant, les molécules intégrantes des corps du règne minéral admettent successivement,

---

* Voyez mon traité complet de la chaux carbonatée, page 130 de l'introduction, et une partie de celles qui précèdent.

à chaque élévation de cette température, une dose plus ou moins considérable de calorique, qui les écartent plus ou moins de l'extrémité du rayon de leur sphère d'attraction. Si, au moment où la température baisse, le calorique, cause de l'écartement des molécules, en se retirant alors de l'intervalle qu'il avoit occupé entre elles, dans la même proportion suivant laquelle il y étoit entré, délivroit complettement ces molécules de la force qui, après les avoir écartées, les tenoit à distance, cédant de nouveau alors à leur attraction réciproque, elles se rapprocheroient, en se replacant à la situation qui leur étoit propre avant l'introduction du calorique. Il ne résulteroit alors d'autre action de ce fluide sur les substances minérales sur lesquelles il agit, qu'une augmentation et une diminution successive de volume, et cela, sans aucun changement ou altération quelconque dans leur substance.

Mais, pour l'ordinaire, cette action du calorique agit, sur les substances minérales, collectivement avec celle de l'eau, autre solvant général de ces substances, et dont l'action se porte de même aussi sur leurs molécules intégrantes*. Il est très-ordinaire que l'élévation de la température soit accompagnée d'un accroissement d'humidité; dans ce cas, le calorique ne s'introduit pas seul entre les molécules intégrantes des substances minérales, le fluide aqueux l'y accompagne, à raison de l'affinité habituelle qui existe entre lui et ces mêmes molécules. Lorsqu'ensuite la température vient à baisser, il ne s'en retire pas complettement, ainsi que le

---

* Voyez mon traité complet de la chaux carbonatée, vol. 2 p. 164 et suivantes, ainsi que p. 164 et suivantes, et p. 185 et suivantes.

fait le calorique, il en reste toujours une portion qui y est fixée par son attraction, ce qui maintient ces molécules à une distance plus grande que celle qui leur appartenoit avant son introduction. Par là l'action de la force d'attraction de ces molécules les unes envers les autres est diminuée, sans que cependant elle soit annullée, et la désintégration des molécules intégrantes commencée : leur cohésion entre elles est moins forte ; mais elle n'est pas détruite.

A chaque nouvelle introduction du calorique, et par suite de la même cause, les molécules intégrantes s'écartent davantage les unes des autres, la force attractive qu'elles exercent l'une sur l'autre diminue en proportion, et l'instant arrive où l'action solvante de l'eau sur elles est assez forte, pour que dans le contact immédiat de ce liquide, amené si fréquemment par la chute des pluies, surtout à l'époque où les eaux étoient encore à une grande hauteur sur la terre et leur évaporation très-considérable, pour que ce liquide, dis-je, achève de désintégrer complettement la partie de la surface des roches qui, par l'opération première, avoit été préparée à cet effet. L'eau se charge alors, par solution, des molécules désintégrées, et les entraînant avec elle jusque dans les lieux où leur cours se trouve ralenti, elles les laisse ensuite se rapprocher et se précipiter, soit confusément, soit à l'état de cristallisation, si les circonstances propres à ce dernier effet peuvent se présenter, soit même de l'une et de l'autre de ces deux manières à la fois. Quelquefois, et cela doit même arriver plus souvent que peut-être on ne l'imagine, dans un très-haut degré d'élévation de la température, le calorique seul peut suffire à l'achèvement de la désintégration complette de la partie de la surface des roches, préparée par les moyens dont il vient d'être parlé. Dans ce cas, les molécules intégrantes de cette surface, étant prises successivement par lui à l'état de solution, s'évaporent sur ses ailes sans se laisser en aucune manière apercevoir à nos yeux qui, ainsi qu'on le sait, sont bien éloignés de pouvoir saisir, quoiqu'armés des plus forts grossissements artificiels, les mêmes molécules lorsqu'elles sont à l'état de solution dans les eaux.

Il faut soigneusement distinguer les molécules d'eau, ainsi fixées entre celles intégrantes des substances minérales, et travaillant, peu-à-peu, à leur désintégration, d'avec les parties du même fluide qui pénètrent dans les corps par la simple attraction des tubes capillaires, et vont remplir les fentes, les fissures et autres petites cavités qui peuvent s'y rencontrer. Elles rempliroient cependant une partie du même effet, si un premier écartement des molécules intégrantes des corps, dans lesquels elles pénètrent, avoit déjà préparé leur désintégration.

L'action solvante du calorique et de l'eau, est donc continuellement exercée sur les roches ; mais son résultat n'est pas toujours aussi parfait qu'il vient d'être représenté, et peut-être même l'est-il rarement. Une des causes principales qui peut rendre cette désintégration des molécules intégrantes très-imparfaite, en la changeant en grande partie en une désintégration par petites masses, est l'hétérogénité des roches, ainsi que bien souvent celle des différentes parties même dont elles sont composées. Cette hétérogénité fait que la désintégration ayant plus complettement et plus promptement lieu sur quelques-unes de leurs parties que sur les autres, il en résulte, dans la masse, des défauts de contiguité, qui en occasionnent la destruction par petites parties plus ou moins atténuées. Ces petites parties sont de même entraînées, avec les molécules résultantes d'une désintégration plus parfaite, par les eaux qui viennent balayer la surface de ces roches, et elles sont ensuite chariées et déposées de la même manière par elles. Les roches qui contiennent des parties plus ou moins considérables d'argile interposées dans leur masse, sont plus particulièrement exposées et plus généralement soumises à cette destruction par petites masses. L'argile n'y étant elle-même que le produit d'une précipitation confuse par petites masses analogues, et n'ayant entre ses parties qu'une réunion purement méchanique, est d'une texture très-lâche, remplie de petites fissures et cavités qui permettent à l'eau de s'y introduire, par le seul acte de l'infiltration capillaire; elle se gonfle alors, et tenant plus d'espace, elle presse contre les parois des petites masses, dont elle est entourrée, et les écarte davantage les unes des autres : la sécheresse la faisant ensuite se resserer sous un moindre volume, les petites masses dérangées et écartées, manquent de point d'appui, et la masse entière se détruit, en donnant naissance à un résidu sableux. C'est ce qui est fréquemment arrivé au dernier granit formé, qui avoit admis des parties d'argile interposées entre celles dont l'agrégation constitue le genre de roche auquel ou a donné ce nom.

Il est nécessaire de rappeler ici, le fait démontré et assez généralement reconnu aujourd'hui, de l'existence

de la terre sous les eaux, dont elle a été totalement
recouverte, ainsi que de la retraite et diminution pro-
gressive de ces mêmes eaux, qui a découvert successivement, et à différentes époques, la partie solide de
la terre, tandis que le reste de sa surface, sous une
hauteur plus ou moins considérable, selon l'époque où
elle est considérée, restoit encore ensevelie sous les
eaux.   Il sera alors naturel d'en conclure, qu'à mesure
que les roches se découvroient, et se présentoient à
nud à toutes les causes de destruction qui pouvoient
agir sur elles, et cela dans un moment où elles n'é-
toient pas encore consolidées, elles ont dû en effet être
fortement altérées par ces causes. Il ne sera pas moins
naturel aussi d'en conclure, que les produits de cette
altération, chariés ensuite, sur la pente des montagnes
découvertes, dans la masse des eaux qui baignoient
encore leurs pieds jusqu'à une hauteur plus ou moins
considérable, où ils se sont ensuite déposés, ont dû
jouer un rôle très-important dans la formation qui a
dû suivre celle des premières roches.

Il est, sinon démontré, du moins infiniment probable, que les premiers produits pierreux qui ont été
découverts par les eaux, appartenoient au granit. Il
est, par conséquent, très-propable aussi que, soit la
destruction de cette roche, dans ses petites masses ou
grains intégrants, soit la désintégration des parties
intégrantes des grains de quartz, de feldspath et de
mica qui forment les petites masses intégrantes de
cette roche ; soit enfin la décomposition de ces mêmes
parties, ou leur réduction à leurs molécules chimiques
composantes ; il est très-probable, dis-je, que tous ces
produits, ont dus être chariés par l'écoulement des

eaux, dues aux averses pluviales qui, à cette époque,
devoient être considérables et très-souvent répétées,
dans la masse des eaux environnantes. Il est enfin
très-probable encore, que tous ces différents produits
ont dû entrer pour beaucoup dans la formation des
masses pierreuses qui ont pris naissance postérieure-
ment à celles du granit. Les eaux continuant toujours
à effectuer leur retraite ou diminution, et les mêmes
causes de destruction, de désintégration et de décomposition existant toujours, et continuant de même
leur action sur les nouvelles roches mises à découvert,
au nombre desquelles se trouvoient, en même temps
celles récemment formées, les produits de cette nouvelle destruction, &c, ont dû de même, et par suite
de la même raison, entrer pour beaucoup dans la formation des roches qui ont continué à se former. On
sent, en même temps, que le transport et la déposition
de ces divers produits, ne pouvant mettre obstacle aux
nouvelles formations qui pouvoient avoir lieu, il doit
y avoir eu telles circonstances, dans lesquelles les produits ont dû se mélanger avec ceux de ces formations.

Je suis obligé de me faire violence pour me borner
à ces simples considérations générales, qui déjà, vu la
nature de cet ouvrage, tiennent une place considérable;
mais elles suffisent pour que je sois parfaitement entendu du géologue, et, s'il les adopte, pour diriger le
mode de ses observations; je les terminerai donc, en
observant que, d'après elles, il me semble que la méthode la plus naturelle, ainsi que la plus utile à adopter
dans l'étude des différents faits géologiques, seroit de
suivre la marche tracée par la nature elle-même, en
commençant les observations par celles que peut pré-

senter la roche reconnue pour être celle la plus anciennement formée, ainsi que la plus anciennement
découverte, et continuant ensuite le même examen sur
les autres, en s'écartant lentement et progressivement
de cette première station, et descendant, avec les formations successives, jusqu'aux plaines les plus basses
qui, si je puis m'exprimer ainsi, sont placées à l'extrémité du rayon de la sphère de formation que le
géologue veut embrasser dans ses observations. Ne
pouvant se refuser d'admettre que, soit la retraite des
eaux, soit la chute de celles qui devoient être le produit de l'évaporation très-abondante, occasionnée surtout par la grande surface que présentoit ce liquide,
avant que sa retraite ait fait des progrès un peu considérables, ont dû occasionner des courants, par lesquels
les produits de la destruction de la roche découverte
ont dûs être chariés dans la masse des eaux adjacentes,
le géologue cherchera s'il peut encore rencontrer quelque trace aujourd'hui de ces courants, s'il en découvre
il se gardera bien de les quitter avant d'avoir obtenu
d'eux tous les éclaircissements qu'il peut en tirer, et
c'est alors que les considérations générales qui viennent
d'être établies, serviront à le diriger dans les questions
qu'il aura à leur faire.

Retournons à la houille en fragments prismatiques
rhomboïdaux, dont cette disgression nous a fortement
écarté ; mais cet écart étoit nécessaire pour pouvoir
revenir ensuite à ce même objet avec plus d'intérêt et
de facilité.

Après avoir observé que les prismes tétraèdres rhomboïdaux que laissent apercevoir certaines houilles, n'offroient rien de régulier dans la mesure de leurs angles,

et présumé, ainsi que je l'ai dit, qu'ils devoient très-probablement leur existence à l'effet d'une retraite éprouvée par le schiste dans lequel la veine de houille étoit placée, et par lequel toutes ses petites couches étoient séparées, je remarquai que, dans la plupart des morceaux de houille dont les fragments m'avoient fait apercevoir ces prismes, de petites veines de schiste alternoient en effet avec des veines de houille, mais qu'étant fortement pénétrées elles-mêmes par le bitume, il étoit souvent très-difficile de les reconnoître. J'essayai d'en faire dégager totalement le bitume, par le moyen du feu, et celui de mon simple foyer me servit à merveille pour cela : j'obtins, par ce moyen, avec autant de surprise que de satisfaction, des prismes tétraèdres rhomboïdaux de 60° et 120°, totalement décolorés et d'un blanc grisâtre, dont la forme étoit aussi parfaite que celles des prismes qui m'avoient été offerts par la houille l'étoit peu. Ce qui surtout me frappa le plus dans cette observation, fut le rapport parfait que ces mêmes prismes ont avec ceux primitifs du mica. Ainsi que dans ces derniers, leurs faces terminales sont inclinées sur l'axe, et cette inclinaison fait les mêmes angles de 98° et 102° avec les bords obtus du prisme ; mais, ce qui sert encore plus à les caractériser, ainsi que dans les prismes de mica, leurs faces terminales laissent apercevoir des joints naturels qui, partant de leurs angles obtus, tombent perpendiculairement sur les bords opposés. Cette suite renferme plusieurs de ces prismes tétraèdres rhomboïdaux parfaits, ainsi que d'autres, divisés, par un véritable clivage opéré par l'action du feu, suivant la direction que nous venons de voir être celle des molécules intégrantes.

Il me paroît, d'après cette observation fréquemment
répétée, qu'il ne peut exister aucun doute sur la substance à laquelle ces prismes peuvent appartenir, et
qu'on ne peut s'empêcher de les regarder comme de
véritables prismes de mica : le schiste lui-même auquel il appartient, et entre les lits duquel ceux de
houille sont placés, appartient donc aussi au mica.
Aussi, lorsque l'on examine ce schiste avec la loupe,
quoique le mica y soit très-atténué, y reconnoît-on
un nombre considérable de petites paillettes brillantes,
moins atténuées que les autres. Lors de la décolorisa-
tion de ce schiste, par l'action du feu, le fer du mica,
dégagé et entraîné par le calorique, se dépose, à l'état
d'oxyde rouge, contre les côtés des prismes, ainsi qu'on
peut encore l'observer dans nombre de ceux qui
existent dans cette collection, quoiqu'une grande partie
de ce fer oxydé s'en soit détachée.

Une fois cette première observation faite, j'ai pu la
réitérer très-souvent, le résidu de la combustion de
cette même houille, dont on fait usage dans les chemi-
nées de Londres, permettant souvent d'y observer ces
mêmes prismes ou fragments prismatiques de schiste
ainsi décolorés ; et toutes sont venues fortement à l'appui de l'oppinion que la première m'avoit fait adopter.

On trouvera, joint à cette suite, un prisme tétraèdre
rhomboïdal court de 60° et 120°, de ce schiste, dont la
forme est parfaitement régulière, et dont les bords
des faces terminales ont 4 pouces de longueur. Comme ce prisme étoit fort peu imprégné de bitume, une
très-légère chaleur a suffi pour l'en dégager, sans le
décolorer complettement. Il offre l'aspect d'un schiste
argileux micacé d'un gris foncé, et porte, sur une de ses

faces larges, l'empreinte d'un grand roseau, et sur l'autre, celles d'un de ces végétaux à mamelons qu'on rap
porte assez habituellement au palmier.

Cette observation qui me paroît porter avec elle un
iutérét capital, tant pour la minéralogie que pour la
géologie, a été d'autant plus précieuse pour moi qu'elle
est venue confirmer une opinion dans laquelle j'étois
depuis long-temps, et que j'avois même fait connoître
à tous les minéralogistes de Londres avec lesquels j'ai
été en relation, qu'une grande partie des substances
connues sous le nom de schiste, ne sont que de véritables mica compactes plus ou moins mélangés, et produits par la déposition d'un mica très-atténué, et dont
les parties extrêmement fines échappent aux yeux.
On parvient fort souvent cependant à discerner dans
ces schistes un grand nombre de paillettes de mica, avec
le secours d'une forte loupe : l'ardoise, et la plupart
des schistes d'une nature analogue à la sienne, sont par
exemple dans ce cas. J'avoue cependant que j'étois
fort éloigné alors de donner à cette opinion toute la
latitude qu'elle me paroît embrasser aujourd'hui.

On sent en effet, d'après les considérations générales, placées dans cet article, sur les différents effets de
la destruction et de la désintégration des roches, par
l'action réunie du calorique et de l'eau, que, si l'on
considère le granit et les différents gneiss, ou roches
feuilletées micacées, dans lesquelles le mica est bien souvent la partie intégrante dominante, soumis à ces différent s actions destructives, et qu'on se représente ensuite ces mêmes produits entraînés par des courants,
et déposés dans la masse des eaux, où ces courants al-
loient aboutir, on concevra que les parties les plus at-

ténuées du mica, étant restées plus long-temps suspen-
dues dans le liquide qu'aucune autre, à raison de leur
légèreté, ont pu, en se précipitant à mesure qu'elles
étoient apportées, donner naissance aux différents
schistes dont il est ici question. On concevra aussi,
qu'elles ont pu de même donner naissance à des schistes,
dans lesquels la substance du mica a pu être plus ou
moins mélangée de parties simplement argileuses, de
parties calcaires, &c. &c., suivant le lieu du dépôt, et
suivant ce qui s'y passoit alors à d'autres égards. Il
n'y existera pas plus de difficultés à concevoir aussi
que les dépôts terreux qui ont recouvert les masses de
végétaux accumulés par les eaux, à la suite de quelques
gros temps par lesquels elles avoient pu être soulevées,
sur les plages bases qui alors les bornoient, ont pu appartenir à ces produits chariés de la destruction de la
roche primitive, et tantôt les recouvrir par des grés, et
d'autrefois par des schistes, suivant la distance et l'état
de division de ces produits.

Ce que l'observation dont nous venons de nous occuper nous apprend, en outre, c'est que dans la formation de ces schistes, le mica ne s'est pas déposé tumultuairement, et sans être soumis à aucune loi ; il
paroît que les petites parties atténuées de cette substance, se sont fréquemment arrangées entre elles de
manière à placer leurs côtés analogues dans une même
direction : de sorte que ces schistes sont alors dans le
cas d'être considérés, comme étant d'énormes agrégats
réguliers de cristaux infiniment petits de mica.

On trouvera dans cette suite différents morceaux de
mica schisteux, *glimmer-schiffer* de M. Werner, aux-

quels on verra qu'une fois l'observation précédente étant faite, il est très-facile de la leur appliquer.

Je terminerai ces observations, en disant que si l'on vouloit supprimer des produits pierreux secondaires de différentes époques, ceux dont l'origine est due aux différentes altérations, désintégrations et décompositions du mica, du quartz et du feldspath, et aux nouvelles combinaisons qui peuvent avoir étée contractées par les produits de ces altérations, &c. ce qui resteroit des roches primitives secondaires, seroit, je crois, considérablement réduit.

SELS.

———

SULFATE D'ALUMINE. *Alun.*

39 Morceaux, dont 34 Cristaux isolés.

Parmi les cristaux de cette substance, qui sont placés dans cette collection, il en existe deux très-beaux et très-parfaits, obtenus par M. Le Blanc ; l'un d'eux est un cube, et l'autre un octaèdre régulier. Il y existe en outre quatre petits cristaux qui appartiennent à une variété très-rare que j'ai obtenue moi-même, dans laquelle l'octaèdre, en outre des plans de remplacement de ses angles solides, ainsi que de ses arêtes, a à chacun de ses angles solides, ainsi remplacés, deux petits triangles isocèls, placés sur deux de ses arêtes opposées, ainsi qu'il existe dans une variété de la pyrite martiale représentée par M. l'Abbé Haüy, fig. 146, planche 76 de sa minéralogie. Il y existe aussi de fort beaux octaèdres, dont chacune des faces présente une cavité en forme de trémie: dans un de ces octaèdres, les trémies sont remplies par nombre de petits cristaux de la même substance, parmi lesquels on peut observer plusieurs cubes parfaits, ainsi que d'autres à angles solides remplacés.

SULFATE DE POTASSE. *Tartre vitriolé.*

142 Morceaux, dont 139 Cristaux isolés.

Je crois pouvoir assurer que la suite des cristaux de ce sel, placés dans cette collection, est une des plus complette qui puisse être formée. Le nombre des cristaux non décrits y est très-considérable, et tous sont très-parfaits. Il y existe un petit groupe dont tous les cristaux, qui sont transparents, sont d'un très-beau jaune brun de topaze du Brésil.

Le cristal primitif du sulfate de potasse, que j'ai déterminé, est un dodécaèdre à plans triangulaires isocèls, dont les plans se rencontrent entre eux, au sommet, sous un angle de 66°, 15′, et à la base sous un de 113°, 45′.

SUR-SULFATE DE POTASSE.

38 Morceaux, dont 31 Cristaux isolés.

Ce sel, obtenu par M. Howard de Stratford, a pour forme primitive un rhomboïde aigu, dont les angles sont de 74° et 106°, ou à infiniment peu de chose près.

SUBSULFATE DE POTASSE.

Ce sel considéré, par plusieurs chimistes, comme un subsulfate de potasse, n'est qu'un simple sulfate ; il en existe ici un très-grand nombre de petits cristaux.

PRUSSIATE DE POTASSE.

3 Morceaux.

Les trois morceaux qui composent la série de cette substance, contiennent de grands cristaux parfaitement déterminés et très-réguliers. Ce sont en effet des lames quarrées à bords en biseaux, ainsi qu'il a été dit par les auteurs qui ont cité leur forme ; mais ces lames n'ont nullement un octaèdre rectangulaire pour forme primitive, ainsi qu'il a été dit en même temps. Les cristaux de prussiate de potasse montrent, d'une manière très-marquée, des joints naturels parallèles aux faces d'un prisme tétraèdre rectangulaire à bases quarrées. La division parallèlement aux faces terminales de ce prisme, est très-facile ; elle l'est beaucoup moins sur les autres

faces, et la grande flexibilité de cette substance contri-
bue beaucoup à cette difficulté.

Ainsi que je viens de le dire, la forme primitive de ce
sel est un prisme tétraèdre rectangulaire à bases quarrées. Habituellement, dans ses cristaux, les bords des
faces terminales sont remplacés par des plans qui font
avec ces mêmes faces un angle, à très-peu de chose près,
de 113°; et ces mêmes plans de remplacement se rencontrent entre eux, sur les côtés du prisme, sous un
angle, à peu de chose près, de 134°, 30'. Si l'on vouloit
considérer ces plans comme étant le produit d'un reculement le long des bords des faces terminales du cristal
primitif, par une simple rangée, la hauteur du prisme
rectangulaire seroit aux bords des faces terminales,
dans le rapport de 5 à 2. Les plans de remplacement
alors rencontreroient les faces terminales sous un angle
de 112°, 48', et ces mêmes plans se rencontreroient entre
eux, sur les côtés du prisme, sous un angle de 134°, 24';
mais la rencontre habituelle de ces plans de remplacement entre eux sur les côtés du prisme, me semble indiquer, dans le prisme primitif, une hauteur considérablement moindre que ne l'indique le rapport de 5 à
2. Je crois donc que cette hauteur doit être placée
parmi les sous-multiples de ce même rapport, ce qui ne
changeroit rien à la mesure indiquée pour les angles
d'incidence ; mais n'ayant jamais vu d'autres faces additionnelles à ces cristaux, je ne puis rien déterminer à
cet égard.

La couleur du prussiate de potasse de ces morceaux,
est d'un beau jaune de soufre : la flexibilité que j'ai
dit que cette substance possédoit, est telle qu'on peut
facilement plier, sans les casser, des cristaux qui, sous

une épaisseur semblable, présenteroient plus de résistance dans ceux qui appartiennent au gypse.   Ils proviennent de la manufacture de M. Mackintosh en Ecosse : j'en ai eu l'obligation à M. Léonard Horner.

SULFATE DE SOUDE, SEL DE GLAUBER.

Ce sel est renfermé dans une petite fiole de verre ; son cristal primitif, que j'ai déterminé, est un prisme tétraèdre rhomboïdal droit de 72° et 108°, ou du moins à très-peu de chose près.

GLAUBERITE.

26 *Morceaux, dont 23 Cristaux.*

Ce sel, qui existe tout formé dans la nature, a été observé, depuis fort peu d'années, par M. Brongniart, qui en a donné la description et l'analyse dans le 133ᵉ, n°. du journal des mines.   Il vient d'Oscagna, dans la nouvelle Castille, en Espagne, où il est renfermé dans l'intérieur même de la substance du sel gemme, dont il se détache très-facilement lorsqu'on en casse les morceaux, en présentant alors des cristaux isolés. Parmi ceux qui sont dans cette collection, plusieurs laissent parfaitement apercevoir la direction de leurs plans primitifs.

M. Brongniart, après avoir observé que le glauberite n'est point un sel à double base, d'après l'analyse qu'il en a faite, dit qu'il est composé de 0,49 de chaux sulfatée et de 0,51 de soude sulfatée, toutes deux privées d'eau.   Ainsi que l'observe très-bien M. l'Abbé Haüy, ne connoissant pas la forme cristalline de la soude sulfatée privée d'eau, on ne peut assurer que le glauberite n'appartient pas à ce sel mélangé de chaux

sulfatée simple ou privée d'eau. Mais qu'il me soit
permis de demander ici à M. Brongniart, pourquoi
ce sel ne pourroit être le résultat d'une combinaison
triple, entre l'acide sulfurique, la soude et la chaux?
Je sais que nombre de chimistes ne croient point au
combinaisons triples; mais j'avoue ne pas en concevoir facilement la raison.

SULFATE DE CUIVRE ET DE POTASSE.
31 *Cristaux isolés.*

Ce joli sel, dont la couleur est d'un bleu de ciel
très-agréable, a été obtenu par M. Richard Phillips.
Sa forme primitive, que j'ai déterminée, est un prisme
tétraèdre rhomboïdal incliné de 106´, 54´ et 73´, 6´. ses
faces terminales sont inclinées sur ses bords obtus,
avec lesquels elles font des angles de 96°, 38´ et 83°,
22´. Sa hauteur est aux bords des faces terminales dans
le rapport de 10´, 33´ à 23´, 13´. La suite des cristaux
de cette substance placés ici, renferme un nombre
assez considérable de variétés que j'ai aussi déterminées; mais que je ne place pas ici, pour ne pas
augmenter trop considérablement les planches des cristaux; une très-grand partie des sels sont dans ce cas.

SULFATE DE FER MÉLANGÉ DE CUIVRE.
19 *Morceaux, dont 6 Cristaux isolés.*

Ce sel, obtenu encore par M. Phillips est, lorsqu'il
vient d'être fait, d'une très-belle tranparence et d'un
beau bleu tirant un peu sur le vert; mais à la longue
cette couleur se ternit, et souvent le fer que ce sel
renferme s'oxyde en jaune à sa surface, ce mélange,
dont la seule partie qui soit le fruit d'une combinaison

chimique est le sulfate de fer, donne beaucoup plus facilement le rhomboïde, cristal primitif de ce sulfate, que lorsque ce même sel est sans mélange. Cette suite renferme plusieurs morceaux, non artificiels, de ce sel; plusieurs autres sont placées avec les variétés du cuivre.

Ce sel, paroît être le même que celui que M. le Blanc avoit déjà obtenu, d'une dissolution d'un sulfate de cuivre et d'un sulfate de fer, qui lui a donné de même un sel d'un bleu verdâtre et ayant la forme du sulfate de fer.

SULFATE DE NICKEL.

Les cristaux de cette substance, qui sont en très-grand nombre, dans cette collection, sont renfermés dans 4 petites fioles. Le cristal primitif de ce joli sel, déterminé par moi, est un prisme tétraèdre rectangulaire à bases quarrées, dont la hauteur est au côté de la base dans le rapport de 5 à 6. Le nombre des variétés de formes que cette substance renferme, et qui existent dans cette collection, est assez considérable : on doit y remarquer la propriété qui existe dans quelques-unes de ces variétés de s'éfleurir, tandis que la substance est beaucoup plus fixe dans les autres.

SULFATE DE ZINC.

17 *Morceaux, dont* 15 *Cristaux isolés.*

Ces cristaux, dont plusieurs sont très-parfaits, ont été obtenus par M. Howard de Stratford, à l'honnêteté duquel j'en suis redevable, ainsi que d'un très-grand nombre de cristaux des sels qui sont dans cette collection. Le cristal primitif du sulfate de zinc est un prisme tétraèdre rectangulaire à bases quarrées, dont la hauteur est aux bords des faces terminales dans le rapport de 4 à 3.

MURIATE DE SOUDE, SEL MARIN.

41 Morceaux, dont 19 Cristaux isolés.

Cette suite renferme les belles variétés de sel gemme rouges, bleus, vertes et violettes. Parmi les cristaux, doivent être remarqués ceux en cubes avec les angles solides remplacés, ainsi que ceux dans lesquels les bords sont remplacés, soit par un, soit par deux plans. Parmi les morceaux, il en existe un qui renferme un noyau cylindrique d'un gris jaunâtre, d'environ 5 lignes de diamètre, complettement à l'état de muriate de soude, et ayant un aspect analogue à celui offert par une branche de madrepore.

MURIATE DE POTASSE.

Il existe ici, dans cette substance, plusieurs morceaux, et un grand nombre de cristaux isolés.

MURIATE SUROXIGÉNÉ DE POTASSE.

35 Cristaux isolés.

Tout ce qui existe de ce sel, dans cette collection, est en petites lames minces, parmi lesquelles le plus grand nombre laissent apercevoir leur forme cristalline ; mais les 35 cristaux cités, sont en lames beaucoup plus grandes que toutes les autres, plusieurs d'entre elles ont jusqu'à un pouce de côté. Ce sel, est en prisme droit tétraèdre rhomboïdal d'environ 80° et 100°, passant fréquemment à celui hexaèdre, par le remplacement de ses bords de 80° : il est divisible suivant la

grande diagonale de ses faces terminales : ces cristaux
ont été obtenus par M. Howard.

MURIATE DE BARYTE.

14 Morceaux, dont 12 Cristaux isolés.

La forme primitive de ce sel est un prisme tétraèdre
rectangulaire court à bases quarrées, divisible parallélement à ses deux diagonales. Ce cristal éprouve, par
le remplacement des angles, tant aigus qu'obtus de ses
faces terminales, soit par deux, soit par quatre plans
et même plus, des modifications analogues à celles
que présente si fréquemment la baryte sulfatée ; ce
sont ces plans de remplacement qui ont fait dire qu'il
étoit en lames octogones. Je n'ai point déterminé les
dimensions du cristal primitif, non plus que celles de
sa molécule intégrante ; mais cette détermination est
très-facile, au moyen des cristaux fort grands et très-
parfaits qui composent cette suite.

MURIATE DE STRONTHIAN.

Ce sel est en prismes très-minces et très-allongés,
qui paroissent tétraèdres rectangulaires ; ce qu'il n'est
cependant pas possible de déterminer avec une parfaite
certitude, à raison de la très-grande finesse de ses cristaux.

MURIATE DE SOUDE ET DE RHODIUM.

Ce superbe sel, dont la couleur est d'un rouge brun
si foncé qu'il paroît presque noir, a été obtenu par le
Dr. Wollaston, auquel j'ai l'obligation de la suite cristalline extrêmement intéressante placée sous cet article,
et avec elle la possibilité de déterminer ce qui concerne
la cristallisation de ce muriate.

Sa forme primitive, que j'ai déterminée, est un prisme tétraèdre rhomboïdal incliné de 78°, 10′, et 101°, 50′. Les faces terminales, qui sont inclinées sur les bords aigus du prisme, de manière à faire avec eux des angles de 70°, 59′ et 109°, 1′, sont des rhombes de 75° et 105°. Les bords des faces terminales de ce prisme sont à ceux longitudinaux dans le rapport de 2 à 1. Les cristaux de cette substance qui sont joints à cette suite, présentent un nombre assez considérable de variétés, dont plusieurs sont accompagnées de faits très particuliers et intéressants ; je ne les ai pas joints aux planches de ce catalogue, dans lesquelles je n'ai donné les suites cristallines d'aucun des sels, d'après les raisons que j'ai exprimés précédemment.

NITRATE DE POTASSE. NITRE ET SALPÉTRE.

80 *Cristaux isolés.*

Beaucoup de raisons m'engagent à considérer le cristal primitif de ce sel comme étant un prisme tétraèdre rhomboïdal de 60° et 120°, et non comme un octaèdre rectangulaire à faces inégalement inclinées, ainsi qu'il a été pensé jusqu'ici. Ce prisme est divisible, suivant son axe et la petite diagonale de ses faces terminales. Le grand nombre de variétés de formes cristallines, la plupart non décrites, placées dans cette collection, ainsi que la grandeur de beaucoup des cristaux qui les renferment, avoient été réunies avec l'intention de servir à son étude cristallographique, qu'ils rendent très-facile à faire.

NITRATE DE STRONTHIAN.

10 *Cristaux isolés.*

La forme primitive de cette substance paroît être l'octaèdre régulier.

NITRATE DE PLOMB.

Le cristal primitif du nitrate de plomb est un octaèdre régulier sensiblement divisible suivant son axe et sur toutes ses arêtes. Les cristaux de cette substance, qui sont en assez grand nombre, sont renfermés dans une petite fiole de verre.

NITRATE DE BISMUTH.

3 *Cristaux isolés.*

Le cristal primitif de ce sel paroît être un prisme tétraèdre rhomboïdal d'environ 73° et 107°.

CARBONATE DE POTASSE.

La forme primitive de ce sel, que j'ai déterminée, est un prisme tétraèdre rhomboïdal droit de 51°, 12', et 128°, 48', dont les bases sont des rhombes. La hauteur du prisme est aux bords des faces terminales dans le rapport de 1, 7 à 6.

. Ce sel est renfermé dans des fioles de verre, et présente plusieurs variétés.

ACÉTATE DE BARYTE.

6 *Morceaux, dont 3 Cristaux isolés.*

Le cristal primitif de ce sel est un prisme tétraèdre rhomboïdal oblique, d'environ 65° et 115°. Sa face terminale est à la fois inclinée sur les bords aigus du prisme, de manière à faire avec eux des angles d'environ 50° et 130°, et sur ceux obtus, de manière à faire avec eux des angles d'environ 68° et 112°. Je n'ai point déterminé le rapport des côtés entre eux; mais les trois cristaux isolés, ainsi que ceux des trois groupes qui existent dans cette collection, sont assez parfaits et présentent assez de faces additionnelles, pour permettre d'essayer par eux cette détermination.

ACÉTATE DE PLOMB.
6 *Morceaux*.

Ce sel se présente sous la forme de prismes tétraèdres rectangulaires extrêmement minces et très-allongés, souvent terminés par un sommet dièdre, dont les plans se rencontrent entre eux sous un angle très-obtus. Les six morceaux de cet acétate de plomb, qui existent dans cette collection, renferment nombre de cristaux très-parfaits.

ACÉTATE DE CUIVRE.
6 *Morceaux*.

Ce sel a pour forme primitive un prime tétraèdre rhomboïdal incliné d'environ 70° et 110°. Ses faces terminales sont inclinées sur les bords aigus, de manière à faire avec eux des angles d'environ 65° et 115°.

ACÉTATE DE CUIVRE ET DE CHAUX.
32 *Morceaux, dont* 14 *Cristaux isolés*.

Ce superbe sel, qui est d'un beau bleu de lapis lazuli, a pour forme primitive un prisme tétraèdre rectangulaire, dont je n'ai pas déterminé les dimensions; mais cette détermination est facile à faire, les cristaux placés dans cette suite montrant plusieurs facettes de

remplacement à leurs faces terminales. Je ne crois pas
que ce sel ait encore été cité.

ACIDE DE TARTRE.

12 *Morceaux, dont 8 Cristaux isolés.*

La forme primitive de cet acide est un prisme tétraèdre rhomboïdal incliné d'environ 104° et 76°, dont
les faces terminales inclinent sur les bords obtus du
prisme, de manière à faire avec eux des angles d'environ 44°, 30′ et 135°, 30′. Ce prisme devient communément hexaèdre par le remplacement de ses bords
de 76°. La suite des cristaux de cette substance,
placés dans cette collection, présente quelques variétés
de formes, avec lesquelles on pourroit essayer de déterminer le rapport des côtés du prisme entre eux.

TARTRE DU VIN. TARTRE ROUGE.

1 *Morceau,*

Le groupe placé sous cet article, offre des cristaux
dont la forme est absolument la même que celle des
cristaux de l'acide tartareux précédent, dans lesquels
les bords de 76° ne sont pas occupés par des plans de
remplacement.

TARTRATE DE POTASSE.

Le cristal primitif de cette substance, dont j'ai fait
l'étude cristalline, est un prisme rectangulaire à base
rectangle, dont les bords, la hauteur du prisme étant 1,
sont entre eux comme 4 est à 5. Les cristaux qui
appartiennent à ce sel sont renfermés dans une fiole de
verre.

SUPERTARTRATE DE POTASSE. CRÈME DE TARTRE.

23 *Cristaux isolés.*

Ce sel, dans cette collection, renferme un très-grand nombre de variétés, toutes très-particulières, et extrêmement difficiles à déterminer. J'avois précédemment regardé comme étant sa forme primitive, un octaèdre rectangulaire ayant deux faces plus inclinées que les deux autres, et dans lequel les faces les plus inclinées se rencontrent au sommet sous un angle de 60°, et à la base sous un de 120°, et dont celles les moins inclinées se rencontrent de même au sommet sous un angle de 50°, et à la base sous un de 150°. C'est d'après cette opinion que M. Richard Phillips, dans son ouvrage, extrêmement intéressant, intitulé *an experimental Examination of the Pharmacopœia Londinensis, &c.*, cite cette forme comme étant celle primitive de cette substance. Mais outre qu'un travail particulier que j'ai fait depuis sur l'octaèdre, comme forme primitive de nombre des substances minéraies, m'a fait voir qu'il falloit de très-grandes raisons, et y être absolument forcé par des indications non douteuses, pour prendre pour forme primitive un octaèdre irrégulier, un nouvel examen que j'ai fait de ce sel, d'après cette donnée, m'a fait changer d'opinion. Je crois aujourd'hui que le cristal primitif de cette substance est un prisme tétraèdre rhomboïdal. Mais tandis que nombres de données me conduisent à prendre pour ce cristal le prisme rhomboïdal de 60° et 120°, plusieurs autres semblent indiquer celui de 50° et 150°; je laisse en conséquence cette question encore

indécise. Les cristaux qui existent dans cette collection, et qui sont en nombre très-considérable, présentant beaucoup de variétés, pourront servir à la décider : c'est même à cette intention que, ce sel étant
très-difficile à obtenir en cristaux parfaits, j'en ai
rassemblé un nombre considérable, dont les 23 cités ne
sont qu'une très-petite partie que j'ai isolée, en les
montant sur des supports de cire verte.

TARTRATE DE POTASSE ET D'ANTIMOINE.

Ce sel me paroît avoir pour cristal primitif un
octaèdre, dont les plans se rencontrent au sommet sous
un angle d'environ 63°, et à la base sous un d'environ
117°. Il est renfermé dans une fiole de verre, et ses
cristaux offrent plusieurs variétés.

TARTRATE DE POTASSE ET DE SOUDE. SEL DE SAIGNETTE.

26 *Cristaux isolés.*

La forme primitive de ce sel est un prisme tétraèdre
rhomboïdal droit d'environ 100° et 80°, à bases rhombes,
divisible suivant ses deux diagonales. Plusieurs des
cristaux qui composent la suite de ceux de ce sel
placés dans cette collection, et qui tous sont fort grands,
ayant des faces additionnelles à leurs faces terminales,
peuvent conduire à la détermination du cristal primitif.

BORATE DE SOUDE. BORAX.

57 *Morceaux, dont* 50 *Cristaux isolés.*

La suite des cristaux de cette substance, dont une
partie vient de l'Inde, et dont l'autre, dont les cristaux

sont parfaitement purs et très-beaux, est tirée de la
manufacture de M. Howard de Stratford, présente un
grand nombre de cristaux non décrits, et dont les
formes sont parfaitement déterminées. Elles sont très-
propres à vérifier ce qui concerne la forme primitive
de ce sel, qui pourroit bien ne pas être un prisme parfaitement rectangulaire, ainsi qu'il est assez généralement pensé.

ARSENIATE DE POTASSE.

4 *Cristaux isolés.*

Le cristal primitif de ce sel est un prisme tétraèdre
rectangulaire à base quarrée : ce prisme est communément terminé par une pyramide, aussi tétraèdre, dont
les plans sont en opposition des côtés du prisme, et
peuvent faciliter la détermination des dimensions du
cristal primitif.

BENZOATE DE CHAUX.

Quoique cette substance cristallise avec beaucoup de
facilité contre les parois des vases qui en renferment la
solution dans l'eau, et qu'on ne puisse rien voir de
plus agréable que les arborisations et autres desseins
qu'elle forme contre ces mêmes parois, et principalement contre leurs parties extérieures, après que la
cristallisation a franchi les bords du vase, il m'a toujours été impossible d'y apercevoir aucune forme parfaitement déterminée.

ACIDE CITRIQUE.

28 *Cristaux isolés.*

Cet acide dont les variétés cristallines sont nom-

breuses et très-particulières, me paroît avoir pour cristal
primitif un prisme tétraèdre rhomboïdal droit d'environ 68° et 112°.

ACIDE OXALIQUE.

Cet acide a pour cristal primitif un prisme tétraèdre
rhomboïdal d'environ 77° et 103°, dont les faces terminales sont inclinées sur deux des côtés opposés du
prisme, de manière à faire avec eux des angles de 60°
et 120°. La suite des variétés renfermées dans cette
collection, moins nombreuses cependant que celles de
l'acide citrique, en renferme plusieurs propres à aider
la détermination de son cristal primitif.

MURIATE DE MERCURE DOUX. CALOMÈLE.

24 *Morceaux, dont 16 Cristaux isolés.*

Le cristal primitif de ce sel paroît être un prisme
tétraèdre rectangulaire. Ce prisme est souvent terminé par une pyramide aussi tétraèdre, placée sur ses
bords, et dont les plans se rencontrent entre eux, au
sommet, sous un angle de 45°. Quelquefois les plans
du prisme manquent, et le cristal se présente alors sous
la forme d'un octaèdre.

SUCRE.

6 *Morceaux, dont 1 Cristal isolé.*

Le cristal primitif du sucre est un prisme tétraèdre
rhomboïdal incliné d'environ 100° et 80°, dont les
faces terminales sont inclinées sur les bords de 80°, de
manière à faire avec eux des angles d'environ 78° et
102°. Le cristal placé dans cette collection est com-

posé de la réunion de deux cristaux très-parfaits avec des facettes, appartenant à deux modifications différentes, placées le long des bords des faces terminales ; il peut servir à faciliter la détermination du cristal primitif de cette substance.

CHARBON D'ALKOOL.

Plusieurs petits morceaux.

MÉTAUX.

OR MÉTALLIQUE NATIF.

90 *Morceaux, dont* 1 *Cristal isolé.*

Parmi les morceaux qui, dans cette collection, appartiennent à l'or natif cristallisé, il existe plusieurs petits groupes, sur lesquels l'or est, soit en cubes complets, soit en cubes avec les angles solides remplacés, chacun d'eux par trois plans, soit en cristaux à 24 facettes trapézoïdales : il existe, dans ces derniers, de très-jolis groupes, sur lesquels les cristaux sont en assez grand nombre et très-parfaits. D'autres groupes montrent des cristaux octaèdres, et quelques-uns des lames hexaèdres très-minces, ainsi que des lames rhomboïdales de 60° et 120°. Le cristal isolé, qui est cité, présente une variété très-jolie et extrêmement rare, dans laquelle l'or est cristallisé en tétraèdre régulier, ayant chacune de ses arêtes remplacée par deux plans, et chacun de ses angles solides par trois : variété qui est parfaitement en rapport avec celle qui appartient au cruivre et fer sulfuré gris, représentée par M. l'Abbée Haüy, pl. 70, fig. 85, de sa minéralogie. Il existe en outre, dans cette collection, plusieurs lames sur lesquelles on observe des tétraèdres réguliers.

Parmi les autres variétés offertes par cette suite, en sont deux qui appartiennent à l'or argentifère ou électrum. L'une d'elle est très-riche en argent, et d'un blanc jaunâtre : l'autre est plus riche en or : cette

derniere vient de Sméof en Sibérie : on peut en observer, dans cette même suite, deux morceaux accompagnés d'argent muriaté. Ces deux morceaux sont extraits d'un beaucoup plus considérable, qui m'a été envoyé de St. Pétersbourg, par mon excellent ami le
Dr. Crichton, premier médecin de l'empereur de
Russie, et que j'ai placé dans la collection de M.
Greville.

Cette suite renferme, en outre, une collection de petites pépites d'or mélangé de beaucoup de cuivre et d'un
jaune rougeâtre, du Sénégal. Elle contient aussi une suite
de morceaux dans lesquels l'or est dans une gangue
de fer oxydé, mélangé de cuivre carbonaté vert fibreux,
de Sibérie ; une suite de pyrites aurifères en décomposition, dont quelques morceaux sont très-riches ; ce
même métal mis à nud par la décomposition du nadel-
ertz ; un morceau de cuivre sulfuré gris mélangé d'or
natif ; de petits morceaux de fer oligiste avec or natif,
qui sont du Brésil, et que je dois à l'amitié de M. le
Comte de Funchall, ambassadeur plénipotentiaire de la
cour du Brésil à Londres ; et enfin plusieurs pépites,
dont une assez considérable, de l'or trouvé en Irlande,
ainsi que de celui trouvé en Cornwall.

PLATINE.

Cette collection renferme un petit coffret contenant
du platine en grain du Pérou.

Elle renferme en outre, un autre petit coffret qui
contient de même du platine en grain, mais du Brésil.
Ce sable de platine est beaucoup plus riche en grains
d'or, disséminés parmi les siens que celui du Pérou.
Parmi ses grains, un grand nombre sont en petits ma-

melons, semblables à ceux de certaines hématites de l'île d'Elbe : lorsqu'ils sont un peu gros, on reconnoît que cette partie mamelonnée n'est qu'une couche très-peu épaisse et caverneuse, qui paroît avoir été en recouvrement d'un autre corps, dont elle s'est détachée : quelques-uns des mamelons ont une forme conique allongée, à la manière de certaines hématites stalactiforme, et sont de même vides ou fistuleux dans leur intérieur.

J'ai séparé de ce sable trois grains qui offrent un intérêt particulier. L'un d'eux offre une des pyramides d'un octaèdre rectangulaire, avec une petite partie de celle inférieur, Cet octaèdre, dont la mesure de l'angle solide du sommet, pris sur le milieu des faces opposées, est d'environ 50°. pl. 20, fig. 391, est totalement creux dans son intérieur, de sorte que ce cristal n'en offre en réalité que l'enveloppe. Le second de ces grains est un prisme tétraèdre rectangulaire, terminé par une pyramide tétraèdre un peu plus surbaissée, et d'environ 60° pour la mesure de l'angle solide de son sommet, et dont les plans sont en opposition des bords du prisme, fig. 392. Le troisième de ces grains est un prisme tétraédre rectangulaire à bases quarrées, fig. 393. Ces trois cristaux sont creux dans toute leur longueur. Il paroît non douteux que le platine de ces grains a été déposé, à l'origine, sur un autre corps dont il a été en suite dégagé. Mais quel a pu être ce corps ? L'or et le palladium sont les seuls métaux mélangés avec le platine dans ce sable : les formes qui viennent d'être décrites n'appartiennent pas à l'or, appartiendroient-elles au palladium, ou cette cristallisation

seroit-elle en effet celle du platine ? La solution de
cette question n'est pas facile.

Il est joint à cette collection une petite feuille de
platine laminée, et une petite cuillère, d'usage pour le
chalumeau.

PALLADIUM.

Quelques petits grains de palladium extraits du sable
de platine précédent.   Il y est joint une petite feuille
laminée.

RHODIUM.

Un petit bouton de rhodium à l'état de régule, au-,
quel est joint une petite feuille laminée, très-mince,
obtenus l'un et l'autre, ainsi que la feuille de palladium
laminée précédente, par le Dr. Wollaston.

UNION DE L'IRIDIUM ET DE L'OSMIUM A L'ÉTAT MÉTALLIQUE.

6 Cristaux isolés.

La connoissance de ces deux métaux, contenus dans
le platine, est due à M. Tenant ; mais celle de leur réunion formant de petits grains, disséminés dans le sable
même qui contient le platine, est due au Dr. Wollaston,
qui l'a cité pour la première fois, dans les Transactions
Philosophiques de 1805. Il a le premier distingué
ces grains de ceux qui appartiennent au platine, et les
en a séparés. C'est à lui que j'ai l'obligation des six
cristaux qui composent cette suite, ainsi que d'un assez
grand nombre d'autres grains de la même substance,
tous à l'état de cristallisation ; mais beaucoup moins
prononcés que les six que j'en ai séparés et isolés.

Cette substance étant en grains comme le platine, et à-peu-près de la même couleur, il a fallu un coup-d'œil pénétrant pour les en distinguer ; mais cette distinction une fois faite, on reconnoît ensuite assez facilement par ces grains, leurs caractères particuliers. La dureté de cette substance est plus considérable que celle du platine, elle approche de celle du fer forgé.

Sa pesanteur spécifique est aussi plus grande, celle du platine en grain, dans son plus grand état de pureté ne passe pas 177,00, tandis que les grains de cette substance pèse 195,00.

Elle cristallise d'une manière parfaitement déterminée, et cela, à ce qu'il paroît, très-facilement. Sa forme primitive est un prisme hexaèdre régulier, fig. 77, pl. 4, dont la hauteur est aux bords des faces terminales, dans le rapport de 5 à 4. Ce prisme est divisible, avec beaucoup de facilité, parallélement à ses faces terminales, et le plan de division a beaucoup d'éclat ; mais je n'ai pu le diviser parallélement à ses autres pans. Ce cristal primitif ne m'a laissé observer que deux modifications, et toutes les deux ont lieu le long des bords des faces terminales.

Par la première de ces modifications, les bords des faces terminales sont remplacés par un plan qui fait avec elles un angle de 124°, 42′, fig. 78, et est le résultat d'un reculement par une simple rangée.

Par la seconde, ces mêmes bords sont remplacés par un plan qui fait avec les faces terminales un angle de 114°, 47′, et est le résultat d'un reculement par deux rangées en largeur sur trois lames de hauteur, fig. 79.

Toutes les variétés qui sont représentées dans la planche, existent dans cette collection.

Cette substance ayant été dite ne jouir d'aucune malléabilité, et désirant m'en assurer par moi-même, j'en ai placé plusieurs grains sur un petit quarré d'acier, et leur ai fait ensuite éprouver une forte percussion avec un marteau ; ils n'ont point été brisés par le choc, qui au contraire les a applatis et étendus, et ce qui est très-particulier, ils ont, par ce moyen, contracté avec l'acier une adhérence si forte qu'il n'est plus possible de les en séparer. Ce morceau d'acier, garni de ces grains, est placé dans cette collection, à la suite de cette substance.

ARGENT.

ARGENT MÉTALLIQUE NATIF.

121 *Morceaux.*

La suite que présente cette substance, dans cette collection, est très-riche, tant à l'égard des différentes variétés qu'elle renferme, dont plusieurs sont très-rares, qu'à raison de la perfection de la plupart des morceaux. Je citerai particulièrement plusieurs petits morceaux de Kongsberg, en Norwège, dont toutes les ramifications d'argent natif sont des agrégations de petits cubes, ainsi que d'autres, dans lesquels ces cubes ont jusqu'à deux lignes de côté; trois petits groupes d'argent natif en octaèdres assez grands et parfaitement réguliers ; plusieurs petites masses ramuleuses isolées, séparées de leur gangue, qui, dans les morceaux qui viennent du Pérou, imitent de petites feuilles de fougères, et dont les octaèdres, auxquels ces petites masses ramuleuses sont dues, sont assez grands pour être facilement apperçus, avec la vue simple : il y est joint plusieurs morceaux, dans lesquels cette variété, en feuille de fougère, est accompagnée et renfermée dans le quartz qui lui sert de gangue.

Dans un morceau de chaux carbonatée de Kongsberg, placé dans cette collection, on peut observer l'argent natif en grandes lames hexaèdres.

Parmi les variétés filamenteuses et capillaires, il y en a plusieurs fort belles de Kongsberg, du Pérou et du Mexique.

Je citerai encore trois morceaux appartenant à une variété très-rare, dans laquelle l'argent natif est une masse informe et légère, d'un grain cristallin, mais extrêmement lâche, et si tendre que l'ongle peut facilement l'entamer; un de ces morceaux montre quelques ébauches de cubes à sa surface. Cette variété, qui n'a point été citée, peut être désignée sous le nom *d'argent natif spongieux* : un des trois morceaux qui lui appartiennent a été roulé par le frottement.

Je terminerai enfin cette énumération des variétés d'argent métallique natif, qui est déjà très-longue, par l'argent natif aurifère de Kongsberg.

ARGENT ANTIMONIAL.

1 *Morceau.*

Ce morceau d'argent antimonial est une plaque polie de chaux carbonatée mélangée de baryte sulfatée et d'argent antimonial ; il contient en outre quelques parties de galène sulfurée. On observe, sur le bord de cette plaque, plusieurs cristaux d'argent antimonial en prismes allongés, parmi lesquels il en existe de tétraèdres parfaitement rectangulaires, ainsi que le représente la fig. 81, pl. 4. D'autres sont hexaèdres ; mais il m'a toujours semblé, et l'on peut facilement l'apercevoir ici, que ces prismes hexaèdres ne sont pas réguliers ; mais ont 4 angles de 135°, et 2 de 90°, fig. 82 ; ils sont produits par le remplacement, par un plan, de deux bords opposés du prisme tétraèdre rectangulaire. J'ai vu, dans quelques morceaux de cette substance, ces mêmes prismes devenus octogones, et comme ils sont fréquemment fort petits, ils paroissent alors, bien souvent, comme des prismes hexaèdres déformés par des stries. On peut observer aussi, sur le bords de cette même plaque, des prismes hexaèdres irréguliers, ainsi que le représente la fig. 83, et ayant deux angles de 90°, un de 135°, et un de 45° ; ce qui achève de démontrer que le cristal primitif est en effet un prisme tétraèdre rectangulaire. J'ai dû à M. Mohr, marchand de minéraux d'Allemagne, auquel j'ai eu l'obligation de plusieurs morceaux très-beaux de cette collection, un morceau de cette substance renfermant plusieurs cristaux en octaèdres réguliers, que j'ai donné à la collection de M. Greville, dans laquelle il doit encore exister.

Ces observations me font regarder le cube comme étant la forme primitive de ce minérai, et sa substance comme n'étant autre que de l'argent métallique mélangé, et non combiné, avec l'antimoine aussi à l'état métallique.

La plaque que j'ai citée précédemment, a sa surface polie chatoyante, et ce chatoyement sessemble beaucoup, par son effet, à celui du feldspath, dit adulaire et pierre de lune. Cet effet provient probablement du mélange de la chaux carbonatée avec la baryte sul-

fatée.   Il est joint à cette plaque, dans cette collection,
un petit fragment qui offre aussi quelques cristaux.

ARGENT ANTIMONIAL ET ARSENICAL.

1 *Morceau.*

Le morceau de ce minérai, renfermé dans cette collection, est très-beau.   Il est à très-petites facettes, mélangées de quelques parties de galène et de baryte sulfatée.   En examinant, avec la loupe, les facettes de ce
morceau, on en observe plusieurs qui indiquent une
forme tétraèdre rectangulaire.   Je considère cette substance comme ne différant de l'argent antimonial
que par l'introduction, dans le mélange, de l'arsenic
et du fer, et il paroît par les diverses analyses qui en
ont été faites, que ce mélange varie en faisant varier, en même-temps, l'aspect extérieur de cette substance.

ARGENT SULFURÉ.

80 *Morceaux, dont 23 Cristaux isolés.*

La partie cristalline de cette substance est très-riche,
dans cette collection, et renferme un grand nombre
de variétés cristallines non décrites, dont plusieurs
sont d'une très-grande rareté. Parmi les cubes il y
en a un isolés, imparfait à un de ses angles ; mais
complet partout ailleurs, et qui a 6 lignes de côté : ce
cristal vient du Mexique. Il y en a en outre un
autre, en partie engagé dans la gangue, qui a 4 lignes
de côté, et a tous ses bords légèrement remplacés par
un plan linéaire.

Parmi les autres variétés d'argent sulfuré, je citerai
celles filiformes et à grandes lames ayant fort peu d'é-
paisseur, ainsi que plusieurs petits rameaux isolés d'ar-

gent natif, ayant tous pour base un morceau plus ou moins grand d'argent sulfuré.

ARGENT ROUGE.

148 *Morceaux, dont 66 Cristaux isolés.*

La série des cristaux de cette substance, que renferme cette collection, est bien certainement unique, soit par le nombre extrêmement considérable de variétés de formes qu'elle contient, et dont le beaucoup plus grand nombre n'ont pas été décrites, soit par la perfection de presque tous les cristaux auxquels appartiennent ces variétés. N'ayant point terminé l'étude cristalline pour laquelle ces cristaux ont été rassemblés, je me contenterai de dire ici que la forme primitive de l'argent rouge, étant un rhomboïde très-voisin de celui de la chaux carbonatée, mais un peu plus obtus, les modifications de celui qui appartient à cette substance, sont parfaitement en rapport avec celles du rhomboïde de la chaux carbonatée, et donnent en conséquence une grande partie des variétés analogues à celles, de cette substance. J'ajouterai, à raison de la separation qui a été faite, comme sous-espèce, par quelques auteurs, de la variété pyramidale, de celle prismatique, sous la phrase, *argent d'un rouge claire*, qu'on trouvera dans cette série un groupe et un cristal isolé, dont les cristaux parfaitement transparents sont, pour le premier, d'un rouge claire et de forme prismatique hexaèdre, terminé par les plans du rhomboïde primitif ; et pour le second, d'un rouge plus claire encore, et dont la forme est un prisme hexaèdre terminé par les plans du rhomboïde lenticulaire, dûs au remplacement des arêtes pyramidales du rhomboïde pri-

mitif ; ces derniers plans sont, ainsi que dans la chaux
carbonatée, striés parallélement à leur petite diagonale,
et ont, ainsi que dans la variété analogue dans la chaux
carbonatée, des ébauches d'une pyramide hexaèdre obtuse. J'ajouterai encore, qu'on trouvera dans cette série,
des groupes dont les cristaux fort petits, sont en
prismes hexaèdres terminés par une pyramide hexaèdre très-obtuse et complette, qui ont une teinte bleuâtre très-forte à leur surface.

Parmi les nombreuses variétés de forme que présente
la série des cristaux de cette substance, placées dans
cette collection, plusieurs sont aussi compliquées que
la plupart de ceux qui le sont le plus dans la chaux
carbonatée ; mais comme elles sont parfaitement régulières, elles sont faciles à déterminer ; quelques-uns
de leurs cristaux ont jusqu'à 96 facettes et même plus.

Parmi les autres variétés, je citerai simplement un
morceau d'arsenic métallique, dont les cavités sont
garnies de cristaux d'argent rouge ; et un morceau d'argent rouge en assez grands cristaux complettement
recouverts, à leur surface, par du cuivre, appartenant à
la variété connue sous le nom de bunt-kupferertz,
cristallisé à l'extérieur en petits cristaux cubiques,
forme qui, ainsi qu'on le verra à l'article de cette
substance, est celle qui lui est propre.

ARGENT SULFURÉ FRAGILE.   SPRÖDE GLASSERTZ,
(*Werner.*)

28 *Morceaux, dont* 14 *Cristaux isolés.*

Cette espèce faite par M. Werner, dans l'argent, a
été suprimée par tous les minéralogistes françois et

considérée comme étant une simple variété de l'argent rouge altéré. Sans doute que ce minérai, qui est très-rare, ne leur a pas été connu, car très-certainement, ils l'eussent conservé parmi les espèces les plus parfaitement distinctes de ce métal. Il est vrai cependant que la plupart des minéralogistes allemands, me paroissent confondre avec les cristaux d'argent vitreux fragile, d'autres cristaux qui appartiennent bien sensiblement à l'argent rouge, et même quelquefois à l'argent sulfuré altéré, ce qui peut avoir contribué à l'erreur qui a été commise, en supprimant cette espèce du nombre de celles minérales.

La couleur la plus habituelle de l'argent vitreux est le gris d'acier ou de plomb, quelquefois cependant tirant un peu sur le noir. Son lustre, ainsi que sa cassure, sont tous les deux beaucoup plus éclatant que ne le sont ces deux caractères dans l'argent vitreux.

Ainsi que le dit très-bien M. Mohs, dans sa savante description de la superbe collection de M. Von der Null, l'expression d'aigre, (spröde) qui sert à caractériser cette substance, ne doit pas être prise à la lettre, elle seroit alors dans le cas d'induire en erreur. Ce minérai est en effet plus facile à briser, et plus aigre, sous un instrument tranchant, que l'argent sulfuré ; mais il est moins fragile et plus doux que l'argent rouge.

Sa forme primitive est un prisme hexaèdre régulier, dont la hauteur est égale à l'apothème de l'exagone des faces terminales, fig. 84 pl. 5. Cette substance ne m'a laissé entrevoir aucune facilité à la division suivant aucun de ses plans.

Ce cristal primitif ne m'a laissé apercevoir, jusqu'ici,
que trois modifications, et elles sont toutes trois le long
des bords de ses faces terminales.

La première, remplace les bords des faces terminales,
chacun d'eux par un plan qui fait avec ces mêmes faces
un angle de 135°. Elle est le résultat d'un reculement,
le long de ces bords, par une simple rangée.

La seconde, remplace les mêmes bords, par un plan
qui fait avec les faces terminales un angle de 153°, 26'.
Elle est le résultat d'un reculement, le long de ces
bords, par deux rangées.

La troisième, remplace encore les mêmes bords, par
un plan qui fait avec les faces terminales un angle de
125°, 41'. Elle est le résultat d'un reculement, le long
de ces bords par deux rangées en largeur sur trois lames
de hauteur.

Les cristaux de cette substance, que j'ai représentés
dans la planche 5, sont les seules variétés que je connoisse de cette substance, elles existent toutes dans
cette collection. On en a cité beaucoup d'autres, mais
il paroît que c'est par suite de la confusion qui a été
faite de ses cristaux avec ceux de l'argent rouge altéré.

ARGENT SULFURÉ FLEXIBLE. *(Nobis.)*

12 Morceaux, dont 4 Cristaux isolés.

Il m'est impossible de rapporter cette substance à
aucune des espèces connues parmi les minérais d'argent, dont elle diffère totalement par ses caractères spécifiques. Sa couleur tire sur le noir ; elle est tendre et
est facilement coupée par un instrument tranchant ;
mais sa coupure, sans être terne, ne présente pas un

lustre métallique aussi brillant que celui offert par la coupure de l'argent sulfuré.

Sa forme primitive est un prisme tétraèdre rhomboïdal de 60° et 120', fig. 91 planche 5, divisible parallélement à ses faces terminales presqu'aussi facilement que le mica. Lorsque ses cristaux sont minces, ainsi que cela existe le plus habituellement, ils sont presqu'aussi flexibles que le peut être une lame de plomb de la même épaisseur : j'en ai plié plusieurs assez fortement que j'ai rétablis ensuite dans leur première situation, sans qu'ils se cassassent. Cette propriété seule seroit suffisante pour caractériser, dans ce sulfure d'argent, une nouvelle espèce ; c'est elle qui m'a déterminé à désigner cette substance sous l'expression d'argent sulfuré flexible, jusqu'à ce qu'il lui soit donné un autre nom.

Le caractère de flexibilité que possède cette substance, me l'a fait considérer pendant quelque temps comme pouvant appartenir au tellure gris de Naggiag ; mais l'essai qu'en a fait le Dr. Wollaston, d'après ma prière, a détruit cette opinion, en n'y trouvant que de l'argent, du soufre et quelque traces de fer.

Ainsi que je l'ai dit précédemment, le cristal primitif de cette substance est un prisme tétraèdre rhomboïdal droit à base rhombe de 60° et 120°. La hauteur de ce prisme est égale à la longueur des bords de ses faces terminales.

Les cristaux de cette substance m'ont présenté 7 modifications de ce cristal primitif.

La première, remplace les bords aigus du prisme par un plan également incliné sur ceux adjacents. Elle e.t le résultat d'un reculement par une rangée le long de ces bords.

La seconde, remplace les bords obtus par un plan de même également incliné sur les côtés adjacents du prisme, et est le résultat d'un reculement par une rangée le long de ces bords.

La troisième, remplace les bords des faces terminales par un plan qui fait avec elles un angle de 120°. Elle est le résultat d'un reculement, le long de ces bords, par 2 rangées en largeur sur 3 lames de hauteur.

La quatrième, remplace les angles obtus des faces terminales par un plan qui fait avec ces faces un angle de 120°, 58', et est le résultat d'un reculement, à ces angles, par 6 rangées en largeur sur 5 lames de hauteur.

La cinquième remplace les angles aigus des faces terminales par un plan qui fait avec ces faces un angle de 120°, et est le résultat d'un reculement, à ces angles, par 2 rangées en largeur sur 3 lames de hauteur.

La sixième, a lieu le long des bords de 60° du prisme, et les remplace, chacun deux par deux plans qui font avec les côtés du prisme un angle de 153°, 26', et sont le produit d'un reculement par deux rangées le long de ces même bords.

La septième, enfin a lieu aux angles aigus des faces terminales, et remplace chacun d'eux par deux plans qui font un angle de 120°, avec les faces terminales, et se rencontrent entre eux aussi sous un angle de 120°. Cette modification est produite par un reculement intermédiaire à ces angles aigus qui, tandis qu'il prend une molécule sur un des bords des faces terminales, en prend deux sur l'autre, et se fait par deux rangées en largeur sur trois lames de hauteur.

Les cristaux de cette substance sont en général fort petits ; leur gangue, dans les morceaux qui sont placés dans cette collection, est une chaux carbonatée martiale, soit d'un gris de perle foncé, soit couleur de chair, mélangée de cuivre et fer sulfuré gris, et de chaux carbonatée en rhomboïdes lenticulaires : je les crois de Hongrie.

ARGENT ET CUIVRE SULFURÉ. (*Nobis.*)

5 *Morceaux.*

C'est encore le Dr. Wollaston qui, à ma demande, a bien voulu déterminer, par l'analyse, la nature de cette espèce de minérai d'argent, qui ne contient que de l'argent, du cuivre et du soufre, sans aucune trace de fer.

Sa couleur est un gris foncé, son lustre est éclatant, et sa surface, qui est aussi très-éclatante, est granuleuse, et partiellement conchoïdale.

Cette substance est extrêmement fragile ; elle est aussi extrêmement fusible au chalumeau. Elle vient des mines de Culivan en Sibérie, et faisoit partie d'un envoi très-considérable et très-précieux, qui m'a été fait de St. Pétersbourg par mon ami le Dr. Crichton, premier médecin de l'empereur de Russie.

ARGENT MURIATÉ.   ARGENT CORNÉ.

50 *Morceaux.*

Cette suite très-considérable, contient beaucoup de morceaux fort petits ; mais tous parfaitement caractérisés et intéressants. Parmi les morceaux qui appartiennent à la variété cristallisée en cubes, 7 proviennent des mines d'argent, soit du Mexique, soit du Pérou.

Les autres morceaux, dans lesquels l'argent corné est cristallisé d'une manière régulière, appartiennent au Cornwall, et offrent bien certainement les variétés les plus intéressantes. L'argent corné y est en fort petits cristaux d'un vert pâle qui, à l'exception de quelques parties de fer oxydé mélangées avec eux, constitue en entier leur substance.

Il existe, dans cette suite, plusieurs morceaux dans lesquels le cube a ses angles solides remplacés par un plan plus ou moins grand, fig. 105, pl. 6. Dans d'autres on peut observer des octaèdres réguliers, fig. 106. Ces deux dernières variétés sont extrêmement rares, et n'ont point encore été citées.

L'argent muriaté de Cornwall présente une autre variété qu'on peut nommer *argent muriaté martial*: cette variété, qui n'a pas encore été citée, est intéressante. Elle se présente, ainsi que l'argent muriaté simple du même canton, sous la forme d'une agrégation de petits cubes; mais leur couleur est d'un brun noirâtre, ou d'un jaune rougeâtre, qu'on prendroit facilement, sans une grande attention, pour appartenir à un fer spathique, en petits rhomboïdes primitifs en décomposition. Ces cubes se coupent avec autant de facilité que le fait l'argent muriaté ordinaire, et la coupure, qui a un lustre brillant, laisse apercevoir plusieurs taches dues à des parties d'oxide de fer renfermées dans l'intérieur de leur substance. Sous l'action du chalumeau, l'argent se sépare sous la forme de petits globules qui recouvrent la surface du fer, qui se montre alors sous la forme d'une scorie. La série qui appartient à cette variété est très-nombreuse, parce qu'elle montre cette substance sous ses divers aspects, et sous ses différents degrés de décomposition. Non altérée, elle est d'un brun noirâtre ; l'altération lui donne une couleur d'un jaune rougeâtre ; et lorsque cette décomposition est très-avancée, les cubes se montrent remplis de grandes cavité, et quelquefois même leur surface extérieure ne montre plus qu'une espèce de carcasse : cependant on n'observe aucune trace d'argent natif sur ces morceaux, et l'esprit a de la peine à se représenter ce que ce métal peut être devenu.

Parmi les autres variétés, je citerai celle en lames minces interposées dans la chaux carbonatée du Pérou ; celle en masse compacte d'un grain fin, d'un gris tirant un peu sur le violet, aussi du Pérou, et dont il existe, dans cette collection, une série intéressante ; un morceau de l'argent métallique natif du Pérou, dit en feuille de fougère, sur une partie duquel il existe de l'argent cornéen petits cubes d'un gris de perle, entremélés de petits mamelons d'hématite, et de petits cristaux de fer oligiste, appartenant à la variété dans laquelle le rhomboïde a ses deux angles solides, pris pour sommets, remplacés par un plan très-large qui laisse fort peu de chose des plans du rhomboïde primitif ; et enfin un petit morceau d'hématite de fer coloré en un jaune cuivreux, comme certaines hématites de l'isle d'Elbe, et dont la surface laisse apercevoir plusieurs petits cubes d'argent corné, d'un brun foncé, ayant beaucoup de rapport avec l'argent corné martial cité précédemment ; j'en ignore la localité.

ARGENT NOIR.

12 *Morceaux.*

Je ne place ici ces morceaux, sous ce nom qui lui a été donné par les minéralogistes allemands, que pour

mettre dans le cas de pouvoir les comparer avec la
substance à laquelle on a donné cette dénomination.
Je doute que le minerai qu'on désigne par elle, soit véritablement une espèce, et doive tenir, comme telle, une
place parmi celles qui appartiennent à l'argent. Cependant, n'en ayant jamais vu aucun morceau sortant,
soit des mains de M. Werner, soit venant de quelques-
uns de ses écoliers, je ne puis prononcer déterminément
à son égard. D'un autre côté, à en juger par la
description seule que ce célèbre professeur en donne,
je serois porté à considérer l'argent noir comme une
simple variété de l'argent sulfuré, soit impure, soit en
décomposition. La plupart des morceaux que j'ai vus
jusqu'ici venant d'Allemagne, n'étoient autre chose que
des mélanges, très-confus, d'argent sulfatés ou d'argent
rouge en décomposition, de blende, de cuivre gris
tenant argent, et de galène aussi argentifère : telle est
la nature des morceaux qui sont placés ici.

MERCURE.

MERCURE MÉTALLIQUE NATIF.

14 *Morceaux.*

Une partie des morceaux de cette collection, avec
mercure natif, sont accompagnés de mercure muriaté,
ou mercure corné.

MERCURE ARGENTAL. AMALGAME NATIF.
2 *Morceaux, dont un Cristal isolés.*

MERCURE SULFURÉ. CINABRE.
131 *Morceaux, dont 40 Cristaux isolés.*
Parmi les cristaux isolés de cette substance, qui

existent dans cette collection, est une série très-belle de grands cristaux de cinabre du Japon. Cette série est extrêmement intéressante et elle est très propre à ajouter considérablement à l'étude cristalline de cette substance, dont les variétés de forme sont très-nombreuses, et leur étude très-difficile, d'après les modifications très-particulières, et dont aucune autre substance ne montre l'exemple, qu'éprouve son cristal primitif, dont la forme est le prisme hexaèdre régulier.

Parmi les autres variétés de cette substance, est une série des variétés fibreuses et pulvérulentes, d'un rouge si beau et si éclatant, de Volfstein dans le Palatinat.

Je citerai particulièrement, dans cette série, une variété en petites masses lamelleuses, disséminées dans une hématite de fer compacte ; ainsi qu'une autre fibreuse, disséminée dans une pyrite martiale fibreuse aussi, dont les fibres sont de petits prismes rectangulaires allongés, entre lesquels sont interposées des parties de quartz et de mercure sulfuré.

Le mercure sulfuré bitumineux, n'étant qu'une légère variété du mercure sulfuré, a été réuni à lui.

MERCURE MURIATÉ. MERCURE CORNÉ.

16 *Morceaux.*

La plupart des morceaux de cette substance, qui sont renfermés dans cette collection, sont accompagnés de mercure natif. Un grand nombre présentent le mercure muriaté en cristaux très-sensibles ; mais ces cristaux sont pour la plupart, soit indéterminés, soit très-difficiles à déterminer.

Un petit morceau de cette suite contient un groupe de trois cristaux en cubes parfaits, avec les bords rem-

placés par un plan linéaire, fig. 107, pl. 6 : ils sont d'un
jaune citron. Sur un autre morceau plus grand, le
cube a chacun de ses bords remplacé de même par
un plan, mais d'une grandeur si considérable qu'il reste
très-peu de chose des plans primitifs du cube, fig. 108 :
ce cristal est donc presque dodécaèdre ; il est d'un gris
de perle. On observe enfin sur d'autres morceaux,
des cubes ayant leurs angles solides remplacés,
fig. 109.

Le cristal primitif de cette substance me paroît être
le cube, et les variétés que je viens de dire exister en
cristaux fort petits, mais parfaitement déterminés,
dans cette collection, expliquent les deux cristaux
donnés par M. l'Abbé Haüy : l'un, qui est le dodécaèdre à plans rhombes, est cité dans la minéralogie
de ce savant ; et l'autre, qui est un prisme tétraèdre,
avec une pyramide tétraèdre aussi, dont les plans sont
en oposition des bords du prisme, est cité dans son
tableau comparatif, &c. Cette dernière variété ne me
paroître être autre chose, que le cube allongé, et dont
les angles solides sont remplacés, chacund'eux, par un
plan très considérable, qui fait disparoître les deux faces
terminales du cube, devenu prismatique.

—————

CUIVRE.

CUIVRE METALLIQUE NATIF.

239 *Morceaux, dont 82 cristaux isolés.*

Je crois pouvoir assurer que la suite qui, dans cette
collection, appartient au cuivre métallique natif, est une
des plus complettes qui puisse être formée. La plus

grande partie des morceaux dont elle est composée,
sont à l'état de cristallisation, et dans le plus grand
nombre, une partie des cristaux qu'ils renferment sont
parfaitement cristallisés. Aussi la série des formes
cristallines y est-elle immense, et comme presqu'aucune d'elles n'on été décrites, cette collection avoit été
principalement rassemblée pour en faire l'étude qui, je
puis l'assurer d'avance, présentera un grand nombre
de faits intéressants, et mérite de faire l'objet d'un travail particulier. Quelques-uns des cristaux qui composent cette série, sont très-compliqués, et semblent
fortement s'éloigner de leur type primitif ; mais l'étude
des autres, rendra la leur plus facile, en applanissant la
plus grande partie des difficultés qu'elle présente.

Un grand nombre des cristaux cités comme cristaux
isolés, ne répondent pas exactement à cette expression,
et sont de petites groupes ; mais étant eux-mêmes isolés, et les cristaux qu'ils renferment étant en très-
petit nombre, ils remplissent la fonction des cristaux
isolés, en rendant ceux qu'ils contiennent plus distincts, et leur détermination plus facile.

Parmi les autres variétés qui composent cette suite,
il y en a plusieurs de très-rares. Je citerai principalement, parmi elles, un morceau en ramifications très-
délicates, auquel on pourroit donner le nom de cuivre
natif en feuilles de fougère, imitant parfaitement la
variété d'argent métallique natif connue sous cette dénomination. Un autre morceau extrémement rare,
qu'on pourroit nommer foliacé, sa masse n'étant composée que de la réunion, très-lâche, de lames assez
grandes et ayant très-peu d'épaisseur ; elles ont toutes
une tendance à la forme héxaèdre, et sont réunies

entre elles par petits systèmes particuliers parfaitement distincts les uns des autres, quoiqu'adhérants tous entre eux : ce morceau est de Cornwall. Une série des variétés filiformes et capillaires du même canton, parmi lesquelles en est une qu'on pourroit nommer cotoneuse, par la finesse de ses fibres, la manière dont elles s'entrecroisent, et la légéreté de l'ensemble dû à cette réunion. Je citerai enfin, une série de morceaux, dans lesquels le cuivre natif, à l'état cristallisé, est légérement, à sa surface, à l'état de cuivre carbonaté vert.

CUIVRE SULFURÉ. CUIVRE VITREUX.

138 *Morceaux, dont* 61 *Cristaux isolés.*

Quoique déjà il ait été imprimé, dans les Nos. 108, 109 et 110 du journal de physique et de chimie de **M.** Nicholson, une notice de l'opinion à laquelle ma conduit l'étude que j'ai faite des divers sulfures de cuivre, cet objet me paroît assez essentiel, tant à la minéralogie qu'à la métallurgie, pour m'engager à placer ici le résultat de mes observations à leur égard, et établir en même-temps les caractères spécifiques, propres à chacun de ces sulfures, qui sont les plus essentiels.

Le cuivre sulfuré simple et proprement dit, auquel appartient cet article, est une combinaison simple du soufre avec le cuivre, dans la proportion de 0,81 de cuivre et de 0,19 de soufre.

Lorsque cette substance est pure, elle se laisse presqu'aussi facilement couper avec un couteau que le fait l'argent sulfuré, et sa coupure présente de même le lustre métallique : cependant en la coupant elle s'égrène quelquefois, et se brise d'autant plus qu'elle est moins pure.

Le cuivre sulfuré est friable sous le marteau.

Lorsqu'il se casse, sa cassure est particiellement conchoïdale et offre un lustre brillant.

Sa couleur est un gris de fer ou de plomb plus ou
moins foncé ; mais il est fort sujet à s'oxyder à sa surface, et prend alors une teinte tirant fortement sur le
noir.

Il est très-fusible et fond à l'instant même, et en
bouillonnant, sous l'action du chalumeau. Le bouton qui résulte de cette fusion est gris, et lorsque
sa substance n'est pas parfaitement pure, et fort souvent elle est mélangée de fer, il agit sur le barreau
aimanté ; mais cette action n'existe nullement lorsque
sa substance est pure.

Sa pesanteur spécifique est de 56, 43.

La forme primitive du cuivre sulfuré, est un prisme
hexaèdre régulier, dont la hauteur est à l'apothème de
l'exagone des faces terminales, comme 2 est à 3 : ce
prisme passe à celui dodécaèdre par le remplacement
de ses bords longitudinaux. Ce cristal primitif n'a
jusqu'ici fait observer trois modifications différentes,
qui toutes trois remplacent chacun des bords de ses
faces terminales, par un plan qui fait avec ces mêmes
faces, dans la première de ces modifications, un angle
de 146°, 19′, dans la seconde un de 138°, 22′, et dans
la troisième un de 116°, 32. Le premier de ces plans,
est le produit d'un reculement, le long des bords des
faces terminales, par une simple rangée ; le second, est
le produit d'un reculement le long de ces mêmes bords,
par 3 rangées en largeur sur 4 lames de hauteur ; et
le troisième est le produit d'un reculement semblable
encore, par une rangée en largeur sur 3 lames de hau-

teur. Ces modifications, par la diminution successive
des faces terminales, donnent naissance à autant de
pyramides hexaèdres complettes ou incomplettes, qui
sont soit avec prismes intermédiaires, soit sans prismes ;
et dans ce dernier cas elles produisent autant de dodécaèdres à plans triangulaires. Fréquemment aussi,
les plans de ces différentes modifications sont réunis
sur le même cristal : on sent facilement qu'alors, de la
différente combinaison de tous ces plans entre eux,
doit résulter un grand nombre de variété, ce qui existe
en effet ; mais il me paroît qu'il a été attribué à cette
espèce du cuivre, par différents auteurs, des formes
qu'il ne présente nullement, et que même il ne peut
présenter, telles que le cube et l'octaèdre.

La suite des morceaux de cette substance, renfermés
dans cette collection, est je crois une des plus complette
qui puisse être rassemblée. La partie cristalline est
extrémement riche.

DOUBLE SULFURE DE CUIVRE ET DE FER, A CASSURE
D'UN ROUGE DE NICKEL. BUNTKUPFERERTZ.
(*Werner.*)

100 *Morceaux, dont* 16 *Cristaux isolés.*

Cette espèce diffère de la précédente, en ce que ce
n'est plus une combinaison simple de soufre et de cuivre, mais le résultat d'une combinaison double du
soufre avec le cuivre et le fer. Ce dernier métal ne
s'y trouve plus en effet simplement mélangé, ainsi
que cela arrive fréquemment à l'égard du cuivre sulfuré simple, mais à l'état combiné. Il change par conséquent totalement la nature du sulfure, en en faisant
une espèce particulière, dans laquelle le cuivre, le fer

et le soufre, sont dosés entre eux dans un rapport voisin des trois nombres 60, 18 et 22.

La couleur que présente cette substance, lorsqu'elle n'est nullement altérée, est fort peu différente de celle de l'espèce précédente ; mais ce qui la caractérise principalement, à cet égard, est la couleur qui est montrée par sa cassure, ou même par sa coupure, qui est toujours d'un rouge cuivreux ou de nickel plus ou moins foncé ; mais par suite de l'attération à laquelle cette espèce est infiniment plus disposée encore que la précédente, elle prend souvent, à l'extérieur, cette même couleur rouge, et même fort souvent beaucoup plus foncée. Elle prend aussi, par la même cause, le rouge brun, le bleu plus ou moins foncé, et quelquefois même la couleur verte, ainsi que diverses teintes de ces couleurs : propriété de laquelle dérive le nom allemand qui lui a été donné.

Cette espèce de minérai de cuivre jouit de la même propriété que le cuivre sulfuré de se laisser couper avec un couteau, et de présenter à la coupure un lustre métallique ; mais ce lustre est moins brillant. Elle offre aussi, sous la coupure, une résistance plus considérable, et sa substance s'égrène davantage.

Sa cassure est irrégulière, et présente beaucoup moins de petites parties conchoïdales que celle du cuivre sulfuré.

A l'état cristallin et parfaitement pure, sa pesanteur spécifique m'a donné 50,33.

Le caractère de la fusibilité est, avec celui de la cristallisation, ceux les plus frappants de cette substance. Le buntkupferertz est fusible, il est vrai, sous l'action du chalumeau, mais beaucoup moins facilement que le cuivre sulfuré simple, et avec un bouillonnement beaucoup moins considérable, et le bouton qui résulte de cette fusion, agit toujours très-fortement sur le barreau aimanté.

Sa forme cristalline primitive est le cube, qui très-souvent a ses faces un peu arrondies; ce qui donne fréquemment, à ce cristal, un faux aspect rhomboïdal. Le cube, soit complet, soit avec ses angles solides remplacés par un petit plan triangulaire équilatéral, sont les seules variétés de forme que m'ait présenté cette substance, dans laquelle les cristaux sont d'ailleurs très-rares. En outre de ceux, soit agrégés, soit isolés, que cette suite renferme, il y est joint 12 petits groupes sur la plupart desquels les cristaux sont parfaitement déterminés.

Cette suite renferme aussi une série de morceaux, dans lesquels cette substance est à l'état feuilleté. J'imagine que cette variété appartient à la sous espèce du cuivre sulfuré, faite par M. Werner: cela me paroît d'autant plus probable que, d'après l'exposition qui a été faite par les auteurs allemands des caractères propres à cette sous varété, ainsi que d'après l'analyse qui en a été donnée par M. Klaproth, elle me paroît en effet appartenir au buntkupfererz, et non au cuivre sulfuré simple.

DOUBLE SULFURE GRIS DE CUIVRE ET DE FER.

CUIVRE ET FER SULFURÉ GRIS. CUIVRE GRIS. *Fahlertz.*

106 Morceaux, dont 22 Cristaux isolés.

Avant de tracer ici mon opinion sur la véritable na-

ture de cette substance, qu'on me permette de la faire
dévancer par quelques réflexions qui développeront le
mode que j'ai suivi dans la détermination des sulfures
de cuivre, lorsque je m'en suis occupé, la base sur laquelle cette détermination a été fondée, et la confiance qui peut y être apportée.

J'ai toujours été persuadé, qu'autant l'analyse chimique est utile à la détermination des substances minérales, lorsque pour y parvenir elle se réunit aux
autres caractères déterminants de cette science, autant
elle est peu propre à cette détermination lorsqu'elle
s'isole : elle devient même fort souvent, dans ce cas,
la source de nombres d'erreurs, d'autant plus dangereuses que l'autorité sur laquelle alors elles s'établissent inspire de confiance.

Toutes les substances minérales, et principalement
celles qui sont métalliques, sont sujettes à admettre,
dans leur formation, en outre des substances composantes, ou qui seules sont combinées chimiquement
entre elles, et qui déterminent l'espèce minéralogique,
dautres substances qui sont étrangères à celles qui entrent dans la combinaison, dont elle n'altèrent conséquemment pas la nature, quoique en réalité elles fassent varier la masse dans laquelle elles s'interposent.
Ces substances, quoique paroissant, dans nombre de
circonstances, soumises, dans leur introduction, à un
genre d'affinité qui ne nous est pas encore connu,
mais qui diffère totalement de celle qui détermine la
formation des molécules intégrantes des minéraux, et
le mode de leur réunion, font en effet varier celles
dans la masse desquelles elles s'interposent soit à raison de la manière dont elles se dosent, en s'interposant,

soit à raison de celles qui s'introduisent avec elles
dans cette même substance, tant accidentellement, que
déterminées par elles. Il n'est aucun moyen assuré
par lequel la chimie puisse discerner, avec confiance,
celles de ces substances qui sont véritablement combinées chimiquement entre elles, de celles qui ne sont
que simplement interposées. Si, ne les distinguant
pas, elle forme de l'existence de ces dernières un caractère essentiel de la substance analysée, elle introduit
dans la science une erreur aussi forte que celle que
commetteroit le physiologiste, en classant parmi les
animaux, comme espèces différentes, ceux qui dans leur
dissection montreroient quelques corps étrangers,
comme bézoards, ossification de quelques tendons,
altération de quelque fluide, &c.

Il existe cependant, pour la chimie, un moyen, sinon
de faire disparoître complettement cette cause d'erreur,
du moins d'en diminuer considérablement l'action ;
c'est de ne compter que très-foiblement sur le résultat
d'une analyse isolée, et de ne croire être parvenu à avoir
quelques données sur les véritables parties composantes
des minéraux analysés, que lorsqu'elle est arrivée à un
résultat probable, offert à elle par une suite d'analyses
comparatives, faites sur des échantillons parfaitement
choisis, et pris dans des cantons, ainsi que dans des
gangues différentes. Par ce moyen, elle peut reconnoître les substances qui, variant dans leur manière
d'être dosées, annoncent exister dans quelques-uns des
échantillons analysés, en quantité plus grande que celle
qui est nécessaire à la combinaison, et par conséquent
à la formation de la substance, et elle peut s'arrêter à
celle de ces analyses, dans laquelle les substances com-

posantes paroissent, dans leur manière d'être dosées,
avoir atteint un point fixe, au-delà duquel elles ne varient plus, et rejetter alors du nombre des parties vraiment composantes, celles qui se trouvent en surplus
dans les autres analyses. Par-là aussi, elle peut réjet-
ter du nombre des substances composantes, celles qui,
après s'être montrées dans quelques échantillons, cessent d'exister dans les autres.

Cette opération faite, et le caractère chimique fixé
aussi exactement que la science peut le permettre, le
minéralogiste prend alors une connoissance complette
des autres caractères spécifiques, qui appartiennent
à la substance analysée, et classe à l'avenir à côté d'elle,
tout ce qui est en rapport parfait avec elle.

Cette marche est exactement celle que j'ai suivie,
lorsque j'ai eu l'intention de fixer mon opinion sur les
différens sulfures de cuivre, et j'ai été assez heureux
pour trouver alors, dans un chimiste généralement estimé, M. Chenevix, la même opinion, et le même désir d'être utile à la science. Il a eu la complaisance
de faire, sur ces sulfures, 21 analyses comparatives, sur
des échantillons que j'ai choisis et que je lui ai fournis
moi-même : je lui dois en entier d'avoir pu sortir de
l'espèce de cahos dans lequel j'étois à leur égard.

Ce cahos sera très-facilement compris, à l'égard surtout de l'espèce dont nous nous occupons, si, en mettant
à part le secours que j'ai été assez heureux de pouvoir
me procurer, on veut, d'après les analyses faites sur le
double sulfure gris de cuivre et de fer, fixer son opinion
sur la véritable nature de cette substance. J'ai dans
ce moment sous les yeux 12 de ces analyses, et l'on
peut facilement s'apercevoir que la plupart ont été

faites sur des échantillons très-imparfaits, tels que
peuvent l'être ceux pris sur des masses indéterminées
de cette substance ; tandis que d'autres, ont été faites
sur des morceaux qui ne lui appartenoient aucunement :
telle par exemple que celle faite, par M. Klaproth,
sur un échantillon d'Andreasberg, qui lui a donné
16,25 de cuivre, 16 d'antimoine, 34 de plomb et 10 de
soufre, et qui bien certainement appartient à la substance que j'ai décrite dans les transactions philosophiques, et plus complettement dans les Nos. 108, 109 et
110 du journal de Nicholson, sous le nom d'endellione, et à laquelle M. Jameson, professeur de minéralogie à l'université d'Edimbourg, m'a fait l'honneur de
donner le nom de Bournonite.

Au nombre des analyses comparatives faites par M.
Chénevix, sur cette substance, la plupart ont donné
plus ou moins d'antimoine. Une variété seule, celle en
cristaux parfaitement prononcés et très-brillants, de
Cornwall, n'a donné que du cuivre du fer et du soufre,
dans la proportion des nombres 52, 33 et 14. Cette
variété étant bien parfaitement reconnue pour être un
véritable cuivre gris, cristallisant en tétraèdre régulier,
fahlertz des minéralogistes allemands, il s'en suit nécessairement que les parties constituantes obligées de
ce minérai, sont simplement le cuivre, le fer et le
soufre, et que toutes les autres substances qu'on rencontre dans la sienne, en doses si variées, lui sont totalement étrangères. Celle la plus sujette à s'y montrer, est l'antimoine ; l'argent s'y montre aussi assez
souvent, ce qui pendant quelque temps a fait donner,
à ce sulfure, le nom d'argent gris ; mais il y existe ce-

pendant plus rarement, et alors il est assez commun de l'y voir uni à l'antimoine à l'état d'argent rouge : j'ai cru reconnoître que lorsque cette espèce de minérai de cuivre, étant gratté, donnoit une poudre rouge, elle étoit dans ce cas.

La pesanteur spécifique du cuivre et fer sulfuré gris est 45, 58.

Je n'entrerai dans aucun détail sur les autres caractères extérieurs de ce minérai, ils sont connus : je me contenterai d'ajouter ici que, parmi le grand nombre des modifications du tétraèdre régulier, son cristal primitif, que renferme cette collection, il y en existe un nombre assez-considérable qui n'ont pas été décrites.

DOUBLE SULFURE JAUNE DE CUIVRE ET DE FER. CUIVRE ET FER SULFURÉ JANNE. PYRITE CUIVREUSE.

86 Morceaux, dont 31 *Cristaux isolés.*

Ce sulfure de cuivre est extrêmement intéressant, par le grand rapport qu'il a, à beaucoup d'égard, avec le précédent, et la différence qu'il montre à plusieurs autres égards.

Sa forme primitive est, de même que celle du cuivre et fer sulfuré gris, le tétraèdre régulier et d'après les analyses, faites par M. Chénevix, sur nombre d'échantillons très-parfaits que je lui ai remis moi-même, ses parties constituantes sont les mêmes aussi, et diffèrent très-peu dans la manière d'être dosées.

Cette dernière assertion étonnera peut-être, d'après une autre analyse faite par le même chimiste éclairé, et rapportée par M. l'Abbé Haüy, dans son *tableau comparatif*, &c. qui donne, pour parties constituantes de ce sulfure, 30 de cuivre, 53 de fer, et 12 de soufre : mais j'observerai que cette dernière analyse n'appartient nullement au cuivre et fer sulfuré jaune ordinaire, celui à cassures brillantes, irrégulières et presque granuleuses, et qui cristallise en tétraèdre régulier ; mais à un autre sulfure de ce même métal, en couches minces superposées l'une sur l'autre, et fréquemment mamelonné, qui n'a encore montré aucune forme cristalline, et dont la cassure présente un grain très-fin, sans aucun lustre, et est quelquefois légèrement conchoïdal. Cette analyse de M. Chénevix, placée à la suite du mémoire que j'ai donné, dans les transactions philosophiques, sur les différentes espèces d'arseniates de cuivre, dans lequel je citois ce sulfure, comme étant différent de celui qui cristallise en tétraèdre, et formant très-probablement une espèce particulière, avoit trait à cette sspèce ; aussi M. l'Abbé Haüy la cite-t-il comme étant l'analyse du cuivre pyriteux mamelonné d'Angleterre.

D'un autre côté le cuivre et fer sulfuré jaune, a une pesanteur spécifique moins considérable que celle du cuivre et fer sulfuré gris. Cette pesanteur m'a donné un terme moyen de 40,57. Sa dureté est aussi moins grande.

La différence qui existe entre les couleurs de ces deux sulfures, établit aussi une forte ligne de démarcation entre eux.

Il est donc, je pense, hors de doute que ces deux substances forment deux espèces parfaitement différentes. D'un autre côté aussi, le cuivre et fer sulfuré jaune, n'est bien certainement pas non plus une pyrite martiale mélangée de cuivre, sa forme, sa dureté, sa pesanteur spécifique, et en général tous ses caractères, sont différents de ceux de la pyrite martiale : le nom de pyrite cuivreuse ne peut donc lui convenir. Ce n'est point non plus, et par suite de la même raison, un cuivre sulfuré mélangé de fer ; ce ne peut donc être que le produit de l'un et l'autre sulfure de ces deux métaux, ou celui d'une combinaison triple de soufre de cuivre et de fer, et il me paroît que cette dernière manière de le considérer est celle qui offre le plus de données pour elle.

Un fait singulièrement intéressant qu'offre cette substance, est la grande différence que présente sa couleur jaune d'avec celle grise du cuivre et fer sulfuré gris, quoique paroissant composée des mêmes principes, avec bien peu de différence dans leur manière d'être dosés. Cette différence de couleur est frappante, et elle suffiroit à elle seule, lorsqu'il est question des substances métalliques, pour déterminer à séparer l'un de l'autre ces deux sulfures. Il y a long-temps que j'ai dit, pour la première fois, que mon opinion étoit que cette différence pouvoit provenir de l'état dans lequel le fer se trouve dans chacun d'eux. Dans le cuivre et le fer sulfuré jaune, il me paroît être à l'état métallique, ainsi qu'il existe dans la pyrite martiale, tandis qu'il est à l'état d'oxyde dans le cuivre et fer sulfuré gris. Avec qu'elle satisfaction j'ai vu M. Gueniveau, venir à l'appui, et même en démonstration de cette même opinion, par ses savantes analyses des cuivre et fer sulfurés jaunes de St. Bel, près de Lyon, et du Baigorry. L'une de ces analyses lui a donné 20,2 de cuivre, 32,3 de fer à l'état métallique, et 37 de soufre, et la seconde 30,5 de cuivre, 3,5 de fer, à l'état métallique, et 35 de soufre.

Le fer, étant une fois reconnu se trouver à l'état métallique dans le cuivre et fer sulfuré jaune, tandis qu'il est à l'état oxydé dans le cuivre et fer sulfuré gris, les substances composantes de ces deux minérais cessent d'être les mêmes, et leur différence, comme espèces, fortement prononcée. Il reste cependant encore une difficulté offerte par eux. Pourquoi donc alors ces deux substances, si elles sont différentes, offrent-elles la même forme primitive ? Nos connoissances, en cristallographie, ne sont pas je pense suffisantes encore pour nous permettre de répondre à cette question, de manière à résoudre complettement la difficulté. Je dirai seulement, que ce n'est pas exclusivement dans la forme du cristal primitif, que réside la forme caractéristique des substances minérales ; mais en outre, et même principalement, dans celle des molécules intégrantes qui concourent à la formation de ce cristal. Plusieurs molécules intégrantes de formes différentes peuvent concourir, par leur réunion, à la formation de formes primitives parfaitement semblables. C'est ainsi que dans des formes plus faciles à distinguer pour nous, que le tétraèdre, telles que le cube, nous pouvons arriver à leur formation par un grand nombre de molécules de formes différentes. On a vu, à l'article du diamant, que nous sommes forcément conduits à reconnoître que la véritable forme des molécules intégrantes de l'octaèdre et du tétraèdre, ne nous est pas encore connue, ce qui réduit à admettre pour forme de la molécule intégrante de l'octaèdre, le tétraèdre, et pour celle de

232   CATALOGUE.

ce dernier, le tétraèdre lui-même. Il me paroît très-
facile de démontrer, que ces deux formes ne peuvent
être celles des molécules intégrantes de ces deux solides ; mais il ne l'est pas à beaucoup près autant, de
parvenir à la connoissance de la véritable forme de ces
molécules. Cette détermination est, je pense, un travail qui reste à faire, et jusqu'à ce qu'il soit fait
nos connoissonces cristallographiques resteront incomplettes ; mais quelle est la science dont toutes les parties soient finies ? Avouons de bonne foi notre ignorance, et avec elle notre impossibilité de pouvoir répondre encore, d'une manière satisfaisante, à la question
que je viens de me faire à moi-même.

Le cuivre et le fer sulfuré jaune, ne doit pas être
confondu avec la pyrite martiale tenant cuivre. Dans
cette dernière, ce métal est simplement interposé, et
cela en doses très-variables, souvent très-foibles, et
s'élévant à peine à un ou deux centièmes, mais d'autrefois en dose beaucoup plus considérable.

La série des morceaux qui, dans cette collection, appartiennent à la cristallisation de cette substance, contient plusieurs variétés de formes non décrites.

CUIVRE ET FER SULFURÉ D'UN JAUNE PALE, ET D'UN
GRAIN FIN ET COMPACTE.

49 Morceaux.

Les caractères de ce sulfure de cuivre sont si diffé-
rsnts de ceux du cuivre et fer sulfuré jaune, de l'article précédent, que je le crois d'une nature différente,
et par conséquent dans le cas de constituer une espèce
particulière. Je ne fais cependant qu'offrir cette opinion, et n'ai nullement la prétention de la donner
comme un fait dont on ne puisse douter.

Ce minérai, qui autrefois a été trouvé en Cornwall en très-grande abondance, paroît y être devenu assez rare aujourd'hui. Sa couleur est d'un jaune peu foncé, tirant plus sur le vert que celle de l'espèce précédente ; et son lustre beaucoup moins brillant.

Son grain est fin et très-serré, et sa texture est formée, le plus communément, de couches minces placées les unes sur les autres, et si étroitement réunies qu'elles échappent assez ordinairement à la vue, et cela même dans la cassure ; mais une forte chaleur, ou simplement la percussion d'un marteau, les met facilement à découvert, en détachant quelques-unes d'elles. Très fréquemment aussi, cette substance se montre sous une forme mamelonnée, ainsi que le fait le fer oxydé hématite.

Le couteau l'entame facilement ; mais sa substance se brise sous son tranchant. L'action de la friction lui donne un lustre métallique, ce que ne montre pas, sous les mêmes circonstances, l'espèce précédente.

Sa pesanteur spécifique et de 41,57.

Sous l'action du chalumeau, ce sulfure décrépite ainsi que le précédent, mais plus fortement encore. En lui faisant éprouver cette action avec beaucoup de précaution, il devient rouge, par le premier effet de la chaleur, et ensuite, sans presque laisser apercevoir aucun mouvement de fusion, il se change en une scorie poreuse, qui agit fortement sur le barreau aimanté, et est d'un brun noirâtre.

C'est à ce sulfure qu'appartient l'analyse faite par M. Chénevix, citée à l'espèce précédente, et qui a été rapportée par M. l'Abbé Haüy à cette même espèce, nommée par ce savant, cuivre pyriteux, en laissant ce-

pendant entrevoir beaucoup de doute sur la véritable
nature du sulfure jaune de cuivre en général. Ainsi
que je l'ai déjà dit, je crois que la substance, dont nous
nous occupons, diffère totalement du cuivre et fer sulfuré jaune, placé à l'article précédent. Je crois que le
fer y est de même, soit à l'état métallique, soit voisin
de cet état, et que probablement la différence qui
existe entre ces deux minérais, ne provient que de ce
que ce métal y est, ou dosé différemment, ou peut-être
à un léger état d'oxydation.

Je n'ai jamais rien aperçu qui pût faire soupçonner,
dans cette substance, aucune forme déterminée quelconque.

La surface des morceaux qui lui appartiennent,
s'altère, à ce qu'il paroît, fortement par oxydation, et
passe au noir; mais très-souvent cette altération n'est
pas assez considérable pour détruire totalement le
lustre de cette surface, dont l'aspect est métallique.
Elle en prend alors un absolument semblable à celui
du bronze antique; ressemblance qui est d'autant plus
parfaite, que souvent cette même surface se couvre en
même temps, dans quelques-unes de ses parties, de
cuivre carbonnaté vert, qui imite alors cette belle patine
verte, dont le bronze antique est souvent recouvert.

Cette espèce de sulfure de cuivre éprouve aussi la
même altération qui colore le cuivre et fer sulfuré
jaune, de ces belles couleurs connues sous le nom de
gorge de pigeon; mais, quoiqu'elles y soient au moins
aussi intenses, elles n'y ont pas à beaucoup près autant
d'éclat.

Cette espèce accompagne plus volontiers le cuivre
sulfuré, proprement dit, que l'espèce précédente. Dans

nombres des variétés qui ont été fournies par le Cornwall, ces deux espèces sont mélangées presqu'en parties
égales ; mais assez volumineuses pour être distinguées
avec la vue.

CUIVRE ET ANTIMOINE SULFURÉ. (*Nobis.*)

8 *Morceaux.*

Cette substance, qui vient de la mine de Bojojaw-
lensk, près de Catherinbourg, en Sibérie, n'a, à ma
connoissance, été citée encore par aucun auteur, et
constitue une espèce nouvelle, soit dans les sulfures,
déjà si nombreux, de cuivre, soit dans les sulfuresd'antimoine. Elle m'a été envoyée de St. Pétersbourg par
mon excellent ami, le Dr. Crichton, premier médecin
de l'empereur de Russie.

Sa couleur est d'un gris plus foncé que celui du
cuivre et fer sulfuré gris, son grain est plus fin et plus
serré, et sa cassure plus terne.

Sa dureté, quoique plus considérable que celle du
cuivre et fer sulfuré gris, ne l'est cependant point assez
pour rayer le verre.

Cette substance est extrêmement fusible sous l'action
du chalumeau. Elle fond en bouillonnant, et se réduit, presqu'à l'instant, en une scorie noire très-
poreuse.

Ce sulfure est renfermé dans une gangue de quartz,
dans laquelle il est disséminé en rognons plus ou moins
grands. On y observe aussi quelques parties de cuivre
carbonaté et d'antimoine oxydé.

Sa nature a été déterminée, à ma prière, par le
Dr. Wollaston, qui n'y a trouvé que du cuivre, de
l'antimoine et du soufre. Cette substance seroit très-

facilement prise pour appartenir au cuivre et fer sulfuré gris ; ce qui m'a déterminé à me servir de ce dernier, pour point de comparaison dans la description
que je viens d'en donner ; mais elle en diffère essentiellement, en ce qu'elle ne contient pas la moindre trace
de fer. Cette substance est fort rare.

CUIVRE CABONATÉ VERT.

120 *Morceaux, dont 8 Cristaux isolés.*

Les 8 cristaux isolés, placés dans la suite des morceaux de cette substance, sont, quoique fort petits,
extrêmement intéressants, en ce qu'ils m'ont mis à
même de déterminer les formes cristallines de cette
substance, qui ne l'avoient point encore été. On peut
donc maintenant comparer ces formes avec celles qui
appartiennent au cuivre bleu, et acquérir par-là une
parfaite connoissance de la différence qui existe entre
ces deux substances, qui très-certainement apparticn-
nent à deux espèces différentes aussi.

La forme primitive du cuivre carbonaté vert, est un
prisme tétraèdre rhomboïdal droit, d'environ $77°$ et
$103°$, divisible suivant une direction parallèle à son
axe et aux petites diagonales de ses faces termitales,
fig. 112, pl. 6, et fig. 113.

Les seules modifications que j'aie vues de ce prisme,
sont les deux suivantes, dont les cristaux sont compris
au nombre de ceux isolés que j'ai cités à la tête de cet
article. Dans l'une d'elle, les angles obtus des faces
terminales sont remplacées par un plan qui fait, avec
ces faces, un angle d'environ $153°$, et rencontrent les
plans de remplacement de l'angle opposé, au dessus de
ces faces terminales, sous un angles d'environ $126°$

fig. 114, pl. 6*. Dans l'autre, fig. 115, les bords formés
par la rencontre des côtés du prisme, sous l'angle de
103°, sont remplacés par un plan également incliné
sur ceux adjacents.

La suite, qui appartient à cette substance, renferme
toutes les variétés connues du cuivre carbonaté vert.
Je citerai, plus particulièrement, parmi elles, une série
de plusieurs groupes dans lesquels cette substance est
en cristaux, pour la plupart, parfaitement distincts, et
laissant parfaitement apercevoir leur forme ; ils sont
entremêlés de cristaux de plomb carbonaté. Plusieurs
autres morceaux de cette suite, laissent de même apercevoir la forme de leur cristaux. Je citerai, en outre,
une autre série de morceaux de cette même substance,
à l'état de malachite, en petits cilindres stalactitiques,
et de même accompagnée de cristaux de plomb carbonaté. Et enfin un petit morceau de malachite, sur
la surface de laquelle sont disséminés des cristaux de
cuivre arséniaté, appartenant à la variété en octaèdres
obtus, ainsi qu'à celle en prisme trièdres.

Il faut bien se garder de confondre les cristaux de
cuivre carbonaté vert avec ceux de cuivre bleu qui, par
une altération, dont nous n'avons pas encore l'explication, sont passés à la couleur verte, ainsi qu'on en
trouve un grand nombre d'exemples parmi les morceaux de cette substance qui viennent de Sibérie : ces
cristaux n'ont absolument aucun rapport les uns avec
les autres.

---

* Si ce plan étoit le produit d'un reculement par une simple
rangée, la hauteur du prisme primitif seroit aux bords des faces
terminales, à-peu-près dans le rapport de 9 à 19 ; mais je lui crois
une hauteur plus considérable.

CUIVRE CARBONATÉ VERT MARTIAL.

60 *Morceaux.*

Ce cuivre n'appartient pas à une espèce proprement dite : ses caractères distinctifs sont assez marquants pour en faire une sous-espèce de celle précédente ; mais elle ne peut constituer une espèce. C'est un simple cuivre carbonaté vert à l'état compacte, mélangé de fer à différents degrés d'oxydation, qui y est souvent accompagné d'autres substances, et principalement d'argile et de quartz, et quelquefois aussi de stéatite.

Quoique ce cuivre ne soit pas une espèce, mais une simple variété, il n'en est pas moins intéressant par les différents aspects qu'il présente, et je crois avoir rassemblé ici tout ce qui peut le concerner. Plusieurs des morceaux de cette suite, sont fort rares ; elle renferme une série qui montre différentes teintes de vert brun et jaunâtre ; une autre d'un jaune de poix, à laquelle cette variété ressemble assez parfaitement par la finesse de son grain, son lustre et sa cassure ; dans une troisième série cette substance est d'un noir brillant, ressemblant à du bitume, cette variété a été citée par Gellort ; et enfin on trouve dans cette collection, une troisème série de morceaux de cette substance, dans laquelle cette variété du cuivre carbonaté vert, a une teinte brune légèrement bleuâtre. Toutes ces variétés dépendent du dégré d'oxydation du fer, ainsi que des différents mélanges, même d'autres minérais de cuivre, qui peuvent s'y être introduits, tels que le cuivre oxydé noir, le cuivre bleu, &c. Je citerai particulièrement, un morceau de cette suite, dans lequel cette substance,

qui est d'un jaune de poix, tirant un peu sur le brun,
est mamelonnée comme la malachite ; variété très-rare.

CUIVRE BLEU. CUIVRE AZURÉ.

222 Morceaux, dont 103 Cristaux isolés.

La suite de cette substance, renfermée dans cette
collection, est très-précieuse par le grand nombre de
faits intéressants qu'elle renferme, ainsi que par la
quantité extrêmement considérable de formes cristallines, non décrites, qu'elle présente. Ces variétés que
le temps seul, et les recherches les plus constamment
suivies, pouvoient permettre de rassembler, sont très-
propres à faire l'étude cristalline complette de cette
substance ; et c'est avec cette intention que je les ai
rassemblées. Cette étude est d'autant plus nécessaire
à être faite, que ce qui a été dit jusqu'à présent, sur la
cristallisation de cette substance, étant appuyé sur une
supposition fausse, à l'égard de son cristal primitif,
doit être redressé. Il seroit difficile de se procurer,
pour cet objet, une suite plus complette de morceaux.
Ne pouvant, dans ce moment, m'occuper de cette
étude, à laquelle cependant je prends le plus grand intérêt, je vais la faciliter, autant qu'il sera en moi, en
plaçant ici les faits que j'avois observés d'avance pour
m'en servir moi-même.

Des les premiers instants que je considérai, avec
quelqu'attention, la cristallisation du cuivre bleu, je fus
frappé du peu d'accord qui existoit entre mes observations et celles de M. l'Abbé Haüy. Je ne pouvois
accorder aucun des angles que j'observois, avec ceux
qui devoient exister, d'après la forme primitif établie
par ce célèbre minéralogiste, et dans beaucoup de cir-

constances je rencontrois de l'impossibilité à rapporter les formes que j'observois, à aucune des modifications qui devoient appartenir à ce cristal.

Remarquant alors, que ce savant, à l'exemple de Romé de Lisle, avoit pris pour point de comparaison, et pour base des formes cristallines de cette substance, des cristaux artificiels obtenus par M. Sage, le respect dû à l'opinion de ces deux célèbres auteurs, m'empêcha d'en adopter aucune, jusqu'à ce que je pusse avoir entre mes mains les matériaux dont ils s'étoient servis. J'écrivis alors à mon ancien ami, M. Sage, et le priai de me faire parvenir quelques-uns des cristaux de cuivre carbonaté bleu obtenus par lui. Je ne tardai pas à les recevoir. Je fus alors frappé de la grande différence qui existoit entre eux et les cristaux de cuivre bleu naturels. Rien ne me parut conduire à pouvoir considérer ces deux substance comme étant de la même nature, tandis que tout me parut, au contraire, indiquer entre elles une différence très-marquée. Au lieu de ce beau bleu de smalt que présentent les cristaux de cuivre bleu naturels, ceux artificiels sont d'un vert bleuâtre. Ces cristaux en outre s'éfleurissent à l'air, la plupart de ceux que j'ai vus tomboient en poussière à la moindre pression ; et ils sont dissolubles dans l'eau : deux propriétés absolument étrangères au cuivre bleu naturel.

Cette première observation, en m'expliquant la raison qui m'avoit empêché de me trouver d'accord, dans celles que j'avois précédemment faites, sur les cristaux de cuivre bleu avec ce qui avoit été établi à leur égard, fit disparoître l'espèce d'inquiétude que ces observations m'avoient fait naître, et rappela en même-temps

toute mon attention sur elles. On trouvera, à la tête
de la série des cristaux de cette substance, 16 cristaux
isolés, pris parmi ceux artificiels, qui m'ont été envoyés par M. Sage. Il y en existe aussi plusieurs dans
la collection de M. Greville, à laquelle je les ai donnés.
On trouvera, dans ces cristaux, les formes représentées
par M. l'Abbé Haüy, sous les fig. 98 et 99, pl. 72 de sa
minéralogie, et qui avoient aussi été décrites, ainsi que
le dit lui-même ce savant, par Romé de Lisle.

Je puis donc maintenant dire, avec plus de confiance,
que la forme primitive du cuivre bleu naturel est un
prisme tétraèdre rhomboïdal droit, d'environ 56° et
124°, fig. 116. Beaucoup de raisons me font croire que
les faces terminales de ce prisme ne sont pas des
rhombes, mais des rhomboïdes : fait qui doit être
déterminé avec le reste de l'étude de cette substance.
Il y a quelques années que j'avois pensé que ce prisme
étoit incliné ; mais l'examen d'un plus grand nombre
de cristaux, a fixé mon opinion sur le prisme droit ;
toutes les variétés tendent à rappeler cette forme, et
s'accordent parfaitement avec elle. Je croyois alors
les faces terminales inclinées sur deux des côtés opposés de ce prisme, de manière à faire avec eux des
angles de 65°, et 115°.

On est donc maintenant en état de prononcer aussi,
que cette forme est totalement différente de celle qui
appartient au cuivre carbonaté vert ; ce qui écarte absolument l'opinion qui voudroit réunir ces deux substances sous une seule et même espèce. Les cristaux
de cuivre bleu passent, il est vrai, à la couleur verte,
et souvent même d'une manière complette dans toute
leur substance, et cette collection en renferme de nom-

breux exemples ; mais il est facile de reconnoître que c'est par altération de cette même substance. Leur surface alors est raboteuse, et paroît très-clairement avoir été exposée à une action postérieure à celle de leur formation. Je n'entreprendrai pas de déterminer sur quoi repose la différence qui existe entre cette espèce de minerai de cuivre et celui carbonaté vert ; mais à en juger par les belles expériences de M. Proust, le cuivre bleu me paroît devoir être un hydrate.

J'ai été d'autant moins retenu dans l'opinion, totalement différente de celle de M. l'Abbé Haüy, que j'ai été conduit à prendre à l'égard de tous les faits qui appartiennent à la cristallisation de cette substance, que ce savant estimable laisse apercevoir, tant dans sa minéralogie, que dans son *tableau comparatif*, le peu de confiance qu'il a lui-même dans la base qu'il a prise pour la détermination des cristaux de cette substance.

Ce qui est fait surtout pour écarter tout doute qui pourroit rester encore, sur la différence de nature qui existe entre le cuivre carbonaté, obtenu par M. Sage, et le cuivre bleu de la nature, est l'existence de la même substance que celle à laquelle appartient la première de ces espèces, parmi les produits naturels. Quelque temps après que cet ancien ami m'eut envoyé les cristaux que je lui avois demandés, j'ai trouvé à me procurer un morceau assez grand qui, autant que je puisse m'en rappeler, appartenoit à la pyrite martiale, et sur la surface duquel étoient plusieurs cristaux exactement semblables à ceux artificiels ; efflorescents comme eux, ayant les mêmes formes et les mêmes propriétés. Ce morceau ayant excité fortement le désir de M. Greville, auquel je l'avois fait voir, je lui en ai fait le sacrifice, et il doit être encore, dans ce moment, dans sa collection.

CHRYSOCOLLE. KUPFERGRUN. (*Werner.*)

30 *Morceaux.*

Cette variété du cuivre bleu, qui a été parfaitement décrite par M. Werner, n'est point connue des minéralogistes françois, qui tous la rapportent, soit au cuivre carbonaté vert superficiel et pulvérulent, soit au cuivre bleu qui est dans le même cas, soit à celles de leurs variétés dans lesquelles de petites parties de ces mêmes substances sont mélangées avec différentes terres, variétés qui pendant long-temps ont été nommées vert et bleu de montagne. Il n'étoit pas présumable que M. Werner pût avoir fait une espèce de ces trois variétés.

Je ne crois cependant pas que ce minérai de cuivre, soit une espèce proprement dite, mais bien une variété du cuivre bleu, dans laquelle cette substance est intimement mélangée, d'autres substances, qui étendent ses parties, en en diminuant le nombre, et affoiblissant d'autant l'intensité de sa couleur. Cette variété, par suite même de cette interposition, et de la diminution qu'elle occasionne dans la cohésion de ses parties, est beaucoup plus fragile que le cuivre bleu; mais communément elle est plus dure. Un grand nombre des morceaux qui lui appartiennent coupent le verre avec beaucoup de facilité; ce qui provient de ce que la substance, qui le plus généralement se mélange avec le cuivre bleu pour former cette variété, est le quartz. On trouvera, dans la suite qui lui appartient, dans cette collection, un assez grand nombre de morceaux, provenant du Chili, qui sont dans ce cas. Dans ces morceaux, le quartz est mélangé, en plus ou moins grande quantité, dans la substance du cuivre bleu ordinaire, et la couleur varie en proportion, depuis le cuivre bleu approchant de la teinte qui lui est ordinaire, jusqu'aux teintes bleu de ciel, et vert de gris, et même jusqu'à un bleu d'une couleur plus foible encore. Enfin, il existe dans cette collection, des morceaux dans lesquels on reconnoît que le quartz lui-même est simplement coloré en bleu. Tous ces échantillons rayent le verre ; mais ils exercent cette action avec d'autant plus de facilité et de force, que leur couleur à moins d'intensité.

Toute autre substance, en se mêlant, en une certaine dose, dans celle du cuivre bleu, paroît y produire le même effet, accompagné cependant de moins de dureté. Il existe des chrysocolles qui paroissent être dues à l'interposition de la chaux carbonatée, et il en est aussi qui semblent être produites par l'interposition d'une substance ayant de grands rapports avec la stéatite ; ces deux variétés sont beaucoup moins dures que celle due au mélange du quartz. La malachite met aussi dans le cas de faire, à son égard, des observations à-peu-près semblables.

CUIVRE MURIATÉ.

50 *Morceaux, dont 24 Cristaux isolés.*

Les cristaux isolés de cette suite, font voir que la forme primitive de cette substance, est un prisme tétraèdre rectangulaire, fig. 117. Ce prisme est divisible parallélement à son axe et l'une des diagonales de ses faces terminales. Dans quelques cristaux, il se termine par un sommet dièdre, dont les plans sont placés en opposition de deux de ses bords opposés : ces mêmes plans se rencontrent entre eux, aux sommet, sous un angle d'environ 105°, et formeroient avec les faces terminales un angle d'environ 142°, O, fig. 118. Dans d'autres de ces cristaux, les bords du prisme qui sont opposés aux plans du sommet dièdre, sont en outre remplacés par un plan également incliné sur ceux adjacents, fig. 119. Les deux variétés citées par M. l'Abbé Haüy, qui sont l'octaèdre cunéiforme, et ce même octaèdre avec l'arête du sommet remplacée par un seul plan, sont probablement ces deux mêmes prismes terminés par un sommet dièdre que je viens de citer, dans lesquels les deux sommets sont plus rapprochés. On trouvera en outre, parmi les cristaux placés dans cette collection, la variété fig. 120, qui n'est autre chose que celle fig. 118, dans laquelle un des plans du sommet dièdre, a pris assez d'étendue pour faire disparoître l'autre ; ainsi que celle fig. 121, qui est la macle de deux moitées, placées en sens contraire, de la dernière de ces variétés.

La plupart des morceaux de cette suite sont fort petits ; cependant on en peut observer un, parmi eux, dont les cristaux sont plus grands qu'ils ne le sont ordinairement dans cette substance.

Des trois petits coffrets, dans lesquels est placée la variété pulvérulente de Lipes au Pérou, celui dans lequel les grains sont les plus gros, laisse apercevoir, avec le secours de la loupe, plusieurs petits cristaux de la variété en octaèdre cunéiforme.

Exposé au chalumeau, le cuivre muriaté fond avec

facilité, et donne un bouton qui cristallise, à sa surface, en lames rhomboïdales de 60°, et 120°, très-minces, et pour l'ordinaire allongées.   Fig. 122.

CUIVRE PHOSPHATÉ.

14 *Morceaux.*

La plupart des morceaux de cette suite, sont très. beaux. On voit distinctement sur plusieurs des cristaux très-parfaits qu'ils présentent, et dont les faces sont parfaitement planes, que leur forme est, ou le cube, ou un prisme tétraèdre rectangulaire ; rien ne m'a encore mis dans la possibilité de déterminer lequel des deux doit être considéré comme son cristal primitif. Il est probable que la forme d'un rhomboïde peu obtus, que M. l'Abbé Haüy a cru apercevoir dans les cristaux de cette substance, sans cependant en être sûr, provient de la courbure qu'il dit lui-même qu'avoient les faces des cristaux qu'il a été à même d'examiner.

Au nombre des morceaux de cette substance, en sont deux très-beaux, qui viennent du Pérou, dans lesquels les cristaux, qui paroissent appartenir à une modification de celui primitif, ne peuvent être parfaitement déterminés, à raison du grand nombre de stries dont ils sont chargés. Les autres de ces morceaux, viennent, soit de Rheinbreitenbach, près de Cologne, soit de Firneberg dans la principauté de Nassau-Usingen.

DIOPTASE.

8 *Morceaux, dont* 7 *Cristaux isolés.*

Le morceau qui existe dans cette suite, et dont la grandeur est assez considérable, est un groupe de

cristaux de calamine, sur lesquels sont placés deux
fort petits cristaux très-parfaits de dioptase prismatique : morceau très-rare et qui présente une gangue
nouvelle de cette substance ; la calamine y est légèrement colorée, à sa surface, par le cuivre : ce morceau
est de Sibérie.

CUIVRE ARSENIATÉ.

Peu de collections peuvent être plus complette que
l'est celle-ci, dans tout ce qui peut concerner les différentes espèces de cuivre arseniaté. Elle est aussi une
des plus propres, je pense, à dissiper le doute que M.
l'Abbé Haüy a exprimé, dans un mémoire en observation sur celui que j'ai donné dans les transactions
philosophiques de l'année 1801, et depuis dans son
tableau comparatif, &c. sur la division que je croyois devoir être faite, dans les divers minerais de cuivre,
qui appartiennent à la combinaison de ce métal avec
l'acide arsenical, en différentes espèces particulières et
distinctes.

Ce célèbre minéralogiste, trouvant quelques difficultés à admettre cinq combinaisons différentes du même
métal, avec un même acide, donnant des résultats fixes,
et dont les parties composantes fussent en un tel
équilibre d'attraction, qu'il en résultât une fixité parfaite dans la combinaison, a essayé, dans son mémoire,
inséré dans le journal des mines, No. 78, à rapporter
à l'espèce en octaèdre obtus, toutes les autres ; et le
calcul auquel il a soumis leur partie cristallographique,
l'a fait parvenir à des résultats très-rapprochés de ceux
que j'ai donnés.

Ce savant, ayant eu l'honnêteté de m'envoyer ce

mémoire, je lui fis passer, peu de temps après, ma réponse, qu'il a eu la délicatesse de faire insérer, lui-même, dans le 85e. numéro du journal des mines.

Ce ne sont pas simplement les formes qui varient dans ces cinq différentes espèces d'arséniate de cuivre ; mais aussi la couleur, caractère qui n'est pas indifférent dans les métaux, la pesanteur spécifique, ainsi que la dureté.

Quant à la possibilité de ramener la forme primitive de chacune de ces espèces à un type commun, par le calcul des reculements, (décroissements), j'observe que ces calculs, laissant la liberté du choix à l'égard des bords ou des angles où les reculements doivent se faire, ainsi que du nombre de rangées par lequel ils peuvent avoir lieu, rien ne seroit plus propre à égarer l'observateur cristallographe que la liberté de les admettre à volonté, et la facilité qu'il acquerroit par-là, de rapporter les unes aux autres les substances souvent les plus essentiellement différentes, si la science elle-même ne mettoit pas des bornes à cette faculté. Les suppositions qui peuvent avoir lieu, en cristallographie, ne peuvent être admises que lorsqu'elles sont appuyées sur les faits et indices que présentent les cristaux secondaires, tels que fractures, stries de reculement ou d'interruption des lames, indices intérieurs de joints naturels, &c. ils peuvent quelquefois tromper ; mais alors l'excuse est à côté de l'erreur.

Dans l'examen le plus attentif qui peut être fait des différentes espèces de cuivre arseniaté, on n'aperçoit rien, absolument rien, qui puisse conduire aux suppositions faites par M. l'Abbé Haüy, pour la réunion de ces dif-

férentes espèces à un type commun; d'où il est, je
crois, naturel de conclure, que chacune de ces formes
part d'un type particulier, aussi distinct que le sont
leurs autres caractères.

M. l'Abbé Haüy, dans son mémoire, ayant exprimé,
avec une noble franchise, la nécessité qu'il croyoit
exister, à ce que les diverses espèces d'arséniates de
cuivre fussent de nouveau soumises à l'observation, j'ai
renouvelé moi-même, avec beaucoup de soin et d'attention, celles que j'avois déjà faites sur ces substances,
et cela sur des échantillons très-parfaits ; et c'est
d'après ce nouvel examen, que je persiste dans la division première que j'en avois faite en diverses espèces.
Cet examen cependant m'a mis dans le cas de rectifier
une des faces secondaires de la seconde modification,
et le cristal primitif de la troisième.

Cet objet me paroissant important pour la science,
je placerai de nouveau ici, à chacune des espèces de
ces arséniates de cuivre, les caractères qui lui sont
propres, en les comparant, en même temps, avec ceux
de l'espèce à laquelle M. l'Abbé Haüy désireroit rapporter chacune d'elles : laissant de côté le caractère
apporté par l'analyse, sur laquelle il me paroît que les
chimistes ne sont pas parfaitement d'accord.

PREMIÈRE ESPÈCE.

CUIVRE ARSENIATÉ EN OCTAÈDRE OBTUS.

34 Morceaux, dont 4 Cristaux isolés.

La forme primitive de cette substance est un octaèdre

rectangulaire obtus, ayant, dans chaque pyramide, deux faces inclinées plus fortement que les deux autres : celles les plus inclinées se rencontrent, au sommet, sous un angle de 130°, ou à peu de chose près, et celles qui le sont le moins, sous un angle de 115°, ou de même à très-peu de chose près.

Sa pesanteur spécifique est de 28,81, et sa dureté est telle qu'elle raye la chaux carbonatée; mais elle ne peut faire la même impression sur la chaux fluatée.

Sa cassure, faite dans le sens des lames, est légèrement lamelleuse, et dans le sens opposé, elle est irrégulière et a un aspect vitreux.

Sa couleur est un beau bleu de ciel foncé ; elle admet quelquefois, mais beaucoup plus rarement, celle d'un vert dragon ou d'un vert d'herbe.

Exposée à l'action du chalumeau, cette substance n'y éprouve aucun décrépitement, et sans montrer aucun mouvement de fusion, elle se change en une scorie noire très-friable.

Elle paroît peu sujette à la décomposition; il est très-rare d'en rencontrer quelques morceaux dans lesquels la substance ait été altérée, dans ce cas elle prend une couleur blanchâtre.

La suite des morceaux de cette substance, placés dans cette collection, renferme toutes les variétés qui lui appartiennent. Au nombre de ces morceaux, en sont plusieurs dans lesquels les cristaux sont d'une grandeur rare. On peut observer, en outre, dans un des morceaux de cette suite, de petits mamelons, dont la substance très-fragile a une couleur d'un blanc légèrement bleuâtre, telle que celle qui appartient au cuivre arseniaté artificiel.

DEUXIÈME ESPÈCE.

CUIVRE ARSENIATÉ EN SEGMENTS HEXAÈDRES.

27 Morceaux, dont 18 Cristaux isolés.

Ainsi que je l'ai dit dans le mémoire cité ci-dessus, le cristal le plus simple que j'eusse encore observé alors, dans cette substance, étoit une lame hexaèdre fort mince, ayant ses bords alternativement inclinés en sens contraire, de manière que, de chaque côté, deux des plans inclinés fassent avec la face terminale, sur laquelle ils inclinent, un angle d'environ 135°, et le troisième angle d'environ 115°. Ces bords étant d'ailleurs habituellement striés, et même souvent fortement cannelés parallélement aux bords des faces terminales.

Ce cristal ne pouvoit pas être celui primitif de ce cuivre arseniaté, aussi ne le donnois-je pas alors comme tel ; mais rien ne pouvoit me conduire, dans tout ce que j'avois observé jusque-là, à présumer quel pouvoit être ce cristal. J'ai fait, depuis cette époque, l'acquisition d'un morceau de cette substance, dont les cristaux, quoiqu'assez frustes, laissent cependant parfaitement reconnoître des prismes hexaèdres réguliers très-courts ; et parmi les cristaux isolés de cette collection, il en existe un fort grand, très-mince et transparent, qui laisse apercevoir, dans l'intérieur de sa substance, à l'aide de sa transparence, des joints naturels, parallélement aux plans du prisme hexaèdre. Les plans inclinés de la variété citée précédemment, ne sont donc que le résultat de deux reculements différents, éprouvés par les bords alternes des faces terminales, ce qu'indiquent en effet les stries de ces plans.

Depuis cette époque aussi, j'ai été dans le cas de rectifier la mesure de l'angle d'incidence, sur les faces terminales, des plans qu'à l'origine j'avois cru faire avec ces faces un angle d'environ 135°. Cet angle est d'environ 133°, 30′.

La grande facilité avec laquelle ces cristaux se divisent, parallélement à leurs faces terminales, et la résistance qu'ils présentent à la division sur les autres plans, écarte fortement la supposition par laquelle M. l'Abbé Haüy cherche à faire dériver les cristaux de cette espèce, de celui primitif de l'espèce précédente.

Le cristal primitif de cette espèce de cuivre arseniaté, est donc un prisme hexaèdre régulier, qui se clive très-facilement sur ses faces terminales ; mais qui résiste fortement au clivage sur les autres.

La hauteur de ce prisme me paroît être à l'apothème de l'exagone de la face terminale, dans le rapport de 11 à 20,78. Dans ce cas, des 3 plans placés le long des bords alternes des faces terminales, deux feroient avec ces faces un angle de 133°, 22′, et seroient le produit d'un reculement, le long de deux des bords alternes de ces faces, par une rangée en largeur sur deux lames de hauteur. Le troisième de ces plans, feroit avec les faces terminales un angle de 115°, 17′, et seroit le résultat d'un reculement par une rangée en largeur sur quatre lames de hauteur.

La pesanteur spécifique de cette substance est de 25,48. Celle de l'espèce précédente est de 28,81.

Sa dureté n'est pas assez grande pour rayer la chaux

carbonatée, qui est au contraire rayée par l'espèce précédente.

Sa cassure, faite dans un sens différent de celui des lames, est raboteuse et pour l'ordinaire striée.

Sa couleur est le plus beau vert d'émeraude. Je n'ai jamais vu cette couleur varier, ni cette substance éprouver aucune altération.

Sous l'action du chalumeau, cet arseniate se conduit d'une manière totalement différente de celle de l'espèce précédente. Du moment qu'il éprouve la chaleur, il décrépite fortement et se réduit à l'instant en poussière ; ce n'est qu'avec une précaution extrême qu'on peut parvenir à lui faire recevoir directement la flamme du chalumeau, et alors il se réduit, presqu'instantanément, en une scorie spongieuse, noire et extrêmement légère, qui ne tarde pas à fondre avec ébulition, en donnant un bouton noir d'un aspect légèrement vitreux.

Si, en soumetttant cet arseniate au chalumeau, on joint à lui une très-petite partie de suif, il s'enflamme avec une légère explosion, donne une flamme verte, et brûle en fusant comme le salpêtre, ce que ne fait nullement l'espèce précédente, à laquelle je crois qu'il est très-parfaitement démontré que celle-ci ne peut en aucune manière appartenir.

TROISIÈME ESPÈCE.

CUIVRE ARSENIATÉ EN PRISME TÉTRAÈDRE RHOMBOÏDAL, DÉSIGNÉ PRÉCÉDEMMENT SOUS L'EXPRESSION DE CUIVRE ARSENIATÉ EN OCTAÈDRE AIGU.

151 *Morceaux, dont* 13 *Cristaux isolés.*

Lorsqu'en 1801 je donnai, à la Société Royale de Londres, mon mémoire sur les cuivres arseniatés, sans désigner l'octaèdre aigu, offert quelquefois par cette espèce, comme étant la forme primitive de cette substance, je l'indiquai comme la forme la plus simple à laquelle il m'étoit alors possible de rapporter ses cristaux. Cette espèce ne se soumettant pas au clivage, l'observation ne me permit pas alors d'aller plus loin. Des observations ultérieures m'ont mis dans le cas de modifier cette opinion, et de considérer les faces les moins inclinées de cet octaèdre, celles qui dans la variété regardée comme étant un octaèdre cunéiforme, forment, par leur rencontre, l'arète qui tient la place du sommet, comme étant les seuls plans primitifs ; les autres n'étant que des faces secondaires.

Le cristal primitif de cette substance, me paroît donc être aujourd'hui un prisme tétraèdre rhomboïdal droit de $96°$ et $84°$. Ce prisme est habituellement terminé par un sommet dièdre, produit par le remplacement des angles aigus des faces terminales, et dont les plans se rencontrent entre eux au sommet, en y formant une arète, sous un angle d'environ $112°$, et rencontreroient les faces terminales sous un angle d'environ $146°$.

Si, ainsi que je le crois, les plans de remplacement de l'angle aigu des faces terminales sont le produit d'un reculement à ces angles par une simple rangée, la hauteur de ce prisme seroit aux bords des faces terminales dans le rapport de 1 à 2. Les plans du sommet dièdre rencontreroient alors ces mêmes faces sous un angle de 146°, 4′, et ils se rencontreroient entre eux, au-dessus de ces mêmes faces, sous un angle de 112°, 8′.

Très-fréquemment, les bords du prisme tétraèdre rhomboïdal primitif, formés par la rencontre de ses côtés sous l'angle de 96°, sont remplacés par un plan parallèle à l'axe. Ce sont là les seules variétés que j'aie pu observer jusqu'ici dans cette substance.

La pesanteur spécifique de ce cuivre arseniaté est de 42,80, bien supérieure par conséquent à celle de 28,81, donnée par l'espèce en octaèdre obtus.

Sa dureté est aussi plus considérable, elle est suffisante pour rayer la chaux fluatée, et la baryte sulfatée, ce que ne peut faire l'espèce en octaèdre obtus ; mais elle ne l'est pas assez pour rayer le verre.

Sa cassure est irrégulière et souvent granuleuse.

Sa couleur est le vert de bouteille qui, dans les cristaux qui n'ont aucune transparence, paroît noir et passe au vert jaunâtre, et même au jaune métallique dans les cristaux capillaires.

Cet arseniate est très-fusible sous l'action du chalumeau, il fond très-promptement en bouillonnant fortement, et il donne une scorie d'un brun foncé un peu rougeâtre, et très-dure. Par une plus longue action de la chaleur, cette substance coule et s'étend, et après le refroidissement, la surface de la partie fondue, présente le même aspect qui sera décrit à l'espèce suivante

Tous les caractères de cette troisième espèce sont donc, ainsi qu'on peut facilement l'apercevoir, totalement différents de ceux que présente l'espèce en octaèdre obtus.

Dans la suite extrêmement riche des morceaux de cette substance, est une série qui appartient aux variétés capillaires, parmi lesquelles plusieurs ont leurs fibres si fines qu'elles ressemblent presqu'à de petites masses de coton : dans quelques morceaux, ces fibres, étant très-courtes, ressemblent à du velours ; dans d'autres morceaux, les cristaux parfaitement conservés, dans une partie de leur longueur, se terminent à l'état fibreux ; dans plusieurs de ces morceaux, les cristaux, qui sont d'un beau vert et très-transparents, dans la plus grande partie de leur longueur, se terminent en forme de pinceau à pointe aigue, par de petites fibres capillaires blanches, ayant la finesse et la flexibilité de l'amiante.

Cette suite renferme, en outre, une série de morceaux dans lesquels cette substance est, soit à l'état compacte dont le grain est très-fin, et dont la couleur verte tire fortement sur le blanc ; soit en masses de la même couleur, mais composée de fibres divergentes. Ces deux variétés sont sujettes à se décomposer ; elles passent alors, en conservant leur texture compacte ou fibreuse, à l'état friable, en prenant une couleur blanche légèrement verdâtre.

Depuis l'impression du mémoire cité ci-dessus, sur les arseniates de cuivre, j'ai séparé de cette troisième espèce la variété que j'avois désignée sous le nom d'hématiforme, que j'ai cru devoir considérer comme appartenant à une espèce différente.

QUATRIÈME ESPÈCE.

CUIVRE ARSENIATÉ EN PRISME TRIÈDRE.

87 Morceaux, dont 5 Cristaux isolés.

Le cristal primitif de cette espèce est un prisme trièdre droit, dont les bases sont des triangles équilatéraux ; du moins tout ce que j'ai pu observer jusqu'ici, dans cette substance, m'a-t-il toujours conduit à adopter cette opinion à l'égard de ce cristal.

Sa pesanteur spécifique est de 42,80, absolument la même que celle de l'espèce précédente ; mais elle est beaucoup moins dure : c'est avec beaucoup de difficulté qu'elle raye la chaux carbonatée, tandis que l'espèce précédente raye la chaux fluatée et la baryte sulfatée.

Sa cassure, suivant la direction des plans de son cristal primitif, est lamelleuse ; elle est irrégulière suivant toute autre direction.

Sa couleur est celle du vert de gris le plus agréable ; mais elle la laisse rarement apercevoir, à raison de l'altération facile de sa surface, sans doute par oxydation, ce qui donne à cette substance une couleur noire ; mais cette altération n'est que superficielle, et, quelque légèrement qu'on gratte cette surface, la belle couleur de cette substance se fait apercevoir.

Cette espèce est d'une fusion plus facile encore que celle précédente. Sous l'action du chalumeau, elle fond très-promptement et coule comme de l'eau. Par le refroidissement la surface du bouton, qui est d'un brun rougeâtre, cristallise en petites lames rhomboïdales, dont, à juger simplement par la vue, les angles paroissent devoir être de 60° et 120°.

Le cuivre arseniaté de l'espèce précédente, laisse apercevoir, dans le bouton qu'elle donne à la fusion, la même cristallisation. On a vu précédemment que le cuivre muriaté est dans le même cas.

Cette substance étant très-rare à l'état cristallin parfaitement déterminé, et ses cristaux étant ordinairement fort petits, et presque toujours engagés dans la gangue, il m'avoit été impossible, à l'époque où je donnai mon mémoire sur les cuivres arseniatés, de déterminer les angles d'incidence d'aucune des facettes appartenant aux cristaux secondaires, et par conséquent de fixer les dimensions de son prisme trièdre primitif. Depuis cette époque, j'ai rassemblé, dans cette collection, tous les morceaux que j'ai pu me procurer, ayant des cristaux bien déterminés, et je crois que par leur moyen il seroit possible de parvenir à cette détermination : la plupart de ces cristaux sont d'une très-belle transparence.

S'il pouvoit y avoir, parmi les espèces de cuivre arseniaté, une d'elle à laquelle celle-ci pût être rapportée, ce seroit celle précédente, et non celle en octaèdre obtus ; mais il me semble que les différences apportées, soit par la cristallisation, soit par la couleur, soit par la dureté, différences qui sont constantes dans toutes les variétés de ces deux espèces, sont assez fortement prononcées pour établir entre elles une véritable distinction d'espèce.

CINQUIÈME ESPÈCE.

CUIVRE ARSENIATÉ EN PETITES MASSES HABITUELLE-
MENT FIBREUSES ET MAMELONNÉES.

60 *Morceaux.*

N'ayant pu rapporter ce cuivre arseniaté à aucune
des quatre espèces précédentes, j'ai été forcé d'en faire
une espèce particulière. Je suis cependant obligé de
convenir que cette opinion, manquant du point d'appui
si précieux de la cristallisation, est loin d'avoir pour
elle toutes les preuves nécessaires à son adoption.

Ainsi que l'exprime la phrase, sous laquelle je l'ai
désignée, sa forme presqu'habituelle est en mamelons.
Sa structure est fibreuse, à fibres très-fines et très-
serrées, qui partent en divergeant d'un même centre, et
qui en outre sont composées de différentes couches
concentriques. Les mamelons de cette substance, qui
ordinairement sont d'une grandeur peu considérable,
sont communément renfermés dans des masses d'autres
espèces de cuivre arseniaté, ou même de quelques
autres substances, dont ils ne peuvent être facilement
dégagés ; ce qui jusqu'ici m'a empêché, joint à ce
qu'ils sont rarement sans avoir éprouvé quelqu'altération, de pouvoir établir avec quelque certitude la pesanteur spécifique de cet arseniate : cette pesanteur
me paroît cependant pouvoir être fixée entre 41,00
et 42,00.

Ce cuivre arseniaté est tendre, sa dureté étant à
peine suffisante pour rayer la chaux carbonatée.

Sa couleur la plus ordinaire est un brun approchant
de la couleur du bois ; ce qui l'a fait nommer *wood-*

copper par les mineurs de Cornwall. Son aspect a, en général, beaucoup de rapport avec celui de l'étain hématiforme, nommé par les mêmes mineurs, *wood-tin.*

Il est fusible au chalumeau, sous l'action duquel il donne une scorie noire, cellulaire et fort dure, qui ne présente nullement le caractère de cristallisation que les deux espèces précédentes offrent dans le même cas.

Mais, ce qui caractérise le plus parfaitement cette espèce, est sa tendance à l'altération, ainsi que la manière dont elle s'altère. Cette altération commence ordinairement à la surface des mamelons, et continue progressivement jusqu'au centre, en s'arrètant successivement à chacune des couches dont nous avons dit que ces mamelons étoient composés. Par elle, la masse éprouve une retraite qui la fait se fendiller, plus ou moins, suivant la direction de ses fibres : la partie ainsi altérée devient d'un gris blanchâtre et très-tendre.

Cette division, de cette substance, par la retraite suivant la direction de ses faces, fait que souvent la surface de ses mamelons présente un aspect cellulaire, analogue à celui offert par la surface des madrepores. Cette altération continuant de manière à arriver jusqu'au centre des mamelons, toute la substance devient du même blanc grisâtre, la retraite suivant la direction des fibres a lieu jusqu'à ce même centre, et ces fibres, se séparant alors dans toute leur longueur, a lmettent plus ou moins l'aspect de l'amiante, et même, dans quelques variétés, elles sont flexibles : cette substance prend même alors quelquefois l'aspect membraneux de la variété de l'amiante connue sous le nom d'amiante papiracée, ou de papier fossile.

Il me paroît hors de doute que, par cette altération, cette espèce d'arseniate de cuivre perd une partie considérable de sa substance, ce qui d'ailleurs est indiqué par la grande diminution qu'éprouve sa pesanteur spécifique. Dans l'opinion que cette perte devoit porter sur son eau de composition, je lui avois primitivement donné le nom de cuivre hydro-arseniaté; mais, d'après les analyses faites par M. Chénevix, il paroîtroit que toutes les variétés de cuivre arséniaté contiennent de l'eau en plus ou moins grande quantité, à l'exception seulement de la troisième, ou de celle en prisme tétraèdre rhomboïdal; qui cependant, si celle-ci n'étoit pas considérée comme espèce, seroit la seule à laquelle elle pût être rapportée; de sorte que du moins trois des quatre premières espèces seroient aussi des hydro-arseniates. D'un autre côté, quoique, d'après ces mêmes analyses, la troisième espèce ne contienne pas d'eau, une de ses variétés qu'on ne peut se refuser de considérer comme lui appartenant en effet, paroît en contenir aussi et même en dose assez considérable. L'eau seroit-elle étrangère aux autres arséniates, et combinée simplement avec cette cinquième espèce? Rien n'étant encore reconnu à cet égard, et la nature de cette substance, comme hydro-arseniate, n'étant pour ce moment qu'une opinion, j'ai senti qu'une dénomination qui prendroit cette opinion seule pour base, ne pourroit être admise, et je n'ai pas cru la lui devoir concerver.

CUIVRE ET FER ARSENIATÉ.

50 Morceaux.

Suivant l'analyse qui a été faite de cette substance

par M. Chénevix, elle coutient 27,5 de fer oxydé 22,5 de cuivre oxydé 33,5 d'acide arsenical, 12 d'eau et 3 de silice.

Les cristaux de cuivre et fer arseniaté, sont très-brillants ; mais ils sont si petits que lorsque je les ai fait connoître, pour la première fois, dans les transactions philosophiques, il ne me fut possible que de donner la forme qu'ils présentent habituellement, sans rien statuer à l'égard de la mesure des angles de ces mêmes cristaux, et encore moins à l'égard de leur forme primitive. J'ai rassemblé depuis tout ce qui m'a paru le plus propre à en faciliter l'étude, qui sera cependant toujours très-difficile à faire, à raison de la petitesse constante des cristaux. On peut observer parmi ceux qui, dans cette collection, appartiennent à cette substance, une variété très-rare, dans laquelle ce cuivre et fer arseniaté est en petits mamelons, placés sur une gangue qui paroît appartenir à la variété d'un brun noirâtre de cuivre carbonaté martial, et est mélangée de cuivre métallique natif.

CUIVRE OXYDÉ ROUGE.   CUIVRE OXYDULÉ, (*Haüy.*)

197 *Morceaux, dont* 48 *Cristaux isolés.*

La série de la partie cristalline de cette substance, qui appartient à cette collection, contenoit un grand nombre de variétés cristallines non décrites, avant que M. W. Phillips ait donné, dans le premier volume des transactions de la Société Géologique de Londres, un mémoire sur le cuivre oxydé rouge, accompagné de planches parfaitement bien dessinées, dans lesquelles il donne les figures de presque toutes les variétés qui se sont montrées jusqu'ici dans cette substance. La série des cristaux placés dans cette collection, renferme les variétés données par cet auteur, jointes à quelques-unes que probablement il ne connoissoit pas , elle est conséquemment propre à fixer déterminément, par le calcul, la mesure des angles d'incidence des plans dus aux nouvelles modifications représentées par M. Phil-lips, qui n'a donné la mesure de ces angles que par approximation*.

---

* M. Williams Phillips, dans une note du mémoire que je viens de citer, dit qu'il se sert du mot de décroisement, (decrease) quoique sensiblement impropre, pour exprimer l'action que l'intention veut représenter, comme étant le moins défectueux, et il ajoute que celui de reculement, (retrogradation) introduit depuis peu par moi, est également impropre. Pour me mettre à même de me rectifier, et rendre sa note plus utile, M. Phillips auroit dû la completter, en établissant les raisons sur lesquelles il fonde le reproche grave qu'il fait aux deux expressions, et en la remplaçant ensuite par une meilleuse. Cet auteur, qui a été l'imprimeur de mon traité complet de la chaux carbonatée, a dû facilement y voir les raisons qui m'avoient conduit à remplacer l'expression de dé-croissement de M. l'Abbé Haüy, par celle de reculement, et bien certainement il falloit que cette raison fût très-forte, ou du moins qu'elle me semblât telle. L'expression de décroissement, qui est parfaitement juste, à raison d'une grande partie des opérations de cristallisation qu'elle veut exprimer, ne l'est pas autant à l'égard de plusieurs autres, et même devient fausse à leur sujet. Mais quelque soit celle de ces deux expressions dont on se serve, pour être parfaitement entendu avec elle, il faut l'employer dans le cas où l'opération qu'elle desire exprimer a lieu, et l'une ou l'autre de-vient déplacée, en effet, lorsqu'elle veut exprimer une opération qui n'existe pas. Nul reculement ou décroissement ne peut avoir lieu, sans donner naissance, soit à un, soit à plusieurs plans. Dans le cas cité par M. Phillips, il n'y a aucun nouveau plan de formé ; bien plus, il n'y a eu aucune opération ou changement de procédé de la part de la nature, le cristal a crû, depuis son origine, par une

La suite des morceaux de cette substance que renferme cette collection, est également précieuse, soit par la béauté de la plupart des échantillons, soit par le grand nombre de faits intéressants qu'ils présentent. La série des morceaux de la variété martiale, connue sous le nom de cuivre rouge briqueté, présente plusieurs échantillons très-rares. Il y a été inséré aussi, une série de quelques petits échantillons d'ustencils de cuivre trouvés dans les ruines d'Herculanum, et changés, en grande partie en cuivre oxydé rouge.

CUIVRE OXYDÉ NOIR.

91 *Morceaux.*

La suite qui, dans cette collection, appartient au cuivre oxydé noir, est très-intéressante, et peut-être est-elle unique. M. Werner, avec beaucoup de raison, a fait de cet oxyde une espèce minéralogique, et j'ignore pourquoi son exemple n'a pas été généralement suivi. M. Brochant, dans son excellente minéralogie, rédigée d'après les principes du célèbre professeur de Freyberg, place en effet cette substance au nombre des espèces qui appartiennent au cuivre ; mais il me paroît que la

---

superposition continue de lames cristallines avec accroissement de rangées de molécules, avec la seule restriction, occasionnée sans-doute par la position du cristal, qu'à une époque quelconque de la cristallisation, tandis que le placement des lames cristallines avoit lieu sur 6 des faces de l'octaèdre, il ne s'en faisoit aucun sur les deux autres, qui alors, pendant que les quatre premières faces s'écartoient progressivement et symétriquement du centre de gravité de l'octaèdre, restoient au contraire constamment à la même distance de ce premier centre, en prenant cependant de l'accroissement dans leurs dimensions.

description qui a été donnée, dans cet ouvrage, des caractères de cette substance, d'après M. Werner, est incomplette, ce qui m'engage à reprendre ici cette description, d'après les observations qui sont le fruit de l'étude que j'ai été à même de faire sur elle.

La couleur du cuivre oxydé noir, lorsqu'il est aussi pure qu'on peut le rencontrer, est d'un noir plus ou moins foncé, auquel l'intensité de la couleur donne même quelquefois un reflet velouté qui paroît légèrement bleuâtre. Le mélange de cet oxyde avec diverses substances étrangères, au nombre desquelles se montre plus particulièrement le fer, et quelquefois le soufre, lorsqu'il provient de la décomposition des sulfures, altère et fait varier l'intensité de cette couleur.

Cette substance se montre tantôt à l'état pulvérulent, recouvrant la surface des autres minerais de cuivre, et par fois interposée en petites masses parmi eux ; d'autre fois elle se montre en masses informes, ayant plus ou moins de consistance ; mais cependant étant toujours très-tendre et facile à entamer avec l'ongle. Quelquefois aussi, et c'est la variété la plus pure, elle est mamelonnée comme l'hématile de fer, ou la malachite, et de même que ces substances aussi, ayant une texture à couches concentriques. Il existe, dans cette suite, un petit morceau, dans lequel les mamelons de cuivre oxydé noir, quoiqu'extrêmement friables, sont non-seulement du plus beau noir à leur surface, mais cette même surface, est lisse et a le même lustre brillant que l'hématite noire.

Cette substance se coupe très-facilement, et elle offre un aspect terne sous la coupure, ainsi que sous la cassure ; mais étant frottée légèrement avec un corps dure, la partie frottée acquiert un lustre métallique. Le frottement laisse apercevoir, sous la main, une sensation molle et douce, analogue, en quelque sorte, à celle que fait éprouver, dans ce même cas, la stéatite.

Le cuivre oxydé noir est infusible sous l'action du chalumeau, et ne laisse apercevoir aucune odeur sulfureuse ; à moins que provenant de la décomposition des sulfures, il n'en renferme quelques parties non altérées : avec le borax il donne une scorie verdâtre.

Quoiqu'il paroisse que, dans nombre de circonstances, cette substance soit un produit directe de la nature, pour le plus souvent cependant elle paroît être produite par la décomposition des autres minerais de cuivre, et l'oxydation au maximum de ce métal, mis à nud par cette décomposition. On trouvera, dans la suite qui appartient à cette substance, toutes les espèces de minerai de cuivre qui ont précédées, amenées plus ou moins à cet état de décomposition, et parmi ces morceaux, il en existe plusieurs d'une très-grande rareté. Je citerai plus particulièrement un de ces morceaux dont la texture est tuberculeuse, comme certaines hématites, et dont la substance est un mélange d'oxyde de cuivre et d'oxyde de manganèse. Quoique toutes les cassures anciennes que ce morceau laisse apercevoir, soient lisses et brillantes, celles fraîches sont parfaitement ternes ; mais le moindre frottement leur fait prendre facilement l'aspect de celles anciennes, qui très-propablement doivent leur lustre, soit à la même cause, soit à l'action de l'air. Ce morceau est accompagné d'un assez grand faisceau de cuivre carbonaté vert fibreux.

CUIVRE OXYDÉ ?

6 *Morceaux*.

Ne pouvant rapporter la substance à laquelle appartient cette suite, à aucune des espèces connues du cuivre, j'ai prié le Dr. Wollaston de vouloir bien me rendre le service de l'essayer. Le résultat ne lui a laissé apercevoir que du cuivre et de l'oxigène. Elle seroit donc un oxyde de cuivre ; mais cet oxyde est-il intermédiaire entre celui rouge et celui noir, ou est-il combiné avec une substance volatile, qui le modifie, et qui auroit échappée au Dr. Wolaston, dans l'essai qu'il en a fait sur un morceau extrêmement petit, tel qu'il m'étoit possible de le lui fournir, les cristaux qui lui appartiennent, et qui sont placés sur les morceaux qui composent cette suite, étant si petits que la loupe seule peut les faire facilement apercevoir ?

Cette substance présente, dans cette suite, deux variétés très-distinctes. L'une d'elle, à laquelle appartiennent trois des morceaux, est en petites lames rectangulaires, aussi minces qu'une feuille de papier, et quelques-unes d'entre elles sont octaèdres par le remplacement de leurs angles solides. Leur couleur est un beau bleu de ciel foncé. Ces lames sont accumulées, et placées de champ, dans les cavités d'une pyrite martiale, offrant quelques cristaux en octaèdres à angles solides remplacés, et mélangés de pyrite attractive ou magnétique.

Dans l'autre variété de cette substance, les cristaux sont de même rectangulaires ; mais leurs formes se rapprochent davantage du prisme rectangulaire à bases quarrées, ils ont plus d'épaisseur, et pour le plus grand nombre, ils forment des masses composées de l'agrégation d'un nombre plus ou moins considérable de cristaux, réunis par leurs faces les plus larges. Leur couleur est un beau vert de pomme, ayant souvent un reflet nacré. La gangue est un oxyde de fer, mélangé de quartz.

Des trois morceaux qui appartiennent à cette dernière variété, deux laissent en outre apercevoir quelques cristaux de cuivre bleu et de cuivre arseniaté : ils sont du Cornwall. J'ignore la localité des morceaux qui appartiennent à la première variété.

CUIVRE SULFATÉ.

23 *Morceaux, dont* 16 *Cristaux isolés.*

Les cristaux de cette substance sont artificiels ; deux d'entre eux sont fort grands et très-beaux, ils appartiennent à deux variétés non décrites.

FER.

FER A L'ÉTAT MÉTALLIQUE. MÉTÉORITES.

13 *Morceaux.*

Au nombre de ces 13 morceaux, sont compris deux morceaux de fer de fonte cristallisée en octaèdres implantés les uns sur les autres et ramifiés. Parmi les météorites de fer pure, sont des échantillons de ceux tombés en Sibérie, au Sénégal, au Mexique et dans les Etats Unis d'Amérique. Parmi ceux pierreux, sont des échantillons de ceux tombés à Bénarès, dans le Yorkshire, en Bohème, dans Connecticut, province des Etats Unis d'Amérique, et à l'Aigle en France, le météorite de ce dernier endroit à sa croute extérièure noire en plus grande partie intacte.

FER OXYDULÉ.   FER MAGNÉTIQUE.   (*Werner.*)

107 *Merceaux, dont 37 cristaux isolés.*

La série qui appartient aux cristaux isolés de cette substance, en contient trois d'une variété peu commune. L'un deux est une macle absolument semblable à celles qu'offre si fréquemment le spinelle. Le second est un octaèdre très-allongé, et le troisième est l'octaèdre passant au rhomboïde de 60° et 120°.

Parmi les morceaux, il y existe une série intéressante, dans la quelle l'octaèdre avec les arêtes remplacées du fer oxydulé, a pour gangue du gypse compacte. Il y existe une autre série, dont les cristaux, placés en nombre considérable sur les morceaux, sont dodécaèdres. Deux de ces morceaux présentent une variété très-rare, qui s'est offerte à moi pour la première fois, c'est le dodécaèdre dans lequel tous les angles solides, répondant à ceux du cube, sont remplacés par un plan qui est un quarré. Plusieurs des morceaux qui appartiennent à cette série, dout les cristaux sont dodécaèdres, viennent des Etats Unis d'Amérique.

Je citerai, en outre, parmi les morceaux de cette suite, deux variétés fibreuses, l'une des Etats Uunis dAmérique, l'autre des Indes Orientales ; ainsi qu'une variété de Suède, dans laquelle le fer oxydulé est accompagné de bitume, et a pour gangue du quartz mélangé de hornblende fibreuse verte. Je citerai aussi une variété sableuse de la Martinique, dans laquelle la loupe fait reconnoître que chacun des grains, qui est extrêmement petit, est un octaèdre très-parfait. A

cette suite enfin, sont encore réunis 28 morceaux à l'état
d'aimant ; ils appartiennent à diverses des variétés de
cette substance.

FER OLIGISTE.

192 *Morceaux, dont 77 Cristaux isolés.*

La suite qui, dans cette collection, compose l'ensemble
de cette substance, est extrêmement riche, tant à l'égard
des modifications et variétés qu'elle présente dans ses
formes cristallines, qu'à l'égard de ses autres variétés.

Quant à ce qui concerne ses formes cristallines, je me
bornerai à citer plus particulièrement parmi elles 1°. Un
cristal isolé en rhomboïde primitif un peu allongé de
la plus grande beauté : ses bords les plus petits ont
9 lignes de longueur, et ceux les plus longs, plus d'un
pouce : les faces de ce rhomboïde sont couvertes de
stries qui dessinent sur elles, d'une manière parfaitement nette, les élémens rhomboïdaux de la cristallisation.   2°. Une série de fragments très-parfaits qui présentent, à l'égard de la cristallisation de cette substance,
des faits très-particuliers et très-parfaitement prononcés, qui sont propres à aider à faire l'étude de la forme
de la molécule intégrante ; forme qui, a en juger par
eux, ne peut être le rhomboïde voisin du cube, auquel
appartient le cristal primitif du fer oligiste.   En outre
de ces fragments, qui sont d'un très-grand intérêt à
l'étude de cette substance, il existe, dans cette collection,
un morceau d'une grandeur assez-considérable qui tend
au même but.   3°. Une série de petits groupes de
cristaux, dans lesquels le rhomboïde primitif est, soit
complet, soit incomplet dans ses bords ou dans ses
angles solides, qui sont remplacés par de très-petits

plans, appartenant à différentes modifications. 4°. Une série de cristaux isolés, fort grands et très-éclatants, de Stromboli, appartenant au rhomboïde primitif, avec plan de remplacement très-grand de l'angle solide du sommet. 5°. Un très-beau groupe de cristaux en prismes hexaèdres applatis, dont les plans sont fortement cannelés: ils ont jusqu'à deux lignes d'épaisseur, et sont produits par une agrégation de cristaux très-minces d'une variété analogue à celle fig. 128 pl. 75 de la minéralogie de M. l'Abbé Haüy. 6°. Un très-beau groupe, dont les cristaux sont de même des prismes hexaèdres d'environ deux lignes d'épaisseur; mais dont les côtés sont parfaitement lisses, et dont les angles solides sont remplacés par un petit plan triangulaire. Et enfin, outre les variétés cristallines connues du fer oligiste de l'isle d'Elbe, plusieurs qui n'ont point été décrites, et appartiennent au fer du même endroit. Cette suite renferme aussi une série de morceaux appartenant à la variété en lames minces; variété qui jusqu'ici a été réunie improprement avec celle, lamelleuse aussi, de l'espèce suivante, sous le nom d'Eisen glimmer ou fer micacé.

FER OXYDÉ AU MAXIMUM.

107 *Morceaux, dont* 15 *Cristaux isolés.*

Il y a long-temps que j'ai fait connoître, pour la première fois, la cristallisation de cet oxyde de fer, dans un mémoire lu à la Société Royale de Londres, et inséré dans les Transactions Philosophiques de 1807. Cependant, quoique ce mémoire, ou du moins la partie de ce mémoire qui concerne cet oxyde, ait été placé directement à la suite de celle qui concerne l'arragonite et

ses formes cristallines, qui a été fréquemment citée par
les minéralogistes qui ont écrit depuis, on ne rencontre
dans leurs ouvrages aucune citation, soit en réfutation,
soit en confirmation de cette observation, qui annonçoit
l'existence de cristaux cubiques appartenant à un oxyde
de fer, qui n'exerçoit aucune action quelconque sur le
barreau aimanté.

La seule citation d'un fer oxydé cubique qui, à ma
connoissance, ait été faite, autre que le fer oligiste qui
a été dit précédemment être cubique, mais est aujour-
d'hui parfaitement reconnu pour être un véritable rhomboïde, est celle faite, par M. l'Abbé Haüy, dans son *tableau comparatif*, &c. imprimé en 1809. Il y dit, page
274, note 144 : " J'ai observé des groupes de cristaux
" cubiques d'un brun foncé, qui avoient tous les carac-
" tères du fer oxydé, et ne paroissoient être ni des
" épigénies originaires du fer sulfuré, ni des pseudo-
" morphes. Je présume que ces cubes présentent la
" forme primitive du fer oxydé tel que le produit la na-
" ture, et auxquels appartiennent les mines dont la
" poussière est jannâtre."

Bien certainement, ce célèbre minéralogiste ne connoissoit pas alors la partie du mémoire que je viens de
citer, et dont le but étoit de faire voir qu'il existoit,
parmi les oxydes de fer naturel, un oxyde cubique qui
n'exerçoit aucune action sur le barreau aimanté. Cette
observation, à raison surtout du contraste que présentoit
la poudre rouge donnée par le cube cité par moi, et
celle jaune donnée par le cube que ce savant venoit
d'observer, auroit sûrement été citée par lui ; ce fait
ajoutant un nouvel intérêt à celui qu'il avoit remarqué
lui-même.

L'observation frappante de la grande différence qui existe entre la couleur rouge, ou d'un brun rougeâtre, donnée par quelques oxydes de fer, et celle jaune, ou d'un brun jaunâtre, donnée par d'autres, avait conduit les minéralogistes à séparer ces deux oxydes ; mais sans connoître cependant, ni établir en aucune manière, la cause à laquelle cette différence pouvoit être attribuée, et sans avoir aucun autre caractère qui pût asseoir, d'une manière satisfaisante, la classification à laquelle cette division devoit donner lieu. Aussi, tandis que M. Werner faisoit, sous le nom de *roth eisenstein* une espèce particulière du fer oxydé au maximum, donnant une poudre rouge sous la trituration, laissoit-il parmi *l'eisenglimmer*, dont il avait fait une sous-espèce de *l'eisenglanz* (fer oligiste), une partie de ce même fer oxydé, et ajoutoit-il sous le nom *d'eisenrham* brun, à une autre espèce, une autre partie de ce même fer oxydé. Aussi, M. l'Abbé Haüy, après avoir fait, dans son traité de minéralogie, une espèce particulière du fer oxydé non attractif, dans la quelle celui donnant par la trituration une poudre rouge, est réuni avec celui qui donne, de la même manière, une poudre jaune, ainsi qu'avec l'eisenrham rouge, sépare-t-il, dans son *tableau comparatif*, ces deux oxydes l'un de l'autre. Il rapporte en même temps au fer oligiste, l'oxyde non attractif à poudre rouge, et il annule par-là, à l'égard de ce dernier, un des caractères essentiels entre les différentes modifications du fer par l'oxygène, celui d'agir ou de ne pas agir sur l'aimant, caractère dont on voit diminuer ou augmenter la force, suivant le plus ou moins d'augmentation dans l'oxygène qui fait partie de la combinaison. Ces variations sont inévitables lorsque des catactères certains ne viennent pas fixer déterminément les espèces.

L'excellent mémoire de M. Daubuisson, inséré dans le 168° numéro du Journal des Mines, en nous apprenant que tous les fers oxydés bruns, dont la poudre donnée par la trituration est jaunâtre, sont de véritables hydrates de fer oxydé, a porté un jour extrémement précieux sur la partie des oxydes de ce métal, en en facilitant, en même-temps, considérablement la classification. Ainsi l'oxyde cubique observé par M. l'Abbé Haüy, et dont la poudre donnée par la trituration est jaune, est un hydrate de fer oxydé, et non un simple fer oxydé au maximum ; et l'on verra, à l'article de cet hydrate, qui suivra celui-ci, qu'en effet le cube, mais passant à des modifications différentes, est aussi sa forme primitive.

Ayant porté une attention particulière sur ces deux différents minerais de fer, le désir d'être utile, autant qu'il est en moi, à la minéralogie, m'engage à donner ici leur étude, d'une manière aussi succincte qu'il me sera possible. Je m'y détermine d'autant plus facilement, qu'ayant rassemblé, dans cette collection, les suites qui les concernent, avec le projet de les employer à cette étude, peut-être trouveroit-on difficilement un rassemblement aussi propre à faciliter ce travail, par les diverses séries qu'il présente, et le nombre de morceaux rares qu'il renferme.

J'observerai cependant encore auparavant, qu'en disant que les divers fers oxydés qui, ne jouissant d'aucune action sur le barreau aimanté, donnent une poudre rouge par la trituration, appartiennent à l'oxydation de ce métal au maximum, il faut entendre et appliquer cette observation, aux simples combinaisons de fer et d'oxygène, connues sous le nom d'oxydes de ce métal, sans aucune autre cause intermédiaire de modification, et de variation : la suite de ce catalogue fera voir qu'il existe d'autres espèces dans ce métal, qui donnent une poudre rouge sous la trituration, sans appartenir à l'oxyde de fer au maximum dont nous nous occupons.

La forme primitive du fer oxydé au maximum, est le cube parfait, fig. 124. Je parlerai dans la suite des diverses modifications que présente ce cube, à mesure que je citerai les variétés de cette substance auxquelles elles appartiennent.

Sa cassure est conchoïdale.

Sous la trituration, cette substance donne une poudre d'un rouge plus déterminé et plus foncé que l'espèce précédente du fer oligiste.

Sa dureté est aussi légèrement inférieure à celle du fer oligiste ; elle raye le verre avec un peu moins de facilité : cette dureté varie considérablement dans les masses qui appartiennent à ses différentes variétés, à raison du plus ou moins de cohésion entre leurs parties.

Sa pesanteur spécifique, prise sur les cristaux cubiques qui seront cités plus bas, m'a donné 39, 61 ; mais, par la même raison que je viens de donner, cette pesanteur spécifique éprouve différentes variations, souvent même considérables, suivant ses diverses variétés, et principalement suivant le degré de cohésion de leurs parties entre elles.

Sa couleur propre est, à ce qu'il paroît, le rouge

brun plus ou moins foncé, mais suivant le degré de cohésion plus ou moins fort qui existe entre ses parties, sa couleur rouge devient plus sombre, et passe enfin au gris d'acier, dont elle offre en même temps le lustre, lors surtout que cette cohésion est au maximum. Ce fer oxydé est en effet d'autant moins dur, qu'il passe à une couleur rouge plus foncée; celles de ses variétés qui sont pulvérulentes, sont pour l'ordinaire celles dans lesquelles cette couleur rouge a le plus d'intensité.

Cette substance, dans son état de pureté, n'exerce aucune action sur le barreau aimanté ; mais il arrive assez souvent qu'elle est mélangée de quelques parties des espèces oxydées à un degré inférieur, alors elle exerce plus ou moins d'action sur lui ; mais toujours, cependant, à un degré beaucoup plus foible que celui qui appartient aux espèces moins oxydées. Le minéralogiste un peu exercé, a toujours la facilité de reconnoître et apprécier la véritable nature de ces variétés lorsqu'il les rencontre. Il existe, par exemple, parmi les minerais de fer de Gellivara, dans la Laponie suédoise, une variété qui souvent se présente en masses considérables, et qui est ainsi mélangée de fer oxydulé.

Les cristaux qui m'ont servi à déterminer la forme primitive de ce fer oxydé, sont des cubes parfaits, fig. 124, qui ont jusqu'à 3 lignes de côté et même plus, et qui sous aucun rapport ne peuvent être rapportés au rhomboïde cuboïde primitif du fer oligiste. Les uns ont un quartz cristallisé pour gangue, d'autres sont isolés. Parmi ces derniers, il en existe un dans lequel les bords longitudinaux du prisme sont remplacés, chacun d'eux, par un plan très-étroit : on observe aussi la même variété parmi

ceux en groupes. La surface de ces cristaux est parfaitement lisse, et a la couleur et une partie du lustre
de l'acier poli. Outre les cubes que je viens de citer,
il en existe, dans cette collection, deux autres fort
grands, qui paroissent avoir éprouvé de l'altération ;
mais dont les plans ont cependant conservé une partie
du lustre gris d'acier, qui est propre aux cristaux de ce
fer oxydé.

A cette espèce appartient une partie du minerai de
fer nommé par M. Werner *eisenglimmer* (fer micacé),
celle qui n'exerce aucune action sur le barreau aimanté,
car il existe un autre fer micacé, qui exerce une action très-sensible sur l'aimant, et qui appartient au
fer oligiste. Cette variété micacée du fer oxydé est
souvent en petites lames ou écailles, groupées confusément les unes avec les autres, et pour l'ordinaire de
formes indéterminées : j'y ai cependant aperçu quelquefois de petits cristaux analogues à ceux de la variété rouge dont je parlerai dans un instant; deux
petits morceaux de cette collection sont dans ce cas.
D'autres fois, cette même variété est en lames très-
minces et de même irrégulières, placées en recouvrement les unes sur les autre, et affectant même, dans
cette manière d'être, beaucoup d'irrégularité. Enfin,
elle se montre aussi à l'état granuleux, soit à grain
grossier, soit à grain fin, et dans ce cas elle forme
souvent différentes couches placées en recouvrement
les unes sur les autres, comme le fait l'hématite. Toutes
ces variétés existent dans cette collection. J'en citerai
une autre, extrêmement rare, dont il y existe aussi
plusieurs petits morceaux ; elle est en masse fibreuse,
à fibres très-fines et parallèles ; mais n'ayant entre elles

qu'une adhésion très-foible qu'il est très-facile de détruire : ces petites fibres se brisent sous le plus léger effort, et la loupe fait voir que leurs fragments sont de petits parallélipipèdes rectangulaires.

Une autre des variétés de cette espèce, est formée par l'*eisenrahm* rouge de M. Werner, ou mine de fer micacé rouge, et ses formes cristallines, lorsqu'elle les laisse apercevoir, ce qui est très-rare, viennent parfaitement à l'appui de sa réunion sous une même espèce avec la variété précédente. Il existe, dans cette collection, un fort beau morceau, dans lequel de petites lames de fer micacé rouge recouvrent presqu'en entier une de ses faces. Ces petites lames sont d'une belle couleur rouge de sang et fortement translucides. Elles sont extrêmement minces, ce qui rend en grande partie raison, et de leur couleur rouge, et du degré de leur transparence. Toutes ces lames sont autant de cristaux qui, pour un très-grand nombre d'entre eux, sont parfaitement déterminés et très-réguliers. Les uns se présentent sous la forme d'une lame quarrée, fig. 125. D'autres, sous celle d'une lame octaèdre, fig. 126, produite, par la lame quarrée précédente qui, étant considérée comme un prisme, a ses bords longitudinaux remplacés par un plan qui fait avec ceux adjacents, d'un côté un angle d'environ 168°, et de l'autre un d'environ 102°. Les mêmes lames tétraèdres rectangulaires deviennent hexaèdres, soit par la réunion entre eux des plans de remplacement au dessus des côtés du prisme avec lesquels ils font l'angle de 168°, et alors la lame hexaèdre a deux angles très-obtus d'environ 156°, et quatre d'environ 102°, fig. 127, soit par la réunion des mêmes plans de rem-

placement au dessus des côtés du prismes avec lesquels
ils font l'angle de 102°, alors la lame hexaèdre a deux
angles très-aigus d'environ 24°, et 4 d'environ 168°.
On sent que, vû la petitesse des cristaux, ainsi que
leur très-foible épaisseur, ces angles ne doivent être
considérés que comme approximatifs, et demandent à
être vérifiés, lorsque les circonstances pourront faciliter
davantage leur mesure. Les cristaux qui font l'objet
de cette description sont placés sur une gangue de fer
hydro-oxydé.

Une observation qui me paroît mériter quelque in-
térèt, à raison de ce que j'ai dit précédemment concernant les deux couleurs, rouge et gris d'acier, que
montre cette espèce de minerai de fer, c'est que si, en
se servant d'une loupe d'un grossissement un peu
considérable, on regarde ces lames sur leur épaisseur,
elles cessent de laisser apercevoir la moindre transparence, et réfléchissent un gris d'acier. Il est très-facile
en outre de reconnoître que la variété d'un gris d'acier
de l'eisenglimmer, qui n'a aucune action sur le barreau aimanté, appartient à cette espèce, et diffère fort
peu de la variété rouge. Un très-grand nombre des
morceaux appartenant à cette variété grise, étant examinés avec la loupe, laissent apercevoir, sur leur surface, et souvent même en très-grande quantité, de
petites parties d'un rouge très-vif, et qui paroissent
en même temps translucides ; aspect qui n'est dû qu'à
ce que, dans ces endroits, cette partie très-mince de
la lame étant soulevée, a perdu son adhérence avec la
partie inférieure, et permet à une partie de la lumière
de traverser sa très-foible épaisseur.

Dans la suite des morceaux qui appartiennent à

cette variété, je citerai principalement une série de morceaux très-rares ; ce sont des laves poreuses du Vésuve, parsemées de petites paillettes des variétés grises et rouges, et dans lesquelles on peut observer des couches qui ont jusqu'à 4 lignes d'épaisseur, et qui, quoique composées en totalité d'une agrégation des mêmes petites paillettes, ont un aspect strié dans leur cassure, et sont mi-partie grises et mi-partie rouges : ces morceaux sont extrêmement intéressants.

Une troisième variété principale, ou sous-espèce du fer oxydé au maximum, est *l'eisenrham* brun de M. Werner. Il est facile de voir, par la description même de ses caractères, du moins par ceux donnés, d'après M. Werner, par M. Brochant, dans son excellente minéralogie, que cette variété ne peut appartenir à l'oxyde de fer brun à poudre jaune ou fer hydro-oxydé. Ce minerai de fer, qui se trouve rarement en grandes masses, est composé de la réunion de petites écailles ayant fort peu d'adhérence entre elles, ce qui constitue de petites masses très-légères et presque sans aucune consistence ; aussi ses parties s'en séparent-elles presque par le simple contact ; ce qui le rend tachant, en même temps que la grande finesse de ses parties, le poli de la surface de ces mêmes parties, qui sont autant de fort petits cristaux, et leur grande friabilité, rend cette substance douce et comme onctueuse sous la pression des doigts. Si, par une pression un peu forte, on parvient à écraser, sur un papier blanc, de petites masses des paillettes de cette substance, la tache faite par elles est d'un rouge brun ; d'ailleurs, si, après avoir froissé sur le papier ces mêmes pailletes, on les regarde avec une forte loupe, on reconnoit que toutes celles qui sont amenées à l'état de plus grande division, sont rouges et translucides, et elles sont en très-grand nombre, tandis que les autres sont d'un gris d'acier. Cette variété n'est donc exactement que celle précédente, rendue d'une couleur brune par l'accumulation confuse de ces petites paillettes, qui affoiblit la réflexion de la masse.

On trouvera, joint à cette collection, une série de ce fer oxydé au maximum, à l'état compacte, ainsi qu'une autre, à l'état d'hématite. La première de ces deux variétés est d'un grain très-fin et très-serré ; sa couleur est le gris de fer, rendu souvent un peu brun par l'effet des petites parties rougeâtres dont ce fer est entremêlé ; mais elle est quelquefois cependant d'un grain plus grossier et presque granuleux. La seconde, présente trois sous-variétés différentes ; la première est en fibres si fines et si serrées qu'elle paroît compacte ; dans la seconde, quoique toujours très-fines, ces fibres sont beaucoup plus sensibles à la vue ; elles sont pour l'ordinaire divergentes, ce qui fait que lorsque cette hématite se casse, ses fragments détachés sont très-fréquemment cunéiformes : dans quelques variétés cependant la direction des fibres est ou parallèle, ou fort approchant du parallélisme : dans toutes ces hématites la texture est en outre à couches concentriques. Dans la troisième de ces sous-variétés, la substance de l'hématite est composée sensiblement de pièces séparées et distinctes, souvent d'une grandeur considérable, et formant autant de systèmes particuliers qui s'encastrent les uns dans les autres. Lorsque cette hématite se casse, c'est habituellement dans les points de réunion de ces parties séparées, et dans ce cas, la surface qui, dans ces fragments, appartenoit à leur point de contact, est lisse et a souvent un lustre assez brillant. Cette même surface, à raison de l'encastrement les unes dans les autres de ces pièces séparées, ainsi que de la texture à couches concentriques de ces mêmes hématites, est souvent polyèdre, et présente des faces, soit concaves, soit convexes. On trouvera, dans la série des morceaux qui appartiennent à ces dernières variétés, un fort beau morceau à couches concentriques, et dont chacune des couches est ainsi composée de pièces séparées, et d'un volume peu considérable, quoique très-sensible; ainsi que d'autres dans lesquels les pièces séparées sont plus considérables. Il y existe aussi un morceau très-intéressant, dans lequel les différentes couches de l'hématite, sont séparées par des veines de la variété connue sous le nom de fer micacé gris à petites écailles, mélangées de quelques-unes de celles de la variété rouge.

Toutes ces variétés approchent d'autant plus de la couleur grise de l'acier, que leur texture est plus serrée, et par conséquent leur dureté et leur pesanteur plus considérables, et lorsqu'au contraire ces deux qualités ont un moindre degré d'intensité, elles deviennent d'un rouge plus ou moins déterminé, et plus ou moins foncé. On peut observer, dans cette collection, un morceau dans lequel de petites veines d'hématite fibreuse parfaitement rouges, ont leur texture si lâche qu'elles peuvent être facilement entamées avec l'ongle: les morceaux de lave poreuse du Vésuve, cités plus haut, peuvent en quelque sorte être considérés sous ce même rapport. On trouvera aussi, joints à cette suite, de petits morceaux sur lesquelles sont des cubes à l'état d'oxyde de fer rouge, analogues à ceux décrits par M. Karsten ; mais qui très-visiblement sont des pseudomorphes. Quelquefois la surface de ces hématites est recouverte par une légère efflorescence d'un aspect velouté, qui appartient au fer micacé rouge dans un état de division extrême.

Une sixième variété est formée par le fer oxidé au maximum à l'état pulvérulent. Je ne considère comme appartenant à cette variété, que le fer oxydé rouge pulvérulent dont les parties très-fines, et à l'état terreux, ne laissent apercevoir, ni à la vue simple, ni même avec le secours de la loupe, une texture composée de petites écailles, quelques fines qu'elles puissent être ; ce dernier fer appartenant à celui micacé rouge, comme la chlorite appartient au mica. Dans cette variété, la substance du fer oxydé est à un état de division et de trituration extrême ; aussi est-ce celle dans laquelle la couleur rouge soit au plus haut degré d'intensité. On trouvera, dans cette collection, de petits morceaux de cette variété, d'un superbe rouge brun, dans l'intérieur desquels on peut observer de petites paillettes de la variété micacée grise : ils sont de l'isle d'Elbe.

Enfin la septième et dernière variété, offerte par ce fer oxydé au maximum, est celle basaltiforme, nommée aussi bacillaire et scapiforme.

Cette variété, qui probablement est aussi argileuse, a été amenée à cet état par un retrait, qui a toute l'apparence d'avoir eu l'action du feu pour cause. Ainsi que dans les basaltes, les petites colonnes dont elle est composée se montrent par leurs côtés, et ont fort peu d'adhérence entre elles : de même aussi ces petites colonnes sont tétraèdres, pentaèdres, ou exaèdres; ces dernières cependant sont celles qui s'y montrent le plus communément.

FER HYDRO-OXYDÉ.

120 *Morceaux, dont 8 cristaux isolés.*

Sans la citation du cube, faite par M. l'Abbé Haüy, dans son *tableau comparatif*, &c. d'après sa propre observation, je n'aurois cité que le prisme tétraèdre rectangulaire à base quarrée, fig. 128, pour forme primitive de cette substance; mais le cube cité par ce savant, donnant sous la trituration une poudre jaune, lui appartient bien certainement, et d'après son examen, qui ne peut laisser place à aucun doute, ce cube n'appartenant, ni à la classe des pseudomorphes, ni à une décomposition de pirytes, doit appartenir à une des formes propres au fer hydro-oxydé. En est-il la forme primitive? ou ce cube n'est-il qu'une simple variété d'un prisme tétraèdre rectangulaire à base quarrée? Je suis très-porté à admettre cette dernière supposition, sans avoir cependant de bases suffisantes pour l'assurer.

Il existe, dans cette collection, un petit morceau, appartenant à une hématite brune, sur la surface duquel sont groupés un grand nombre de petits prismes tétraèdres rectangulaires minces et allongés de cette substance, les uns, avec leurs bords longitudinaux remplacés par un plan également incliné sur ceux adjacents, fig. 130, les autres, ayant les mêmes bords remplacés par un plan plus fortement incliné sur un des côtés adjacents du prisme, avec lequel il fait un angle très-obtus, que sur l'autre, fig. 131. Les trois cristaux dont je viens de parler sont bruns, mais paroissent presque noirs à leur surface, à raison du lustre de leurs faces qui est très-brillant. La poudre qu'on en obtient par la trituration est jaune.

La dureté de ce minerai est un peu moindre que celle du fer oxydé au maximum ; ainssi que lui il raye le verre, mais avec un peu moins de facilité. Cette dureté varie considérablement dans les masse, dans les diverses variétés qui appartiennent à cette substance, suivant le degré de cohésion plus ou moins considérable qui existe entre leurs parties. Il en est de même de sa pesanteur spécifique, qui m'a paru être très-voisine de celle du fer oxydé au maximum, mais que je n'ai cependant pu prendre sur les cristaux, à raison de leur petitesse.

Ainsi que dans le fer oxydé au maximum, la couleur propre à cette substance me paroît être différente de celle brune, qu'elle montre dans les masses dans lesquelles le degré de cohésion est considérable. Cette couleur me paroît être celle connue sous le nom de jaune ocreux, et suivant le degré de cohésion qui existe dans l'agrégation de ses parties, cette couleur passe, soit au gris foncé un peu brun du fer métallique, soit au brun plus ou moins foncé. De même aussi que dans l'espèce précédente, la pesanteur spécifique et la dureté diminuent à mesure que cette substance s'écarte du brun pour se rappocher du jaune.

Les variétés cristallines, soit déterminées, soit même indéterminées du fer hydro-oxydé étant très-rares, et aucunes d'elles n'ayant été citées, jê vais entrer dans quelques détails à leur égard.

Le canton qui, à ma connoissance, a fourni jusqu'ici les morceaux les plus beaux, et renfermant les cristaux

les mieux caractérisés de fer hydro-oxydé, est les environs de Bristol. Là se rencontrent des géodes
quartzenses, dont les parois intérieures sont recouvertes de cristaux de quartz, sur lesquels quelquefois
sont disséminés de fort petits cristaux parfaitement
déterminés de fer hydro-oxydé, mais toujours cependant en petite quantité ; souvent même ces cristaux
sont renfermés dans l'intérieur même des cristaux de
quartz. Quelquefois l'enveloppe de ces géodes, quoique
renfermant toujours, dans leur intérieur, des cristaux de
quartz, au lieu d'être quartzeuse est elle-même de fer
hydro-oxydé ; alors ce fer s'y montre en fibres divergentes autour d'un même centre, et forme, dans l'intérieur de la géode, de petits mamelons, à la surface
desquels ces fibres s'écartent souvent assez l'une de
l'autre, pour s'isoler et montrer leur forme cristalline.
Les cristaux qui appartiennent à ce fer sont toujours
très-petits, très-allongés et très-minces. Leurs formes
paroissent toutes dériver du cube allongé ou parallélipipède rectangulaire : de sorte, qu'ainsi que nous
l'avons déjà vu dans l'espèce précédente, le prisme y
paroît remplir plutôt le rôle de parallélipipède rectangulaire droit, que celui de cube.

Les formes que j'ai observées dans cette substance
sont, soit des parallélipipèdes allongés, fig. 128, soit
ces mêmes prismes applatis, fig. 132, soit appartenant
à ces derniers cristaux dont les bords sont en biseaux,
fig. 133. Dans ce cas, les plans de remplacement des
bords se rencontrent entre eux, au-dessus des côtés
étroits du prisme, sous un angle qui m'a paru être
d'environ 130°, et ceux qui sont placés le long des
bords les plus longs des faces considérées comme

étant celles terminales, se rencontrent, au-dessus de ces faces, sous un angle qui m'a paru être d'environ 145°. Dans d'autres cristaux, les angles solides du prisme tétraèdre rectangulaire sont remplacés par des plans qui se rencontrent entre eux sous un angle d'environ 140°, fig. 134. La variété en prisme tétraèdre rectangulaire à bords en biseaux, se montre aussi avec un plan de remplacement aux angles du prisme primitif, fig. 137, et dont il m'a été impossible de déterminer, même l'à-peu-près des angles d'incidence. Ces cristaux présentent aussi les variétés, fig. 138 et 139, à l'égard desquels il m'a de même été impossible de rien statuer. Il en est encore ainsi de petits cristaux en rhomboïdes lenticulaires, fig. 140, provenant très-probablement du remplacement de deux des angles solides opposés du parallélipipède devenu très-voisin du cube, chacun d'eux par trois plans, dont j'ai de même observé des cristaux, et dont cette collection offre plusieurs exemples : ces derniers cristaux sont les seuls que j'aie observés, dans cette substance, semblant en effet appeler le cube pour leur forme primitive.

Lorsque les cristaux prismatiques que je viens de décrire, ont un peu d'épaisseur, ils offrent le brun noirâtre foncé, et possèdent le même lustre que celui des cristaux dont j'ai donné précédemment la description. A mesure qu'ils deviennent plus minces, l'intensité de cette couleur brune diminue, et devient plus claire ; très-minces, ils sont translucides, et suivant le degré de leur épaisseur, ils réfractent le brun jaunâtre, le jaune de vin, et même, lorsqu'ils ne sont plus que des fibres capillaires très-fines, le jaune de paille, quelquefois même avec un reflet doré.

On sent parfaitement que la mesure des angles que j'ai donnée pour quelques-unes de ces variétés, dans des cristaux qui n'atteignent jamais une grosseur supérieure à celle d'un camion, n'est que très-légèrement approximative. Cette collection renfermant, dans ce genre, une série très-précieuse et extrêmement difficile à former, il seroit peut-être possible, avec un peu de soin, et surtout avec l'aide du goniomètre du Dr. Wollaston, de parvenir à une détermination parfaite de la mesure de ces angles.

Dans ces jolis groupes de cristaux de quartz en géodes, qui existent dans toutes les collections, et dont les cristaux sont recouverts à l'extérieur par des fibres capillaires, soit isolées, soit en faisceaux divergents, qui prennent souvent la forme de pinceaux, ces fibres, ainsi que celles que très-souvent ces mêmes cristaux renferment dans leur intérieur, doivent être rapportées à cette variété du fer hydro-oxydé. Telles sont, par exemple, ces belles géodes apportées depuis peu de Sibérie, où elles ont été trouvées dans une isle du lac Onéga, et dont les faisceaux capillaires de fer hydro-oxydé, ont été jusqu'ici presque généralement regardés, mais très-improprement, comme appartenant au manganèse oxydé, ainsi que ceux des environs de Bristol; cependant la poudre jaune qu'ils donnent sous la trituration, ce que ne fait jamais le manganèse oxydé, étoit bien faite pour écarter absolument cette opinion.

La série des morceaux de cette variété de Sibérie, renfermée dans cette collection, est extrêmement riche,

et elle est en même temps très-belle. Outre les morceaux placés ici avec le fer hydro-oxydé, il en existe un
grand nombre, placés dans la partie de cette collection
qui appartient au quartz. Je citerai ici un seul de
ces morceaux, c'est un groupe de quartz améthisé,
dont tous les cristaux renferment, dans leur intérieur,
un autre cristal de la même substance ; dans l'intervalle
qui existe entre la surface du cristal intérieur et celle
du cristal extérieur, on aperçoit un nombre considérable de petites fibres de ce fer hydro-oxydé, dont
plusieurs ont, adhérant à elles, de petits cristaux appartenant au rhomboïde lenticulaire très-obtus, que j'ai
cité plus haut, et qui paroissent implantés, comme sur
une pelote, sur la pyramide du cristal intérieur.

Il y a fort peu de collections, dans lesquelles il
n'existe des cristaux de quartz renfermant ainsi, dans
leur intérieur, de petits cristaux de fer hydro-oxydé.
Ils y sont quelquefois en lames minces, qui paroissent
quarrées ou rectangulaires à une de leurs extrémités,
et se terminent en pointe, souvent très-aigue, soit
régulière, soit irrégulière, à leur autre extrémité, ainsi
que le représente la fig. 136 ; les cristaux de quartz
améthiste sont ceux qui sont le plus fréquemment
dans ce cas ; fort souvent on y observe, en outre de
ces petites lames de fer hydro-oxydé, de petites paillettes de fer oxydé au maximum, soit rouge, soit gris
d'acier.

Cette espèce, enfin, possède les mêmes variétés compactes, hématiformes et pulvérulentes, que le fer oxydé
au maximum. On peut observer de même aussi, parmi
elles, qu'à mesure que les parties de leur substance ont
moins de cohésion entre elles, la couleur jaune devient

plus intense, et qu'elle parvient enfin à son plus haut degré d'intensité dans les variétés pulvérulentes. Il y a, parmi elles, des variétés dans lesquelles la cohésion entre ces parties est telle, que leur substance paroît être d'un noir foncé : on en observera un morceau fort beau dans cette collection. On y trouvera aussi une série extrêmement intéressante, de morceaux appartenant à la variété à l'état d'hématite fibreuse à couches concentriques ; cette série apporte une nouvelle preuve de la couleur qui appartient à cette substance, lorsque ses parties sont divisées. Dans cette hématite, le fer hydro-oxydé est intimement mélangé de quartz, qui en sépare et en isole, pour ainsi dire, les parties ; aussi sa couleur est-elle la teinte jaunâtre du fer spathique. Sa dureté, à raison du quartz dont elle est mélangée, est assez grande pour lui permettre de rayer le quartz, mais cependant avec quelque peine.

Je citerai en outre, dans cette collection, un morceau très-beau et très-rare, dans lequel le fer hydro-oxydé est en stalactites fibreuses, dont les fibres se dirigent de leur axe à leur surface, et dont la couleur est de même celle jaune du fer spathique, non à raison du quartz mélangé, mais à raison seulement du peu de cohésion de ses parties entre elles ; aussi cette variété est-elle très-tendre et très-facile à entamer avec un instrument tranchant. La surface de cette hématite est recouverte par une couche légère de fer oxydé au maximum, appartenant à la variété ayant l'aspect métallique, et de petits cristaux en rhomboïdes lenticulaires très-obtus du même fer, sont disséminés, çà et là, sur cette même surface ; la partie centrale de ce morceau est à l'état de fer hydro-oxydé en hématite brune, et la dureté de cette partie est beaucoup plus considérable que celle de la partie jaune.

Je citerai encore une autre série de petits morceaux d'hématite brune, dont la surface a une texture veloutée, ainsi que nous avons vu qu'il existe une variété du même genre dans le fer oxydé au maximum. Cette partie veloutée est d'une couleur jaune analogue à celle des variétés qui viennent d'être citées, et la loupe fait apercevoir que cette couleur est due à ce que les fibres de l'hématite, en arrivant à sa surface, se sont écartées davantage, et se sont même en partie séparées les unes des autres ; dans quelque-uns de ces morceaux, on aperçoit en outre de petits pinceaux, à fibres divergentes et très-fines, qui sont de la même couleur. Ces morceaux sont saupoudrés de petites pyrites cubiques ; sur l'un d'eux, ces pyrites présentent toutes, sur leurs faces, celle d'un autre cube intérieur, parfaitement distinct de celui dans lequel il est renfermé.

A la suite de cette espèce, sont placées les variétés de fer hydro-oxydé à l'état limoneux, en très-petit nombre cependant, n'ayant pas voulu surcharger cette collection des nombreuses variétés de ces fers qui, à raison des différents mélanges qui s'introduisent dans leur substance, varient considérablement.

Je suis entré, à l'égard de cette espèce de minerai de fer, ainsi qu'à l'égard de celle qui a précédé, dans un détail beaucoup plus considérable que ce n'avoit d'abord été mon intention. Mais quoique dans la plus grande partie de ces détails, il soit question des minerais de fer les plus abondamment répandus dans la nature, et les plus habituellement entre les mains des minéralogistes, le sujet étoit neuf. Il s'agis-soit d'établir parfaitement ces deux espèces, d'indiquer l'état le plus parfait de chacune d'elles, les causes des variétés qu'elles présentent, ainsi que leurs caractères minéralogiques. Il falloit faire voir que des minerais de ce métal qui avoient été rapportés à des espèces différentes, ou dont on avoit même fait des espèces par-ticulières, leur appartenoient. Il falloit enfin faire leur étude, et pouvant du moins en tracer quelques traits, j'ai été entraîné, et ces deux articles se sont allongés sans que je m'en sois aperçu, et presque mal-gré moi. J'eusse fortement désiré rendre cette étude plus complette, en déterminant d'une manière plus positive le cristal primitif de chacune de ces espèces, ainsi que les diverses loix de reculement auquel il est soumis ; mais la petitesse des cristaux que j'ai toujours été dans le cas d'examiner, dans ces deux substances, s'y est constamment opposée. Les détails dans lesquels je suis entré à leur égard, aideront à les faire recon-noître ; et peut-être qu'un jour un minéralogiste plus heureux, acquerra les moyens de completter cette partie essentielle de l'étude de cette substance.

FER OXYDÉ PICIFORME. (*Nobis.*)

30 *Morceaux, dont 7 Cristaux isolés.*

Je ne puis rapporter ce minerai de fer à aucune des espèces de ce métal qui ont été décrites par les auteurs. Il paroîtroit d'abord avoir quelque rapport avec celui cité par M. l'Abbé Haüy, dans son *tableau compa-ratif*, &c. p. 95, sous le nom d'oxyde noir vitreux ; mais il ne devient pas magnétique par l'action de la

chaleur, il ne raye pas le verre, et son aspect est plus
celui de la poix ou du bitume, que celui du verre. D'ailleurs, en comparant l'analyse qui a été faite, par M.
Vauquelin, du fer oxydé noir vitreux de M. l'Abbé
Haüy, avec les analyses, données par M. d'Aubuisson,
des fers hydro-oxydés, le premier seroit un hydrate de
fer oxydé parfait, d'un brun très-foncé ou noir ; tandis
que, sans prononcer sur la nature de celui qui fait
l'objet de cet article, je puis assurer qu'il n'est certainement pas de la même nature que celui de l'espèce précédente.

Ce minerai n'est pas non plus le fer noir de M.
Werner, il n'a aucun des caractères de cette substance
qui, d'après ceux donnés par les minéralogistes allemands, n'est autre que le manganèse oxydé hématiforme, qui toujours est plus ou moins mélangé de fer
oxydé.

Sa forme primitive est un cube ou un parallélipide
rectangulaire très-voisin du cube.

Sa couleur est d'un noir foncé, et ses faces ont un
lustre éclatant.

On trouvera, dans la suite des morceaux qui, dans
cette collection, appartiennent à cette espèce de minerai de fer, deux groupes de ces cubes, accompagnés de
plusieurs fragments et de sept cristaux isolés. Dans
un de ces morceaux, les cubes, qui ont à-peu-près une
ligne de côté, sont complets, fig. 141. Dans le second,
deux de leurs angles solides sont remplacés par un plan,
plus ou moins grand, perpendiculaire à l'axe qui passe
par ces deux angles ; ainsi que le représente les fig.
142 et 143. Ces morceaux, ainsi que les fragments

qui les accompagnent, joints à des morceaux à-peu-près semblables que j'ai donnés à la collection de M. Gréville, sont les seuls que j'aie encore vus de cette substance à l'état de forme déterminée. J'ignore le lieu de leur localité : ils ont été apportés d'Allemagne par M. Fichtel, à l'obligeance duquel je les ai dus ; mais il ignoroit lui-même le lieu de leur origine.

Lorsque cette substance n'est pas cristallisée, son aspect est absolument celui de l'asphalte parfaitement noir, pour lequel elle seroit facilement prise.

Sa cassure est conchoïdale et a un lustre très-brillant, exactement semblable aussi à celui que présente la cassure de l'asphalte.

Sa couleur varie entre le noir parfait et opaque, et le brun noirâtre. Celle de la poudre, donnée par la trituration, est intermédiaire entre le rouge brun du fer oxydé, et le jaune brun du fer hydro-oxydé : c'est un jaune brun très-foncé, un peu rougeâtre.

Sa pesanteur spécifique varie suivant les échantillons, et ne s'élève pas au-dessus de 40,00 : la variété brune est la plus légère.

Sa dureté est peu considérable ; elle est facilement entamée par un instrument tranchant, et elle est très-fragile.

Sous l'action du chalumeau, elle diminue de volume, et sans laisser apercevoir aucun mouvement de fusion, elle se change en une scorie légère qui n'exerce aucune action sur le barreau aimanté. Avec le borax elle donne un verre d'un jaune sale.

A l'état non cristallin, cette substance se montre, soit en masse compacte, dont le grain très-fin ressemble parfaitement, de même que son aspect, ainsi qu'il a été dit précédemment, à celui de l'asphalte, soit à l'état mamelonné à la manière des hématites, et en couches concentriques, mais jamais striée.

On trouvera toutes ces variétés dans cette suite, et parmi elles un petit morceau formé de la réunion de petits mamelons sphéroïdaux, la plupart creux et ne présentant que des capsules.

Cette espèce de minerai de fer, et surtout les variétés noires en couches concentriques et mamelonnées, paroît être très-sujette à se décomposer; elle passe, par cette décomposition, à un état pulvérulent, soit d'un jaune brun très-foncé et rougeâtre, soit d'un jaune de paille, soit de différentes nuances intermédiaires à ces deux couleurs. La plupart des morceaux de cette suite qui appartiennent à la variété noire sont dans ce cas; plusieurs d'entre eux sont d'Angleterre: on peut, parmi eux, en remarquer un dans lequel cette substance est en couches, interposées entre des couches de chaux carbonatée.

FER HYDRO-OXYDÉ SULFATÉ.

M. Gillet de Laumont a cité, dans le 135e. numéro du Journal des Mines, une variété de cette substance d'une couleur jaune foncé, variant entre celle de l'olivine et de l'idocrase, qui est aussi celle de la variété provenant d'une mine des environs de Freyberg, qui faisoit partie de la collection qui a appartenu au célèbre Ferber. Cette substance, qui a été analysée par M. Klaproth, avoit reçu provisoirement de M. l'Abbé Haüy, *dans son tableau comparatif,* &c. où elle a été citée par lui, le nom de fer résinite. Les morceaux qui lui appartiennent, dans cette collection, offrent deux nouvelles variétés. L'une, est d'un rouge très-foncé, qui la fait presque paroître noire ; mais comme elle est translucide, elle laisse, au moyen de sa transparence, apercevoir sa couleur, qui est d'un superbe rouge brun. Ainsi que la variété citée par M. Gillet de Laumont, elle ressemble parfaitement à la cire. Elle fond assez promptement au chalumeau, en donnant une odeur sulfurique assez forte, et donne une scorie noire, à laquelle je n'ai aperçu aucune action sur le barreau aimanté. Elle est très-fragile et même friable, et donne, sous la trituration, une poudre d'un jaune paille : sa substance elle-même est mélangée de quelques parties de cette dernière couleur. Cette collection renferme plusieurs petits fragments de cette variété, qui m'ont été donnés comme ayant appartenus de même autrefois à Ferber.

La deuxième variété est encore plus fragile que la précédente. Elle est en partie d'un jaune pâle, et en partie d'un jaune de miel un peu rougeâtre, et elle a parfaitement l'aspect du pechstein infusible de Hongrie, nommé halbopal par M. Werner, dont elle a le lustre, la transparence et la cassure, et sans son peu de dureté, et sa grande friabilité, elle seroit très-facilement prise pour lui appartenir. Elle fond beaucoup plus difficilement que la précédente, ne laisse pas apercevoir la même odeur sulfurique, et donne de même une scorie noire que je n'ai pas reconnue agir sur le barreau aimanté. Avec le borax, elle donne, ainsi que la variété précédente, un verre d'un jaune sale.

Cette dernière variété paroît plus sujette à se décomposer que la précédente, et passe par cette décomposition à une substance pulvérulente d'un jaune pâle.
Cette collection en renferme un morceau assez grand
et plusieurs fragments. Elle est dite venir des Indes
Orientales ; mais je n'ai aucune certitude à cet égard.

Je me suis borné à rapporter les observations que
ces deux variétés m'ont permis de faire, et je ne donne
leur analogie entre elles que comme un fait très-probable. Il seroit possible aussi que le fer hydro-oxydé,
quoique beaucoup plus dure, et ayant un aspect totalement différent, eût cependant quelques rapports aussi
avec elles. En regardant celle des variétés de cet
hydrate, qui est d'un noir foncé, avec la loupe, dans
la cassure, et à une forte lumière, on y remarque quelquefois de petites esquilles minces qui laissent apercevoir de la transparence et une couleur d'un rouge
brun foncé, analogue à celle qui appartient à la première de ces deux variétés. Je suis donc encore loin
de regarder le travail qui peut être fait sur ces deux
espèces, comme étant complettement terminé.

FER ARSENICAL. MISPIKEL.

107 *Morceaux, dont* 60 *Cristaux isolés.*

La partie cristalline qui, dans cette collection, appartient au mispikel est très-riche : nombre des variétés
qu'elle renferme n'ont pas été décrites.

FER SULFURÉ. PYRITE.

La richesse immense de cette collection, dans le fer

sulfuré, et principalement dans les formes cristallines qui lui appartiennent, et qui, pour un très-grand nombre, n'ont pas été décrites, me détermine à diviser ce minerai de fer en six sections différentes, et peut-être la nature·elle-même, en la consultant avec soin, nous conduiroit-elle à cette même division, par les faits qu'elle présente dans chacune d'elles : je ne serois même pas étonné quand elle nous forceroit un jour à reconnoître, parmi elles, comme espèces, une partie de ce que nous ne considérons dans ce moment que comme variétés.

PREMIÈRE DIVISION.

FER SULFURÉ EN CUBE LISSE.

121 *Morceaux, dont 73 Cristaux isolés.*

Il existe, dans la suite des cristaux qui appartiennent à cette division du fer sulfuré, un nombre considérable de variétés qui n'ont pas été décrites.

DEUXIÈME DIVISION.

FER SULFURÉ EN CUBE STRIÉ.

120 *Morceaux, dont 80 Cristaux isolés.*

Cette division renferme aussi plusieurs variétés de formes non décrites. La série des cristaux qui lui appartiennent est très-considérable.

Le fer sulfuré en cube strié, présente une particularité bien propre à fixer sur lui l'attention, qui est que lorsque la combinaison du fer et du soufre, à laquelle il appartient, renferme, dans sa substance, quelques-uns des métaux étrangers qui s'y rencontrent si fréquemment ; tels que l'or, l'argent, et le cuivre, c'est constamment à cette deuxième division de sa forme cristalline, ou au cube strié, et principalement à celle de ses variétés qui est en dodécaèdres à plans pentagones, ou aux divers passages du cube à cette variété, que la pyrite appartient. Le métal étranger qui s'y rencontre le plus communément, quoique non le plus abondamment, est l'or : il existe même des cantons dans lesquels il est presqu'impossible de rencontrer des pyrites en dodécaèdres à plans pentagones, ou en cubes passant à ce dodécaèdre, qui ne laissent pas apercevoir du moins quelques foibles indices de ce métal. C'est très-probablement à la décomposition de ces pyrites, que doivent être attribuées la plus grande partie des paillettes d'or chariées par les rivières, dans différents pays, ainsi que celles trouvées dans les terreins d'alluvion.

TROISIÈME DIVISION.

FER SULFURÉ EN OCTAÈDRE RÉGULIER,

77 Morceaux, dont 45 Cristaux isolés.

Cette division est, de même que celles précédentes, très-riche en cristaux, parmi lesquels, de même aussi,

plusieurs n'ont pas été décrits.   Je ne puis résister à la
tentation de représenter ici deux de ces variétés fort jolies
et en même temps intéressantes.   L'une d'elles, fig. 144,
est parfaitement analogue à une des variétés cristallines
du diamant ; variété que je n'avois jusqu'ici observée
dans aucune autre des substances qui prennent l'octaèdre régulier pour forme primitive : ce cristal qui
est fort petit, mais très-bien caractérisé, est renfermé
dans une gangue mélangée de chaux carbonatée très-
argileuse et presque pulvérulente, de mica vert, et
d'une autre substance bleuâtre et peu dure, qu'il ne m'a
pas été possible de déterminer.   La seconde, fig. 145,
appartient à un cristal fort grand et isolé : cette suite
en contient un autre de la même grandeur, et isolé
aussi, qui présente la même variété sans avoir les plans
de remplacements des arêtes de l'octaèdre.

Le fer sulfuré octaèdre régulier, doit être soigneusement distingé du double sulfure jaune de cuivre et de
fer, qui se montre aussi, et même assez souvent, en
octaèdre régulier, et qui appartient à une substance
entièrement différente.

QUATRIÈME DIVISION.

FER SULFURÉ PRISMATIQUE RHOMBOÏDAL.

142 Morceaux, dont 58 Cristaux isolés.

Ce fer sulfuré est généralement d'un jaune moins foncé que celui d'aucune des divisions précédentes, et sa couleur tire même quelquefois sur le gris métallique. Il est aussi d'une décomposition plus facile, lorsqu'il est exposé aux injures de l'air, et sa décomposition se fait le plus communément par vitriolisation.

Les cristaux qui lui appartiennent, et dont les variétés de forme sont très-nombreuses, ne paroissent avoir absolument aucun rapport avec ceux des trois divisions du fer sulfuré qui ont précédées, et ne pouvoir, en aucune manière, dériver de la même forme primitive. Cette pyrite me semble devoir faire une espèce particulière, qui auroit pour forme primitive un prisme tétraèdre rhomboïdal droit, d'environ 145° et 35°, cristal qui existe dans la séric qui appartient à cette pyrite, dans cette collection. Je suis bien loin cependant de vouloir décider ici cette question extrêmement intéressante. J'avois projeté, sur cette substance, un travail plus complet, auquel je suis forcé de renoncer, mais qu'il sera toujours possible de faire au moyen des matériaux que j'ai rassemblés dans cette collection : je ne fais donc que proposer mes doutes, à son sujet, aux minéralogistes.

Quelques-uns des cristaux qui appartiennent à ce fer sulfuré, avoient cependant déjà été aperçus par différents minéralogistes. La variété dont Romé de

Lisle fait la 34ème de la pyrite, vol. iii. p. 257, de sa cristallographie, est une des nombreuses variétés de macles offertes par ces cristaux. M. l'Abbé Haüy, cite aussi cette macle, dans son traité de minéralogie, vol. iv. p. 87 ; mais ces deux savants la disent être en octaèdre applati ; ce qui, je crois, est une erreur. Ce même savant, dans la page suivante du même ouvrage, paroît avoir aperçu aussi celle de ses variétés de forme qui se présente en octaèdre aigu et applati, dont les faces sont inégalement inclinées ; mais il ne détermine rien à son égard, et rapporte en suite toutes les autres formes qui pourroient lui appartenir, aux cristaux indéterminables du fer sulfuré. Cet octaèdre cunéiforme applati a été cité aussi, par M. Werner, comme une des variétés de sa 2ème sous-espèce, le strahlkies. Cette pyrite offre cependant un grand nombre de formes très-régulières et parfaitement déterminées ; elle renferme surtout une suite assez considérable de macles, mais qui, aucune des formes simples n'étant connues, deviennent très-difficiles, et pour quelques-unes mêmes, presqu'impossibles à reconnoître.

Cette considération me détermine à placer ici la description et les figures, non de toutes les formes simples, ainsi que de toutes les macles qui appartiennent à ce fer sulfuré, mais du moins d'un nombre assez considérable, pour faire connoître avec facilité toutes les autres.

Ainsi que je l'ai dit précédemment, la forme primitive de ce fer sulfuré, considéré comme espèce, me paroît être un prisme tétraèdre rhomboïdal droit de 145° et 35°, fig. 146, pl. 8. La hauteur de ce prisme, les bords de ses faces terminales, et la demi-diagonale de ces mêmes faces, sont entre eux dans le rapport des trois nombres 16,63, 24, et 22, 88.

Une des formes les plus simples de cette substance, après son cristal primitif, est celle représentée sous la fig. 147, dans laquelle le prisme allongé est terminé par un sommet trièdre, dont les plans marqués (1), sont le produit d'un reculement aux angles aigus des faces terminales par une simple rangée; ils se rencontrent entre eux, au-dessus des faces terminales, sous un angle de 108°, et rencontrent les faces terminales sous un angle de 144°. Dans la variété, fig. 147, le prisme est allongé; et dans celle fig. 149, les deux sommets dièdres se réunissent entre eux, ce qui change le cristal en un octaèdre applati à faces inégalement inclinées: c'est la variété qui a été citée par M. l'Abbé Haüy, comme c'est aussi celle, placée sous la fig. 148, qui a été citée par M. Werner; et c'est de la réunion de ces cristaux, en se pénétrant par les plans qui appartiennent aux sommets dièdres, que naît celle à laquelle on a donné le nom de pyrite en crêtes de coq. La variété, fig. 152, appartient à celle fig. 149, allongée parallélement aux plans primitif.

Dans les variétés représentées sous les fig. 250 et 251, les bords aigus du prisme sont remplacés, chacun d'eux, par deux plans, indiqués par le chiffre 2, qui font avec les côtés du prisme sur lesquels ils inclinent, un angle de 159°, 15′, et se rencontrent entre eux sous un angle de 76°, 30′: ils sont le résultat d'un reculement, le long de ces bords, par cinq rangées en largeur sur deux lames de hauteur. Il existe, parmi les cristaux de cette pyrite, une autre modification analogue, qui remplace ces mêmes bords par deux plans qui se rencontrent entre eux sous un angle de 50 , 38′, et rencontrent les côtés du prisme, sur lesquels ils inclinent, sous un angle de 172°, 11′ : ils sont le résultat d'un reculement, le long de ces bords, par cinq rangées.

Dans les variétés représentées sous les figures 153, 154, et 155, les bords obtus du prisme primitif sont remplacés par un plan également incliné sur ceux adjacents : il est indiqué par le chiffre 3. Dans la fig. 155 le cristal est allongé, ainsi que dans celui représentée sous la fig. 152, parallélement aux plans primitifs.

Il existe, dans cette collection, des cristaux appartenant à chacune des variétés qui viennent d'être citées. Il en existe aussi qui appartiennent à chacune des variétés qui composent la suite des macles dont nous allons nous occuper.

Si sur la variété octaèdre, fig. 149, on fait passer une section suivant le plan a b c d f g, qui passe par le centre et par le milieu de deux des plans opposés, pris parmi ceux les plus inclinés, cet octaèdre sera divisé en deux parties égales, représentées par les deux fig. 156 et 157, de manière à ce que chacune d'elles s'offre à la vue par une extrémité différente. Qu'on se représente maintenant ces deux moitiés réunies, soit par leur plan de section x, soit par le plan opposé, dû à la première modification, on aura deux macles différentes, l'une d'elles représentée par les fig. 158 et 159, et l'autre par les fig. 160 et 161 ; toutes deux offrant un aspect différent, suivant celle de ses extrémités qu'elle laisse apercevoir. Il existe, dans cette collection, plusieurs morceaux dans lesquels, soit les moitiés isolées, soit les deux macles différentes qu'elles forment par leur réunion, s'offrent à la vue suivant l'une ou l'autre de leurs deux extrémités : ces cristaux ne sont même pas très-rares.

Si par deux points, semblablement situés, pris sur les faces les plus inclinées de l'une des pyramides de l'octaèdre cunéiforme, fig. 162, on fait passer une coupe suivant les plans a b c d e, f g h d k, parallèles aux mêmes faces les plus inclinées, on en détachera un solide triangulaire, représenté sous la figure 163. La forme de ce solide bien conçue, si on se représente la réunion entre eux, par leurs plans de section, de cinq de ces solides, comme, à raison du parallélisme de ces plans avec les faces les plus inclinées de l'octaèdre, fig. 162, l'angle d'incidence de ces plans, tel que, par exemple, de celui f g h d k, sur l'arête l m, est de 54°, le pourtour du solide, formé par la réunion de ces cinq parties, sera un pentagone, dont tous les angles seront de 108°, et qui, par conséquent, sera régulier ; et le solide lui-même présentera un décaèdre formé par la réunion, base à base, de deux pyramides pentaèdre, fig. 164. L'angle solide de son sommet, pris sur le milieu de deux de ses faces opposées, sera de 145°, et celui pris à la rencontre des deux bases, de 35°. Cet angle solide sera occupé par une petite pyramide pentaèdre creuse, produite par la réunion des parties qui, telles que celle y, fig. 163, appartiennent à la pyramide inférieure de l'octaèdre, et il existera, à chacun des angles du pourtour de la base pentagonale, un angle rentrant produit par les parties qui, telles que celle z, appartiennent aux faces les plus inclinées de l'octaèdre. J'ai représenté cette macle, ainsi que les

x

trois suivantes, vues perpendiculairement à leur axe
vertical, afin de laisser mieux apercevoir les détails que
le dessein en perspective, tel que le représente la fig.
165, ne m'auroit pas permis de rendre.

Lorsque les petits solides retranchés appartiennent
à la variété représentée sous la fig. 151, la macle
pentagonale se présente sous l'aspect indiqué par la
fig. 166.

Si ces mêmes petits solides proviennent d'une section qui, en se terminant sur la base commune aux
deux pyramides, anticipe cependant toujours sur les
faces les plus inclinées de l'octaèdre, la macle n'ayant
plus d'angle rentrant au sommet de ses pyramides, se
présente sous l'aspect indiqué par la fig. 168, lorsque
la section n'anticipe, ni sur la pyramide inférieure de
l'octaèdre, ni sur les faces les plus inclinées.

Toutes ces macles existent, d'une manière parfaitement prononcée, dans cette collection. Plusieurs
d'entre elles laissent apercevoir l'angle solide saillant
ou rentrant du sommet de leurs pyramides ; ce qui est
fort rare, à raison de la manière dont elles sont placées
sur les groupes. La plupart de ces pyrites viennent
du Cornwall et du Derbyshire ; quelques-unes sont
d'Allemagne : j'ai observé aussi cette même variété
provenant des masses de craie du comté de Kent ; ces
dernières sont assez volontiers décomposées et passées,
plus ou moins complettement, à l'état de fer oxydé.

Cette espèce de fer sulfuré offre encore une autre
macle fort jolie, et assez commune dans les mines de
plomb du Derbyshire : elle est représentée sous la fig.
170. Pour en concevoir la formation, qu'on se représente la variété indiquée par la fig. 153, dans laquelle

on fait une coupe parallèle à deux des faces les moins
inclinées, de manière à en retrancher une portion, représentée par la partie a b c d, fig. 167 : si ensuite on
réunit, par le plan de section, deux parties semblables
à celle la plus grande, on aura exactement la macle
fig. 170. Quelquefois, mais cependant assez rarement,
une troisième partie se réunit à elle, et, comme alors
il est assez ordinaire qu'une grande partie de cette
macle triple soit engagée, elle prend l'aspect d'un
octaèdre très surbaissé.

Ainsi qu'on peut le voir facilement, cette macle, de
même que celles pentagonales précédentes, appartient à une simple irrégularité dans le reculement
qui produit, sur le prisme tétraèdre rhomboïdal,
l'octaèdre aplati à faces inégalement inclinées.

Je n'ai pas à beaucoup près épuisé toutes les variétés
simples, ainsi que toutes les macles, qui appartiennent
à cette espèce du fer sulfuré ; mais j'en ai décrit assez
pour faciliter l'étude très-difficile de ses cristaux. On
reconnoîtra facilement ceux que j'ai décrits, et leur re-
connaissance conduira sans peine à celle de tous les
autres. Il existe, par exemple, dans cette collection,
plusieurs petits groupes, dont les cristaux sont des
macles pentagonales, qui ne diffèrent de celles qui ont
été décrites, qu'en ce que les plans, que j'ai dit remplacer les bords aigus du prisme primitif, par deux
plans qui se réunissent entre eux sous un angle de
76 , 30, ont fait disparoître ceux primitif ; la macle se
présente alors comme formée par la réunion de deux
pyramides pentaèdres, dans lesquelles l'angle solide du
sommet, pris sur le milieu de deux des faces opposées,
est de 103°, 30', et celui pris à la réunion des bases, de

76°, 30′. Cette différence dans les mesures des angles, change totalement l'aspect offert par cette macle*.

---

* Au moment de livrer ce catalogue à l'impression, j'ai reçu la suite des journaux des mines qui ne nous étoient point encore parvenus. Le No. 178 m'a fait connoître un mémoire, sur ce fer sulfuré, donné par M. de Jussieu, adjoint au muséum d'histoire naturelle, d'après les dernières observations faites par M. l'Abbé Haüy, dans ses cours de minéralogie, et avec l'approbation de ce célèbre cristallographe. J'ai vu avec la plus grande satisfaction, par ce mémoire, que l'opinion de ce savant est absolument la même que celle que j'ai été conduit depuis long-temps à adopter, à l'égard de ce fer sulfuré ; qu'il le regarde aussi comme formant une espèce particulière parmi les sulfures de ce métal.

Il y a déjà plusieurs années, que j'avois fait sur cette substance, ou du moins sur une partie des cristaux et des macles qui lui appartiennent, l'étude cristalline que je viens de donner, après avoir cependant embrassé successivement diverses opinions à son égard ; mais jamais celle que ces cristaux pussent appartenir au fer arsenical. J'avois laissé de côté cependant tous les cristaux qui pouvoient appartenir à la variété à laquelle M. l'Abbé Haüy a donné le nom d'*équivalente*, étant incertain alors s'ils pouvoient appartenir au même fer sulfuré, et je les avois placés, dans cette collection, parmi les substances qui demandoient un nouvel examen, me contentant de collecter et de réunir à eux, tout ce qui me paroissoit pouvoir faciliter leur détermination.

Quoique l'étude que je viens de donner, à l'égard de plusieurs des variétés cristallines de cette espèce de fer sulfuré, diffère de celle qui a été faite par M. l'Abbé Haüy, tant à l'égard de la détermination de son cristal primitif, que ce savant croit être un prisme tétraèdre rhomboïdal droit de 106°, 36′ et 73°, 24′, qu'à l'égard de la formation des macles, qui je crois est beaucoup plus naturelle et plus simple, je laisse cette étude telle qu'elle est sans y rien changer. Je n'ai cependant point la prétention de vouloir que la préférence lui soit accordée, je la soumets à M. l'Abbé Haüy lui-même, ainsi qu'aux minéralogistes cristallographes : ils décideront de sa valeur. Je dois cependant observer, que j'ai été fortement avantagé dans

CINQUIÈME DIVISION.

FER SULFURÉ DE FORMES NON DÉTERMINÉES.

35 *Morceaux.*

Parmi les morceaux de cette suite, sont quelques variétés rares, telles que la pyrite en stalactites ; mais

---

l'étude que j'ai faite de cette substance, par la suite considérable de ses cristaux, renfermés dans cette collection.

Après avoir lu le mémoire de M. de Jussieu, j'ai cru, le doute étant levé à l'égard du rapport des cristaux que j'ai dit avoir laissés de côté, et ceux que je viens de décrire, devoir soumettre les premiers à l'examen, pour voir s'ils pourroient en effet s'accorder avec la détermination que j'ai faite des autres. Mais avant que de donner le résultat de cet examen, il est peut-être nécessaire de le faire précéder d'une observation à l'égard de la variété décrite, dans le mémoire de M. de Jussieu, sous le nom de *bisunitaire*, et représentée sous la fig. 2 de ce mémoire. Il existe, dans cette collection, parmi les macles qui appartiennent à ce fer sulfuré, une variété que j'ai citée à la fin de la description des cristaux de cette substance, dans laquelle la macle pentagonale dérive de la variété dont les plans, indiqués par le nombre 2 dans les fig. 150 et 151, ont pris assez d'étendue pour faire disparoître ceux longitudinaux du prisme primitif. Le cristal simple doit donc se montrer sous l'aspect d'un octaèdre rectangulaire, dans lequel deux des faces opposées de chacune des pyramides, se rencontrent entre elles, au sommet, sous un angle de 76°, 30′ et à la base, sous un de 103°, 30′ ; les deux autres se rencontrent, au sommet, sous un angle de 72°, et à la base, sous un de 108°, fig. 377. La macle pentagonale de la variété, qui nous occupe dans ce moment, et dont la formation est analogue à celle que j'ai déjà décrite sous la fig. 167, présente l'aspect de la réunion, base à base, de deux pyramides pentaèdres, dont les plans se rencontrent entre eux au sommet sous un angle de 76°, 30′, et dont les angles solides de la base présentent de petits angles rentrants. Ces angles sont souvent si petits, que la vue simple a alors beaucoup de peine à les apercevoir, et dans ce cas, la réflexion elle est malheureusement très-sujette à se décomposer. Parmi les corps organisés à l'état pyriteux, il y existe

de la lumière, qui y a lieu, les fait très-facilement prendre pour de petites faces planes, placées à ces angles, tandis qu'en même temps, les macles qui sont toutes engagées de manière à ne présenter qu'une très-petite partie de leurs contours, seroient aussi très-facilement prises pour des octaèdres. Si M. de Jussieu n'avoit pas représenté la variété *équivalente* comme octaèdre, je l'aurois à l'instant, d'après la figure qu'il en a donnée, rapportée à cette macle.

Les cristaux dont nous allons nous occuper, et qui se rencontrent, soit en Saxe, soit en Hongrie, et accompagnent quelquefois l'or natif dans ce dernier endroit, offrent les indices de plans qui, s'ils étoient proprement réunis entre eux, donneroient naissance à divers octaèdres, et dont un grand nombre se trouvent fréquemment placés sur le même cristal, dont ils changent l'aspect par leur divers accroissements respectifs.

Parmi ces cristaux, sont un très-grand nombre de macles qu'il faut beaucoup d'attention pour reconnoître, attendu qu'elles diffèrent fort peu d'avec les cristaux dont elles dérivent; mais beaucoup aussi semblent être des cristaux simples, formés par les lois directes de la cristallisation. Ces cristaux sont extrêmement difficiles à déterminer; je crois cependant être parvenu à leur détermination. Ils me paroissent se ranger naturellement à côte de ceux que j'ai décrits précédemment, et s'accorder parfaitement avec la forme primitive que j'ai cru reconnoître aux premiers. Cependant, comme la détermination de tout ce qui concerne les formes cristallines de ce fer sulfuré, est au nombre de celles les plus difficiles que présentent les substances minérales, je ne donne celle suivante que comme un essai que je crois s'accorder parfaitement avec la nature, et verrois avec beaucoup de satisfaction cette opinion confirmée par un nouvel examen de M. l'Abbé Haüy.

Pour faciliter l'intelligence de ces cristaux, il est nécessaire de se représenter le cristal primitif qui, tel que l'indique la fig. 395, pl. 21, a les bords, soit obtus, soit aigus, de son prisme, remplacés chacun d'eux par un plan également incliné sur ceux adjacents : il est nécessaire aussi, de se représenter la forme secondaire en un madrepore dont une partie est à l'état de chaux carbonatée, et l'autre à l'état pyriteux. Il y existe

octaèdre aplati, indiquée par la fig. 149. Afin de rendre plus facile la comparaison de ces cristaux avec celui primitif, j'ai interposé ce dernier parmi eux, en lui donnant une position convenable à celle de leurs plans qui correspondent avec les siens.

Dans les fig. 399, 401, 402, et 403, les plans indiqués par le nombre 5, remplacent les bords aigus du prisme primitif, chacun d'eux par un plan qui fait avec les côtés du prisme un angle de 169°, 46′, et se rencontreroient au sommet sous un angle de 57′, 48 : ces plans sont produits par un reculement, le long de ces bords, par 4 rangées.

Ceux indiqués par le nombre 6, remplacent les angles aigus des faces terminales par des plans qui rencontrent ces mêmes faces sous un angle de 151°, 25′, et se rencontreroient entre eux, au-dessus des bords aigus du prisme primitif, sous un angle de 57°, 10′ : ils sont le résultat d'un reculement, aux mêmes angles aigus, par 4 rangées en largeur sur 3 lames de hauteur.

Les plans indiqués par le nombre 7, remplacent les angles aigus des faces terminales par un plan qui fait avec ces faces un angle de 169° 39′, et se rencontretroient entre eux, au-dessus de ces faces, sous un angle de 20° 42′ : ils sont produits par un reculement, à ces angles, par 4 rangées.

Les plans indiqués par le nombre 8, remplacent les bords des faces terminales par un plan qui fait avec ces faces un angle de 132° 50′, et rencontre les côtés du prisme sous un angle de 137° 10′ : ces plans sont le produit d'un reculement, le long de ces bords, par 4 rangées en largeur sur 5 lames de hauteur.

Les cristaux placés sous les figures 405, 406 et 407, sont des macles de la variété représentée sous la fig. 404. Pour concevoir la formation du plan indiquée par le nombre 9, qui seul fixe le caractère propre à faire reconnoître ces macles, il faut se représenter la variété que j'ai indiquée sous la fig. 397, que j'ai observé parmi les cristaux prismatiques de cette substance qui se sont autrefois montrés dans le Derbyshire. Dans cette variété, les angles obtus des faces terminales du cristal primitif, sont remplacés par un plan qui fait avec la face terminale un angle de 165° 39′, et se rencon-

en outre une série de bois pyritisés, dans laquelle on
observe de petites branches dont la forme extérieure

---

trent entre eux sous un angle de 151° 18′ : ce plan est le produit
d'un reculement aux angles obtus des faces terminales par 9 rangées en largeur. Si l'on suppose ensuite, qu'un de ces plans de
remplacement, à chacune des extrémités du cristal primitif, et
d'une manière contraire pour chacune d'elles, prend assez d'accroissement pour faire disparoître celui qui a lieu à l'angle obtus
opposé de la même extrémité, ainsi que le représente la variété,
fig. 397, on concevra la formation de la variété, fig. 404, dans laquelle le plan indiquée par le nombre 9, fait avec celui indiqué par
le nombre 3, un angle de 104° 21′, et sur le plan de retour un angle
de 75° 39′. Si maintenant, on imagine une section qui passe par
l'axe du cristal, fig. 404, et par la ligne a b c d e f g h, et celle
semblable sur le plan de retour opposés, et qu'on réunisse, en sens
contraire, les deux moitiés, on aura la macle de cette variété telle
que le représentent les fig. 405 et 406. Cette macle laisse apercevoir, en remplacement des faces terminales du cristal primitif,
deux plans qui se réunissent entre eux, d'un côté sous un angle de
151° 18′, et de l'autre sous un angle rentrant de pareille mesure,
ainsi que le représentent les deux fig. 405 et 406. Dans la variété
représentée sous la fig. 407, la section qui donne les deux moitiés
réunies de la macle, mord sur les plans adjacents, ce qui laisse
un angle rentrant, ou une espèce de goutière, le long des lignes
a b c d, et e f g h, fig. 404.

Dans la variété, fig. 408, le plan de remplacement des bords
obtus du prisme, indiqué par le nombre 3, a pris un accroissement
considérable; le cristal alors prend l'aspect d'un prisme tétraèdre
rectangulaire, terminé par une pyramide tétraèdre rectangulaire
aussi, dont les plans sont placés sur ses bords. Le cristal placé sous
la fig. 409, appartient à la même variété, ayant en outre trace des
plans de la modification indiqué par le chiffre, 1.

La variété représentée sous la fig. 410 est une macle de celle
placée sous la fig. 408; mais comme les deux moitiés dont elle est
composée sont parfaitement semblables, la texture maclée du cristal
n'est indiquée que par une simple ligne, sensible principalement,
sur ceux des plans du cristal qui appartiennent aux faces termi-

du bois est parfaitement conservée. Ces morceaux ont été trouvés dans le creusement d'un puits à Tottenham près de Londres.

---

nales du cristal primitif : quelquefois cependant, les deux moitiés composantes n'étant pas très-exactes, il existe une petite goutière aux points de réunion qui entourrent le cristal. Ce genre de macle est très-fréquent aussi parmi les variétés représentées sous les fig. 399, 401, 402 et 403.

Dans les variétés représentées sous les fig. 411 et 412, un des plans de remplacement, indiqués par le nombre 9, fig. 397, a pris un accroissement en rapport avec ce qui a été dit de ce même plan dans la fig. 404; mais il a pris un plus grand accroissement encore, ainsi que ceux indiqués par le nombre 3, ce qui donne au cristal un prisme tétraèdre rhomboïdal de 104°, 21′, et 75° 39′.

Je suis très-éloigné d'avoir donné toutes les variétés qui appartiennent à cette série du fer sulfuré prismatique rhomboïdal, tant à l'égard des différentes combinaisons entre eux des plans que j'ai décrits, qu'à l'égard d'autres plans que j'y ai observés.

Je répète ici, que je n'ai pas la prétension d'opposer la détermination que je viens de faire de cette substance, à celle qui a été faite par M. l'Abbé Haüy; mais cette détermination étoit faite à l'égard de la première série que j'ai donnée de ces cristaux, et il m'a semblé que les cristaux qui appartiennent à la dernière, se rangeoient tout naturellement à côté des autres, en obéissant aux loix qui appartiennent au cristal primitif, que j'ai été conduit à reconnoître pour celui des crsistaux de cette première série. Je soumets donc, ainsi que je l'ai dit, cette détermination, tant à M. de Jussieu, qu'à M. l'Abbé Haüy, ils décideront de sa valeur. Je n'ai même fait en conséquence qu'indiquer les modifications, sans prononcer à leur égard, ainsi que je l'avois déjà fait dans la première série. Ces deux savants peuvent d'ailleurs parfaitement compter sur l'exactitude des formes représentées dans les planches 8, 9 et 21.

Je terminerai cet article, en ajoutant à la description, et aux figures que j'ai déjà données sous celles 144 et 145 pl. 8, celle d'une autre pyrite octaèdre qui n'est venue se placer que depuis très-peu de jours dans ma collection. Elle est représentée sous la fig. 413

SIXIÈME DIVISION.

FER SULFURÉ A L'ÉTAT DE DÉCOMPOSITION. PYRITE HÉPATIQUE.

50 *Morceaux, dont* 41 *Cristaux isolés.*

Il existe, dans cette suite, plusieurs des variétés de formes des divisions précédentes, en cristaux isolés. Parmi ceux isolés en cubes complets, je ne serois nullement étonné que plusieurs de ceux qui présentent une surface lisse et brillante, et ne montrent aucun caractère de décomposition, appartinsent au fer oxydé; mais comme la pyrite, en se décomposant, passe pour l'ordinaire elle-même au fer oxydé, et donne, ainsi que lui, une poudre rouge sous la trituration, il est fort difficile de décider si ces cubes appartiennent réellement ou non à une variété brune du fer oxydé. Un très-joli groupe en forme d'hérisson appartient à une

---

pl. 21 : c'est l'octaèdre régulier ayant chacun de ses angles solides occupés par 4 plans triangulaires isocèles, accolés deux à deux : ils se réunissent entre eux, sur deux des arêtes opposées de l'octaèdre, sous un angle d'environ 145°, et rencontrent ses faces sous un angle d'environ 160°. Cette variété m'a d'autant plus intéressé qu'elle en explique une autre, dont il existe de petits cristaux dans cette collection, qui est composée de 32 plans triangulaires, dont 8, qui appartiennent aux faces de l'octaèdre, sont plus ou moins complets. Il existe en outre, dans cette même collection, deux fort beaux et grands cristaux, l'un desquels présente le passage, presque complet, à la variété à 32 triangles. Dans l'autre, qui est en rapport avec celui que j'ai représenté sous la fig. 113, on observe, en même temps, les 12 plans de la variété icosaèdre. Ces deux cristaux laissent en outre très-parfaitement apercevoir une texture lamelleuse, dans laquelle la direction des lames est parallèle aux faces de l'octaèdre régulier.

des macles pentagonales de la 4ème division ; il a été
trouvé dans la craie, où cette variété se montre assez
souvent.

FER SULFURÉ MAGNÉTIQUE. MAGNETKIES ET LEBERKIES,
(*Werner.*)

35 *Morceaux, dont 12 Cristaux isolés.*

En considérant le fer sulfuré magnétique, comme
formant une espèce particulière parmi les minerais
de fer, je réunis avec lui celui dont M. Werner a fait
sa 1ère sous-espèce du fer sulfuré, sous le nom de
leberkies, par ce qu'elle ne me paroît être qu'une
simple variété de la pyrite magnétique.

Aucun des auteurs français n'ont fait mention de
cette sous-espèce du fer sulfuré, donnée par M. Werner
sous le nom de leberkies ; cependant elle n'est pas
très-rare. M. Brochant, le savant rédacteur du système minéralogique du célèbre professeur de Freyberg,
semble lui-même ne pas avoir connu cette substance,
et être porté à croire que le leberkies de M. Werner,
n'est autre chose que des cristaux d'argent rouge recouverts par de la pyrite.

Très-certainement, le leberkies existe, et il existe
avec tous les caractères qui lui ont été donnés par M.
Werner ; mais il me paroît, en même temps, qu'il ne
peut, en aucune manière, être considéré comme appartenant à la même espèce qu'aucun des fers sulfurés
qui ont précédés.

La couleur de cette pyrite est en effet d'un jaune
beaucoup moins foncé que celui des autres pyrites, et
souvent même cette couleur tire fortement sur le gris.
Elle cristallise en prisme hexaèdre régulier, commu-

nément ayant fort peu d'épaisseur, et j'ajouterai que souvent ce prisme indique des joints naturels parallèlement à ses faces terminales, et cela même quelquefois d'une manière aussi prononcée que dans le mica. Dans la suite, ayant trait à ce minerai, placée dans cette collection, il existe un groupe assez considérable, qui vient de saxe, dans lequel les prismes hexaèdres, qui sont fort grands et très-minces, sont dans ce cas ; ces prismes sont mélangés, sur ce morceau, de cristaux d'argent rouge, de quartz, de blende, de galène et de chaux carbonatée martiale. J'ajouterai, en outre, à la description de cette pyrite, donnée par M. Werner, que ceux de ses cristaux que j'ai observés, et j'en ai observé un grand nombre, avoient, pour la plus grande partie, de l'action sur le barreau aimanté. Dans quelques-uns, cette action est foible ; mais dans d'autres, quoique moins forte que dans la variété suivante de cette même pyrite, elle agissoit cependant avec énergie : telle est par exemple l'action des cristaux du morceau que je viens de citer.

Le prisme hexaèdre, qui est la forme primitive de la pyrite magnétique, a une hauteur égale à la longueur des bords de ses faces terminales. Ce prisme m'a permis d'y observer trois modifications différentes.

Dans la première, ses bords longitudinaux sont remplacés par un plan également incliné sur ceux qui lui sont adjacents, ce plan est produit par un reculement, le long de ces bords, par une simple rangée.

Dans la seconde, les angles des faces terminales sont remplacés, chacun d'eux, par un plan qui fait avec ces faces un angle de 135°, et est le résultat d'un reculement, à ces angles, par une simple rangée.

Dans la troisième, les bords des faces terminales sont remplacés par un plan qui fait avec ces faces un angle de 102°, 13′, et est le résultat d'un reculement, le long de ces bords, par une rangée en largeur sur 4 lames de hauteur.

Les variétés représentées sous les fig. 171, 172, 173, 174, 175 et 176, pl. 9, existent toutes parmi les cristaux isolés de cette substance, qui appartiennent à cette collection. Trois de ces cristaux appartiennent à la variété pyramidale aigue, représentée par la fig. 176 ; si la pyramide étoit complette, les faces pyramidales se rencontreroient au sommet sous un angle de 24° 26′. En regardant, avec une loupe, la cassure que présente la base de ces pyramides, qui adhéroient par elle à la gangue, on observe un mélange de partie d'un grain plus fin et plus compacte et d'une couleur plus foncée, qui appartiennent à la variété de cette substance dont il sera question ci-après.

On trouvera en outre, dans cette suite, des prismes hexaèdres isolés, ayant 5 lignes et plus pour la longueur des bords de leurs faces terminales, sur une hauteur de 6 lignes et plus, et dont toute la surface est recouverte, sous une épaisseur assez considérable, des cristaux de fer sulfuré qui appartiennent au cube strié, et y sont placés d'une manière très-confuse. Ces prismes hexaèdres agissent légèrement sur le barreau aimanté.

Je citerai enfin, pour variété de forme, appartenant encore à cette substance, le prisme tétraèdre rhomboïdal droit de 60° et 120° : cette variété de forme n'existe cependant pas dans cette collection ; mais j'en ai possédé autrefois un fort beau morceau, dans lequel les prismes tétraèdres, étoient entremêlés d'autres prismes hexaèdre : à la demande de M. Greville. j'en ai fait le sacrifice à sa collection, dans laquelle il doit se rencontrer aujourd'hui. Ce prisme n'est qu'une très-légère variété de celui hexaèdre, produite par l'allongement de quatre de ses côtés opposés, allongement qui fait disparoître les deux autres.

Ainsi que le dit très-bien M. Werner, la surface, et j'ajouterai aussi la cassure de cette pyrite, est quelquefois bigarrée, parceque sa substance, ainsi que nous en avons vu un exemple plus haut, est souvent mélangée de parties appartenant à la variété suivante, dont la couleur, et principalement lorsqu'elle a été exposée à l'air libre, est différente ; d'ailleurs elle renferme aussi quelquefois des parties qui appartiennent au fer sulfuré de quelques-unes des divisions précédentes.

Le fer sulfuré magnétique, ainsi que je l'ai dit au commencement de cet article, n'est, à ce qu'il me paroît qu'une simple variété dans la même espèce, avec celui désigné sous le nom de leberkies qui vient de précéder. Sa couleur tire beaucoup plus sur le rouge de cuivre que sur le jaune ; mais elle varie. Lorsqu'une de ses cassures a été pendant long-temps exposée à l'air, la substance s'altère et la couleur devient plus obscure : dans quelques variétés cependant, ces mêmes cassures, lorsqu'elles sont fraîches, tirent un peu sur le gris. Elle agit beaucoup plus fortement sur le barreau aimanté que la variété précédente.

Sa forme est de même le prisme hexaèdre régulier, et ce prisme est, de même aussi, très-facilement divisible parallèlement à ses faces terminales. Les cristaux qui, par leurs caractères, appartiennent à cette variété, sont infiniment plus rares que ceux qui appartiennent à la variété précédente : je dois ceux qui font partie de cette suite, à la générosité de mon excellent ami M. Gillet de Laumont ; ils faisoient partie du grand nombre des morceaux, composant mon ancienne collection, qu'il a reconnu chez les marchands, et que son amitié m'a fait parvenir après en avoir fait l'acquisition.

L'un d'eux, étoit un prisme hexaèdre très-grand ; mais comme il étoit légèrement altéré, il s'est brisé dans le transport. Cet accident est venu fortement ajouter à son intérêt, tous ses fragments, et ils étoient en assez grands nombre, ayant conservé la forme prismatique hexaèdre parfaite, propre au grand cristal, étoient un indice de plus conduisant à cette forme comme étant celle primitive de cette substance. Il existe, dans cette suite, plusieurs de ces fragments hexaèdres, il en existe aussi dans la collection de M. Greville, à la quelle je les ai donnés. Ce morceau provient de la Balme d'Auris, dans les Alpes dauphinoises de L'oisan, où je l'ai trouvé autrefois ; quelques-uns de ses fragments sont encore accompagnés de quelques aiguilles de thallite. Un autre morceau contient un prisme hexaèdre d'un pouce de longueur sur 4 lignes de côtés, la pyrite magnétique y est totalement décomposée, et passée à l'état de fer oxydé : ce morceaux vient du même endroit que le prisme cité précédement, et on observe de même, sur lui, quelques aiguilles de thallite.

FER PHOSPHATÉ.

16 *Morceaux.*

La suite placée ici, de cette substance, contient plusieurs fort beaux morceaux à l'état compacte et terreux, de New-Jersey dans les Etats-Unis d'Amérique :
ils m'ont été envoyés par M. le professeur Bruce.
Elle renferme aussi une série de morceaux de fer
phosphaté à l'état cristallin, renfermés dans une lave
de la Bouiche, près de Néris en Bourbonnois, au nombre desquels en est principalement un qui laisse apercevoir un groupe de grands cristaux agrégés, qui ne
montrent que très-imparfaitement leur forme ; mais il
existe à leur pied plusieurs cristaux dans lesquels la
forme est facile à reconnoître : il est vrai que ces derniers cristaux sont fort petits, et demandent le secours
de la loupe pour être facilement apperçus : plusieurs
d'entre eux présentent la forme donnée par M. l'Abbé
Haüy dans son *tableau comparatif*, &c. ; dans d'autres
la pyramide est tétraèdre ; mais aucun d'eux ne peut
servir à fixer, avec quelque certitude, la mesure des
angles du prisme tétraèdre rhomboïdal droit, qui paroît devoir être leur cristal primitif, ni les angles d'incidence, sur ce prisme, des faces secondaires.

TURQUOISE.

1 *Morceaux.*

Cette turquoise, qui a 5 lignes et demie de diamètre,
est du plus beau bleu de ciel, et elle jouit de la demi-
transparence de l'ivoire sur ses bords.

Pendant long-temps la variété de cette substance à
laquelle appartient ce morceau, a été considérée comme

appartenant à des os colorés par le cuivre ; mais M.
Bouillon la Grange a prouvé que la matière colorante
de ces os étoit un véritable phosphate de fer, et non
un carbonate de cuivre.

FER CHROMATÉ.

6 *Morceaux*.

De ces six morceaux, deux sont des Etats-Unis d'A-
mérique.

FER ARSENIATÉ.

52 *Morceaux, dont* 12 *petits groupes isolés.*

Cette suite est très-belle et très-précieuse par le
choix des morceaux. On peut y observer, à l'égard de
la couleur, différentes nuances depuis le vert d'herbe
foncé jusqu'au vert claire, ainsi que celui jaunâtre ; et
depuis le brun rougeâtre jusqu'au rouge jaunâtre de
résine : au nombre de ces derniers morceaux, il en
est un dans lequel tous les bords du cube, cristal primitif de cette substance, sont remplacés par un plan
linéaire également incliné sur ceux adjacents ; variété
que je ne connoissois pas, lorsque j'ai décrit, pour la
première fois, cette substance dans les transactions
philosophiques de l'année 1801.

Il existe en outre, dans cette suite, une série très-
intéressante de morceaux, dans lesquels les cubes de
fer arseniaté se sont décomposés, sans perdre leur
forme, et sont passés à l'état de fer oxydé d'un rouge
brun un peu jaunâtre : cette variété est extrêmement
rare.

Il y existe aussi un autre morceau, de même fort rare,
dans lequel le fer arseniaté est en masse cellulaire
d'un rouge brun, mélangée de petits mamelons de

cuivre et fer sulfuré, et de petites parties de cuivre métallique.

FER SULFATÉ.

12 Morceaux, dont 6 Cristaux isolés.

Des six cristaux isolés que renferme cette collection, 5 appartiennent au rhomboïde primitif de cette substance, passé à la forme octaèdre, (Haüy pl. 79 fig. 170) et le 6me à la variété fig. 173, du même auteur, dans laquelle le rhomboïde est très-allongé : ces cristaux sont artificiels.

Il y existe en outre six groupes, sur lesquels les cristaux sont en rhomboïdes primitifs complets. Ils appartiennent au fer sulfaté mélangé de cuivre, dont il a été parlé parmi les sels ; ces derniers ne sont point artificiels. Dans deux de ces groupes, les cristaux ont conservé la couleur bleu qui leur est propre, le cuivre interposé leur servant de matière colorante ; les autres sont en grande partie en décomposition, à leur surface, qui est recouverte par un hydro-oxyde de fer d'un jaune pâle.

FER SPATHIQUE.

34 Morceaux.

Au nombre des morceaux qui composent la suite du fer spathique, dans cette collection, est une série qui appartient aux petits cristaux en rhomboïdes aigus transparents et d'un jaune brun, que j'ai cités page 301, vol. 1er de mon traité complet de la chaux carbonatée. Il existe, parmi ces morceaux qui sont de Cornwall, et qui sont assez rares, un groupe très-intéressant, en ce que les cristaux de fer spathique y sont groupés avec d'autres cristaux pseudomorphes

de la chaux carbonatée, passés à l'état de fer oxydé
rouge, en paillettes très-petites. Ces pseudomorphes
appartiennent au rhomboïde primitif, dont les bords
de la base sont remplacés par des plans linéaires.

Il existe en outre, dans cette suite, une autre série
dont les cristaux, fort petits mais très-parfaits, appartiennent au rhomboïde aigue produit par la 13° modification de mon traité de la chaux carbonaté, dans
lequel le sommet du rhomboïde est remplacé par un
plan, perpendiculaire à l'axe, qui descend jusqu'à la
petite diagonale des plans du rhomboïde, ainsi que le
représente la fig. 390 pl. 20. Ces cristaux sont placés
sur la surface mamelonnée d'un cuivre et fer sulfuré
jaune, appartenant à l'espèce que j'ai désignée, dans
ce catalogue, sous la phrase de cuivre et fer sulfuré
d'un jaune pâle et à grain fin et compacte; ils viennent de Cornwall. Il existe encore, dans cette collection, une variété fort rare, qui est aussi de Cornwall, et
qui est à l'état fibreux à fibres parallèles et courtes.

Aucun auteur n'a fait mention de l'action du fer
spathique sur le barreau aimanté; cependant cette action existe, et dans plusieurs variétés elle est même
assez forte. Je n'ai point essayé jusqu'ici de fer spathique, soit à grandes, soit à petites facettes, qui ne
m'ait montré cette propriété, d'une manière plus ou
moins sensible, lorsqu'il n'avoit éprouvé aucune altération. La variété en rhomboïde aigu que je viens
de citer, ne jouit cependant pas de cette propriété;
mais celle fibreuse la possède à un degré très-sensible :
un grand nombre des variétés de la chaux carbonatée
martiale, *braunspath* des allemands, sont dans le même
cas.

Il existe, soit dans cette suite, soit dans nombre d'autres parties de cette collection, divers morceaux d'étude pour cette substance, que nous connoissons mal, qui nous cache quelque chose, et qui peut-être est une des substances minérales la plus faite pour exciter notre curiosité, et fortifier nos moyens d'étude*.

---

* La rédaction de ce catalogue étoit terminée, lorsque j'ai connu le mémoire du Dr. Wollaston, inséré dans les Transactions Philosophiques de cette année, par lequel ce savant, d'après des mesures prises par lui avec beaucoup de soin et avec l'exactitude qui appartient au goniomètre, dont la science lui a l'obligation, fixe les mesures des rhomboïdes du fer spathique, et de la chaux carbonatée magnésienne, quant à l'incidence mutuelle de leurs plans, pour le premier de ces rhomboïdes à 107°, et pour le second à 106°, 15′ : mesures dont j'ai moi-même, et à différentes reprises, vérifié l'exactitude, et qui se font apercevoir même avec notre ancien goniomètre. Ainsi l'exacte et embarassante similitude entre les cristaux primitifs des trois substances, chaux carbonatée, chaux et manganèse carbonatée et fer carbonaté, cesse d'exister, et avec elle finit aussi la discussion interminable qui existoit à leur égard, entre le chimiste et le minéralogiste, et principalement le minéralogiste cristallographe. Ces trois substances forment donc déterminément autant d'espèces parfaitement distinctes ; mais il faut avouer que la différence qui existe entre leurs formes est bien légère, et qu'il falloit toute la sagacité de leur observateur, pour enlever le voile qui les couvroit à nos yeux. Ainsi ces trois substances, au lieu d'être l'écueil de la cristallographie, comme on les représentoient, deviennent au contraire la plus complette démonstration de la solidité de ses principes.

Une fois cette observation capitale faite, on n'est plus étonné de la différence qui existe entre ces trois substances, à l'égard de leurs autres caractères, sur lesquels je vais entrer ici dans quelques détails.

La forme primitive de la chaux et magnésie cabonatée est un rhom-

APPENDIX.

FER CARBONATÉ FIBREUX PSEUDOMORPHIQUE.

4 *Morceaux.*

Des quatre morceaux placés ici, deux paroissent appartenir à la substance décrite par M. Berthier, dans le N°. 162 du Journal des mines, sous le nom de fer carbonaté fibreux pseudomorphique: je leur ai joint

boïde dont l'incidence des plans l'un sur l'autre est de 105°, 15′ et 73°, 45′, tandis que dans la chaux carbonatée, cet angle est de 105° 5′ et 74° 55′. Ce rhomboïde se casse parallélement à ses faces; mais cependant avec un peu moins de facilité que dans la chaux carbonatée. Ainsi que dans cette dernière, on apperçoit quelquefois les mêmes apparences de joints naturels parallélement aux grands diagonales de ses faces.

Le lustre qui appartient aux faces de ce rhomboïde, ou à celles de clivage qui les remplacent, a généralement beaucoup plus d'éclat que dans la chaux carbonatée.

Sa dureté varie, généralement plus grande que dans la chaux carbonatée, il y a des variétés dans lesquelles elle est assez considérable pour surpasser de quelque chose celle de la chaux fluatée: telles sont toutes les variétés de chaux et magnésie carbonatée du Mexique; tandis que dans d'autres cette dureté est inférieure.

Sa pesanteur spécifique varie aussi, généralement plus grande que celle de la chaux carbonatée, il y a des variétés dans lesquelles cette pesanteur est très-voisine de 29,00, tandis que dans d'autres elle se rapproche beaucoup plus de 28,00.

La sensation qu'elle fait sous le tacte est beaucoup plus âpre.

Les proportions entre la chaux et la magnésie qu'elle renferme varient aussi assez considérablement: ce pourroit être à raison de ce qu'elle renfermeroit alors interposée entre ses parties, soit de la chaux, soit de la magnésie non combinée. Cette raison pourroit aussi être celle qui fait varier sa pesanteur et sa dureté: je soupçonne fortement du quartz interposé ainsi dans celle du Méxique.

deux autres morceaux qui paroissent aussi provenir du bois passé à l'état de fer ; mais qui sont à l'état de fer oxydé.

Il paroît que les modifications du cristal primitif de cette substance, lui font prendre un grand nombre des formes analogues à celles qui appartiennent à la chaux carbonatée, à la différence près dans la mesure des angles ; mais qui est trop foible pour pouvoir faire aucune sensation de différence sur la vue. Cela devoit être, on a déjà vu, à l'article de l'argent rouge, que le rhomboïde obtus, cristal primitif de cette substance, présente, dans ses modifications, une partie des formes propres à la chaux carbonatée ; on peut même avancer que si les cristaux qui appartiennent à l'argent rouge, étoient incolores, leurs groupes seroient tous pris, à l'instant, pour appartenir à la chaux carbonatée.

Séparant, dans cette collection, de la chaux carbonatée, tout ce qui y appartient à la chaux et magnésie carbonatée, je crois pouvoir assurer qu'il y a peu de collections qui puissent offrir une suite plus complette dans cette substance, et en même temps plus intéressante et plus propre à en faire l'étude. Celle du Méxique y tient une place très-considérable. On y observe la même variété en agrégation de rhomboïdes à sommets remplacés, formant des masses, ou en cristaux isolés, connue sous le nom de Schifferspath, et que j'ai nommé chaux carbonatée dépressée, dans mon traité de la chaux carbonatée : elle ne diffère de cette dernière que par le grand éclat de son reflet nacré ; cette correspondance dans les variétés qui sont propres à ces deux substance, est digne de fixer l'attention sur elle.

La forme primitive du fer carbonaté ou fer spathique, est un rhomboïde dont l'incidence, l'un sur l'autre, des plans, est de 107° et 73°. Ce rhomboïde est, ainsi que dans la chaux carbonatée, divisible parallèlement à ses faces, et à-peu-près avec la même facilité. Il laisse de même appercevoir aussi sur ses plans, ou sur ceux de clivage, des indices de joints naturels parallélement aux grandes diagonales de ses faces.

Son lustre, quoique plus brillant que celui de la chaux carbonatée, l'est cependant moins que celui de la chaux et magnésie carbonatée.

SCORIE DES FOURNEAUX DE RIVE EN DAUPHINÉ.

Cette scorie est très-singulière, elle est en entier composée de cristaux très-parfaits, en prismes tétraèdres rhomboïdaux à sommets dièdres, se présentant quelquefois sous l'aspect d'octaèdres. Ces cristaux sont transparents et d'un brun jaunâtre foncé. Ils agissent sur le barreau aimanté, mais très-foiblement. Ils ne sont pas assez durs pour rayer le verre ; mais ils rayent avec beaucoup de facilité la chaux fluatée. Cette scorie a été fournie, il y a une trentaine d'années, par les fourneaux de la manufacture d'acier de rive en Dauphiné.   b

---

Sa dureté, lorsqu'il n'a éprouvé aucune altération, est supérieure à celle de la chaux carbonatée, mais légèrement inférieure à celle de la chaux et maguésie carbonatée. Cette substance s'altère très-facilement par l'action de l'air, et sa couleur qui, à l'état intact, est communément d'un jaune pâle un peu brun, brunit fortement ; cette substance devient alors plus tendre, et se décompose totalement par la perte de l'acide carbonique et l'oxidation du fer.

Sa pesanteur spécifique, qui dans son état intacte paroît être voisine de 37,00, varie aussi assez considérablement, sa grande tendance à la décomposition paroit en être la cause. Par la même raison aussi, ainsi que par le fer qui peut y être interposé, ses parties constituantes semblent varier à l'égard de leur proportion ; il me paroît qu'on pourroit fixer le rapport entre le fer et l'acide, à environ 4 parties de fer sur 3 parties d'acide.

Le fer carbonaté reconnu comme espèce, n'empêche cependant pas l'interposition, souvent très-considérable de l'oxide de ce métal dans la chaux carbonatée, soit eu masse, soit cristallisé. Dans ce cas, la dissolution plus prompte dans les acides et la précipitation du fer, est un caractère propre à faire reconnoitre cette interposition. Les mines de fer spathique de Thuringe, et un grand nombre d'autres, en montrent une infinité d'exemples, qui d'ailleurs sont très-communs.

ÉTAIN.

ÉTAIN MÉTALLIQUE DE FUSIORE.

13 *Morceaux, dont* 10 *Cristaux isolés.*

PENDANT long-temps, l'étain métallique a été considéré comme ne pouvant arriver à l'état de cristallisation parfaite. C'étoit l'opinion de l'Abbé Mongez (Journal de phisique, Juillet 1781) qui a beaucoup travaillé sur la cristallisation des métaux à l'état de régule. Romé de Lisle, dans sa cristaHographie, dit n'avoir jamais observé l'étain métallique cristallisé, que sous la forme de dendrites ou de feuille de fougère. Il paroît cependant, que depuis cette époque on est parvenu à faire cristalliser le régule d'étain, du moins les ouvrages qui ont parus depuis quelques années, disent-ils que M. La Chenaye y est parvenu, en faisant fondre le métal à plusieurs reprises ; mais il paroît que cette cristallisation est bien peu déterminée, les seuls renseignements que j'ai pu trouver à son égard, sont qu'elle est composée de prismes, ou petites aiguilles réunies par leurs côtés, et formant une masse rhomboïdal. M. Aikin, dans son dictionnaire de chimie, imprimé à Londres en 1807, dit que l'étain peut être amené à l'état de cristallisation, en en faisant fondre une masse un peu considérable, et en procurant la sortie du métal de l'intérieur de la masse, après que la surface s'est durcie par le refroi-dissement ; mais il n'ajoute absolument rien sur la forme des cristaux qui sont obtenus par ce moyen. J'ai cru que dans cette circonstance on verroit avec plaisir cet objet enfin déterminé.

Les morceaux de régule d'étain, placé, dans cette collection, appartiennent à une matte ou scorie, fortement attractive au barreau aimanté, d'un gris cendré, d'un grain très fin, et d'une dureté assez considérable, qui me paroît devoir être un alliage de fer, de cuivre et d'étain. Grattée avec un instrument tranchant, cette matte donne une poudre noire. Ces morceaux présentent des cavités dans lesquelles l'étain à l'état métallique, est en cristaux parfaitement distincts, et la plupart isolés ; ils sont très-brillants, et on observe parmi eux toutes les formes que j'ai représentées dans la planche 10. Celle de toutes ces formes qui y domine le plus, est celle représentée sous la figure 180, qui appartient à l'octaèdre régulier très-applati et allongé. Ces cristaux, bien souvent, ont à peine l'épaisseur d'une feuille de papier, leur lustre est éclatant, et je ne puis mieux les comparer qu'aux petites lames minces du fer oligiste de Wolvic ou de Stromboli. Les figures que j'ai représenté des cristaux d'étain métallique, dans la planche 10, n'ont besoin d'aucune explication. J'observerai seulement, que le cristal, fig. 183, est le même que celui en octaèdre allongé, fig. 182, devenu prismatique hexaèdre, à raison du plan qui occupe l'arête qui tient la place de l'angle solide du sommet de l'octaèdre ; mais dans lequel un des plans de l'octaèdre, qui forme le sommet dièdre de ce prisme, a pris un accroissement tel qu'il a fait complettement disparoître l'autre.

J'ignore par quelle opération cette cristallisation, extrêmement jolie de l'étain, a été obtenue, ne devant ces morceaux qu'à un de ces hasards qui font si fréquemment rencontrer chez les marchands de minéraux, lorsqu'ils y sont cherchés, des morceaux, souvent ex-

trêmement précieux, dont ils ignorent la valeur, et pour
le plus souvent aussi l'origine ou la localité.

ÉTAIN OXYDÉ.

311 *Morceaux, dont* 154 *Cristaux isolés.*

Il est difficile, je crois, de pouvoir former, dans
cette substance, une collection plus complette, tant à
l'égard des formes cristallines, dont un grand nombre
n'ont pas été décrites, qu'à l'égard des autres variétés
que cette substance présente. Parmi les cristaux
isolés, un grand nombre sont très-rares, soit par leur
forme, soit par leur grandeur et leur perfection. La
série des macles, auxquelles appartient un grand nombre de ces cristaux isolés, est très-nombreuse et très-
précieuse à l'étude de la cristallisation de cette substance, que l'on sait affecter, pour le plus souvent, une
forme maclée.

Je citerai, plus particulièrement, dans cette suite,
une série de morceaux et de cristaux isolés, appartenant à la variété à pyramide octaèdre aigue, connue,
en Cornwall, sous le nom de *Niedeltin*, série très-rare
et très-difficile à former. 2°. Une série nombreuse
de macles extrêmement intéressante et parfaites de
Bohème. 3°. Une série composée de plusieurs cristaux
isolés et de plusieurs fragments, dans lesquels l'étain
oxydé est en partie brun et en partie d'un gris blanchâtre, ressemblant beaucoup au tungstein; ainsi que plusieurs groupes dans lesquels les cristaux, qui sont très-
transparents et d'un jaune pâle, tirant sur le brun, en
ont parmi eux plusieurs qui sont presque incolores ou
blancs. 4°. Une série de petits groupes de cristaux
avec topaze cristallisée et incolore, de Cornwall. 5°.

Une autre série très-nombreuse, renfermant l'étain cristallisé avec différentes gangues ; et enfin un petit morceau roulé appartenant à une variété, non encore citée, et qu'on pourroit nommer étain oxydé compacte, d'un gris de cendre, dont la cassure est terreuse.

ÉTAIN OXYDÉ HÉMATIFORME.

52 *Morceaux.*

Je ne sépare point ici cette substance de l'étain oxydé, comme formant une espèce particulière ; mais à raison de l'intérêt que lui donne sa grande rareté, ainsi que son caractère tranchant de variété, et parce que la suite qui lui appartient, dans cette collection, est très riche, difficile à former, et d'un bien véritable intérêt. Parmi les morceaux qui lui appartiennent, plusieurs sont d'une grandeur considérable, à raison de celle sous laquelle cette substance se rencontre le plus habituellement. Je citerai particulièrement, parmi ces mêmes morceaux, 1°. Une série de petits fragments d'un rouge brun. 2°. Un morceau assez grand, et un autre plus petit, d'une variété qu'on peut nommer occulée, dans laquelle l'étain oxydé hématiforme d'un brun foncé, renferme, dans sa substance, plusieurs mamelons en couches concentriques d'un jaune brun. 3°. Un autre petit morceau, dans lequel ce même étain, qui est d'un gris rougeâtre, renferme de petites parties d'un rouge brun foncé, que la loupe fait appercevoir être composées de fibres divergentes autour d'un même centre. 4°. Un petit morceau, mais qui cependant est fort grand pour cette substance, dans lequel l'étain oxydé hématiforme, nuancé de brun et de jaune, est mélangé de quartz granuleux. Je citerai encore une autre

variété extrêmement rare, qui est un quartz granuleux
mélangé de tourmaline noire, et dans la substance duquel sont disséminés, en nombre immense, de très-
petit mamelons à fibres divergentes et à couches concentriques, d'étain oxydé hématiforme d'un brun jaunâtre à leur centre, mais d'un gris blanchâtre dans la
partie voisine de leur circonférence : un des quatre
petits morceaux de cette variété, que renferme cette collection, contient de petits cristaux de quartz, dans
l'intérieur desquels on observe plusieurs des mêmes
mamelons d'étain oxydé hématiforme. Je terminerai
enfin ces citations, par celle d'un morceau, que je crois
unique, soit pour sa grandeur, qui est d'un pouce 8
lignes de longueur, sur un pouce 3 lignes de largeur et
10 lignes d'épaisseur, soit pour la variété qu'il présente. Sa surface a été roulée, mais sa cassure, qui est
fibreuse, joint à son extrême pesanteur, démontre qu'il
appartient à la variété hématiforme de l'étain oxydé :
sa couleur est d'un brun foncé. Dans quelques parties de sa cassure, on reconnoît que ses fibres, qui sont
très-fines et très-serrées, deviennent plus grossières,
dans quelques-unes de ses parties, en approchant de sa
surface, et finissent même quelquefois par y devenir
très-distinctes, et faire reconnoître parfaitement en elles
la forme qui appartient à l'étain oxydé : on peut distinguer facilement, avec la loupe, ces mêmes cristaux
dans diverses parties de la surface de ce morceau : il
vient donc parfaitement en preuve de l'identité de
nature entre l'étain oxydé et la variété hématiforme.

ÉTAIN SULFURÉ.

12 *Morceaux*.

La suite des morceaux d'étain sulfuré que renferme cette collection est très-rare et très-intéressante. En outre des 12 morceaux qui la composent, il y existe plusieurs fragments, la plupart présentant cette substance dans le plus grand état de pureté qui lui soit propre.

PLOMB.

PLOMB MÉTALLIQUE NATIF.

1 *Morceau*.

L'existence du plomb natif, n'a encore été observée d'une manière qui puisse en effet le faire considérer comme tel, que par M. Rathke dans l'île de Madère, où il est dit que ce savant Danois a trouvé, dans des morceaux de lave tendre de cette île, de petites masses contournées de plomb parfaitement à l'état métallique. Tout en admettant l'existence du plomb natif par ce fait, il porte cependant avec lui un caractère trop propre à le faire considérer comme un produit accidentel, pour que le minéralogiste ne désire pas une preuve plus incontestable encore de son existence.

Le morceau placé ici, ayant un caractère propre à écarter tout soupçon d'une origine artificielle, est fait, je pense, pour lever le doute qui pourroit rester encore à l'égard de l'existence naturelle du plomb métallique, qui n'en restera pas moins toujours, cependant, une des substances les plus rares de la minéralogie.

Ce morceau, dont le volume est à-peu-près celui d'une petite orange, sans en avoir cependant la rondeur, est une galène lamelleuse très-compacte, dont les lames, d'une grandeur médiocre, s'entrecroisent suivant différentes directions. Cette galène a l'aspect et le lustre d'une galène ordinaire, et au premier instant le plomb métallique natif n'y seroit aucunement soupçonné. Cependant, à en juger par son poids, qui est considérablement au-dessus de celui qui appartient à la galène, la dose de plomb métallique qu'elle contient doit être très-considérable. Ce plomb est renfermé dans la substance même de cette galène, en petites parties parfaitement distinctes, que la loupe fait facilement apercevoir, et qui y sont souvent si multipliées, qu'alors la partie de la galène qui les renferme peut être coupée avec un couteau, comme si elle étoit totalement à l'état de plomb métallique. Sous le choc du marteau, cette galène s'applatit presque comme le plomb métallique pur, et en examinant, avec la loupe, la partie frappée, on voit que celle de sa substance qui étoit à l'état de plomb sulfuré, a été réduite en une poudre noire, qui reste en grande partie renfermée dans la substance même du plomb applati, et en obscurcit le lustre. Ce n'est qu'avec la plus grande difficulté que l'on peut parvenir à séparer, avec le marteau, quelques fragments de ce morceau.

Cette masse de galène, mélangée de plomb métallique, augmente encore d'intérêt, en ce qu'une partie de sa surface est recouverte par de l'oxyde rouge de plomb, ou minium, sous la forme de petits mamelons qui laissent apercevoir un légère transparence sur leurs bords : quelques parties de ce même minium sont ren-

fermées dans la substance même de la galène. L'état
métallique du plomb a beaucoup contribué, je pense, à
la production de cet oxyde rouge.

J'ignore d'où vient ce morceau précieux, dont je
n'ai dû la possession qu'à un de ces hasards heureux,
dont j'ai déjà si souvent dit que j'ai été fréquemment
favorisé, et dont sera toujours favorisé de même tout
minéralogiste disposé à les chercher sans relâche, et à
ne pas les laisser échapper : ce morceau étoit placé
parmi un nombre considérable d'autres de très-médio-
cre intérêt, et le marchand ignoroit aussi complettement
sa localité que sa valeur ! C'est bien souvent parmi
des morceaux ainsi ignorés, et fréquemment placés au
rebut, que j'ai trouvé les morceaux les plus rares, et
présentant le plus grand intérêt.

PLOMB SULFURÉ GALÈNE.

193 *Morceaux, dont 65 Cristaux isolés.*

Il existe, dans cette collection, à la tête de la suite
qui appartient à cette substance, une série très-intéressante de fragments de galène, sur lesquels peut facilement se faire l'observation que j'ai citée, dans mon
traité complet de la chaux carbonatée, page 393, vol. 2.
Ils démontrent, qu'en outre des joints naturels de la
galène parallélement aux côtés d'un cube, il en existe
d'autres, d'abord suivant les diagonales des côtés de ce
même cube, et ensuite se croisant sur chacun de ces côtés,
de manière à former, avec leurs bords opposés, des angles
de 75° et 105°, ou du moins à très-peu de choses près. On
peut consulter ce que j'ai dit à cet égard, dans l'ouvrage
que je viens de citer, ainsi que les figures de développement que j'ai donné à la planche 72 de ce même

ouvrage, de tous ces divers joints naturels, sur lesquels les morceaux placés dans cette suite ne laisseront absolument aucun doute. Ceux de ces fragments, dont la forme est cubique, ou parfaitement rectangulaire, sont placés ici au nombre des cristaux isolés de la galène.

La suite des morceaux de cette substance renferme toutes les variétés de texture et de forme qui y sont connues, et parmi ces dernières quelques-unes qui n'ont pas été décrites. Je citerai, principalement, une série extrêmement intéressante de morceaux, qui démontrent, d'un côté, la destruction de la galène, et, de l'autre, sa régénération. Dans plusieurs de ces morceaux, les cristaux de galène, très-parfaits à leur extérieur, sont complettement vides dans leur intérieur, et laissent apercevoir les parois de leurs cavités, comme rongées par l'action d'un agent, sur la nature duquel il est bien difficile de se former une opinion dans ce moment. Dans d'autres, une partie de la cavité intérieure de ces mêmes cristaux, semble avoir été remplie, après coup, par une cristallisation irrégulière et lâche de petits groupes particuliers, appartenant au même mode de cristallisation, et laissant, cependant, apercevoir quelques cristaux réguliers. Chacun des agrégats cristallins, dont ces morceaux sont composés, ayant fort peu d'adhérence les uns aux autres, ces morceaux sont très-fragiles ; et comme la direction des lames cristallines est la même pour chacun des petits cristaux, dont une immense quantité composent ces morceaux, lorsqu'on les fait mouvoir entre les doigts, de manière à ce que la lumière soit réfléchie par toutes ces lames, leur lustre, qui sous tout autre aspect est très-mat, devient à l'instant très-brillant.

Je citerai, en outre, des morceaux dans lesquels la

galène et la blende jaunâtre, non phosphorescente, sont
tellement mélangées, quoique toutes deux parfaitement
distinctes, que, dans la cassure, le contraste du brillant
de la galène avec l'aspect terne de la blende, fait un
effet très-particulier. Je citerai enfin, une série assez
nombreuse de morceaux, dans lesquels la galène à petits
grains est renfermée dans une substance blanche et
douée de transparence : ces morceaux sont très-pho-
phorescents, même sous la friction d'un cure-dent, et il
est très-sensible que c'est à la substance blanche à laquelle cette phosphorescence doit être attribuée. Je
n'ai encore vu cette variété de la galène, qui m'a été
donnée comme venant de Sibérie, citée dans aucun ouvrage ; j'ignore qu'elle est la nature de la substance
blanche, de laquelle j'avois le projet de faire l'étude :
mais cette substance est en assez grande quantité, dans
cette collection, pour pouvoir être soumise, lorsqu'on
le désirera, à tous les essais qu'on voudra faire sur elle.

PLOMB CARBONATÉ, PLOMB BLANC.

500 Morceaux, dont 345 Cristaux isolés.

Je crois pouvoir avancer ici, avec confiance, que la
suite qui, dans cette collection, appartient au plomb
carbonaté, est unique, tant à l'égard du nombre, je
puis dire immense, des variétés de formes qu'elle renferme, et presque toutes non décrites, que par la beauté
et la perfection des cristaux, ainsi que par la grandeur
d'un très-grand nombre d'entr'eux, et par la multipli-
cité de faits intéressants qu'elle présente.

Ce qui m'a principalement fait porter une attention
particulière sur cette substance, est le résultat différent
de celui de M. l'Abbé Haüy, auquel je suis parvenu,

lorsque j'ai cherché, pour la première fois, à connoître
la forme qui devoit être celle de son cristal primitif.
Peu satisfait de ce résultat, doutant de mes propres
observations, qui ne m'inspirent jamais plus de confiance que lorsqu'elles sont parfaitement d'accord avec
celles de ce célèbre minéralogiste, je me déterminai à
porter une attention particulière sur cette substance, et
surtout, sur ce qui pouvoit lever tout doute de ma part
à son égard. Je ne tardai pas à m'apercevoir qu'il y
avoit bien peu de chose de connu à l'égard de la crista-
lisation du plom' carbonaté, vu les richesses nouvelles
qu'à chaque moment cette substance déployoit à cet
égard à mes yeux. Le Derbyshire fournissoit alors
abondamment le plomb carbonaté. Les marchands en
étoient richement pourvus. La beauté des morceaux
fixoit seule les regards et les désirs des amateurs, tandis
que les cristaux, quelque fût d'ailleurs l'intérêt que pût
offrir le morceau, ainsi que tout ce qui pouvoit me
conduire à la connoissance cristallographique parfaite
de cette intéressante substance, attachoit particulièrement les miens. J'ai dû même alors à plusieurs marchands de minéraux, tels que M. Maw, Mde. Forster,
M. Fichtel, M. Mohr, &c. &c. le cadeau de plusieurs
très-beaux cristaux, et dix-sept années de travail et de
soins, continuellement soutenus, ont porté la suite de
cette substance au haut degré d'intérêt, et de richesse,
vraiment étonnante, qu'elle présente dans cette collection.

Les cristaux de plomb carbonaté qui m'ont principalement servi à assurer la forme du cristal primitif de
cette substance, sont ceux en lames quarrées, souvent
très-minces, et dont les bords, ou quelques-uns des

bords seulement, sont en biseau. Ces cristaux viennent, soit du Derbyshire, soit du Bannat, soit de Sibérie. Ces lames quarrées, qui bien souvent ont jusqu'à trois ou quatre lignes de côtés, sont infiniment plus
faciles au clivage qu'aucun autre des cristaux de cette
substance. J'ai toujours eu pour résultat de ce clivage,
un prisme tétraèdre rectangulaire à base quarrée,
fig. 184, pl. 10.

Ce prisme se divise avec facilité parallélement à ses
faces terminales : la division n'est pas aussi facile sur ses
côtés ; mais dans les lames minces dont je viens de
parler, on parvient avec assez de facilité, et par un
mouvement prompt, à les casser suivant leurs joints
naturels, et par ce moyen, on obtient des cassures
nettes parallèles à l'axe, et d'un lustre éclatant.
Quelques-unes de ces lames laissent même apercevoir,
sur leurs faces terminales, ces mêmes joints naturels pa-
rellélement à leurs bords, ainsi que le représentent les
lignes ponctuées de la fig. 184.

Je ne fixe pas ici les dimensions de ce prisme, cet
objet tient à la détermination de tout ce qui est relatif
aux formes cristallines de cette substance. J'avois le
projet de faire ce travail, et sans le parti que les circonstances aussi singulières, et, je crois pouvoir dire,
aussi inconcevables, dans lesquelles je suis placé, me
forcent d'embrasser, en cherchant à me défaire le plus
promptement qu'il me sera possible de cette collection,
cette étude, qui est une des plus considérable de la partie cristalline des minéraux, eut été une des premières
dont je me fusse occupé ; j'avoue même que c'est une
de celles que je laisse en arrière avec le plus de regrets.

Je me bornerai, en conséquence, à citer ici généralement, et sans aucune détermination quelconque, quelques-uns des cristaux de cette collection les plus marquants pour la grandeur.

1°. Un prisme tétraèdre rectangulaire à bases quarrées, dont les faces terminales ont 3 lignes de côtés, et dont la hauteur est de 9 lignes, dans lequel chacun des bords longitudinaux est remplacé par un plan.

2°. Une lame rectangulaire à bords en biseaux, dont les bords les plus longs des faces terminales sont de 9 lignes, et ceux les plus courts de 6 : l'épaisseur de cette lame est de 3 lignes.

3°. Un autre lame de 10 lignes de longueur, sur 9 lignes de largeur, et 3 lignes et demie d'épaisseur.

4° Une troisième de 9 lignes de longeur, sur 7 lignes de largeur, et 3 lignes d'épaisseur, passant légèrement, par le remplacement de ses angles solides, à la variété qui donne une pyramide hexaèdre.

5°. Une autre lame semblable, parfaitement incolore et transparente, de 14 lignes de longueur, sur 8 lignes de largeur, et 3 lignes d'épaisseur.

6°. Un prisme hexaèdre, un peu applati, de 9 lignes dans son plus grand diamètre, 6 lignes dans son plus petit, et 5 lignes de hauteur, et ayant les bords de ses faces terminales remplacés par un plan linéaire.

7°. Un prisme tétraèdre rectangulaire, un peu applati, de 7 lignes de hauteur, terminé par un pyramide tétraèdre à plan rhombes, placés sur ses bords, et dont celles des arêtes qui sont en opposition des côtés les plus larges du prisme, sont remplacées par un plan linéaire.

8°. Un cristal en prisme hexaèdre court avec pyramide aussi hexaèdre ; la pyramide inférieure manquant. Ce cristal a 8 lignes de hauteur, sur 8 lignes de diamètre ; tous les plans de la pyramide sont également inclinés sur ceux du prisme.

9°. Un autre cristal, semblable pour la forme, et dont la pyramide hexaèdre est cunéiforme, par suite de l'accroissement considérable de deux de ses faces opposées. Ce cristal a 6 lignes et demi de hauteur, la pyramide inférieure manque. L'arête du sommet cunéiforme est occupée par deux plans, et la pyramide a ses plans également inclinés, ainsi que dans le cristal précédent : on va voir qu'il existe, dans cette substance, une autre pyramide hexaèdre aussi ; mais dont les plans sont inégalement inclinés. On ne peut rien voir de plus parfait que ce cristal.

10°. Un prisme hexaèdre, dont les côtés sont égaux, terminé par une pyramide hexaèdre, dont les plans sont inégalement inclinés, et dont deux des plans opposés, sont beaucoup plus grands que les quatre autres. Son sommet est occupé par deux plans placés sur ceux larges des pyramides, et qui se rencontrent entr'eux sous un angle très-obtus. Ce cristal a 8 lignes de longueur.

11°. Un cristal en prisme tétraèdre rhomboïdal très-plat, terminé par un sommet dièdre. Ce prisme a, dans son plus grand diamètre, 14 lignes, et 5 lignes dans son plus petit ; sa partie inférieure ayant été cassée, sa longueur n'est que de 11 lignes.

12°. Un cristal en table rhomboïdale, dont les mesures ne s'écartent que de peu de degrés de la baryte sulfatée en table, et dont la forme est si parfaitement analogue à une de celles de cette substance, que ce cristal seroit très-facilement pris pour lui appartenir, sans la grande différence dans la dureté, et son excès de pesanteur. Ce cristal, dont une partie est engagée dans des fragments d'autres cristaux, a un pouce dans sa plus grande longeur, et 9 lignes dans la plus petite ; son épaisseur est de 4 lignes et demi.

13°. Un cristal en dodécaèdre, formé par la réunion de deux pyramides hexaèdres très-surbaissées, et à plans triangulaires, dont deux opposés sont moins inclinés que les autres. Ce cristal, qui est de la plus grande beauté, a un pouce 8 lignes, dans son plus grand diamètre, 13 lignes dans son plus petit, et 11 lignes de hauteur. Malheureusement une partie a été cassée ; mais cette cassure n'empêche pas la forme d'être parfaitement aperçue. Il existe, dans cette même suite, un groupe de fort grands cristaux appartenant à la même variété.

Je terminerai ici la citation des cristaux isolés remarquables par leur grandeur, que la suite du plomb carbonaté de cette collection renferme, quoique ce ne soit pas à beaucoup près les seuls ; je regrette de ne pouvoir donner l'étude complette des formes de cette substance, qui, je le répète, présenteroit une des séries cristallographique les plus intéressantes de la minéralogie.

Il existe, en outre, dans cette suite, une série composée de cinq morceaux, chacun d'eux garnis de cristaux de plomb carbonaté très-transparents, et de la plus belle couleur bleue ; ils sont, à ce qu'il paroît, colorés par le cuivre, et sont de Leadhill, en Ecosse. Il y existe aussi une série de morceaux, dans lesquels les cristaux sont passés au noir, par l'altération de leur surface.

PLOMB CARBONATÉ RHOMBOÏDAL. (*Nobis.*)

24 *Morceaux, dont* 15 *Cristaux isolés.*

Cette substance appartient certainement à la combinaison du plomb avec l'acide carbonique ; mais il est impossible de la rapporter à celle à laquelle appartient l'espèce précédente, tous ses caractères extérieurs l'en écartent totalement. Elle vient de la mine de plomb de Leadhill, en Ecosse, où elle est accompagnée de fort beaux cristaux de plomb carbonaté de l'espèce précédente, et très-fréquemment de plomb phosphaté d'un beau jaune orangé : je ne l'ai jamais observé venant d'aucun autre endroit ; elle est fort rare à Leadhill même.

La couleur de cette substance, dans les cristaux petits et très-transparents, qui est l'état le plus habituel sous lequel elle se présente, est un brun jaunâtre tirant un peu sur le vert ; mais dans les cristaux un peu plus grands, cette couleur est plus pâle, et devient d'un gris sale, un peu verdâtre. Ces cristaux ont un éclat très-brillant.

Sa dureté est un peu plus considérable que celle du plomb carbonaté.

Dans l'acide nitrique, cette substance se dissout plus promptement et avec une effervescence plus forte que le plomb carbonaté de l'espèce précédente.

Elle fond aussi plus promptement sous l'action du chalumeau. En outre le plomb carbonaté de l'espèce précédente, par le premier acte de cette fusion, passe à un oxyde jaune très-brillant et cristallin, tandis que celui donné par cette substance est terne et compacte.

Sa forme primitive paroît être un rhomboïde aigu, de 60° et 120°, pour la mesure de ses angles, fig. 185.

Ce rhomboïde se remplace au sommet, par un plan plus ou moins grand, fig. 186 et 187, et qui quelquefois ne laisse que très-peu de chose de ceux primitifs, fig. 188. Les angles solides de la base sont bien souvent aussi remplacés par un plan parallèle à l'axe, fig. 189 et 190, et dans ce cas, lorsque les plans de remplacement du sommet sont très-grands, et qu'il reste très-peu de chose des plans primitifs, le cristal se présente comme un prisme hexaèdre régulier à bords de la base atternativement remplacés, et en sens contraire pour chacune des extrémités, fig. 191 ; et quelquefois aussi en prisme hexaèdre régulier court, fig. 192. On observe quelquefois, entremêlés avec cette substance, des cristaux en pyramides très-alongées, dont il ne m'a pas été possible d'assurer exactement la forme ; mais qui, je crois, lui appartiennent aussi. Il existe en outre, dans cette suite, un morceau assez considérable d'un gris sale, et dont la surface est striée, qui, je crois, lui appartient de même.

PLOMB ?

5 Morceaux, dont 2 Cristaux isolés.

J'ignore si de fort petits cristaux, dont il existe ici trois morceaux, joints à deux cristaux isolés, appartiennent à l'une ou à l'autre des deux espèces précédentes. Leur cristallisation est très-particulière, c'est un prisme tétraèdre rectangulaire, terminé par une pyramide tétraèdre aigue, dont les plans, qui sont placés sur les bords du prisme, sont des triangles scalènes, ainsi que le représente la fig. 193. Leur couleur est un peu gri-

sâtre, et ils ont la dureté et le lustre du plomb carbonaté.   Les plans pyramidaux se rencontrent au sommet sous un angle qui m'a paru être de 60°.   Peut-être
ces cristaux ne sont-ils qu'une variété de l'espèce précédente.   La gangue qui les renferme, appartient à
l'espèce de roche connue sous le nom de Grauwacke,
qui sert de gangue à l'or natif de Hongrie.

PLOMB PHOSPHATÉ.

185 *Morceaux, dont 60 Cristaux isolés.*

Cette suite du plomb phosphaté est extrêmement
riche, et elle est en même temps très-précieuse, tant
à raison des variétés de formes intéressantes, non décrites, qu'elle renferme, qu'à raison du grand nombre
de faits importants qu'elle présente.

A l'égard de ce qui concerne sa cristallisation, qu'il
me soit permis d'exprimer ici mon doute sur la forme
qui a été prise pour être celle de son cristal primitif, et
de le soumettre aux lumières du célèbre minéralogiste
qui, d'après les données que ses observations lui ont
offertes, a cru devoir l'adopter.   M. l'Abbé Haüy, dans
sa minéralogie, donne pour la forme de ce cristal primitif, le dodécaèdre à plans triangulaires qui se rencontrent entr'eux, au sommet, sous un angle de 98° 14',
et à la base, sous un de 81° 46, dodécaèdre divisible
par des sections parallèles à la base commune aux deux
pyramides.   La forme presqu'habituelle sous laquelle
se présente cette substance, qui est le prisme hexaèdre
régulier, ainsi que le mode de division auquel le dodécaèdre cité par M. l'Abbé Haüy est soumis, division
qui a lieu de même sur le prisme hexaèdre, et qui,
quoique très-peu facile, est cependant la seule qu'on

puisse faire d'une manière nette sur cette substance, ne
semble-t-il pas militer fortement en faveur du prisme
hexaèdre lui-même, pour être la forme de ce cristal primitif ? J'ajouterai à cette observation, qu'il existe, dans
la suite des cristaux de cette substance que cette collection renferme, des prismes hexaèdres assez grands, qui
laissent facilement apercevoir, dans leur intérieur, des
joints naturels parallélement à leurs bases, et d'autres
qui laissent apercevoir sur leurs côtés, des stries parallèles à leurs bords longitudinaux. Bien plus, il existe,
dans cette même suite, des groupes dont les cristaux,
qui sont des prismes hexaèdres, offrent une belle couleur
verte dans leur milieu, tandis qu'ils sont d'un jaune brun
à leurs deux extrémités, de manière à partager la longueur
des prismes en trois zones à-peu-près égales. Si l'accroissement du cristal avoit eu lieu par superposition
de la matière cristalline, sur les faces pyramidales d'un
dodécaèdre à plans triangulaires, ne devroit-on pas
apercevoir, ainsi que cela arrive si fréquemment dans
le cristal de roche, dont les extrémités se colorent différemment du reste, la matière colorante verte former,
dans l'intérieur de la partie colorée en jaune, des traces
pyramidales ? Dans ces cristaux, cette matière colorante
se termine, d'une manière tranchée, parallélement aux
faces terminales du prisme. J'avoue que tout ce que
j'ai pu voir dans cette substance m'engage à penser que
son cristal primitif est un prisme hexaèdre régulier,
les cassures qu'on fait sur cette substance, n'ayant aucun
caractère bien déterminé, leur grain étant fin, et leur
lustre ayant quelque chose de gras qui réfléchit la lumière, ne seroit-il pas possible que quelques-unes d'elles
pussent induire en erreur.

M. l'Abbé Haüy, après avoir donné le dodécaèdre à
plans triangulaires isocèles, dans sa minéralogie, pour
forme primitive du plomb phosphaté, donne ensuite,
dans son tableau comparatif, le rhomboïde obtus de
105° 14′ et 74° 16′ pour cette forme ; cet angle est celui
que forme entr'elles deux des arêtes du dodécaèdre, en
en laissant une intermédiaire. Il est vrai que, dans sa
minéralogie, ce savant avoit déjà dit que le dodécaèdre
étant cristal primitif, il lui substituoit ce rhomboïde
pour la facilité du calcul, appuyé, sans doute, sur le
même principe qui l'a de même engagé à substituer,
pour le calcul, le rhomboïde à l'octaèdre régulier,
ou à plans rhombes ; mais j'ai déjà dit, à l'article du
diamant, que cette substitution ne me paroissoit pas
pouvoir avoir lieu, du moins d'une manière générale, et
la cristallisation du diamant, ainsi que les seuls calculs
par lesquels on puisse parvenir à la plus grande partie
de ses formes, en est une forte démonstration.

Parmi les cristaux placés dans cette suite, on observera, en outre de la pyramide hexaèdre citée par M.
l'Abbé Haüy, deux autres pyramides, une dont les
plans se rencontrent au sommet sous un angle d'environ 60°, et une autre très-aiguë, dont les plans se rencontrent au sommet sous un angle d'environ 20° ; et sur
plusieurs cristaux les plans de deux de ces pyramides
différentes sont réunis. Pour que le rhomboïde par-
vint à ces trois différentes pyramides, il faudroit que ses
trois seules modifications pyramidales fussent du nombre de celles, dont il existe peu d'exemples dans le
rhomboïde, par lesquelles il résulte deux pyramides
hexaèdres opposées base à base, et dont les angles de

la base sont dans un même plan, cela peut être possible,
mais bien peu à présumer.

Le plomb phosphaté présente, dans cette suite, une
variété de couleurs étonnante. Toutes les teintes du
vert, ainsi que celles du jaune, depuis le jaune paille,
jusqu'au jaune orangé le plus foncé, s'y rencontrent :
la variété d'un jaune orangé vient de Leadhill, en
Ecosse ; il en existe dans cette suite, un petit morceau
que je crois unique, à raison de la beauté et de la viva-
cité de cette couleur. Il y existe aussi une série très-
considérable appartenant à la variété brune tirant plus
ou moins fortement sur le violet, tant de zschopau en
saxe que d'Huelgoët, en Basse Bretagne, trois groupes
très-beaux, d'un gris un peu verdâtre, de Sibérie, et,
enfin, une série de petits groupes dont les cristaux
sont parfaitement incolores ; ces derniers viennent de
Cornwall. Il seroit très-intéressant de chercher à pouvoir connoître, qu'elle peut être la cause de cette variété
dans la couleur.

Dans la partie de cette suite qui concerne les cristaux d'Huelgoët, dont la plupart sont très-beaux, il y
existe une série dans laquelle ces cristaux, sans avoir variés en aucune manière dans leur forme, sont passés à
l'état complet de galène, et d'autres simplement en
partie. C'est à cette altération que doit être, je pense,
rapporté le plomb bleu, *blau-bleyerz*, dont M. Werner a fait une espèce, ainsi qu'il en a fait une de la variété non altérée, sous le nom de *braun-bley-erz*, et
qu'il en a fait encore une troisième, sous celui de
plomb noir, *schwartz-bleyerz*, d'une altération à-peu-
près pareille éprouvée par le plomb carbonaté.

On trouvera en outre, dans cette suite, une série de morceaux dont les cristaux, très-transparents, sont d'un brun violet très agréable. Ils ont été considérés, en Cornwall d'où ils viennent, comme étant un plomb arséniaté; mais je crois que c'est une erreur, et que l'acide arsenical qui s'y montre, y est simplement interposé dans leur substance. Leur gangue habituelle renferme beaucoup de mispickel : les caractères spécifiques de ces cristaux ne diffèrent d'ailleurs en rien de ceux des cristaux de plomb phosphaté. Leur cristallisation est, soit le prisme hexaèdre, soit ce même prisme terminé par la pyramide hexaèdre très-aigue complette ou incomplette, ayant même mesure que celle, aigue aussi, qui existe dans le plomb phosphaté.

Je citerai encore, parmi les cristaux de cette substance, un dodécaèdre de la variété qui appartient à celle décrite par M. l'Abbé Haüy, comme cristal primitif. Il est complet dans ses pyramides, qui sont séparées par un prisme court intermédiaire. La hauteur de ce cristal est de 4 lignes, sur à-peu-près 3 lignes et demi de diamètre, et sa couleur est d'un beau jaune citron : il vient de Zellerfeld. Quelques-uns des prismes hexaèdres de cette suite sont aussi très-grands.

PLOMB ARSÉNIÉ.

Le seul morceau de cette substance qui existe dans cette collection, vient de St. Prix en Bourgogne. Le plomb arsénié y est à l'état fibreux capillaire d'un jaune pâle.

PLOMB MOLYBDATÉ.

246 *Morceaux, dont* 197 *cristaux isolés.*

La suite offerte, dans cette collection, par le plomb molybdaté est étonnante par la grande quantité de cristaux isolés qu'elle présente, et peut-être est elle-même unique, à raison du nombre extrémement considérable de formes cristallines, non décrites, qu'elle renferme.

M. l'Abbé Haüy a donné, pour son cristal primitif, un octaèdre rectangulaire, dont les faces se rencontrent entr'elles au sommet sous un angle de 103°. 20′, et à la base sous un de 76′, 40′; octaèdre qui se rencontre en effet dans cette substance, où il est en même temps une des formes les plus communes; et il ajoute, qu'à une forte lumière, les joints naturels deviennent très-sensibles par leur chatoyement.

Cette substance étant au nombre de celles dans lesquelles le clivage, suivant les joints naturels, ne peut se faire d'une manière nette, et propre à satisfaire le cristallographe, il est réduit à chercher, soit sur la partie extérieure du cristal, soit dans les indications que peut lui offrir l'intérieur même de sa substance, les bases propres à asseoir son opinion sur celle de ses formes qui, à l'égard de la génération de toutes les autres, doit avoir rempli la fonction de forme primitive.

En m'occuppant de cette recherche, j'avoue qu'il m'a été impossible d'apercevoir aucun joint naturel parallélement aux faces d'un octaèdre rectangulaire; mais j'en ai reconnu d'autres très-marqués, dont je donnerai dans un moment les détails, et qui me conduisent à admettre pour forme primitive du plomb molybdaté, un prisme tétraèdre rectangulaire à bases quarrées. J'ai réuni ensemble, dans cette suite, une dixaine de petits cristaux isolés, qui m'ont offert les observations suivantes.

Le cristal représenté sous la fig. 194, est un prisme tétraèdre rectangulaire court, sur les côtés duquel un reculement fait le long de ses bords longitudinaux, ainsi que le long de ceux de ses faces terminales, a placé une petite pyramide très-obtuse. On distingue, très-clairement, dans son intérieur, avec le secours de la loupe, des joints naturels suivant les deux diagonales de ses faces terminales, et parallélement aux bords du prisme. Les plans de remplacement des bords des faces terminales font avec ces faces un angle d'environ 105°, et ceux de remplacement des bords du prisme, un d'environ 152°, 30', avec ceux de ses côtés sur lesquels ils inclinent.

Le cristal représenté sous la fig. 195, est une lame tétraèdre rectangulaire très-mince, dont les bords des faces terminales sont occupés, chacun d'eux, par deux plans qui feroient naître, sur ces mêmes faees, une pyramide tétraèdre très-obtuse, si la cristallisation atteignoit ses limites. Les plans de remplacement sont striés parallélement aux bords des faces terminales. Cette lame est d'un jaune très-foncé : mais la partie occupée par les biseaux est d'une couleur beaucoup plus foible, et même d'un côté elle est parfaitement incolore. Ces plans de remplacement font avec les faces terminales un angle d'environ 143°, 30'.

Le cristal représenté sous la fig. 196, est un prisme tétraèdre rectangulaire court, dont les angles des faces terminales sont remplacés par un plan triangulaire qui, si la modification avoit atteint ses limites, ce qui existe sur plusieurs des cristaux de cette suite, remplaceroit les faces terminales par une pyramide tétraèdre obtuse. En regardant à travers les faces terminales de ce cristal, on distingue, dans l'intérieur de sa substance, un joint naturel, indiqué par une couleur plus brune, parallèle aux côtés du prisme, qui eux-mêmes laissent apercevoir, sur leur surface, des stries parallèles à leurs bords longitudinaux. Les plans de remplacement des angles des faces terminales, font avec elles un angle d'environ 147°, 30'.

Le cristal représenté sous la fig. 197 enfin, appartient à la même variété que celui précédent ; mais avec un accroissement considérable dans les plans de remplacement des angles des faces terminales. On distingue parfaitement, sur la surface extérieure de ses côtés, par une saillie faite sur eux par la partie cristalline ajoutée sur les faces terminales, que le cristal sur lequel cette addition a été faite, étoit un prisme tétraèdre rectangulaire. Les côtés du prisme sont striés, ainsi que dans la variété précédente.

Je crois donc que le cristal primitif de cette substance, est un prisme tétraèdre rectangulaire à bases quarrées, divisible suivant les deux diagonales de ses faces terminales et son axe ; et si mon opinion à cet égard étoit adoptée, ce seroit probablement les joints naturels, entre les molécules intégrantes, suivant les diagonales et l'axe, qui auroient trompé M. l'Abbé Haüy. On pourroit parvenir à la détermination des formes cristallines de cette substance par l'octaèdre adopté par ce savant, aussi exactement que par le

prisme tétraèdre rectangulaire ; mais outre les indications que j'ai dit être offertes à l'égard de cette dernière forme, comme primitive, il me semble que l'opération de la nature, ainsi que le calcul employé à sa
détermination, est plus naturel et plus simple avec le
prisme.

Je ne puis résister au désir de faire connoître ici,
deux octaèdres aigus de cette substance, qui n'ont été
cités par ancun auteur, quoiqu'ils ne soient pas trèsrares, et qu'on les rencontre sur plusieurs des morceaux de ce plomb molybdaté, confusément mélangés
avec les autres variétés. Je n'en parlerai cependant,
ainsi que je l'ai fait des variétés précédentes, que par
approximation : ayant préparé dans cette collection
l'étude cristalline de cette substance ; mais ainsi qu'on
l'a vu à l'égard de beaucoup d'autres, ne l'ayant pas
terminée.

Dans un de ces octaèdres, les plans se rencontrent
entr'eux, au sommet, sous un angle d'environ 55°, et
à la base, sous un d'environ 125°. Il est ou complet,
fig. 198, ou incomplet, fig. 199, pl. 11 : souvent aussi
il se présente sous un aspect cunéiforme.

Il existe, dans cette collection, une série assez considérable de cristaux qui appartiennent à cette variété,
et dont la plupart sont très-parfaits.

Le second de ces octaèdres est très-aigu. Ses plans
se rencontrent, au sommet, sous un angle d'environ
20 degrés, et à la base, sous un d'environ 160°. Il
est, de même que le pécédent, complet ou incomplet,
fig. 200 et 201, et se montre souvent aussi sous l'aspect cunéiforme. Dans plusieurs des cristaux de cette

suite, cet octaèdre existe soit isolé, soit combiné avec le précédent, ainsi que le représente la fig. 202.

Les cristaux qui appartiennent à ces deux octaèdres, sont quelquefois de la même couleur jaune que ceux qui appartiennent aux autres modifications de cette même substance; mais beaucoup plus communément cependant, ils ont une teinte tirant davantage sur le brun que sur le jaune, et fréquemment ils sont d'un gris sale. Le Dr. Wollaston qui, à ma prière, a bien voulu faire l'essai, de ces cristaux, pense que l'acide molybdique y est dosé différemment que dans les autres variétés. Leur forme, qui dérive facilement de celle primitive de cette substance, leur couleur, qui fréquemment est la même, ne me paroît nullement venir à l'appui de cette opinion; qui cependant mérite d'être prise en considération, dans l'étude dont le plomb molybdaté peut encore faire l'objet.

PLOMB CHROMATÉ.   PLOMB ROUGE.

117 *Morceaux, dont* 91 *Cristaux isolés.*

Plus heureux que ne l'a probablement été M. l'Abbé Haüy, j'ai pu me procurer, dans cette substance, des cristaux assez parfaits pour ne me laisser aucun doute sur la forme qui appartient à son cristal primitif, et j'ai eu, à ce sujet, beaucoup d'obligations à Messieurs Fichtel et Mohr. Rien n'est en effet plus difficile que la détermination du cristal primitif du plomb chromaté, d'après les cristaux qu'il présente le plus habituellement, et ce ne peut-être que du hasard qu'on peut espérer ceux propres à cette détermination. J'ai été bien servi par lui, il est la source d'un grand nombre

des observations les plus intéressantes que j'ai pu faire
en minéralogie.

Le cristal primitif du plomb chromaté n'est, ni un
prisme tétraèdre rectangulaire droit, ainsi que l'avoit
pensé d'abord M. l'Abbé Haüy, dans sa minéralogie,
ni un prisme tétraèdre rectangulaire oblique, ainsi
qu'il a cru le reconnoître ensuite, dans son tableau
comparatif; mais un prisme tétraèdre rhomboïdal
oblique, dont les angles sont très-voisins de ceux de
85 et 95°, et dont les faces terminales sont inclinées
sur les bords, formés par la rencontre des côtés du
prisme sous l'angle de 95°, avec lesquels elles font des
angles d'environ 108° et 72°. Ces prismes sont divisibles suivant la petite diagonale de leurs faces terminales et leur axe. Ils se clivent assez facilement, et
très-régulièrement, suivant leurs faces terminales; mais
je n'ai pu parvenir à opérer aucun clivage sur les autres faces.

Il existe, dans cette suite, un morceau sur lequel
on peut observer plusieurs cristaux primitifs fort petits; mais très-parfaits: ce morceau est d'une très-
grande rareté. Les cristaux qui m'ont mis dans le
cas de déterminer le cristal primitif de cette substance,
sont au nombre de 9, tous isolés et très-parfaits dans
la forme de leur prisme; ils ont jusqu'à 6 lignes de
longueur et 2 lignes de diamètre. Dans 4 de ces cristaux, les faces terminales, obtenues par le clivage,
sont très-parfaites et très-régulières, et comme elles
existent aux deux extrémités de ces cristaux, on peut
apercevoir très-facilement le parallélisme exact qu'elles
ont entr'elles. Un autre de ces cristaux est terminé,

à une de ses extrêmités, par une de ces faces terminales qui provient du produit directe de la cristallisation.

Parmi le très-grand nombre de cristaux isolés que renferme cette suite, la prèsque totalité est parfaitement conservée. Le nombre des formes non décrites y est très-considérable, et plusieurs sont très-particulières ; mais une fois le cristal primitif fixé, cette collection mettra à même de déterminer avec beaucoup de facilité, tout ce qui peut concerner l'étude des formes cristallines de cette substance : c'est le point de vue sous lequel elle a été formée.

Parmi les groupes, il en existe un fort petit ; mais en même temps fort peù commun, en ce que les cristaux de plomb chromaté, qu'il renferme, y sont groupés avec des cristaux de quartz.

PLOMB. SULFATÉ.

357 Morceaux, dont 238 Cristaux isolés.

La partie de cette collection qui appartient à cette substance, est encore une de ces suites unique que je ne présume pas qu'aucune autre collection pût présenter. La série des cristaux est véritablement immense, ainsi que le nombre des variétés non décrites qu'ils renferment.

La série des groupes est aussi extrêmement riche, la pluspart sont chargés de cristaux qui ont un éclat très-brillant.

J'ai pensé long-temps, comme M. l'Abbé Haüy, que le cristal primitif de cette substance étoit un octaèdre rectangulaire à faces inégalement inclinées ; mais l'improbabilité qui me paroît exister que ce genre d'oc-

taèdre puisse être placé en effet parmi les formes primitives des substances minérales, la manière d'être
toujours ou presque toujours cunéiforme que présentent ces octaèdres, les modifications auxquelles les
cristaux de cette substance sont soumis, et qui me
semblent toutes rappeler à l'esprit la forme prismatique, toutes ces raisons m'ont déterminé à regarder
le cristal primitif du plomb sulfaté, comme étant un
prisme tétraèdre rhomboïdal droit, à bases rhombes
d'environ 78°, 30′ et 101°, 30′. Ce sont là je l'avoue
les seules raisons qui me déterminent à préférer ce
prisme à l'octaèdre, pour forme primitive de cette substance, car elle est du nombre de celles sur lesquelles
nulle trace de joints naturels, et nulle possibilité à
être soumise à un clivage régulier, ne peut diriger l'observateur.

Il est joint, à cette suite, une série nombreuse et intéressante d'une variété de cette substance que je n'ai
vu encore décrite par aucun auteur, et qui appartient
au plomb sulfuré à l'état compacte, ainsi qu'à celui à
l'état terreux. A l'état compacte cette substance est
d'un brun grisâtre foncé, d'un grain fin et en couches
concentriques. Grattée avec un couteau, elle donne une
poudre blanchâtre, et cette poudre étant enlevée, la
partie grattée a un léger lustre métallique. A l'état
terreux, qui paroît être une altération de la variété
compacte, elle est d'un gris de cendre très-tendre et
souvent friable ; mais, dans les morceaux les moins
altérés, on observe encore des traces de sa texture à
couches concentriques. Les morceaux qui appartiennent à cette série, présentent le passage de la galène à
cette variété du plomb sulfaté, depuis la simple alté-

ration de sa surface, jusqu'à ce qu'on n'apercoive plus qu'un petit noyau de galène au centre de la masse, et enfin jusqu'à la disparation totale de toute trace quelconque de cette même galène : la plupart de ces morceaux laissent apercevoir, en même temps, quelques petits cristaux de ce même plomb sulfaté.

PLOMB. MURIO-CARBONATÉ.

3 *Cristaux isolés.*

Cette substance, une des plus agréable à l'œil, soit par la grandeur de ses cristaux, soit par leur simplicité élégante, ainsi que la perfection de leurs formes, est en général très-peu connue ; aussi est-elle en même temps extrêmement rare. Les seuls auteurs qui, à ma connoissance, en aient parlé, sont M. Karsten et M. Brongniart ; mais, à ce qu'il paroît, ils ne citent cette substance que d'après les détails donnés par M. Klaproth, dans la rédaction de l'analyse qu'il en a faite, d'après un morceau venant du Derbyshire. M. Brochant, à la suite du second volume de sa minéralogie, en donne aussi une légère notice, d'après cette même analyse. C'est dans le Derbyshire en effet, et même à ce qu'il paroît dans le Derbyshire seulement, que jusqu'ici cette substance s'est montrée. Elle n'y a paru qu'un instant, la mine qui l'a fournie ayant peu tardée après à être submergée. Au moment de son apparition, M. Greville a acquis tout ce qui en avoit été trouvé, à fort peu d'échantillons près, tels que les trois qui sont dans cette collection, dont l'un est assez beau et les deux autres fort petits ; ils m'ont été donnés par M. Jacob Forster. Deux ou trois autres morceaux qu'il conservoit dans sa propre collection, et

un autre qui existe dans la collection de Sir Abraham
Humes, sont, après la suite précieuse qui en existe dans
la collection de M. Greville, renfermée au Musé Britannique, les seuls morceaux que je connoisse de cette
substance.

Ayant conservé une notice exacte de tout ce qui
concerne le plomb murio-carbonaté dans la collection
de M. Greville, c'est avec beaucoup de satisfaction que
je puis placer ici l'étude de cette substance, qu'il m'a
été possible de completter, sans avoir eu besoin pour
cela d'avoir recours aux morceaux même de cette collection.

Le plomb murio-carbonaté est, soit incolore, soit d'un
beau jaune de paille, soit quelquefois d'un jaune pâle
tirant légèrement sur le brun.

Son lustre, lorsque ses faces ne sont pas salies par
l'incrustation de substances étrangères, est éclatant.

Sa dureté, est de quelque chose inférieure à celle du
plomb carbonaté.

Sa pesanteur spécifique, prise sur un cristal parfait,
est de 60, 65.

Sa texture est lamelleuse.

Sa cassure, dans un sens opposé à celui des lames,
est raboteuse et partiellement conchoïdale, et le lustre
de cette cassure est éclatant.

Lorsqu'il est pure, il est transparent, et principalement sa variété incolore.

Peu de substance invitent plus fortement l'opinion
que celle-ci, à adopter le cube pour forme de son cristal primitif : une partie de ses cristaux, ainsi qu'on le
verra dans la série de ceux qui lui appartiennent, sont
cubiques, ou très-voisins de cette forme ; et moi-même

autrefois, et avant d'avoir soumis au calcul la détermination de ses formes cristallines, j'avois adopté cette opinion ; mais l'habitude de voir des cristaux, m'a accoutumé à me mettre en garde contre ce genre d'illusion, si fréquemment produite par eux.

Son cristal primitif, en effet, n'est pas le cube ; mais un prisme tétraèdre rectangulaire à bases quarrées, dans lequel les bords du prisme sont à ceux des faces terminales, dans le rapport de 6 à 10,55, fig. 203 pl. 11.

Ce prisme éprouve 4 modifications différentes. Dans la première, fig. 211 et 212, les bords des faces terminales sont remplacés par un plan qui fait avec elles un angle de 150°, 22′, et un de 119°, 38′, avec les côtés du prisme : elle est le produit d'un reculement par une rangée le long de ces mêmes bords.

Dans la seconde, les angles des faces terminales sont remplacés par un plan qui fait avec elles un angle de 121°, 52′, et avec les bords du prisme un de 148°, 8′, fig. 204. Elle est produite par un reculement par une rangée en largeur sur deux lames de hauteur.

Dans la troisième modification, les bords du prisme sont remplacés par un plan également incliné sur ceux adjacents, avec lesquels ils font un angle de 135°, fig. 207 et 208′. Elle est le produit d'un reculement par une simple rangée le long de ces bords.

Dans la quatrième, les bords du prisme sont remplacés, chacun d'eux, par deux plans fig. 215, qui font avec les côtés du prisme sur lesquels ils inclinent, un angle de 161°, 34′. Ils sont produits par un reculement par 3 rangées le long de ces bords.

Ayant placé, sur chacune des faces des 16 cristaux qui, dans la 11me planche, appartiennent à cette substance, et composent la série de ses formes connues, le chiffre qui indique à laquelle des modifications elle appartient, le rapport entr'elles de ces faces est facile à saisir, et je n'entrerai dans aucun autre détail à l'égard de ces cristaux. Je me bornerai à dire, que dans les fig. 205 et 206, les plans qui appartiennent aux deux et troisième modifications ont fait disparoître, ou à-peu-près disparoître, les plans du cristal primitif, et que ceux de la pyramide se rencontrent au sommet sous un angle de 63°, 44′.

D'après l'analyse qui a été donnée du blomb muriocarbonaté, par M. Klaproth, il renferme 85,5 d'oxyde de plomb, 8,5 d'acide muriatique et 6 d'acide carbonique. M. Chenevix a fait en 1800. une autre analyse de cette même substance, qui s'accorde parfaitement avec celle de M. Klaproth : elle a été insérée dans le N°. 42, du Journal de Nicholson, avec une légère notice, donnée alors par moi, sur les caractères de cette substance.

PLOMB OXYDÉ ROUGE, (*minium natif.*)

4 Morceaux.

Dans un des quatre morceaux qui composent la suite de cette substance, le minium est disséminé en petites parties, très-multipliées, dans de la baryte sulfatée granuleuse : ce morceau est de Sibérie.

Les deux autres, sont extrêmement intéressants. Ils sont en entier composés de minium, très-rouge dans quelques parties, d'un rouge brun dans d'autres et même gris. Quoiqu'il soit très-compacte, on aperçoit

cependant que sa structure est lamelleuse, et on reconnoît facilement, avec la loupe, que ses lames, qui
ont fort peu d'épaisseur, se cassent de manière à produire des fragments déterminés, soit quarrés, soit rectangulaires. On n'aperçoit rien, dans ces deux morceaux intéressants, qui puisse les faire soupçonner
d'être artificiels ; je n'oserois cependant prononcer déterminément qu'ils sont naturels.

On a vu, à l'article du plomb métallique, un autre
exemple du minium natif.

Comme il est très-rare que l'oxyde terreux gris et jaunâtre de plomb, soit privé de plomb carbonaté, j'ai laissé
avec lui les morceaux qui appartiennent à ces oxydes.

ZINC.

ZINC SULFURÉ. BLENDE.

186 *Morceaux, dont* 61 *Cristaux isolés.*

La suite que présente la blende, dans cette collection, est extrêmement intéressante, tant à l'égard de
sa partie cristalline, qu'à l'égard des autres faits qu'elle
met à même d'observer.

La série de sa partie cristalline, renferme un grand
nombre de variétés non décrites. Je citerai principalement, parmi ses cristaux, une série appartenant aux
variétés de l'octaèdre régulier ; tel que le passage
de l'octaèdre régulier au cube, par le remplacement
de ses angles solides, qui donnent la variété qui contient 6 faces quarrées et 8 faces triangulaires équila-

térales ; ou celui plus avancé encore, dans lequel les 8 plans triangulaires deviennent des hexagones : il y existe plusieurs morceaux fort beaux de cette dernière variété. Tels aussi que divers segments de l'octaèdre, ainsi que différentes macles formées par eux, et parfaitement analogues à celles du spinelle.

Je citerai encore, une autre série dont les morceaux, la plupart très-beaux, sont en plus grande partie de Cornwall, et appartiennent au tétraèdre régulier, qui de même renferme aussi plusieurs des variétés propres à ce solide ; telle que celle dans laquelle les angles solides du tétraèdre sont remplacés par un seul plan ; celle dans laquelle ils le sont par trois plans inclinés sur les faces ; celle dans laquelle ses bords sont remplacés par un seul plan ; ainsi que celle dans laquelle ils le sont par deux, ayant pris assez d'accroissement pour élever, sur chacune de ses faces, une pyramide trièdre obtuse, &c.

Je citerai enfin, dans ce qui concerne la partie cristalline de la blende, une série de petits groupes, dont les cristaux sont des cubes parfaits : cette variété ne s'est encore montrée, à ma connoissance, qu'en Cornwall, où elle a même toujours été extrêmement rare. Sa couleur est d'un brun noirâtre foncé, et ses cristaux se clivent très-facilement sur leurs bords.

Dans la partie de cette suite qui appartient à la cristallisation non déterminée, je citerai de petits fragments dans lesquels la blende est intimement mélangée de cuivre et de fer sulfuré jaune, mélange qui, étant vu avec la loupe, fait un effet extrêmement agréable ; le cuivre s'y montre par petites parties très-multipliées, mais séparées et parfaitement distinctes l'une de l'autre. Je citerai en outre une série très-considérable et très-intéressante de la variété connue sous le nom de zinc sulfuré compacte : cette variété, qui n'a été citée que depuis très-peu de temps dans les traités de minéralogie, présente différents caractères, et mérite que nous nous arrétions sur elle quelques instants.

Une de ces variétés, est offerte par des morceaux qui viennent de Geroldseck, dans le Brisgaw. Elle est, soit d'un brun foncé, et souvent presque noir, soit d'un brun grisâtre, et se présente sous l'aspect mamelonné de l'hématite de fer, et de même qu'elle aussi en couches concentriques, et ayant souvent une texture fibreuse. On trouvera, dans cette collection, un morceau de la variété d'un brun presque noir, et plusieurs de celles brune, ou plutôt d'un gris de cendre, ou d'un gris sale. Cette substance se montre dans ces variétés, soit en masse informe, soit en mamelons. La variété en masse informe a une texture granuleuse, ressemblant assez à celle de certaines chaux carbonatée magnésienne, dont elle a en même temps la couleur ; cette ressemblance, dans quelques-unes de ses parties, est d'autant plus parfaite que, comme elle, elle paroit être due à l'agrégation d'une quantité immense de fort petits cristaux. La variété mamelonnée est communément colorée en un brun beaucoup plus foncé à la surface des mamelons : il existe, dans cette suite, un fragment transversal d'une stalactite appartenant à cette variété, dans laquelle on distingue parfaitement les couches concentriques, et, dans le milieu, la cavité fistuleuse ordinaire aux stalactites : la première couche, celle dans laquelle est placée la cavité, est pyriteuse, et la dernière, celle qui forme la couche extérieure de la stalactite, est dans le même cas. On observera aussi, dans cette suite, des morceaux dans lesquels la blende compacte est entremêlée de petites parties de galène lamelleuse, dont le reflet brillant, lorsqu'on fait mouvoir ces morceaux, contraste très-agréablement avec celui mat de la blende. Il est joint à la série du zinc sulfuré compacte de Geroldseck, un petit morceau à l'état mamelonné, parmi les couches duquel on en observe quelques-unes d'un rouge brun très-foncé ; il y existe aussi plusieurs fragments, venant du même endroit, et dans lesquels cette substance, qui est d'un brun foncé et d'un grain fin, analogue à celui de la variété suivante d'Henry la Chapelle, laisse de même apercevoir plusieurs parties colorées en un rouge foncé. Ces parties, auroient-elles quelque rapport avec l'espèce suivante ?

Une autre variété du zinc sulfuré compacte, vient de Cornwall : elle est de même que la préceénte, mais plus généralement encore, mamelonnée. L'intérieur de ses mamelons est quelquefois d'un blanc grisâtre, d'autrefois d'un gris jaunâtre, tirent légèremeut sur le rouge, et quelquefois enfin, d'un brun foncé. Il existe, dans cette collection, un morceau dans lequel l'intérieur des mamelons est d'un gris clair à la surface, et d'un brun foncé au centre. Cette dernière variété du zinc sulfuré compacte est d'un grain fin, et plus compacte que celle précédente ; c'est avec difficulté qu'on en distingue les couches concentriques, et les cassures sont légèrement translucides sur leurs bords.

Une troisième variété est d'un jaune de paille clair ; elle est en masse informe, d'une texture très-compacte.

et d'un grain très-fin : elle est fragile, et sa cassure est parfaitement unie. Cette variété vient d'Henry la Chapelle, près d'Aix-la-Chapelle, elle paroît se décomposer avec beaucoup de facilité, et l'on trouve souvent sa surface couverte de soufre, à l'état pulvérulent, qui remplit fréquemment aussi les cavités que ces morceaux peuvent présenter.

Cette variété du zinc sulfuré à l'état compacte, mamelonnée et stalactitique, est-elle d'une nature parfaitement semblable à celle des autres variétés de cette substance connues sous le nom de blende ? Je ne serois nullement surpris, quand un jour elle seroit reconnue comme formant une espèce particulière dans le genre du zinc sulfuré. On peut observer, parmi les morceaux de cette suite qui appartiennent, soit au zinc sulfuré compacte de Geroldseck, soit à celui d'Henry la Chapelle, plusieurs d'entr'eux qui laissent apercevoir un grand nombre de cristaux de cette substance, tous extrêmements petits, mais très-brillants, les uns d'un gris clair, d'autres d'un jaune brun ; il m'a été impossible d'en déterminer les formes ; mais la plus forte loupe ne m'a rien laissé entrevoir qui pût me faire soupçonner quelqu'analogie entr'eux et les cristaux du zinc sulfuré. Il seroit fort à désirer que l'observation pût se porter sur des cristaux plus grands, et plus propres à décider la question que je viens de faire : il me paroîtroit assez probable que le soufre y fût dosé en plus grande quantité que dans le zinc sulfuré connu sous le nom de blende.

ZINC OXYDÉ.

6 Morceaux.

La connoissance de cet oxyde de zinc est due au
Dr. Bruce, professeur de minéralogie de l'Université de
New-York, qui en a donné une excellente description
dans le 2e Numéro du Journal de Minéralogie Améri-
cain. C'est à lui aussi à qui je dois les morceaux que
je possède de cette substance, qu'il m'a fait parvenir, il
y a quelques années, et avant qu'il en eut fait la détermination. Ne soupçonnant en aucune manière que la
couleur d'un rouge foncé, qui est celle montrée par
elle, put appartenir au zinc oxydé, je considérai alors
cette substance comme appartenant au titanium oxydé;
ce à quoi me conduisit principalement les cristaux de
fer oxydulé avec lesquels cette substance se rencontre ;
mais qui, cependant, au lieu d'être mélangés de titanium, ainsi que je le croyois alors, le sont de manganèse, et je suis resté dans cette erreur jusqu'à ce que
le Dr. Wollaston, plusieurs années avant que le Dr.
Bruce, ne sachant pas à New-York ce qui s'étoit fait à
Londres, en ait entrepris l'analyse, voulut bien, à ma
demande en assurer la nature, qu'il détermina être un
simple zinc oxydé. La couleur de cet oxyde étant le
blanc ou le jaune pâle, il est probable que la couleur
d'un rouge de sang très-foncé, qu'il montre dans cette
variété, provient, soit du fer, soit du manganèse, dont
il est mélangé.

ZINC OXYDÉ QUARTZEUX. CALAMINE.

130 Morceaux, dont 70 Cristaux isolés.

L'oxyde de zinc, à-peu-près pure, de l'espèce pré-

cédente, par la grande différence de tous les caractères
qui lui appartiennent d'avec ceux propres à la calamine,
et surtout de celui qui a trait à sa pesanteur spécifique
qui, dans le zinc oxydé est de 62°, 30', tandis qu'elle
n'est que de 35°, 2', dans la calamine, achève de démontrer ce que l'opinion avoit jusqu'ici fait regarder
comme très-probable que, dans la calamine, le quartz,
qui s'y rencontre en dose toujours très-considérable, ne
s'y trouve pas simplement comme substance interposée,
mais entre, très-probablement, au nombre des parties
composantes de la sienne.

Parmi les cristaux isolés qui, dans cette collection,
appartiennent à la calamine, plusieurs sont en réalité
de petits groupes de 3 ou 4 cristaux, mais étant parfaitement distincts, ils remplissent le même but que les
cristaux isolés.

Cette substance qui, dans cette collection, est très-
riche, est une des plus intéressantes de celles minérales par les faits qu'elle présente, en même temps
qu'elle est une des plus remarquables pour la cristallographie.

Dans la détermination qui a été faite du cristal primitif de cette substance, par M. l'Abbé Haüy, ce
célèbre minéralogiste s'est servi principalement de petits cristaux de calamine en octaèdre rectangulaire, dont
les faces sont inégalement inclinées, qui viennent
d'Henry la Chapelle, près d'Aix-la-Chapelle, et il est
parti de ces mêmes cristaux comme appartenant à la
forme primitive. Ce savant paroît avoir eu, à cette
époque, fort peu de variétés cristallines de cette substance à sa disposition, puisqu'il n'en cite que deux,
même dans son tableau comparatif. Plus heureux que

lui, ainsi qu'on le verra dans les détails suivants, j'ai pu étudier cette substance avec quelque soin. Elle étoit d'ailleurs bien faite, par elle-même, pour exciter la curiosité et le zèle du minéralogiste, ainsi que du crystallographe, et ce travail étant fait depuis quelque temps, je puis en présenter ici le résultat.

Les petits cristaux d'Henry la Chapelle, observés par M. l'Abbé Haüy, et dont on trouvera dans cette suite 5 petits groupes, joints à 9 cristaux isolés et à quelques fragments, offrent un fait cristallographique très-intéressant, en ce qu'ils présentent une série, assez considérable, de formes qui semblent dériver d'un octaèdre rectangulaire, tandis que celles qui appartiennent à la calamine des autres pays, semblent dériver d'un prisme tétraèdre rectangulaire que toutes elles rappellent. Nous avons déjà vu un exemple semblable, dans le zinc sulfuré, à l'égard du dodécaèdre à plans rhombes, de l'octaèdre régulier, du tétraèdre régulier, et du cube.

Cette calamine d'Henry la Chapelle, quoique d'ailleurs ses formes, malgré leurs différences d'aspect de celles de la calamine des autres pays s'accorde parfaitement avec elles, quant au cristal primitif et ses modifications, de même que par l'analyse, présente cependant, étant comparé minéralogiquement avec lesautres, des différences frappantes et intéressantes.

Cette calamine octaèdre est plus dure, elle raye le verre, ce que l'autre ne fait pas, et elle étincelle même sous le choc du briquet. Sous une friction un peu forte, elle donne une lueur phosphorescente blanchâtre, ce que ne fait pas l'autre non plus ; elle n'est cependant point phosphorescente sur la pelle échauffée. Elle donne, de même que la calamine prismatique, une forte gêlée avec l'acide nitrique. Sous l'action du chalumeau, elle donne plus promptement la couleur verte, qui est propre à cette substance, et cette lueur est plus vive. Je n'ai pu me procurer des morceaux assez considérable, et assez pures, pour en comparer de même la pesanteur spécifique. En tout, il seroit plus naturel de faire de cette calamine une espèce nouvelle, que de faire de sa forme octaèdre celle primitive de celle que l'on trouve dans les autres contrées.

Aucune de ces deux variétés de la calamine, ou zinc oxydé quartzeux, n'est fusible, ou chalumeau ; celle du Brisgaw y devient d'un blanc mat, opaque, et très-friable : alors, soit d'elle-même, soit par une très-légère pression, elle se divise en très-petites parties. qui, étant vues avec la loupe, présentent, pour le plus grand nombre, de petites lames rectangulaires ; cette forme est aussi celle de son cristal primitif.

Ce cristal est en effet un prisme tétraèdre rectangulaire applati, ayant pour faces terminales un rectangle, fig. 219, pl. 12. Ce prisme est divisible suivant une de ses diagonales ; et ses bords, ainsi que ceux de ses faces terminales, sont entr'eux dans le rapport des trois nombres, 5,3, 6, et 2,4, celui 5,3 exprimant les bords, ou la hauteur du prisme.

Cette substance présente un nombre très-considérable de variétés, et comme, à l'exception de deux, aucune autre n'a été décrite, je me détermine à completter ici son étude, en donnant, non cependant toutes les variétés qui, dans cette collection, appartient à cette substance, mais un choix parmi elles qui puisse faire connoître les modifications que j'y ai observées de son cristal primitif; ainsi que les aspects si différents, sous lesquels se présentent les cristaux formés par elles : de manière à faciliter considérablement la lecture de toute autre de ses variétés.

Les modifications auxquelles j'ai observé jusqu'ici, que le cristal primitif de cette substance est soumis, sont au nombre de 8, dont trois ont lieu le long des bords du prisme, trois le long des bords les plus longs des faces terminales, et deux le long des bords les plus courts des mêmes faces.

La première modification, remplace les bords du prisme par un plan qui fait avec les côtés les plus larges, un angle de 129° 48′, et est le résultat d'un reculement le long de ces mêmes bords, et sur les côtés les plus larges du prisme, par une rangée en largeur, sur 3 lames de hauteur. Les nouveaux plans se réunissent d'ordinaire entr'eux, sur les côtés étroits du prisme, sous un angle de 100° 24′.

La seconde modification, remplace les bords du prisme par un plan qui fait avec ceux de ses côtés qui sont les plus larges, un angle de 168° 42′, et est le résultat d'un reculement, le long de ces bords, par deux rangées.

La troisième modification, remplace les bords les plus longs des faces terminales, par un plan qui fait avec ces mêmes faces, un angle de 124° 11′, et est le résultat d'un reculement, le long de ces mêmes bords, par 3 rangées en largeur, sur deux lames de hauteur.

La quatrième modification, remplace encore les mêmes bords, par un plan qui fait avec les faces terminales un angle de 156° 10′, et est le résultat d'un reculement, le long de ces bords, par cinq rangées. Les nouveaux plans se réunissent pour l'ordinaire entr'eux, au-dessus des faces terminales, sous un angle de 132 20'.

La cinquième modification, remplace toujours les mêmes bords les plus longs des faces terminales, par un plan qui fait avec ces faces un angle de 164° 34', et est le résultat d'un reculement, le long de ces bords, par 8 rangées.

La sixième modification, remplace les bords les plus courts des faces terminales, par un plan qui fait avec ces mêmes faces un angle de 119° 30', et est le résultat d'un reculement, le long de ces bords, par une rangée en largeur, sur deux lames de hauteur : ces nouveaux plans se réunissent très-souvent entr'eux, au-dessus des faces terminales, sous un angle de 59°.

La septième modification, remplace les mêmes bords des faces terminales, par un plan qui fait avec elles un angle de 149° 30', et est le résultat d'un reculement, le long de ces bords, par trois rangées en largeur, sur deux lames de hauteur : les nouveaux plans produits se réunissent très-souvent entr'eux, au-dessus des faces terminales, sous un angle de 119°.

Ayant indiqué, sur chacun des plans des cristaux qui appartiennent aux diverses variétés de formes du zinc sulfuré dans la planche 12, le numéro des modifications auxquelles ils doivent être rapportés, je n'entrerai dans aucune autre explication à l'égard des cristaux qui portent encore le caractère du prisme tétraèdre dont ils dérivent

Quant à ceux qui portent le caractère de l'octaèdre, placés sous les figures depuis 232, jusqu'à 241, planches 12 et 13, j'observerai, qu'on voit, par le rapport des plans de ces variétés octaèdres avec ceux des variétés précédentes du prisme tétraèdre rectangulaire, qu'elles proviennent principalement de l'accroissement des plans qui appartiennent à la première, ainsi qu'à la sixième modification, de manière à ce qu'en se réunissant entr'eux, ces plans font disparoître complettement toutes traces de ceux primitifs du prisme tétraèdre rectangulaire. J'observerai, en outre, que les cristaux qui appartiennent à cette série, m'ont fait reconnoître une huitième modification, dont les plans sont dus à un troisième reculement le long des bords du prisme, qui remplace ces bords par un plan qui fait avec les côtés les plus larges du prisme, un angle de $110°\ 13'$, et a lieu par une rangée en largeur, sur 6 lames de hauteur.

La petitesse habituelle de ces cristaux, m'a empêché de pouvoir déterminer la mesure des angles d'incidence des plans indiqués par le nombre 9, et qui sont le résultat d'une modification qui remplace les angles solides du prisme tétraèdre, chacun d'eux par un plan.

Ces octaèdres, ainsi que le représente la fig. 232, sont divisibles parallélement à un plan qui passe par l'axe, et deux des arêtes opposées dans chaque pyramide, et cette division est facile à faire : elle correspond à celle suivant la diagonale de la face terminale dans le cristal primitif. J'ai observé, dans la calamine, quelques octaèdres dont les dimensions sont différentes ; mais que la petitesse des cristaux m'a empêché de déterminer.

Il existe, dans cette suite, un très-petit morceau de calamine de Sibérie, qui est d'un beau bleu de ciel.

ZINC CARBONATÉ.

83 *Morceaux, dont 7 Cristaux isolés.*

Outre les trois cristaux isolés que renferme la suite
de cette substance, il y existe un grand nombre de petits groupes, dans lesquels les cristaux sont très-parfaits ; mais tous extrêmement petits, ainsi que l'ont
toujours été tous ceux de zinc carbonaté que j'ai pu
examiner.

Peu de substances ont une plus grande tendance à la
cristallisation que le zinc carbonaté, cette tendance se
montre même jusque dans les variétés mamelonnées, et
en même temps peu de substances admettent aussi rarement une forme parfaitement régulière ; ses cristaux,
qui sont pour l'ordinaire fort petits, ont presque généralement leurs faces arrondies. C'est cette rareté
dans la perfection des cristaux qui, ainsi que leur petitesse, a mis probablement obstacle à la détermination de leur forme: j'ai pu cependant y parvenir ; ce
qui me permet de compléter, à cet égard, l'étude de
cette substance.

Sa forme primitive est un rhomboïde légèrement
obtus, dont les plans ont pour mesure 96° 30′, et
83ᵃ 30′. Ces rhomboïdes représentés sous la fig. 243,
pl. 13, sont très-facilement clivés parallélement à leurs
faces.

La seule variété de ce cristal que cette substance
m'ait jamais montrée, est le remplacement des bords
de la base, chacun d'eux par un seul plan, qui forme
au rhomboïde un commencement de prisme, fig. 244.

Il faut soigneusement éviter de confondre avec les

formes cristallines propres à cette substance, les cristaux pseudomorphes qui lui appartiennent, et qui,
pour le plus communément, empruntent leurs formes
de la chaux carbonatée, en en adoptant, en même
temps, toute la régularité, et même quelquefois sans
laisser apercevoir, dans l'intérieur de leur substance,
rien qui puisse faire soupçonner leur origine.

Dans la suite de ces cristaux pseudomorphes qui appartiennent à cette collection, et qui dérivent de la chaux
carbonatée, est une série de morceaux appartenant au
rhomboïde complet. Un morceau appartenant au
rhomboïde muriatique ; (inverse de M. l'Abbé Haüy).
Une série appartenant au rhomboïde de 84° 26', et
95° 34' de mon traité complet de la chaux carbonatée.
Une autre série de morceaux, dont la forme appartient
à une variété nouvelle et très-agréable de la chaux carbonatée, représentée sous la fig. 245, dans laquelle les
nombres 1, 4, et 11, répondent aux lettres U, G, et
M, des cristaux de chaux carbonatée du traité de minéralogie de M. l'Abbé Haüy. Et, enfin, une série
de cristaux appartenant à la variété métastatique du
même auteur. Ces derniers sont caverneux ; les autres sont, en plus grande partie, solides dans leur substance, quelques-uns seulement étant caverneux.

Il existe enfin, dans cette suite, une série nombreuse des variétés mamelonnées, et en couches, soit
de Carinthie, soit de Sibérie, soit d'Angleterre. Parmi
celles de Sibérie est la belle variété verte, et parmi
celles d'Angleterre, est la variété d'un jaune soufre du
Somersetshire.

Nota.—Le zinc sulfaté a été placé parmi les sels.

BISMUTH.

BISMUTH MÉTALLIQUE NATIF.

44 *Morceaux.*

Parmi les morceaux qui, dans cette collection, appartiennent à cette substance, il en existe deux assez grands, dans lesquels le bismuth est en rhomboïdes aigus complets de 60° et 120°, dérivant de l'octaèdre régulier, son cristal primitif. Dans ces deux morceaux, le bismuth étoit primitivement renfermé dans la substance même d'une masse de chaux carbonatée, dont ils ont été débarassés et mis à découvert, par la dissolution d'une partie de leur gangue. Je les dois à l'amitié du Dr. Wollaston.

Il existe, dans cette suite, une série assez considérable de morceaux, dans lesquels le bismuth est renfermé dans une gangue de jaspe d'un rouge brun, et qui viennent, soit de Joachimsthal, en Bohème, soit de Cornwall.

Il existe, en outre, dans cette collection, deux morceaux de bismuth cristallisé artificiellement, et présentant cette agrégation agréable de cubes et de petits parallélipipèdes, arrangées entr'eux de manière à imiter ces dessins connus autrefois sous le nom de grec. On y observe aussi un assez grand nombre de petits cubes isolés : cette variété de forme est la seule produite par la cristallisation artificielle. Elle pourroit conduire à faire penser que le cube seroit la forme primitive du bismuth métallique ; mais en examinant, avec la loupe, le plus grand des deux morceaux, on observe sur ses bords, dans plusieurs endroits, que la direction des lames est placée, suivant un sens perpendiculaire aux axes qui passeroient par chacun des angles solides de ces cubes, et conséquemment suivant la direction des faces de l'octaêdre régulier.

BISMUTH SULFURÉ.

7 *Morceaux.*

Deux des morceaux qui composent la suite de cette substance, dans cette collection, sont très-rares et très-intéressants, en ce qu'ils déterminent, d'une manière non douteuse, la forme cristalline primitive de cette substance : ils sont accompagnés de plusieurs petits fragments semblables. Ces morceaux sont en entier composés d'un assemblage irrégulier de petites lames très-minces de bismuth sulfuré, groupées d'une manière très-confuse avec des prismes très-allongés, fort petits, mais trés-multipliés, de la même substance, et auxquels ces groupes doivent leur consistance, car les cristaux en petites lames minces sont extrêmement fragiles. La surface de ces lames est très-lisse et trés-brillante. Leur forme est le rhombe de 60° et 120°, parfaitement régulier. Elles se divisent très-facilement, et avec beaucoup d'exactitude, parallélement à chacun de leurs côtés, et sont en outre divisibles parallélement à leurs diagonales. Les petits prismes, qui ne peuvent être parfaitement reconnus qu'avec le secours de la loupe, sont, soit tétraèdres rhomboïdaux à bases rhombes de 60° et 120°, soit des prismes hexaèdres, dus au remplacement des bords de 60°, par un plan parallèle à l'axe. J'ai observé plusieurs de ces prismes, ayant des faces additionnelles le long des bords de leurs faces terminales ; mais la petitesse des cristaux s'est toujours opposée à ce qu'il me fut possible de pouvoir me servir d'elles, pour déterminer les dimensions du cristal primitif qui, d'après ce qui vient d'être dit, me paroît, sans aucun doute, être un prisme tétraèdre rhomboïdal droit de 60° et 120°, divisible parallèlement à leurs diagonales.

Il existe, en outre, dans cette collection, de petits morceaux de quartz, sur lesquels sont placées des lames très-grandes, et de même très-minces, de bismuth sulfuré, qui se montrent sous l'aspect que présente la fig. 242 : la grande diagonale y est parfaitement indiquée : elles paroissent appartenir à une macle de deux moitiés des lames rhomboïdales précédentes, prises suivant leur grand diamètre.

Le bismuth sulfuré, par son rapport, dans un très-grand nombre de ses caractères extérieurs, avec le bismuth métallique, présentant souvent quelque difficulté à en être distingué, je crois devoir donner ici le moyen qui me paroît le plus sûr pour discerner ces deux substances l'une de l'autre. Le bismuth métallique, ainsi que celui sulfuré, sont tous deux rayés facilement avec la pointe d'un couteau, et, dans tous deux aussi, la raie faite avec cet instrument, conserve l'éclat métallique ; mais on aperçoit plus de dureté dans le bismuth sulfuré, la sensation que la main éprouve, en passant la pointe du couteau, est sèche, tandis que celle donnée par le bismuth métallique est douce comme si l'on enfonçoit la pointe du couteau dans un corps graisseux. En outre le couteau, en rayant le bismuth sulfuré, en détache une poudre noire, qui ne se montre pas sur celui métallique.

TRIPLE SULFURE DE BISMUTH, PLOMB ET CUIVRE.
(*Nadel-erz.*)

13 *Morceaux.*

Quoique cette substance soit habituellement en
cristaux de forme prismatique allongé ; ces cristaux
sont si fortement engagés dans le quartz, qui leur
sert de gangue, et surtout si fortement cannelés
à leur surface, que je n'ai pas été jusqu'ici plus
heureux à leur égard, que les auteurs qui ont parlé
de ce triple sulfure. M. Karsten dit que la forme
de ces aiguilles est un prisme hexaèdre, s'il m'é-
toit possible de m'en rapporter à mes propres observations sur cette substance, mais que j'avoue cependant
être très-imparfaites, malgré le grand nombre de morceaux que j'en aie pu observer, elles me conduiroient
à considérer ces aiguilles comme appartenant à un
prisme tétraèdre rhomboïdal peu obtus ; ce qui d'ailleurs pourroit facilement s'accorder avec la description
qu'en a donnée M. Karsten, qui ne dit pas que le
prisme hexaèdre qu'il a observé fut régulier ; ce prisme
pouvant provenir du remplacement de deux des bords
opposés de celui tétraèdre rhomboïdal.

Parmi les morceaux qui, dans cette collection, appartiennent à cette substance, il en existe trois, dans
lesquels la cassure longitudinale des aiguilles a mis à
découvert ces parties d'or, quelquefois assez considérables que ce triple sulfure renferme si fréquemment
dans l'intérieur de sa substance, et dont il y a plusieurs
autres exemples dans la partie de cette collection qui
appartient à l'or. Un de ces trois morceaux est fort
petit ; mais il est rendu intéressant en ce que l'or, qui

y est joint au nadel-erz, y est en parties assez considérables, qui ont une tendance très-marquée à la cristallisation régulière.

Dans plusieurs des autres morceaux de cette suite, le
nadel-erz est en décomposition, et dans quelques-uns,
les aiguilles entières sont dans ce cas, sans que, par
cette décomposition, leur forme ait été altérée en rien :
ces aiguilles sont alors passées, dans leur totalité, à
l'état d'oxyde de bismuth d'un jaune paille, qui pendant long-temps a été considéré comme étant un oxyde
de chrôme.   Ce triple sulfure n'a été parfaitement
connu que depuis environ trois ans, par le travail que
M. John a fait sur lui.

Parmi ces mêmes morceaux, il en existe un dans
lequel on observe, dans l'oxyde de bismuth même, de
petites parties d'or qui y sont assez multipliées.

Il est digne de remarque, que l'oxyde de bismuth
dû à la décomposition de ce minéral, a une texture
très-solide dans toute sa substance, et que, lorsque les
parties décomposées sont un peu considérables, on observe très-facilement que leur cassure est lamelleuse :
cet oxyde y est donc à l'état cristallin.

Le quartz, qui sert de gangue au nadel-erz de Sibérie, appartient, du moins dans tous les morceaux
que j'en ai observé, à la variété dont la cassure est lamelleuse, et dont les lames, qui ont beaucoup d'éclat,
rendent souvent ce quartz chatoyant, à raison de leurs
différentes directions.

BISMUTH OXYDÉ.

6 *Morceaux.*

Il existe, dans la su e qui appartient au bismuth oxydé, un fort beau morceau dans lequel cet oxyde est très-abondant, et d'un jaune foncé tirant légèrement sur le vert.

COBALT.

COBALT GRIS. GLANZ KOBOLT, (*Werner.*)

50 *Morceaux, dont* 37 *Cristaux.*

La suite des cristaux de cette substance, placée dans cette collection, renferme toutes les variétés de formes qui ont été décrites ; mais aucune nouvelle : ce qui n'existe que dans un très-petit nombre des substances qui composent cette collection.

COBALT ARSENICAL. GRAUER SPEISKOBOLT, (*Werner.*)

106 *Morceaux, dont* 30 *Cristaux.*

La partie qui, dans cette collection, appartient à cette substance, est très considérable et très-riche. Celle qui concerne la série des formes cristallines est très-interessante, quoiqu'ainsi que dans l'espèce précédente, elle se borne à renfermer toutes les variétés qui ont été décrites, sans en posséder aucune nouvelle. Je citerai, dans cette série, de petits morceaux de chaux carbonatée pénétrés, dans l'intérieur de leur substance, d'argent natif en rameaux, et de petits cris-

taux très-brillants de cobalt arsenical en cubes à angles solides remplacés. Je citerai, en outre, un groupe
de cristaux de même forme, entremêlés de cubes de
chaux fluatée violette, et de petits cristaux appartenant à une variété fort rare, et non décrite, de baryte
sulfatée : ainsi qu'un autre groupe de cristaux en petits
octaèdres tres-parfaits, entremêlés de cristaux de quartz,
et de petites aiguilles très-fines d'antimoine sulfuré.

La série qui, dans cette substance, appartient à la
variété connue sous le nom de cobalt tricoté, est très-
considérable, et elle est en même temps accompagnée
de beaucoup d'intérêt, par la variété, ainsi que par le
choix des morceaux : j'en citerai un fort rare, dans
lequel toutes les mailles, formées par l'espèce de réseau
dessiné par cette variété, étant totalement vides, laissent parfaitement apercevoir la texture particulière de
cette substance dans cette variété, et est très-propre
à en faire l'étude. Dans d'autres variétés, le cobalt
tricoté est entremêlé de chaux fluatée cristallisée, de
cristaux d'argent rouge, de chaux carbonatée martiale,
&c. &c. Je citerai particulièrement un morceau dans
lequel le cobalt tricoté en décomposition, est entremêlé, et en grande partie recouvert, par de l'arsenic
oxydé pulvérulent ; ainsi qu'un autre dans lequel le
centre de chacune des parties solides de cobalt qui
forment le réseau, est occupée par du bismuth métallique.

Je citerai encore, dans la suite de cette substance,
deux morceaux appartenant à une variété très-rare,
dans laquelle le cobalt arsenical est en aiguilles rectangulaires allongées, renfermées dans du quartz, et
produites, soit par une agrégation de cubes complets,

soit par une agrégation de cubes à angles solides remplacés ; dans ce dernier cas, ces aiguilles ont un aspect, soit articulé, soit crénelé. Et enfin, une série de trois fort beaux morceaux de cobalt arsenical testacé, ou formé de couches concentriques ; la plupart de ces couches étant séparées par d'autres couches de cobalt arséniaté rouge.

Il est joint à cette substance, quatre fort beaux morceaux de verre coloré en bleu par le cobalt, à l'un desquel adhère une masse assez considérable de ce métal à l'état de régule, que la loupe fait apercevoir être cristallisé en cubes parfaitement régulier à la surface du régule.

COBALT ARSÉNIATÉ. FLEURS ROUGES DE COBALT.

17 *Morceaux.*

Aux 17 morceaux qui composent la suite de cette substance, sont réunis plusieurs fragments et de trèspetits cristaux isolés ; mais dont cependant, avec le secours de la loupe, la forme est facile à apercevoir.

Rien n'ayant encore été donné sur ce qui concerne les formes cristallines de cette substance, je vais placer ici le résultat des observations que j'ai faites à leur égard.

Son cristal primitif est un prisme tétraèdre rectangulaire, dont la base, qui est un rectangle, est inclinée sur deux de ses côtés opposés de manière à faire avec eux des angles de 60° et 120°, fig. 246 pl. 13. Les bords longitudinaux du prisme, étant 3, ceux des faces terminales sont 1,5 et 1,3 : les bords les plus longs des faces terminales sont donc la moitié exacte des bords longitudinaux du prisme. Ce cristal primitif

est la forme sous laquelle cette substance se présente
le plus habituellement ; mais presque toujours ses cristaux sont applatis dans un sens parallèle aux côtés du
prisme sur lesquels les faces terminales ne sont pas
inclinées, ainsi que le représente la fig. 247, et pour
le plus souvent même ces cristaux ont très-peu d'é-
paisseur : ils laissent quelquefois apercevoir, à travers
leurs côtés larges, des joints naturels parallèles aux
faces terminales. Le clivage peut, en effet, être fait
suivant une direction parallèle à ces mêmes faces ;
mais il est cependant toujours difficile, à raison de la
flexibilité des cristaux ; flexibilité qui, lorsqu'ils sont
très-minces, est presqu'égale à celle des lames de talc.

Ce prisme est divisible suivant la direction de son
axe et de l'une des diagonales de ces faces terminales.

Quoique le cristal primitif du cobalt arséniaté m'ait
laissé apercevoir, dans la suite de ses cristaux, un
grand nombre de modifications, je n'ai pu parvenir à
en déterminer que trois.

La première de ces modifications, remplace les bords
des faces terminales, formés par la rencontre de ces
faces avec les plans du prisme sous l'angle de 60°, par
un plan qui fait avec ces mêmes faces terminales un
angle de 90°. Elle est produite par un reculement,
le long de ces mêmes bords, par une simple rangée,
fig. 248.

La seconde, remplace les mêmes bords des faces
terminales par un plan qui fait avec ces faces un angle de 150°, et est en même temps perpendiculaire à
l'axe du cristal, fig. 249. Cette modification est produite par un reculement, par 4 rangés, le long de ces
bords.

La troisième modification, remplace les bords longitudinaux du prisme par un plan également incliné
sur ceux adjacents, avec lesquels il fait, par conséquent,
un angle de 135°. Cette modification est produite
par un reculement par une simple rangée, fig. 250,
251, et 252.

Les variétés représentées dans la planche 13, sont
les seules de cette substance dont j'aie pu parfaitement
déterminer la forme. Celle représentée sous la fig.
253, est une espèce de macle, produite par la réunion,
en sens contraire, de deux prismes primitifs applatis,
analogues à celui représenté sous la fig. 246.

Dans la suite des morceaux qui appartiennent à
cette substance, il en existe principalement deux, très-
rares par leur beauté et par la grandeur des cristaux
qu'ils renferment, cristaux qui, pour l'ordinaire, sont
extrêmement petits dans cette espèce du cobalt. Dans
un de ces morceaux, qui est presqu'en entier composé de
cristaux serrés étroitement les uns contre les autres,
et est en forme de géode entourrée d'argile martiale,
on peut observer, dans les cassures de la masse, que
ces cristaux, qui sont d'un rouge violet ou fleur de
pêcher foncé, dans celle de leur partie qui est à découvert, sont d'un gris de cendre foncé dans celle
dans laquelle ils adhèrent entr'eux de manière à ne
plus faire qu'une masse solide ; ce qui paroît être contre
l'opinion des personnes qui pensent que cette couleur
grise est le produit d'une altération, occasionnée par
une longue exposition de cette substance à l'air libre.
Il existe, dans cette même suite, un morceau dans
lequel le cobalt arséniaté, qui y est en fibres diver-

gentes ou étoilées, est complettement de cette couleur grise, tirant un peu sur le brun.

Quelques auteurs, citent des cristaux de cobalt arsenical en dodécaèdres pyramidaux, dus à la réunion, base à base, de deux pyramides hexaèdres ; je n'ai jamais rien vu, dans cette substance, qui conduisit à cette forme, dont d'ailleurs je ne puis concevoir la possibilité de l'existence : il seroit possible que des cristaux pyramidaux d'argent rouge, recouverts de fleurs rouges de cobalt, aient occasionné une première erreur à cet égard, qui ensuite aura servi de bases aux citations qui en ont été faites.

COBALT OXYDÉ.

17 *Morceaux.*

Il existe, dans cette suite, un fort beau morceau, dans lequel le cobalt oxydé, qui est très-compacte et d'un grain très fin, tire si fortement sur le bleu, qu'il seroit très-facilement pris pour appartenir au fer phosphaté.

COBALT ?

5 *Morceaux.*

Les deux premiers de ces cinq morceaux, qui appartiennent au cobalt ; mais que je ne puis rapporter à aucune des espèces connues de ce métal, offrent une couche d'une ligne et demie à deux lignes d'épaisseur, formée par la réunion intime de petits cristaux prismatiques tranlucides et d'une très-belle couleur rose. Cette couche est placée sur une argile feuilletée, dont la substance paroît être mélangée de beaucoup de parties qui appartiennent à ce même cobalt.

Il m'a été impossible de déterminer la forme des cristaux qui composent cette couche, tout ce que j'ai pu y reconnoître, c'est que ce sont des prismes tétraèdres rhomboïdaux, devenant quelquefois hexaèdres par le remplacement de leurs bords aigus.

Exposée à l'action du chalumeau, cette substance, à l'instant même où la flamme la frappe, se colore en un beau vert d'herbe, elle fond ensuite très-promptement, sans donner ni fumé ni odeur, et en bouillonnant ; elle finit par donner une scorie poreuse d'un bleu violet, qui laisse quelquefois apercevoir de petites parties fibreuse cristallines.

La dureté de cette substance est à-peu-près analogue à celle de la chaux carbonatée.

Deux autres morceaux de cette suite renferment, placé sur du cobalt arsenical, un mélange de fibres rouges et d'un gris blanchâtre de cobalt arseniaté, et d'une substance mamelonnée et en couche superficielle, à surface lisse et luisante, transparente et d'un brun jaunâtre de résine. Elle a en effet totalement l'aspect d'une substance résineuse qui auroit coulée, ou mieux encore du sucre amené à l'état de caramel, dont cette substance a complettement, soit l'aspect, soit la couleur.

Exposée à l'action du chalumeau, cette substance noircit à l'instant. Elle fond ensuite ; mais avec plus de difficulté que celle précédente, et en exhalant de la fumée dont l'odeur est sulfurique. Elle finit par donner une scorie poreuse noire. Fondue avec le verre de borax elle le colore en bleu.

Le cinquième de ces morceaux, est très-particulier, c'est une espèce de poudingue, formé par une aglutination de petits fragments, réunis par un ciment qui appartient à la même substance cobaltique qui vient d'être décrite; ce ciment est transparent, d'un jaune de miel un peu brun, et a l'aspect d'une résine qui sembleroit, encore plus dans ce morceau que dans le précédent, avoir coulée et avoir réuni ces fragments lorsqu'elle étoit à l'état de liquidité. Dans quelques parties de ce morceau, cette substance n'a fait que réunir en effet les fragments entre lesquels elle est interposée, dans d'autre elle a recouvert en totalité la surface de ces fragments; dans quelques parties aussi, elle a une couleur brune beaucoup plus foncée. Ces fragments qui, pour quelques-uns, sont de véritables cristaux très-parfaits, appartiennent à une substance qui, ainsi que celle cobaltique, mérite de fixer l'attention sur elle et d'être déterminée. Elle est, soit d'un blanc mat, soit d'une couleur grisâtre, en prisme tétraèdres rectangulaires pour l'ordinaire applatis, dont les bases sont inclinées sur les côtés étroits. Leur dureté est moins considérable que celle de la chaux carbonatée. Ils décrépitent si fortement par l'action de la chaleur, que lorsqu'on veut essayer, sous le chalumeau, la substance cobaltique, pour peu que quelques fragments de celle dont nous nous occupons, dans ce moment, soient mélangés avec elle, leur décripitation fait tout disparoître au premier coup de feu. Quelques parties de cobalt arseniaté rouge et gris sont aussi mélangées dans ce morceau.

Ni cette substance, servant ainsi de ciment dans ce morceau, ni celle des autres morceaux que je viens de citer, n'est dissoluble dans l'eau, ce qui empêche de pouvoir la considérer comme appartenant au cobalt sulfaté : l'aspect extérieur, et surtout la couleur des deux premiers morceaux, ayant d'ailleurs beaucoup de rapport avec ce qu'offre à cet égard le cobalt sulfaté d'Herrengrund.

* * *

NICKEL.

NICKEL MÉTALLIQUE NATIF.

3 *Morceaux.*

Ces trois morceaux appartiennent au nickel métallique capillaire, dont la connoissance est due à M. Klaproth ; cette substance avant l'analyse faite par ce célèbre chimiste, étoit considérée comme une pyrite martiale capillaire. Les petites fibres, étant vûes avec une forte loupe, paroissent être des parallélipipèdes rectangulaires très-allongés,

Un des morceaux de cette suite, est accompagné de ces petits cristaux de chaux carbonatée d'un vert jaunâtre, et à dissolution lente, que j'ai cités dans mon traité complet de la chaux carbonaté, vol. 1, p. 270.

NICKEL ARSENICAL.

35 *Morceaux, dont* 12 *Cristaux isolés.*

Les 12 cristaux isolés qui sont placés dans cette suite, appartiennent à un nickel arsenical absolument de la même nature que celui artificiel, dans lequel ce métal est privé du fer que celui naturel contient toujours. Ces cristaux sont artificiels aussi mais comme le fer est, assez généralement, reconnu aujourd'hui être étranger à la combinaison qui produit le nicl arsenical, ils doivent être considérés comme appartenant et déterminant la forme cristalline de cette substance.

La première fois que je rencontrai, chez un marchand de minéraux, de petits groupes de cristaux de cette substance, comme ils ne présentoient rien qui pût leur faire soupçonner une origine artificielle, je les cru parfaitement naturels.

Le marchand ne mettant pas une valeur très-considérable à ces morceaux, qu'il ne connoissoit pas, je pris tout ce qu'il avoit, qui étoit en assez petite quantité, et en donnai une partie à M. Greville, dans la collection duquel, ils doivent encore exister. Quelques années après, j'ai trouvé de nouveaux deux autres morceaux de ce même nickel, dont l'un, assez considérable, a une texture granuleuse et renferme en outre quelques cristaux tabulaires ; l'autre dont la texture est plus compacte, et contient aussi quelques cristaux, a, adhérant à lui, et pénétrant même dans sa substance, une masse assez considérable d'un verre bleu de cobalt ; mais il ne contient d'ailleurs rien autre dans toute sa substance qui, sans l'existence de ce verre, qui trahit d'une manière non douteuse son origine, puisse de même que les autres morceaux la faire soupçonner d'être le produit d'une fusion artificielle. Ce ne fut que de ce moment que je connus la véritable origine de ces morceaux, sur lesquels le marchand n'avoit pu me donner aucun renseignement.

Nulle forme n'ayant encore été décrite dans cette substance, je vais donner ici ce qu'il m'a été possible d'observer à l'égard de celles qui existent sur ces morceaux.

Toutes les variétés que j'ai observées, dans cette substance, paroissent dériver d'un octaèdre rectangulaire, dont les faces se rencontrent, au sommet, sous un angle de 40°, et à la base, sous un de 140°, fig. 254, pl. 13; mais que cependant je n'ai jamais vu complet, ainsi que cette figure le représente. Les formes secondaires, offertes par ce cristal, sont dues, soit au remplacement de l'angle solide du sommet par un seul plan, soit au remplacement de ce même angle par 4 plans placés en opposition des faces de l'octaèdre, avec lesquelles ils font un angle d'environ 170°.

En considérant, ainsi que je viens de le faire, le cristal primitif de ces cristaux comme étant un octaèdre, aucune substance minérale ne présenteroit autant d'irrégularité, dans la manière dont les deux seules modifications que ce cristal présente, se combinent entr'elles et les faces primitives. La cristallisation de cette substance seroit peut-être plus simple et plus naturelle, si l'on considéroit son cristal primitif comme un prisme tétraèdre rhomboïdal droit de 140° et 40°, supposition d'après laquelle est placé le cristal, fig. 257; et dans ce cas, les plans p' et $2'$ de l'octaèdre, seroient produits en remplacement des angles aigus des faces terminales du prisme tétraèdre. Je penche beaucoup pour cette dernière manière de considérer le cristal primitif de cette substance; mais ses cristaux ne montrant absolument rien, soit dans leur cassure, soit de tout autre manière, qui puisse décider cette question, je la laisse moi-même indécise.

Il est joint à cette suite du nickel métallique, trois boutons, tous trois amenés à l'état de nickel arsenical

pure par la privation du fer qui habituellement existe
dans le minerai, tel qu'il nous est offert par la nature :
ils ont été obtenus par M. Chenevix. Un d'eux n'a
aucune action quelconque sur le barreau aimanté, les
deux autres commencent à agir sur lui seulement à la
distance d'environ 4 lignes. Ils ont tous une tendance
assez forte à la cristallisation : un des deux derniers
même laisse apercevoir de véritables cristaux analogues
à quelques-uns de ceux qui sont représentés dans la
13me planche. Il y est joint, en outre, un 4me bouton
privé de fer et d'arsenic, et par conséquent parfaitement
amené à l'état métallique : il a été obtenu par le
Dr. Wollaston. Il agit fortement sur le barreau aimanté, et commence à exercer son action sur lui à la
distance de plus d'un pouce, propriété qui lui est probablement enlevée par sa combinaison avec l'arsenic.

NICKEL OXYDÉ.

7 Morceaux.

Dans trois des morceaux de cette suite, le nickel
oxydé, soit pulvérulent, soit formant de petits mamelons, a une très-belle couleur d'un vert de pré et
y est accompagné des variétés d'un vert jaunâtre et
blanchâtre. Un de ces morceaux principalement, est
d'une très-grande rareté, et même jusqu'à ce moment
il est unique, en ce qu'il contient des indices très-
marqués de cristallisation, par lesquels on peut entrevoir que celle de cette substance doit être un prisme
hexaèdre régulier. On en observe, sur ce morceau, trois
petits cristaux qui sont dépressés à leurs extrémités,
et montrent une tendance à la forme pyramidale, ainsi
que l'on sait que cela existe à l'égard de quelques

variétés du plomb phosphaté. Il existe aussi, dans cette suite, un très-beau morceau de la variété de cette substance de Kosemutz, à laquelle on a donné le nom de *Pimelite*.

ARSENIC.

ARSENIC MÉTALLIQUE NATIF.

24 *Morceaux*.

Il existe dans la suite qui, dans cette collection, appartient à cette substance, plusieurs petits morceaux de la variété à l'état Bacillaire, qui n'est autre chose qu'une agrégation confuse de cristaux en aiguilles allongées qui se pénètrent l'une l'autre, et dont les formes ne peuvent être discernées. Cependant, dans un de ces morceaux, les cannelures sont très-distinctes et laissent apercevoir des joints naturels parallélement aux côtés d'un prisme tétraèdre rectangulaire, et d'autres, très-distincts aussi, parallélement à des faces terminales inclinées sur deux des côtés opposés de ce prisme, de manière à faire avec eux des angles qui m'ont parus être d'environ 60° et 120°. On observe, en outre, sur ce même petit morceau, des cassures accidentelles, faites suivant ces deux directions.

ARSENIC SULFURÉ JAUNE. ORPIMENT.
8 *Morceaux.*

ARSENIC SULFURÉ ROUGE. RÉALGARE.
45 *Morceaux, dont* 20 *Cristaux isolés.*

Au nombre des cristaux isolés de réalgare, que renferme la suite de cette substance qui appartient à cette collection, sont deux prismes tétraèdres rhomboïdaux primitifs complets. Les autres cristaux isolés, ainsi que les groupes, offrent plusieurs variétés non décrites : un des morceaux est accompagné de parties de tellurium gris de Naggiag.

ARSENIC OXYDÉ.

Un seul morceau à l'état cristallin octaèdre sur un groupe de quartz.

MANGANÈSE.

MANGANÈSE OXYDÉ.
187 *Morceaux, dont* 48 *Cristaux isolés.*

Il est je crois difficile de rassembler une suite plus complette que celle qui, dans cette collection, appartient au manganèse oxydé. Le nombre des formes cristallines non décrites qu'elle renferme, est très-considérable, elles appartiennent à 13 modifications différentes du prisme tétraèdre rhomboïdal droit primitif.

Il existe en outre, dans cette collection, une série

très-intéressante dans les variétés fibreuses ou aciculaires, parmi lesquelles je citerai deux petits morceaux, dans lesquels le manganèse est capillaire comme l'antimoine de cette forme, auquel il ressemble considérablement. Il y existe aussi, une autre série de morceaux appartenant à la variété hématiforme ; elle renferme plusieurs sous-variétés peu communes. Je citerai encore, dans cette suite, une série très-nombreuse de morceaux appartenant au manganèse pulvérulent, et notamment à cette belle variété connue en Angleterre sous le nom de *Black-wad*.

Une série nombreuse et tres-intéressante, qui existe, en outre, dans cette collection, est offerte par des morceaux de manganèse métalloïde fibreuse ou aciculaire, entremêlée d'un grand nombre d'octaèdres réguliers qui appartiennent au fer oxydulé ; mais qui contiennent une dose très-considérable de manganèse, qui leur enlève une grande partie de leur propriété attractive sur le barreau aimanté ; l'action qu'ils exercent sur lui étant très-foible. Ces octaèdres montrent une propriété que je n'ai encore apperçu jusqu'ici sur aucun autre des octaèdres qui appartiennent au fer oxydulé, chacun de leurs angles solides est remplacée par quatre plans, placés sur les faces de l'octaèdre, avec lesquelles ils font un angle d'environ 150°, 30', ainsi que le représente la fig. 263, pl. 14. Le fer seroit-il combiné avec le manganèse dans ces cristaux ? Nous avons déjà vu, qu'il enlevoit au fer oxydulé une grande partie de sa force attractive sur le barreau aimanté. S'il n'y est que mélangé, ainsi que je le crois, ce fait n'indiqueroit-il pas qu'il peut y avoir des cas, dans lesquels de simples mélanges de substances étrangères dans l'intérieur des cristaux, peuvent avoir, sur leur forme, une action qui la modifie? Cette cause quellequ'elle soit, doit être étrangère à la molécule intégrante qui est invariable. J'ai déjà hazardé une opinion à ce sujet, dans mon traité complet de la chaux carbonatée, vol. 2, p. 220, en attribuant la variation dans les formes des cristaux, à l'interposition habituelle, et variable aussi, du calorique entre leurs molécules intégrantes : cette cause d'une action plus générale, habituelle, et variable, n'en excluroit pas d'autres qui accidentellement et par circonstance pourroient agir de la même manière.

Ces octaèdres de fer oxydulé, ainsi mélangés intimement de manganèse, me paroissent appartenir au *schwartz braunstein-erz* de la minéralogie de M. Brochant, espèce que ce savant dit donner d'après M. Emerling ; ils paroitroient n'en différer en effet, qu'en ce que, d'après la description de M. Brochant, la forme du schwarz-braunstein-erz appartient non à l'octaèdre régulier, mais à un octaèdre un peu aigu ; ce qui pourroit très-bien provenir d'une illusion qui viendroit de ce que ces octaèdres, qui se placent souvent l'un sur l'autre en se pénétrant, ont en effet très-fréquemment alors un aspect plus aigu que celui régulier.

Cette variété pourroit être désignée sous le nom de fer oxydulé manganésien. Les morceaux qui lui appartiennent, dans cette collection, ont la baryte sulfatée pour gangue, et il m'ont été donnés comme venant d'Ilmenau en Thuringe : le schwarz-braunstein-erz cité par M. Brochant, est dit par lui venir d'Ehrenstock dans la même province. La variété en octaèdre

à angles solides remplacés par une petite pyramide
tétraèdre, est cependant peu commune dans cette substance, sur 12 morceaux qui composent cette série,
un seul petit morceau seulement est dans ce cas. Il
en existe un cristal isolé de la même forme dans la
collection de M. Greville auquel je l'ai donné; mais
le plus beau morceau que j'en ai vu est dans la collection de Sir Abraham Humes. Ce morceau, qui,est
très-grand, renferme plusieurs octaèdres avec ces plans
de remplacement.

MANGANÈSE LITHOÏDE.

2 ᵇ *Morceaux.*

J'emprunte la dénomination de cette manganèse, de
l'excellente minéralogie de M. Brongniart. Elle ne
désigne autre chose, que l'aspect pierreux de ce minérai, et convient en cela à une substance dont la véritable nature nous est encore parfaitement inconnue.

La suite de cette manganèse, renfermée dans cette
collection, contient des morceaux des diverses variétés
qui appartiennent, tant à celle de Sibérie, qu'à celles
de Transilvanie et du Piémont; parmi ces variétés en
est une fort rare, d'un gris légèrement bleuâtre.

Il y existe, dans cette collection, une suite fort belle de
la variété d'un beau rouge un peu violet de Sibérie, ainsi
que des morceaux d'une variété absolument semblable
de Cornwall, et d'autres d'une couleur plus pâle de
Naggiag.

MANGANÈSE SULFURÉ.

4 *Morceaux.*

MANGANÈSE PHOSPHATÉ.
6 *Morceaux.*

Aux 6 morceaux qui composent cette suite, sont joints plusieurs petits fragments.

ANTIMOINE.

ANTIMOINE NATIF.
6 *Morceaux.*

Trois de ces six morceaux, qui sont tous d'Allemond, dans les Alpes Dauphinoises, sont en grande partie recouverts par de l'oxyde blanc d'antimoine, en masse lamelleuse : il existe aussi, dans cette suite, un morceau accompagné de petites parties d'antimoine rouge capillaire, ou oxyde sulfuré d'Antimoine.

ANTIMOINE ARSENICAL.
2 *Morceaux.*

Ces deux morceaux sont accompagnés de galène et de chaux carbonatée lamelleuse : ils sont de même que les précédents d'Allemond.

ANTIMOINE SULFURÉ.
151 *Morceaux, dont* 108 *Cristaux isolés.*

La suite de la partie cristaline de cette substance qui appartient à cette collection, est extrêmement riche, et elle est d'autant plus précieuse, que renfermant un nombre considérable de variétés de formes, produites par plusieurs modifications différentes, elle permet de faire avec facilité l'étude complette de cette partie si intéressante des caractères de cette substance.

M. l'Abbé Haüy, dont les services rendus à la cristallographie feront à jamais époque dans la science,

ayant laissé imparfaite, dans sa minéralogie, la partie
qui concerne la cristallisation de cette substance, dans
laquelle il ne donne que deux cristaux, en disant l'impossibilité dans laquelle il étoit de rien déterminer à
l'égard de son cristal primitif, mes regards se sont naturellement tournés vers cet objet. J'ai en conséquence
rassemblé, peu-à-peu, tous les matériaux nécessaires
à cet effet, et qui composent cette suite dont la richesse
est très-considérable. Par elle, je suis parvenu au résultat suivant.

Le cristal primitif de l'antimoine sulfuré est un
prisme tétraèdre rectangulaire droit, dont la base est
un rectangle. Les bords des faces terminales et la hauteur de ce prisme, sont entr'eux dans le rapport des
trois nombres, 24, 16,8, et 21. Ce prisme est divisible parallélement à son axe, et à une des diagonales
de ses faces terminales.

Le clivage de cette substance est extrèmement facile,
parallélement aux côtés les plus larges de son cristal
primitif ; mais il n'est pas à beaucoup près aussi facile
sur les autres plans de ce cristal ; cependant, en choisissant des cristaux très-minces, on peut alors y parvenir, sans même éprouver pour cela de grandes difficultés. Ces mêmes cristaux mettent dans le cas de
reconnoître une propriété de cette substance qui n'a
point été citée, c'est sa grande flexibilité ; on peut, en
agissant avec un peu de précaution, contourner, de différentes manières, les aiguilles minces qui lui appartiennent sans les casser.

Il existe, dans la suite cristalline qui appartient à
cette substance, un prisme hexaèdre applati, dont la
fig. 277 représente la forme sous la grandeur qui lui
appartient. Ce cristal a été cassé suivant ses faces ter-

minales, et la cassure, qui a été faite parallélement à ses joints naturels, est très-brillante ; elle est en même temps chargée de stries, qui, ainsi que celles qu'on observe de même sur les côtés larges de ce prisme, indiquent parfaitement que la direction des joints naturels est parallèle aux côtés d'un prisme tétraèdre rectangulaire.

Le cristal primitif de l'antimoine sulfuré présente un grand nombre de modifications, parmi lesquelles j'ai pu parvenir à en reconnoître parfaitement neuf. Il en existe plusieurs autres ; mais les plans qui leur appartiennent ont toujours été si irréguliers, ou si petits, sur tous les cristaux que j'ai observés, que leur détermination m'a été impossible : on trouvera, dans la série qui concerne ces cristaux, quelques-uns d'eux dont les extrémités pyramidales sont surchargées d'un nombre très-considérable de facettes parfaitement prononcées, mais très-petites. La première de ces modifications, remplace les bords du prisme par un plan qui fait avec ceux de ses côtés les plus larges, un angle de 145° 1' : elle est le résultat d'un reculement, fait le long de ces mêmes bords, et sur les mêmes côtés larges du prisme, par une simple rangée. Ces nouveaux plans se réunissent pour l'ordinaire entr'eux, au-dessus des côtés les plus étroits du prisme, et l'angle qu'ils forment par leur rencontre, est de 69° 58'.

La seconde modification, remplace encore les mêmes bords du prisme par un plan qui fait avec ceux de ses côtés les plus larges, un angle de 133° 20'. Cette modification est le produit d'un reculement par deux rangées en largeur, sur 3 lames de hauteur, le long des bords du prisme, sur ses côtés les plus larges. Lorsque ces nouveaux plans se réunissent entr'eux au-dessus des côtés les plus étroits du prisme, ils se rencontrent sous un angle de 92° 48′.

La troisième modification, remplace les mêmes bords, par un plan qui fait avec les côtés les plus larges un angle de 125° 32′: elle est le résultat d'un reculement, le long de ces bords, et sur les mêmes côtés larges du prisme, par une rangée en largeur sur deux lames de hauteur. Les nouveaux plans se rencontrent très-fréquemment entr'eux, sur les côtés étroits du prisme, en faisant un angle de 108° 56′.

Les plans de ces trois modifications se rencontrent très-fréquemment sur le même cristal, j'en ai aperçu en outre plusieurs autres, placés de même le long des bords du prisme; mais qu'il ne m'a pas été possible de déterminer. C'est ce grand nombre de modifications, auxquelles les bords du prisme de cette substance sont sujets, qui rend les cristaux d'antimoine sulfuré si chargés de cannelures, et leurs plans si difficiles à discerner et à parfaitement déterminer.

La quatrième modification, remplace les angles solides du cristal primitif, par un plan qui fait avec les faces terminales un angle de 124° 54′, et est le produit d'un reculement sur ces faces et aux mêmes angles, par une simple rangée. Les nouveaux plans se rencontrent entr'eux, au-dessus des faces terminales, sous un angle de 69° 48′.

La cinquième modification, remplace les mêmes angles par un plan qui fait avec les faces terminales un angle de 154° 28′: elle est le résultat d'un reculement à ces mêmes angles par trois rangées. Les nouveaux plans se rencontrent entr'eux, au-dessus des faces terminales, sous un angle de 128° 56′.

La sixième modification, remplace encore les mêmes angles par un plan qui fait avec les faces terminales un angle de 157° 44', et est le résultat d'un reculement par quatre rangées. Les nouveaux plans se rencontrent, entr'eux, au-dessus des faces terminales, sous un angle de 135° 28'.

La septième modification, remplace encore les mêmes angles solides du cristal primitif par un plan qui fait avec les faces terminales un angle de 114° 56', et est le résultat d'un reculement par deux rangées en largeur, sur trois lames de hauteurs. Les nouveaux plans se rencontrent entr'eux, au-dessus des faces terminales, sous un angle de 49° 52'.

Les pyramides tétraèdres, dues à ces dernières modifications, se montrent très-fréquemment complettes. Telles, par exemple, que celles des quatrième et septième modifications, dans l'antimoine sulfuré de Lubillac, en Auvergne, et celles des cinquième et sixième, dans l'antimoine sulfuré de Hongrie. La pyramide de la quatrième modification, dont l'angle du sommet est de 69° 48', et conséquemment fort près de celui du sommet de l'octaèdre régulier, a fait quelquefois présumer que cet octaèdre pouvoit être le cristal primitif de cette substance ; mais c'est une erreur très-facile à vérifier.

La huitième modification, a lieu aux angles des côtés les plus larges du prisme, elle remplace ces angles par un plan qui fait avec ces mêmes côtés un angle de 165° 25'. Cette modification est produite par un reculement à cet angle, et sur les côtés les plus larges du prisme, par quatre rangées.

La neuvième modification enfin, a lieu aux angles

des côtés étroits du prisme, elle remplace ces angles par un plan qui fait avec ces mêmes côtés étroits un angle de 152° 13′, et est le résultat d'un reculement à ces angles, et sur les mêmes côtés, par quatre rangées.

Je n'ai représenté, dans les figures que je joins ici, dans la planche 15, que celles des variétés cristallines de cette substance, existantes dans cette collection, qui m'ont parues nécessaires pour faire bien connoître la cristallisation de ce minerai, et mettre à même de lire avec facilité les cristaux qu'il peut présenter. Ces variétés existent toutes dans la suite des cristaux qui, dans cette collection, appartiennent à l'antimoine sulfuré. Cette substance en renferme plusieurs autres appartenant en outre à celles que j'ai dit n'avoir pu déterminer. Il y a, dans la série des formes qui lui appartiennent, des cristaux dans lesquels les faces, soit prismatiques, soit pyramidales, sont en un nombre très-considérable. Ayant placé sur chacune des faces des variétés représentées dans les planches 14 et 15, le numéro des modifications auxquelles elles appartiennent, ces variétés n'ont besoin d'aucune autre explication.

Parmi les morceaux qui appartiennent à la suite de cette substance, il en existe un de baryte sulfatée, contenant un assez grand cristal primitif de cette dernière substance, et dont les cavités sont garnies de petites aiguilles d'antimoine sulfuré, appartenant aux variétés représentées sous les fig. 281 et 282: l'intérieur du cristal de baryte sulfatée renferme un groupe des mêmes aiguilles ; ce morceau est de Felsobanya.

ANTIMOINE OXYDÉ SULFURÉ.   ANTIMOINE ROUGE.

23 *Morceaux*.

Cette suite renferme une série considérable et très-intéressante de morceaux d'antimoine sulfuré passant, par altération, soit à la variété d'antimoine oxydé d'un jaune paille, dont, suivant M. Brochant, M. Werner a fait une espèce sous le nom d'ocre d'antimoine, soit à l'antimoine oxydé sulfuré. Plusieurs de ces morceaux sont accompagnés de petits cristaux de soufre très-parfaits, et sur deux d'entr'eux, sont quelques aiguilles d'antimoine oxydé sulfuré, placées dans de petites cavités.

Il existe en outre, dans cette suite, deux fort beaux morceaux d'antimoine oxydé sulfuré, en petites aiguilles divergentes ; mais formant une masse assez considérable. On peut facilement y remarquer, surtout en les observant avec la loupe, un des caractères de cette substance, qui n'a été cité par aucun auteur, quoiqu'il soit très-facile à observer, qui est la diaphanéité. En regardant, à l'opposition de la lumière, celles de ces aiguilles qui sont isolées, on aperçoit, dans plusieurs, cette diaphanéité, et par elle on voit que leur couleur est le plus beau rouge de cinabre. Les aiguilles d'antimoine sulfuré, connues sous le nom d'antimoine capillaire, laissent de même apercevoir quelque diaphanéité, lorsqu'elles sont extrêmement fines, et elles paroissent alors incolores ; mais cette diaphanéité est beaucoup moins forte que dans l'antimoine oxydé sulfuré, qui la laisse apercevoir, en conséquence, sous une épaisseur beaucoup plus considérable dans les aiguilles.

Les aiguilles d'antimoine oxydé sulfuré sont très-fra-

giles, cependant, lorsqu'elles sont très-minces, elles
sont douées d'une légère flexibilité; beaucoup inférieure cependant à celle de l'antimoine sulfuré. Ces
aiguilles sont en même temps d'une division ou d'un
clivage très-facile, je les ai bien souvent divisées en une
infinité de petits fibres très-fines, par une simple pression très-légère, et dans ce cas, plusieurs de ces petites
fibres se sont courbées, souvent même dans différents
sens.

L'examen le plus attentif de cette substance ne m'a
laissé apercevoir, dans les petites aiguilles qui lui appartiennent, que la plupart des formes que présentent
les prismes des cristaux d'antimoine sulfuré. A l'égard
des pyramides, je n'ai pu en apercevoir aucune de bien
déterminées : dans le clivage fait par la pression, dont
j'ai parlé précédemment, on observe quelquefois de petits prismes rectangulaires très-distincts, et fréquemment de petites lames très-minces, rectangulaires aussi.

Je regarde cette substance comme provenant par
simple altération, de l'antimoine sulfuré, et sans changer
de forme. M. l'Abbé Haüy paroît être disposé à embrasser, à son égard, la même opinion, qui me paroît
avoir toutes les probabilités pour elle. J'ajouterai à
celle donnée par la forme, que je soupçonne que par
l'altération par laquelle l'antimoine sulfuré passe à celui
oxydé sulfuré, un seul cristal du premier, peut donner
naissance à un véritable faisceau d'aiguilles capillaire du
dernier, en se divisant naturellement, par suite même
de l'altération qu'il éprouve. J'ai souvent observé la
tendance à cette division, et même la division elle-
même, dans les morceaux d'antimoine sulfuré qui montrent le passage à celui oxydé sulfuré. Cette facilité

que j'ai dit que les aiguilles de cette dernière substance laissent apercevoir à la division, lorsqu'elles ont un peu d'épaisseur, est un complément d'indication à cet égard: la plupart des aiguilles d'antimoine sulfuré ne sont en effet bien sensiblement elles-mêmes, lorsqu'elles ont quelqu'épaisseur, qu'une agrégation d'un nombre, souvent très-considérable, d'autres cristaux.

ANTIMOINE OXYDÉ.

13 *Morceaux.*

A la tête de la suite qui, dans cette collection, appartient à l'antimoine oxydé, doit être placé un morceau assez grand, et extrêmement rare, dans lequel cette substance est en cristaux très-parfaits, et auquel je dois la possibilité de pouvoir donner ici, sur la cristallisation de ce minerai, quelque chose de plus positif que ce qui a été dit jusqu'ici sur elle, avec le regret, cependant, de ne pouvoir, en donnant la forme de son cristal primitif, déterminer en même temps ses dimensions.

Le cristal primitif de l'antimoine oxydé, est bien certainement un prisme tétraèdre rectangulaire, fig. 289, pl. 15 ; mais dont le manque de facettes secondaires, m'empêche de pouvoir déterminer les dimensions. Quoique ce prisme se montre quelquefois avec une épaisseur propre à faire présumer que le cube pourroit être sa forme primitive, la forme presque généralement applatie de ces prismes, ainsi que le remplacement de leurs bords, dont je parlerai dans un moment, et que je n'ai jamais observé qu'à l'égard de ceux longitudinaux, tout tend à faire présumer que ce prisme est un rectangle applati, et non un cube. Ce prisme

est divisible parallélement à tous ses plans ; mais la
division est plus facile sur les faces terminales que sur
les autres. Cette division est parfaitement indiquée par
les traces sensibles des joints naturels que les cristaux
de cette substance laissent observer.

La fig. 284 représente ce méme cristal primitif, ayant
ses bords longitudinaux remplacés par un plan, qui
fait avec les côtés du prisme qui sont les plus larges, un
angle d'environ 145°, et qui, en se réunissant avec
celui de remplacement du bord voisin, au-dessus des
côtés les plus étroits, change souvent le prisme tétraèdre rectangulaire primitif, en un prisme hexaèdre applati, ayant quatre angles d'environ 145°, et deux
d'environ 35°.

Les cristaux du morceau que je viens de citer, qui
montrent, soit cette forme, soit simplement le prisme
tétraèdre rectangulaire, sont d'un lustre éclatant et
parfaitement transparents, ils ont pour gangue une galéne en cubes à angles solides remplacées, que son aspect met dans le cas de présumer devoir être antimo-
niale : elle est entremêlée de quelques petits cristaux
de blende rougeâtre.

Il existe, en outre, dans cette suite, un fort beau
morceau dans lequel l'antimoine oxydé est en aiguilles
rassemblées en faisceaux divergents. Ces aiguilles ont
assez d'épaisseur pour être parfaitement discernées avec
une forte loupe, par le moyen de laquelle on reconnoît
que leur forme est, soit le prisme tétraèdre rectangulaire très-allongé, fig. 286, soit ce même prisme, avec
ses bords remplacées, fig. 287, soit enfin ce même
prisme encore, n'ayant de plans de remplacement qu'à
l'égard de deux de ses bords opposés et devenu, par

l'accroissement suffisant de ces mêmes plans, un prisme tétraèdre rhomboïdal d'environ 145° et 35°. Les faisceaux divergents de cet antimoine oxydé sont entourés, sur ce morceau, de très-petits cristaux d'antimoine sulfuré.

Je citerai encore, dans cette suite, une série très-intéressante de morceaux d'antimoine sulfuré en masse, mélangé de pyrites martiales, et dans lequel une partie considérable de la substance de l'antimoine sulfuré, est passée à l'état d'antimoine oxydé compacte de différentes teintes de jaune, couleur qui très-probablement lui est donnée par un mélange d'oxyde de fer, dû à la décomposition de la pyrite martiale. On aperçoit d'ailleurs, dans quelques parties de cet antimoine oxydé, du fer oxydé pur, d'un brun rougeâtre, qui y est interposé. Cette variété de l'antimoine oxydé est très-probablement l'antimoine jaune du Baron de Born, cité par M. Brochant.

Je citerai enfin, dans cette même suite, un petit morceau non moins intéressant que les précédents, et dans lequel on observe de petites aiguilles d'antimoine sulfuré, passées complettement, et sans avoir changées de forme, à l'état d'antimoine oxydé. Quelques-unes de ces aiguilles présentent un fait très-remarquable. Au moment de leur oxydation, la partie oxydée de la surface de l'antimoine sulfuré s'est séparée de cette surface, et elle enveloppe, sans les toucher, du moins dans une grande partie de leur étendue, les aiguilles de cette substance, en offrant un aspect semblable à celui d'un grain d'avoine, entouré de la paille qui formoit son enveloppe avant sa parfaite maturité, et s'en est ensuite écartée : observation qui vient, ce me semble, parfaite-

ment à l'appui de l'opinion que j'ai avancée, à l'égard
des cristaux d'antimoine sulfuré passant par altération
à l'antimoine oxydé sulfuré.

TRIPLE SULFURE D'ANTIMOINE, PLOMB ET CUIVRE.

ENDELLIONE.   (*Nobis.*)   (*Bournonite Jameson.*)

54 Morceaux, dont 36 Cristaux isolés.

Au nombre des cristaux qui, dans cette collection,
appartiennent à cette substance, et sont dits isolés, sont
plusieurs petits groupes de deux ou trois cristaux qui,
pour l'étude, remplissent le même objet que les cristaux isolés.

La première mention qui ait été faite de cette substance, a été en 1804, dans un mémoire que j'ai donné,
dans les Transactions Philosophiques de la Société
Royale de Londres, sans lui donner aucune dénomination, mémoire qui accompagnoit l'analyse qui, en même
temps, en étoit donné par M. Hatchett. Ce triple
sulfure étoit alors extrêmement rare, le Cornwall, qui
avoit fourni les morceaux qui seuls en étoient connus,
n'en avoit offert que très-peu, la mine dans laquelle
ils avoient été trouvés n'avoit pas tardée à être abandonnée ; le beaucoup plus grand nombre des collections de Londres en étoient dépourvues, et elles sont
même encore dans ce cas aujourd'hui. Ne possédant
pas alors de cristaux dans lesquels leurs faces, presque
toujours très-petites, me permissent de compter sur
une parfaite exactitude dans la mesure des angles, je
me contentai d'indiquer que son cristal primitif, qui
dès lors me paroissoit ne pouvoir être un cube, étoit
un prisme tétraèdre rectangulaire, sans en déterminer
les dimensions ; et me conduisant en conséquence, je

ne donnai que des mesures approchées des angles d'incidence des différentes faces de ses cristaux, laissant au
temps et à l'observation à nous permettre de completter, avec confiance, son étude, par la détermination des
dimensions de son cristal primitif; et l'étendue de la
suite qui appartient à cette substance, dans cette collection, prouve que je n'ai jamais perdu de vue cet
objet. En effet, j'ai pu, depuis, completter cette étude,
dans un mémoire inséré dans les Nos. 108, 109, et
110, du journal de Nicholson. Cependant, comme
j'avois été forcé à cette époque, par une circonstance
particulière et totalement imprévue, de reprendre cette
étude avant l'instant qui devoit naturellement m'y conduire, ce mémoire n'a pu renfermer le complément des
observations que je cherchois à rassembler sur cette
substance. Je vais placer ici le résultat de ce travail,
tel que je l'ai donné alors, et j'y réunirai les objets
que l'attention soutenue que j'ai portée sur cette substance m'a fait acquérir depuis.

Je me détermine d'autant plus facilement à donner
ici l'étude de cette substance, qu'aucuns des derniers
auteurs qui ont écrit en minéralogie, n'en ont fait mention dans leurs ouvrages ; ce qui est dans le cas d'étonner, ce minerai existant en Allemagne, dans deux endroits différents : j'ai cependant appris que depuis
peu M. Werner l'a introduite dans ses cours, sous le
nom d'antimoine noir. Une autre raison encore a
achevé de me déterminer. A l'époque où je me suis vu
forcé de reprendre, dans le journal de Nicholson, l'étude
de cette substance, je ne connoissois pas les variétés
qui viennent de Freyberg et de Ratisbonne, que je me
suis procurées depuis : elles ajoutent beaucoup à l'intérêt

que présente l'endellione, dont les formes, qui sont au nombre de celles les plus élégantes de la cristallographie, offrent, dans chacune des localités dans lesquelles ce triple sulfure se rencontre, des différences si marquées, qu'il faut en avoir fait une étude particulière, pour ne pas être exposé à les considérer comme appartenant à autant d'espèces différentes.

Quoique, d'après l'analyse faite par M. Hatchett, le plomb soit celles des parties constituantes qui domine dans ce triple sulfure, comme c'est plus particulièrement avec l'antimoine sulfuré qu'il se rencontre, et qu'il en est assez habituellement accompagné, je l'ai laissé placé avec l'antimoine, où d'ailleurs, ainsi qu'on l'a vu précédemment, M. Werner semble déjà l'avoir placé.

Le cristal primitif de cette substance, est un prisme tétraèdre rectangulaire à base quarré, fig. 289, pl. 15, dans lequel les bords des faces terminales sont aux bords ou à la hauteur du prisme, dans le rapport de 5 à 3. Les joints naturels sont quelquefois légèrement indiqués; mais cette substance résiste fortement au clivage.

Sa cassure est irrégulière et partiellement conchoïdale; elle a, ainsi que la surface des cristaux, un lustre très-brillant.

Sa pesanteur spécifique est 57,75.

Elle raye la chaux carbonatée avec facilité; mais elle ne peut rayer la chaux fluatée: sa fragilité est très-considérable, la seule pression de l'ongle suffit pour la briser: sa couleur a beaucoup de rapport avec celle de l'acier poli; elle a cependant une teinte un peu plus foncée.

Ce triple sulfure tache légèrement le papier par le

frottement ; et étant pulvérisé, sa poudre conserve une partie de l'éclat métallique.

Placé sur la pelle échauffée, il donne une lueur phosphorescente d'un blanc pâle, légèrement bleuâtre.

Exposé à l'action du chalumeau, il fond au moment même où il est touché par la flamme, et donne un bouton d'un gris foncé, très-fragile, et dont la cassure est unie, et le grain très-fin.

Il se dissout facilement et avec effervescence dans l'acide nitrique, il se fait même alors, dans la dissolution, une espèce d'analyse : le soufre surnage le liquide, qui est de couleur verte, et qui tient en dissolution le cuivre et le plomb, tandis que l'antimoine se précipite au fond de la dissolution, sous la forme d'une poudre d'un gris bleuâtre.

L'analyse de cette substance, faite par M. Hatchett, lui a donné 17 de soufre, 24,23, d'antimoine, 42,62, de plomb, 12,8, de cuivre, et 1,2 de fer, avec une perte de 2, 15.

A l'époque à laquelle je donnai, dans le journal de Nicholson, ma réponse à la critique de M. Smithson, j'avois reconnu, dans ce triple sulfure, onze modifications de son cristal primitif ; depuis, les variétés de Freyberg et de Ratisbonne, que je ne connoissois pas alors, m'en ont fait reconnoître 5 autres : de sorte que le total des modifications déterminables de son cristal primitif, monte à 16. Je dis des modifications déterminables, car j'ai reconnu sur quelques-uns de ses cristaux, plusieurs autres plans appartenant à des modifications qu'il m'a été impossible de déterminer : j'en donnerai un exemple.

Je vais commencer par faire connoître les 11 premières modifications que j'ai décrites autrefois, après quoi je m'occuperai des cinq autres ; ce qui divisera naturellement les formes de cette substance en trois séries différentes (car les 11 premières en contiennent deux), ainsi que la nature semble elle-même l'avoir fait.

La première de ces modifications, remplace les bords du prisme par un plan, qui fait avec ses côtés un angle de 135°, et est le résultat d'un reculement des lames cristallines, le long de ces mêmes bords, par une simple rangée.

La seconde modification, remplace ces mêmes bords, par un plan qui fait avec le côté du prisme sur lequel il incline, un angle de 156° 26′, et est le résultat d'un reculement des lames cristallines, le long de ces mêmes bords, par 8 rangées en largeur, sur 3 lames de hauteur.

La troisième modification, remplace encore les mêmes bords du prisme, par un plan qui fait avec celui de ses côtés sur lequel il incline, un angle de 164° 3′, et est le résultat d'un reculement, le long de ces bords, par 7 rangées en largeur, sur deux lames de hauteur.

La quatrième modification, a lieu le long des bords des faces terminales ; elle remplace ces bords par un plan qui fait avec la face terminale un angle de 129° 4′, et est le résultat d'un reculement, le long des mêmes bords des faces terminales, par une rangée en largeur, sur deux lames de hauteur.

La cinquième modification, remplace les mêmes bords, par un plan qui fait avec les faces terminales un angle de 135°, et est le résultat d'un reculement, le long des mêmes bords, par 3 rangées en largeur, sur 5 lames de hauteur.

La sixième modification, remplace encore les mêmes bords, par un plan qui fait avec les faces terminales un angle de 149° 2', et est le résultat d'un reculement par une simple rangée.

La septième modification, remplace toujours les mêmes bords, par un plan qui fait avec les faces terminales un angle de 171° 28', et est le résultat d'un reculement, le long de ces bords, par 4 rangées en largeur.

La huitième modification, a lieu aux angles des faces terminales, qu'elles remplacent par un plan qui fait avec ces faces un angle de 125° ; elle est le résultat d'un reculement, à ces angles, par 3 rangées en largeur, sur 5 lames de hauteur.

La neuvième modification, remplace les mêmes angles, par un plan qui fait avec les faces terminales un angle de 134° 39', et est le résultat d'un reculement, à ces angles, par 5 rangées en largeur, sur 6 lames de hauteur.

La dixième modification, remplace encore les mêmes angles des faces terminales, par un plan qui fait avec ces faces un angle ce 150° 30', et est le résultat d'un reculement, à ces angles, par 3 rangées en largeur, sur 2 lames de hauteur.

La onzième modification, remplace toujours les mêmes angles, par un plan qui fait avec les faces terminales un angle de 171° 57', et est le résultat d'un reculement par 6 rangées en largeur.

Toutes ces variétés m'ont été offertes par l'Endel-

lione de Cornwall, du Pérou, du Brésil et de Sibérie.
Les cristaux de ce dernier pays, qui sont ceux placés
sous les figures 305, 306 et 307, ont un aspect totalement différent de celui qui appartient aux autres : beaucoup moins surchargés de facettes, leur forme est
plus simple, et en les rapportant au prisme rectangulaires primitif, ce prisme seroit allongé parallélement
à deux de ses côtés opposés ; ce qui leur donne une
tendance à la forme prismatique.

Ainsi que je l'ai dit, quelques nombreuses que soient
les modifications du cristal primitif de cette substance,
je suis bien éloigné d'avoir pu les déterminer toutes.
Le cristal représenté sous la figure, 304, en fournit un
exemple. Ce cristal dont la forme est très-élégante
et pourroit servir de model aux lapidaires, renferme
des plans indiqués par les lettres x, y et z, qui appartiennent à 3 modifications qui sont dans ce cas : le cristal qui m'a formé cette variété est fort petit.

Passons maintenant à la description des 5 autres
modifications du cristal primitif de cette substance.

La douxième modification, remplace les bords du
cristal primitif, par un plan qui fait avec ceux longitudinaux du prisme sur lesquels il incline, un angle
de 161°, 34′, et est le résultat d'un reculement, le long
de ces bords, par 3 rangées.

La treizième modification, remplace les mêmes
bords, par un plan qui fait avec les côtés du prisme
sur lesquels il incline, un angle de 149°, 52′, et est
le résultat d'un reculement, le long de ces bords, par
5 rangées en largeur, sur 3 lames de hauteur.

La quatorzième modification, remplace encore les
mêmes bords, par un plan qui fait avec les côtés du

prisme, sur lesquels il incline, un angle de 123°, 41′
et est le résultat d'un reculement, le long de ces bords,
par 3 rangées en largeur, sur deux lames de hauteur.

La quinzième modification, a lieu le long des bords
des faces terminales qu'elle remplace, par un plan qui
fait avec ces faces un angle de 119°, 4′, et est le résultat d'un reculement, le long de ces mêmes bords,
par une rangée en largeur, sur 3 lames de hauteur.

La seizième modification enfin, remplace les mêmes
bords des faces terminales, par un plan qui fait avec elles
un angle de 158°, 2′, et est le résultat d'un reculement,
le long de ces bords, par trois rangées en largeur, sur
deux lames de hauteur.

Les cinq dernières modifications, m'ont été offertes
par les cristaux de cette substance qui viennent de
Freyberg. Ces cristaux ont un aspect particulier, et
qui ne ressemble en rien à celui qui est offert par les
autres cristaux de cette substance. Ils présentent, en
outre, une irrégularité dans la cristallisation, qui achève
de les particulariser, et sur laquelle je m'arrêterai un
instant pour la faire connoître, et mettre à même de
ne pas être trompé par un des cristaux qui auroit pû
y avoir été soumis : cependant ceux de Cornwall m'ont
fait observer une variété qui est parfaitement analogue
à celles de Freyberg, elle est représentée sous la fig.
315 pl. 15. Dans le plus grand nombre des cristaux
de la variété de Freyberg que j'ai pu examiner, les
plans de remplacement des bords du prisme, existoient
en proportion inégale à différents de ces bords, ainsi
que je viens de le dire cela a quelquefois lieu de même
dans la variété de Cornwall, tel que dans le cristal représenté sous la fig. 315′ ; et, dans un très-grand nom-

bre les plans dûs, soit à la 6me, soit aux 15me et 16me
modifications, avoient pris assez d'accroissement pour
faire disparoître ceux du cristal primitif qui leur sont
adjacents, et formoient en conséquence, soit un prisme
tétraèdre rhomboïdal de 58°, 8′ et 121°, 52′, soit un
autre prisme de 61°, 56′, et 118°, 4′ : soit enfin un autre encore de 42°, 56′ et 137°, 4′ : les deux premiers,
dont la mesure des angles est très-rapprochée, sont
situés, à l'égard de leurs bords, en sens contraire par
rapport au cristal primitif. Assez habituellement les
côtés de ces prismes sont fortement striés ou cannelés.
Les plans qui sont dûs aux 12me, 13me et 14me modifications, et qui, dans ce cas, terminent ou forment les
sommets de ces prismes, sont placés d'une manière
très-irrégulière de chaque côté de ce sommet. Souvent ceux placés d'un côté, sont dûs à des modifications différentes de celles auxquelles appartiennent les
plans placés de l'autre côté, et souvent aussi un plus
grand nombre d'eux existe d'un côté que de l'autre.
Il étoit absolument nécessaire de connoître ce fait,
pour parvenir, avec quelque facilité, à discerner la véritable forme des cristaux de cette substance.

Je n'entrerai dans aucun autre détail concernant la
cristallisation de l'Endellione ; ceux nécessaires pour
la faire bien connoître, ont déjà été assez longs, et les
figures données dans les planches 15 et 16, ainsi que
les numéros des différentes modifications placés sur
chacun de leurs plans, suffiront pour achever de faire
connoître tout ce qui peut concerner sa cristallisation.
Je me contenterai d'ajouter ici, que la variété de Ratisbonne m'a offert quelques cristaux analogues à ceux
de Cornwall ; mais que ses variétés cristallines les plus

ordinaire sont en agrégations, soit de prismes tétraèdres rectangulaires primitifs, soit de ces mêmes prismes
devenus octaèdres par le remplacement de leurs bords,
ainsi que le représente la fig. 290; et bien souvent
aussi avec deux des bords opposés de leur faces terminales remplacés, ainsi que le représentent les variétés, fig. 291, 293, et 316. Pour le plus souvent
aussi, ces agrégations, et principalement celles des
prismes devenus octaèdres, se présentent sous un aspect ressemblant à celui offert par des roues dentées.

La suite qui, dans cette collection, appartient à cette
substance est très-riche. La série qui renferme les
variétés de Cornwall est en petits morceaux; mais ils
sont parfaitement caractérisés: ils sont tous mélangés
de petits cristaux de blende brune; l'un deux contient
en outre de l'antimoine sulfuré capillaire. Au nombre
de ces morceaux, en est cependant un, dont la grandeur est considérable, et dont les cristaux sont d'une
perfection et d'un volume rare; ils appartiennent à la
variétés représentée sous la fig. 293.

La série des morceaux de la variété de Freyberg,
en offre cinq d'un volume considérable, les cristaux
de ce triple sulfure y sont groupés avec de l'antimoine
sulfuré capillaire, de petits cristaux parfaitement lenticulaires de fer spathique, et quelques petits tétraèdres
de cuivre et fer sulfuré gris. La gangue est un quartz
en masse, intimement mélangé du même triple sulfure, d'antimoine sulfuré, de galène et de pyrites mag-
nétiques. Il existe, sur un de ces morceaux, un petite
pyrite magnétique, en prisme tétraèdre rhomboïdal de
60° et 120 (voyez ce qui concerne la cristallisation
de cette pyrite, à l'article qui lui appartient).

Dans la série qui concerne la variété de Ratisbonne, les cristaux de cette substance sont accompagnés de cristaux de blende brune, de quelques petits tétraèdres de cuivre et fer sulfuré gris, de galène et de pyrites martiales en cubes striés et en dodécaèdres à plans pentagones ; dans un de ces morceaux, la blende est cristallisée en octaèdres très-parfaits, et en tétraèdres réguliers.

Il existe en outre, dans cette collection, deux fort petits morceaux de la variété du Pérou. Cette substance y est mélangée intimement de cuivre et fer sulfuré jaune et de chaux carbonatée magnésienne. Ces morceaux contiennent de fort petits cristaux de ce triple sulfure, qui sont parfaitement en rapport avec ceux de la variété de Cornwall.

Il y existe aussi un fort beau morceau de la variété de Sibérie. Les cristaux de cette substance y sont placés sur une masse de quarz cristallisé à la surface, et la plupart d'entr'eux sont recouverts par une légère incrustation de cuivre carbonaté vert : ils sont entremélés de quelques cristaux de chaux carbonatée : on observe, en outre, sur ce morceau, quelques traces de galène.

Il existe enfin, dans cette suite, un autre morceau, dont les cristaux qui sont en rapport avec ceux de la variété de Freyberg, ont pour gangue une chaux carbonatée martiale de la variété connue sous le nom de Spath perlé, mélangée de cristaux de quartz : j'en ignore la localité.

Je terminerai cet article, en observant qu'il me paroît que la substance à laquelle la plupart des auteurs Allemand donnent le nom de Veissgultigerz, appartient à ce triple sulfure, sans prononcer cependant à l'égard de celle à laquelle **M. Werner** donne ce même nom, et que j'avoue ne pas connoître.

URANE.

URANE OXYDULÉ (*Haüy*) URANE OXYDÉ NOIR. PECH-ERZ, (*Werner.*)

12 *Morceaux.*

URANITE. URANE OXYDÉ (*Haüy*) URANGLIMMER, (*Werner.*)

38 *Morceaux, dont 6 Cristaux isolés.*

L'ensemble des formes cristallines qui appartiennent à cette substance, est je crois une des plus complette qui existe dans les collections. Ayant fait, il y a déjà quelque temps, son étude cristallographique, autant qu'il nous est encore possible de la faire, et la série de ses formes n'étant pas très-considérable, je puis placer ici les résultats auxquels j'ai été conduit alors par elle.

Sa forme primitive est, ainsi que l'a parfaitement établie Monsieur l'Abbé Haüy, un prisme tétraèdre rectangulaire à bases quarrées ; mais je diffère d'avec ce célèbre minéralogiste, à l'égard de la hauteur de ce prisme qui, suivant lui, auroit plus de trois fois la longueur des bords des faces terminales. La constance que les cristaux de cette substance montrent à affecter une forme applatie, et très-souvent même presque laminaire. Et le nombre des cristaux dans lesquels les plans de remplacement des bords de ces mêmes faces terminales se joignent entr'eux, sans laisser aucune trace quelconque des plans qui appartiennent au prisme primitif, me porte fortement à croire, que le prisme tétraèdre rectangulaire primitif doit avoir beaucoup moins de hauteur que celle que ce savant lui a donnée : je ne puis cependant rien dire de positif à cet égard.

La raison qui a conduit M. l'Abbé Haüy a donner à ce prisme cette hauteur considérable, est qu'il a regardé les plans de remplacement des bords des faces terminales, qui font en effet avec ces faces un angle de 107°, 50′, ou qui diffère très-peu de cette mesure, comme étant produits par un reculement le long de ces bords par une simple rangée, et dans ce cas, la longueur des faces terminales étant 5, la hauteur seroit en effet de 15, 83 ; mais n'ayant encore observé aucune autre face secondaire, dépendantes de ces mêmes faces terminales, rien ne détermine que celles dont nous venons de parler, soient en effet produites par un reculement par une simple rangée. Je crois donc que pour déterminer avec quelque certitude, les dimensions du prisme tétraèdre rectangulaire de cette substance, il seroit prudent d'attendre que quelqu'autre point de comparaison vînt nous permettre de vérifier cette hauteur considérable, avant de l'adopter, et malheureusement je n'ai à offrir, à cet égard, que le doute que je viens d'exposer.

J'ajouterai à ce qu'a dit Monsieur l'Abbé Haüy, à l'égard de ce cristal, que parmi les prismes tétraèdres rectangulaires d'uranite qui sont transparents, il en existe qui, étant exposés à une forte lumière, laissent

apercevoir des joints naturels, très-sensibles, parallèlement à leurs deux diagonales : parmi les cristaux isolés,
de cette collection, deux sont dans ce cas.

J'ajouterai encore, que lorsque les cristaux de cette
substance ont fort peu d'épaisseur, plusieurs sont parfaitement transparents.

En outre de la modification que cette substance
éprouve le long des bords de ses faces terminales, dont
j'ai indiqué les plans par le N°. 1, il en existe deux
autres le long des bords du prisme primitif, et qui,
les faces terminales étant un quarré, peuvent être très-
facilement déterminées.

L'une d'elle remplace ces bords par un plan qui fait
avec ceux adjacents un angle de 135°, et est le résultat
d'un reculement, par une simple rangée, le long de ces
bords.

L'autre remplace les mêmes bords, chacun d'eux,
par deux plans qui font avec les côtés du prisme un
angle de 153°, 26′, et sont le résultat d'un reculement,
le long de ces bords, par deux rangées. Les plans qui
appartiennent à ces deux modifications, sont indiqués,
sur les cristaux de la planche 17, par les nombres 2
et 3.

Tous les cristaux représentés dans la planche 17,
existent dans cette collection ; les trois placés sous les
figure, 326, 327 et 328, sont de Cornwall, d'où seul
je les ai apperçus jusqu'ici : quelques-uns des cristaux
qui appartiennent à ces variétés, sont d'un beau jaune
citron, les autres sont d'un vert pâle, ayant quelquefois
un reflet argentin.

Parmi la suite des morceaux qui, dans cette collection, appartiennent à cette substance, deux sont des

environs d'Autun en France; l'uranite y est d'un beau jaune quelquefois un peu verdâtre: j'en ai eu l'obligation à mon ancien ami M. Gillet de Laumont. Cette variété de l'uranite colorée en jaune, est assez commune parmi les cristaux de cette substance qui viennent de Cornwall; quelques-uns de ces cristaux, qui sont en lames très-minces, ont un reflet très-brillant, et ressemblent alors parfaitement, soit pour l'aspect, soit pour la couleur, à l'orpiment écailleux.

Je citerai en outre, dans cette suite, un groupe de cristaux d'uranite vert, placé sur une petite masse d'urane noir oxydé, ainsi que trois morceaux d'uranite à l'état pulvérulent.

MOLYBDÈNE.

MOLYBDÈNE SULFURÉ.

20 *Morceaux*.

Parmi les morceaux qui composent la suite de cette substance, il y en a plusieurs dans lesquels le molybdène est en grands prismes hexaèdres courts. Dans un d'eux, on observe ces pyramides hexaèdres incomplètes, citées pas M. Esmark, et dont la structure est de même grossière, le décroissement des lames hexaèdres, superposées sur les faces terminales du prisme, étant fortement indiqué, ainsi que cela existe quelquefois, par suite de la même raison, dans le mica. M. Schumacker parle aussi de cette même variété.

Parmi les autres morceaux de cette substance, j'en

citerai deux, dans lesquels le molybdène est renfermé
dans le granit; un autre dans lequel cette substance
se montre, en petites parties brillantes, dans une stéatite; et un quatrième dans lequel le molybdène a pour
gangue une roche particulière que je ne puis rapporter
à aucune de celles connues.

MOLYBDÈNE OXYDÉ.

9 *Morceaux*.

Le seul auteur, qui à ma connoissance, ait encore
parlé de cette substance, est M. Karsten, (minéralo-
gische tabellen), il l'a dit venir de Suède: celle qui
appartient à cette suite, où elle forme une série de six
morceaux, a probablement la même localité. Je dois
une partie de ces morceaux à mon respectable ami
le Dr Crichton, premier médecin de l'empereur de
Russie, qui me les a envoyé de St. Pétersbourg, sans
en connoître la localité. J'ai depuis trouvé les autres
morceaux à Londres; mais le marchand qui ignoroit
la nature de ces morceaux, n'étoit pas plus instruit
à l'égard du lieu de leur origine. Cette substance
est sur eux à l'état pulvérulent d'un jaune citron, et
est placée dans les petites cavités d'un quartz granuleux brun, contenant en outre de petites parties de molybdène sulfuré, disséminées dans sa substance.

Les trois autres morceaux sont je crois uniques, ils
sont de molybdène sulfuré sans aucune gangue, et
laissent apercevoir, sur leur surface, quelques parties
d'une substance d'un vert pâle, quelquefois un peu blanchâtre. Cassés, ces morceaux laissent apercevoir, dans
leur intérieur, de petites cavités qui sont remplies
de la même substance, et de même aussi d'un vert pâle,

quelquefois blanchâtre, et quelquefois aussi d'un vert
plus foncé. Cette substance ressemble beaucoup à
celle d'un vert blânchâtre ; mais dont la couleur verte
augmente par son exposition à l'air, qui s'attache à la
cuillère lorsqu'on fait évaporer le molybdène sous l'action
du chalumeau, et paroît être un oxyde vert de ce métal. Ces morceaux sont les seuls que j'aie jamais observés. Je n'ai pu en connoître la localité.

TITANE.

TITANE OXYDÉ.

38 Morceaux, dont 3 Cristaux.

Il existe dans la suite qui, dans cette collection,
appartient au titane oxydé, un prisme tétraèdre rectangulaire très-parfait, dont la longueur est d'environ
5 lignes, sur trois lignes de largeur ; ce cristal sembleroit indiquer que les faces terminales du prisme
tétraèdre rectangulaire primitif de cette substance, ne
sont pas perpendiculaires sur son axe, mais inclinées
sur deux de ses bords opposés, de manière à faire avec
eux des angles d'environ 70° et 110°, et toutes les
cassures que j'ai pu observer sur cette substance, malgré leur irrégularité, me conduiroient à adopter cette
opinion. Quoique les cassures placées aux deux extrémités de ce cristal, ne soient pas très-régulières, le
parallélisme marqué de leurs plans, suivant cette même
direction, est très-fortement en faveur de cette opinion. Je me contente cependant d'en faire mention

ici. les bases sur lesquelles je pourrois m'appuyer, n'é-
tant pas assez concluantes pour permettre de prononcer. J'ajouterai cependant encore, à cet égard,
qu'il existe, dans la partie des quartz accidentés de
cette collection, un petit cristal de quartz très-parfait
qui renferme, dans son intérieur, une douzaine de petites aiguilles de titane oxydé, en partie d'un très-
beau rouge et diaphanes, s'élevant verticalement de
sa base, toutes ayant conservé leur pyramide, et dont
quelques-unes sont terminées par un seul plan incliné,
sur deux des bords opposés du prisme, sous un angle qui paroît être parfaitement en rapport avec celui
que je viens de dire être celui d'inclinaison présumée,
des faces terminales du prisme tétraèdre rectangulaire
primitif; ce beau morceau est du Brésil. J'ai assez
souvent observé dans les morceaux de quartz, de ce
même pays, qui renferment du titane oxydé, des aiguilles de cette substance dont les pyramides étoient
parfaitement conservées : avec un peu de soin on pourroit parvenir à faire, en quelque sorte, avec ces morceaux, l'étude des formes de cette substance, qu'il est
si difficile de trouver en cristaux un peu grands, et
ayant leurs pyramides conservées.

Cette suite renferme plusieurs morceaux de titane
aciculaire du St. Gothard, et du Brésil, ainsi que de
celui à reflet doré de Moutier près du Mont Blanc.
Dans les morceaux qui appartiennent à cette dernière
variété, dont la gangue est une chaux carbonatée lamelleuse, pénétrée de fer dans quelques unes de ses
parties, plusieurs contiennent des parties, en forme de
couches, d'un minérai de fer d'un lustre et d'une couleur parfaitement analogue à ce que montre, à cet égard,

le fer oligiste ; mais n'exerçant aucune action quelconque sur le barreau aimanté, et dont la poudre, obtenue par la trituration, est d'un rouge brun foncé ; minérai qui appartient par conséquent à l'espèce du fer placée, dans ce catalogue, sous le nom de fer oxydé au maximum.

Le titane en masse informe de Norwège, celui en aiguilles fortement striées de Castille, ainsi que le titane martial, et le sable martial titanifère connu sous le nom de Manackanite, font aussi partie de cette suite.

TITANE SILICÉO-CALCAIRE. NIGRINE, (*Werner.*)

22 Morceaux, dont 14 Cristaux isolés.

Parmi les cristaux isolés que renferme la suite qui appartient à cette substance, quatre appartiennent à la variété applatie de Norwège, 4 à celle du St. Gothard, connue sous le nom de Rayonnante en goutière, et 6 à celle en octaèdres rhomboïdaux d'un gris sale du St. Gothard, octaèdres que M. l'Abbé Haüy a pris, dans son tableau comparatif, pour forme primitive de cette substance. Il y a dans la cristallisation du titane silicéo-calcaire quelque chose que j'avoue ne pouvoir comprendre. J'ai ajouté depuis peu, à la série de ses cristaux, un fort grand cristal, puisqu'il y a 9 lignes dans un sens, sur plus de 6 lignes dans l'autre, qui appartient à la variété applatie de Norwège ; malheureusement ce cristal est irrégulier. Il laisse apercevoir, avec beaucoup de facilité, la direction des joints naturels, et cela même d'une manière si forte, qu'à une vive lumière sa réflexion, entre les joints, lui donne un aspect chatoyant. Ce cristal, étudié avec soin, est très-propre à vérifier la forme primitive qui a été adoptée pour

cette substance, ou à conduire à la véritable s'il pouvoit
y avoir qu'elqu'erreur. J'avoue que les inductions données par lui, ne me paroissent pas conduire à l'octaèdre
qui a été récemment adopté : les cristaux qui, dans
cette collection, appartiennent à cette variété octaèdre
du St. Gothard, montrent plusieurs facettes non représentées dans les figures qui ont été données de ces
cristaux, et qu'il me paroît difficile de faire dériver
de ce même octaèdre, comme étant celui primitif.

Parmi les morceaux qui appartiennent à cette substance, il en existe un du St. Gothard, dans lequel
les cristaux de titane silicéo calcaire, de la variété dite
Rayonnante en goutière, sont placés sur des cristaux
de Feldspath, ayant leur surface recouverte de chlorite
d'un vert pâle, dont les parties, étant vues avec la
loupe, ont une forme vermiculaire : ce petit groupe
est très-agréable. Il y existe aussi un autre petit groupe
de cristaux de thallite d'Arendal en Norwège, dont
les cristaux sont saupoudrés de petits cristaux de cette
substance, soit d'un jaune très-pâle, soit même parfaitement incolore ; et enfin un groupe de cristaux de
Feldspath du St. Gothard, sur lesquels sont placés
quelques cristaux de la variété dite Rayonnante en
goutière, d'un vert pâle, avec quelques parties d'un
jaune brun.

ANATASE.

23 Morceaux, dont 5 Cristaux isolés.

La suite qui, dans cette collection, appartient à l'a-
natase, est très-considérable et difficile à former, à
raison de la rareté de cette substance. Au nombre des
morceaux qui la composent, 9 appartiennent à de petits cristaux de quartz, en partie recouverts, à leur surface,

par de fort petits cristaux d'anatase d'un bleu pâle. Parmi les cristaux que présente cette substance, il existe plusieurs variétés, qui n'ont pas été décrites : telle est, par exemple, celle dans laquelle les bords de l'octaèdre sont remplacés ; variété qui n'est pas très-rare, et qui conduit à un octaèdre secondaire moins aigu que celui primitif, et dont la mesure de l'angle du sommet, pris sur le milieu de deux des faces opposées, est la même que celle de celui pris sur les arétes du cristal primitif : je possédois autrefois un groupe de cet octaèdre secondaire.

Un des morceaux, dont cette suite est composée, est extrêmement rare, soit à raison de la grandeur de plusieurs des cristaux d'anatase qu'il renferme, soit à raison du grand nombre des cristaux de cette substance qu'il présente ; presque tous sont d'un bleu très-foncé. Ce morceau renferme, en outre, quelques lames minces d'une substance noire, qui appartient à l'espèce suivante.

Je citerai, en outre, deux autres morceaux, dans lesquels les cristaux d'anatase sont d'un gris sale ; ainsi qu'un morceau de granit de Cornwall, sur lequel est un fort petit cristal d'anatase de la variété colorée en bleu ; c'est le seul exemple que je connoisse de l'anatase en Angleterre.

Je citerai enfin, un autre morceau sur lequel, on observe trois petits octaèdres d'anatase, et en outre, un petit Béril en prisme allongé et parfaitement prononcé ; ce morceau vient du même Canton des Alpes Dauphinoises de Loisan, que celui auquel on doit, sinon tout, du moins la plus grande partie des morceaux d'anatase qui existent dans les collection ; c'est aussi le seul exemple que j'aie encore vu de l'existence du Béril dans cette partie des Alpes qui, pendant long-temps, a fait l'objet de mon étude et de mes recherches : ce morceau qui faisoit partie de mon ancienne collection en France, m'a été envoyé par M. Gillet de Laumont, il a eu pour moi un double intérêt, celui de me servir de garant de son souvenir, ainsi que de son amitié, et ensuite de remettre entre mes mains, le premier morceau qui m'a fait connoître l'existence de cette substance, que j'ai vue pour la première fois en 1782. Je trouve dans mes notes, que les observations que je fis, à cette époque, sur elle, m'ont fait reconnoître alors, que par l'action de la chaleur, plusieurs de ses cristaux acquéroient la propriété d'agir sur le barreau aimanté, et que plusieurs aussi de ceux colorés en un jaune brun, prenoient, par le même acte de la chaleur, une couleur bleue très-foncée.

CRAITONITE. (*Nobis.*)

20 Morceaux, dont 11 Cristaux isolés.

Nul auteur n'a encore fait mention ds cette substance, quoiqu'elle doive exister dans plusieurs collection. Elle est communément accompagnée de cristaux d'anatase, et s'est trouvée dans le même canton ; mais comme ses cristaux sont pour l'ordinaire, ainsi que ceux de l'anatase, fort petits, ees deux substances auront probablement été confondues ensemble ; cependant la différence qui existe entre leurs caractères extérieurs est si grande, que rien n'est plus facile que de les discerner l'une de l'autre.

J'ai donné à cette substance le nom de craitonite, en honneur de mon excellent ami le Dr. Crichton, premier médecin de l'empereur de Russie, aussi bon minéralogiste qu'il est grand {médecin et excellent chimiste. J'ai écrit son nom ainsi que l'ortographe françoise l'exige, d'après la manière dont il est prononcé dans la langue angloise, dans laquelle il doit être écrit Crichtonite.

C'est en 1788, que j'ai observé, pour la première fois, la craitonite, et depuis cette époque, j'avois rassemblé avec soin tout ce qu'il m'avoit été possible de m'en procurer, car cette substance est beaucoup plus rare encore que l'anatase : j'ai dû une partie des morceaux que j'en possède dans ce moment, et qui faisoient partie de mon ancienne collection, à l'amitié de M. Gillet de Laumont ; ils portoient une marque que je m'étois plu à placer sur les morceaux que j'affectionnois le plus particulièrement, et ce généreux ami a eu la délicatesse de me faire passer, à différentes époques, les morceaux qu'il apercevoit, chez les marchands de minéraux, conservant encore cette même marque. J'ai pu alors partager avec M. Greville, ce que j'en possédois, et c'est de moi que viennent tous les morceaux de craitonite, ainsi que ceux d'anatase, qui sont aujourd'hui dans sa collection.

Il existe un superbe groupe de cette substance, dans le cabinet de M. le Comte de Funchal Ambassadeur de son A. R. le Prince du Brésil à la cour de Londres*. Je dois à son amitié deux des morceaux qui composent la suite de cette collection.

---

* Depuis la rédaction de ce catalogue, M. le Comte de Funchal a reçu un témoignage flateur de l'estime et de l'attachement de son souverain, ayant été nommé par lui son premier ministre.

La craitonite paroit avoir pour forme primitive un rhomboïde très-aigu, d'environ 18° et 162°, fig. 329, pl. 17, divisible suivant un plan perpendiculaire à son axe. Je n'ai pu parvenir à cliver cette substance dans aucun autre sens ; mais le genre de modifications auxquelles elle est soumise, et qui toutes sont du nombre de celles propres au rhomboïde, ne semblent devoir laisser aucun doute que celui de 18° et 162°, pour mesures de ses plans, ne soit en effet, la forme de son cristal primitif.

Sa couleur est un noir très-foncé, et elle est parfaitement opaque. Son lustre est éclatant.

Moins dure que l'anatase, elle raye la chaux fluatée ; mais elle ne peut rayer le verre.

La petitesse de ses cristaux, et le grand nombre qu'il eut fallu employer, m'empêche de pouvoir établir sa pesanteur spécifique.

Celles de ses cassures qui ne sont pas perpendiculaires à l'axe, ont beaucoup d'éclat et sont conchoïdales.

Cette substance est infusible sous l'action du chalumeau. Ayant soumis à cette action un petit cristal auquel adhéroit un autre petit cristal de Feldspath, ce dernier a été fondu, sans que la surface du cristal de craitonite ait rien perdu de son lustre.

Par une des modifications, auxquelles le rhomboïde de cette substance est soumis, son sommet est remplacé par un plan perpendiculaire à son axe, et qui se termine à une distance plus ou moins rapprochée des petites diagonales de ses plans, ainsi que l'indiquent les fig. 330, 331 et 332.

Une seconde modification, remplace les arêtes pyramidales, par un seul plan également incliné sur ceux adjacents, fig. 333.

Une troisième modification, remplace ces mêmes arêtes par un plan qui incline vers le sommet, de manière à faire, avec le plan de remplacement de ce même sommet, un angle d'environ 126°, fig. 335.

Une quatrième modification, remplace l'angle solide du sommet du rhomboïde primitif, par une pyramide trièdre dont les plans sont en opposition de ceux du rhomboïde : ils font avec le plan de remplacement de ce même sommet perpendiculairement à l'axe, un angle d'environ 130°, fig. 334.

Si les plans de ces trois dernières modifications atteignoient leurs limites, il en résulteroit la formation de trois rhomboïdes secondaires, moins aigus que celui primitif.

Une cinquième modification, remplace chacun des angles des plans du rhomboïde, qui concourent à la formation de l'angle solide du sommet du rhomboïde primitif, par deux plans qui se rencontrent entr'eux sur les arêtes, et forment avec ceux des plans du rhomboïde, sur lesquels ils inclinent, un angle d'environ 120°, fig. 336.

Une sixième modification enfin, remplace encore les mêmes angles, et de même par deux plans ; mais différemment inclinés : ils font, avec les plans du rhomboïde sur lesquels ils inclinent, un angle d'environ 125°, fig. 337.

Les plans des deux dernières modifications, tendent à remplacer le sommet du rhomboïde primitif, par une pyramide hexaèdre, et, si ces plans atteignoient leurs limites, ils donneroient naissance à un dodécaèdre pyramidal, à plans triangulairs scalènes de deux dimensions différentes ; dans la fig. 337, les plans de ces deux modifications sont combinés entr'eux.

Toutes les variétés représentées dans la 17e planche, existent dans cette collection ; mais comme leurs cristaux sont généralement fort petits, et qu'à raison de la forme très-aigue de leur rhomboïde, leurs facettes secondaires sont extrêmement petites, il ne m'a pas été possible d'être assez sure de la mesure des angles, pour oser déterminer, d'une manière positive, les dimensions du rhomboïde aigu, et me procurer, par là, une base assurée pour le calcul des modifications. Je me borne, en conséquence, à l'à-peu-près que je viens de donner, et qui ne peut s'écarter que de très-peu de chose de la vérité. Les minéralogistes de Paris, plus à portée de se procurer des morceaux de cette substance, et peut-être même contenant des cristaux plus grands, seront plus à même de vérifier les bases que je viens d'établir, et de les rectifier, si cela est nécessaire.

Un des morceaux de cette suite, est très-rare par le grand nombre de cristaux de cette substance qu'il renferme ; ils sont placés sur un groupe de petits cristaux de roche colorés en vert par de la chlorite. Il existe, en outre, dans cette même suite, deux petits morceaux, dans lesquels les cristaux de craitonite sont renfermés dans l'intérieur même de ceux de quartz.

On rencontre quelquefois, sur les morceaux qui renferment des cristaux de cette substance, de petites lames noires, minces et très-brillantes, appartenant aussi à la craitonite, et qui seroient très-facilement prises pour appartenir à la variété du fer oligiste, connue sous le nom de fer micacé. Cette méprise est d'autant plus facile à faire, que cette même variété du fer oligiste s'y montre aussi quelquefois : étant prévenu, ces petites lames deviennent très-faciles à être reconnues. Leur aspect est beaucoup plus vitreux que celui que présente les lames de fer oligiste ; leur cassure est plus brillante; leur couleur, au lieu de montrer celle gris d'acier du fer oligiste, est d'un beau noir luisant, et elles n'exercent aucune action sur le barreau aimanté. Lorsque leur forme peut être aperçue, ce qui est en général assez rare, on y reconnoît une lame hexaèdre très-mince, dont les bords sont alternativement inclinés en sens contraire, fig. 332. Cette forme n'est autre chose que celle qui appartient au cristal, fig. 331, dont les plans de remplacement des angles solides du sommet du rhomboïde, ont pris un accroissement tel qu'il reste très-peu de chose des plans primitif, indiqués ici par ceux qui forment les biseaux.

Outre le morceau que j'ai déjà cité, à l'article de l'anatase, renfermant cette variété, il existe dans cette suite, un autre morceau assez grand, garni de ces lames de craitonite, ainsi que plusieurs petits fragments.

Il seroit fort à désirer que cette substance fut analysée. Il ne m'eût été possible d'ajouter à son étude, cette partie si intéressante de ses caractères, qu'en sacrifiant presqu'en totalité tout ce qui en compose ici la suite, et j'avoue que le sacrifice étoit pour moi hors de la possibilité. S'il m'étoit permis de former d'avance une opinion, je croirois à cette substance plus de rapport avec le schéélin, qu'avec le titane.

SCHÉÉLIN.

SCHÉÉLIN MARTIAL.   WOLFRAM.

36 Morceaux, dont 11 *Cristaux isolés.*

La suite qui appartient, dans cette collection, à cette substance, est extrêmement précieuse pour en faire l'étude. A la tête des morceaux qui la composent, est un groupe assez considérable de cristaux de chaux fluatée, qui présente une grande cavité garnie de cristaux, depuis une jusqu'à deux lignes, **et plus**, de longueur; qui tous appartiennent au cristal primitif du Wolfram. Ce cristal est un prisme tétraèdre rectangulaire, à bases rectangles inclinées sur deux de ses côtés opposés, avec lesquels elles font des angles de 65° et 115°, ou à infiniment peu de chose près, fig. 338, pl. 18. Ce morceau excessivement rare, et que je crois même unique, étoit à l'origine une masse considérable de chaux fluatée, dont cette partie seule étoit garnie de cristaux de Wolfram ; je l'en ai séparée, ce qui a **procuré** plusieurs petits fragments, tous plus ou moins garnis des mêmes cristaux.

Ce prisme rectangulaire à bases inclinées, primitif, du Wolfram, est divisible, avec beaucoup de facilité, sur deux de ses faces longitudinales ; mais avec beaucoup de difficulté sur les quatres autres : c'est même beaucoup plus surement des cassures accidentelles qu'on doit attendre cette division suivant ces plans, que des efforts que l'art peut employer : le clivage, suivant ces plans, réussit bien rarement, surtout à l'égard des faces terminales. M. l'Abbé Haüy, dans sa minéralogie, n'avoit donné la situation perpendiculaire à l'axe, des faces terminales, que comme un fait simplement présumé.

Il existe, dans cette suite, un petit morceau de Wolfram en masse lamelleuse, qui offre une petite cavité, dans laquelle on peut reconnoître, avec la loupe, de très-petits cristaux de cette substance, qui appartiennent au même cristal primitif. Il y existe, en outre, plusieurs fragments, faits accidentellement et assez régulièrement, suivant la direction de tous les côtés du prisme rectangulaire à bases inclinées primitif, et qui laissent hors de doute que ce prisme est en effet celui primitif de cette substance.

Mon projet n'étant point d'entrer dans aucuns détails sur les variétés cristallines qui composent la série des formes du Wolfram, je me bornerai ici à ce que je viens de dire, à l'égard de son cristal primitif, en y ajoutant seulement la description de deux variétés qui l'accompagnent, dans le morceau que j'ai cité précédemment.

L'une d'elles, fig. 339, pl. 18, est une macle, formée par la réunion, en sens contraire, de deux de ces prismes primitifs.

L'autre, fig. 340, est le cristal primitif, dans lequel les bords des faces terminales, qui font avec celles du prisme l'angle de 65°, est remplacé par un plan, qui fait avec les côtés du prisme, un angle droit, et est par conséquent perpendiculaire à son axe.

Je citerai particulièrement, dans la suite de cette substance, une variété fort rare du Wolfram, à l'état fibreux, dont les fibres sont étroitement réunies en-tr'elles, et forment une masse solide ; ainsi que deux autres morceaux, dans lesquels le Wolfram est dans une gangue de tourmaline fibreuse capillaire, à fibres isolées : ces deux morceaux sont de Cornwall.

SCHÉÉLIN CALCAIRE. TUNGSTEIN.

11 Morceaux, dont 5 Cristaux isolés.

Il y a environ 13 ans, que dans un mémoire inséré dans le 75e numéro du Journal des Mines, j'ai fait connoître, pour la première fois, que le schéélin cal-caire avoit pour cristal primitif, non un cube, ni un octaèdre régulier, ainsi que cela étoit présumé, mais un octaèdre aigu, et que ni l'une, ni l'autre des deux premières formes, ne pouvoit lui appartenir. Un fait très-singulier, et qui pourroit être de quelque intérêt à la marche qui seroit suivie, pour assurer la véritable na-ture de la substance que j'ai décrite, il y a quelques instans, sous le nom de craitonite, est venu, il y a 24 ou 25 ans, éclairer mon opinion sur la véritable forme du cristal primitif du tungstein, ou schéélin cal-caire. Etant, en 1788, à la mine d'argent d'Allemond, dans les Alpes Dauphinoises, il fut trouvé, dans le même filon non métallique qui a fourni les cristaux d'anatase et de craitonite, un cristal, d'une grandeur assez consi-dérable et très-parfait, de schéélin calcaire, sans qu'il eut précédemment existé dans ce filon, et sans que, du moins à ma connoissance, il ait existé après, aucune autre trace de cette substance. Ce cristal étoit passé dans les mains de M. Colson, alors contrôleur de la mine d'argent d'Allemond, qui du moment qu'il vît tout l'intérêt qu'il m'inspiroit, me força de l'accepter : ce u'est pas la seule obligation de ce genre que j'ai eu, tant à lui qu'à M. Schreiber, directeur de cette mine, et elles flattent encore mon souvenir.

Ce cristal, qui est celui représenté dans la 18e planche, sous la fig. 342, offroit un octaèdre beaucoup plus aigu que celui que présente communément cette substance. L'angle de rencontre de ses arêtes, au sommet, étoit exactement celui de rencontre des plans de l'octaèdre moins aigu, et ses arêtes pyramidales étoient remplacées par un plan, qui laissoit voir, d'une manière sensible, que ce dernier n'étoit autre chose qu'un cristal secondaire, produit par le remplacement des arêtes de celui le plus aigu, qui alors étoit sa véritable forme primitive.

D'après les mesures que je pris dans ce temps, je crus reconnoître que l'angle solide de son sommet, pris sur ses faces, étoit de 48°, ce qui portoit à 64° 22′, celui pris de même sur les faces, dans l'octaèdre secondaire. M. l'Abbé Haüy, qui, dans son tableau comparatif, a reconnu l'exactitude de cette observation, a rectifié en même temps, avec justice, les mesures que j'avois données : il a fixé à 49° 40′ le premier de ces angles, et à 66° 24′, le second. Lorsque je donnai le mémoire que j'ai dit être inséré dans le 75e numéro du Journal des Mines, ce cristal n'étoit point en ma possession, il avoit subi le sort de tout ce qui jadis avoit fait, en France, ma propriété. Quelle fut ma satisfaction, lorsque, quelque temps après, mon digne ami M. Gillet de Laumont, qui avoit trouvé à en faire l'acquisition chez les marchands de minéraux de Paris, me le fit parvenir. Ce cristal, que je crois unique, tant par sa forme, que par la perfection de sa cristallisation, est aujourd'hui dans la collection de M. Greville ; il en désiroit ardemment la possession, je lui en ai fait le sacrifice, c'en étoit véritablement un : je ne prévoyois pas alors que c'étoit un regret de plus que je me préparois à ajouter, à tant d'autres qui forment aujourd'hui les seules sensations auxquelles le souvenir me permette de me livrer.

M. l'Abbé Haüy, en donnant, dans son tableau comparatif, d'après mes propres observations rectifiées par lui, l'octaèdre aigu, dont les plans se rencontrent au sommet, sous un angle de 49 40′, et à la base sous un de 130° 20′, fig. 341, qui est celle 67, pl. 4, de son tableau comparatif, pour forme primitive de cette substance, ne cite pas celui que j'avois donné dans mon mémoire, et qui avoit été la cause première de l'observation qui avoit déterminé cette forme. Ce cristal offroit cependant un double intérêt, en ce qu'il faisoit voir, en même temps, que l'octaèdre primitif du tungstein, étoit soumis à la modification qui remplace l'angle solide de son sommet par un plan perpendiculaire à son axe. J'ai cru devoir réparer cet oubli, en plaçant ce cristal sous la fig. 342 ; ce qui m'a déterminé, en même temps, n'y ayant que très-peu de cristaux de connus dans cette substance, d'y joindre les figures de ceux qui existent dans la suite qui lui appartient dans cette collection.

La fig. 341, est celle de l'octaèdre primitif de cette substance.

Celle 342, est celle du cristal des Alpes Dauphinoises que j'ai citée précédemment. Dans celle fig. 344, les plans de remplacement des arêtes ont pris une

étendue beaucoup plus considérable, et dans celle 343,
les plans de l'octaèdre primitif ont complettement disparu, pour faire place à ceux de l'octaèdre secondaire.

Les variétés représentées sous les fig. 347, 348,
et 349, existent toutes sur un groupe placé dans
cette collection, et qui vient de Schlaggenwald. Ces
cristaux, qui sont placés sur une base de quartz, sont
trop petits pour pouvoir permettre de compter assez
exactement sur les mesures des angles d'incidence de
leurs facettes secondaires, pour établir ici ces mesures,
je me contenterai, en conséquence, de les donner par
simple approximation.

Dans la fig. 347, les plans secondaires sont produits
par un reculement intermédiaire aux angles qui concourent à la formation du sommet de l'octaèdre primitif, et de chaque côté de ses arêtes, de manière à ce
que chacune des arêtes soit remplacée par deux facettes
inclinées vers le sommet, et qui, étant placées dans un
même plan, n'en font qu'une, qui fait avec les arêtes
pyramidales, un angle d'environ 165', 30'. Elles
tendent à remplacer le sommet de l'octaèdre primitif, par une petite pyramide tétraèdre, placées sur ses
arêtes, et dont l'angle du sommet seroit d'environ 95°.
Dans les cristaux du morceau que j'ai cité, ces plans
sont combinés avec ceux de l'octaèdre secondaire,
et en outre, sur plusieurs, avec les plans de remplacement de l'angle solide du sommet par un plan perpendiculaire à l'axe, ainsi que le représente la fig. 348.

Dans le cristal placé sous la fig. 349, les plans d'une
autre modification viennent se joindre à ceux de celle
précédente, dans le remplacement de l'angle solide du

sommet de l'octaèdre primitif. Ces nouveaux plans sont produits par un reculement éprouvé aux angles des plans de cet octaèdre, qui concourent à la formation de celui du sommet, reculement qui remplace cet angle par un plan qui fait avec celui correspondant, dans le cristal primitif, un angle d'environ 147° 30'. Ces nouveaux plans, tendent à remplacer le sommet de l'octaèdre primitif par une petite pyramide tétraèdre, dont les plans sont en opposition des faces de l'octaèdre, et se rencontreroient entr'eux, au sommet, sous un angle d'environ 115°. Ceux qui, dans les cristaux de ce morceau, contiennent les plans de cette dernière modification, sont combinés avec les plans de la modification précédente, ainsi qu'avec ceux de l'octaèdre secondaire.

Les cristaux isolés qui appartiennent à cette suite, et qui sont adhérents, soit à un petit morceau de quartz, soit à un petit cube de chaux fluatée bleue, appartiennent à la variété représentée sous la fig. 346, qui est l'octaèdre secondaire, avec les sommets remplacés par un plan perpendiculaire à l'axe, qui s'approche considérablement de la base commune aux deux pyramides. Ces cristaux sont très-parfaits ; ils viennent aussi de Schlaggenwald.

TELLURE.

La suite qui, dans cette collection, appartient à cette substance, est très-précieuse ; d'abord par la perfection des échantillons qui la composent, et ensuite par le nombre des cristaux qu'elle renferme. La plupart de ces cristaux sont, il est vrai, très-petits ; mais, en même temps, comme ils sont très-parfaits, ils m'ont mis à même de pouvoir déterminer ce qui concerne la partie cristalline du tellure, sur laquelle rien jusqu'ici n'a encore été donné, ce travail étant fait depuis quelque temps, j'éprouve une véritable satisfaction de pouvoir en placer ici le résultat. Je crois, cependant, devoir le faire précéder de quelques observations.

Je pense, avec Monsieur l'Abbé Haüy, que les différents aspects sous lesquels le tellure se présente, et dont plusieurs minéralogistes ont fait diverses espèces particulières, dérivent d'une seule et même espèce le tellure métallique, dont elles ne sont que des variétés ; que l'or, l'argent, le fer et le plomb, qui s'y rencontrent, n'y sont placés que par interposition, et comme mélange, et n'entrent absolument pour rien dans la composition, et par conséquent, dans la formation de leur molécule intégrante.

Le cristal primitif auquel il m'a paru que se rapportoient toutes ces variétés, est un prisme tétraèdre rectangulaire. Quelques-unes d'elles, admettent une forme réellement octaèdre ; mais cet octaèdre est alors aigu, et ne rappelle en aucune manière celui régulier. La forme tétraèdre rectangulaire de cette substance, avoit cependant déjà été aperçue, M. Mohs, dans son excellent catalogue de la belle collection de M. Von der Null, vol. 3, page 57, dit qu'il présume que la forme du tellure métallique est un prisme tétraèdre presque rectangulaire, terminé par une pyramide tétraèdre aussi, et il ajoute que les minéralogistes, dans la collection desquels cette substance offrira des morceaux qui le permettront, feront, sans doute, connoître un jour sa forme, et détermineront si sa conjecture est fondée ou non. C'est avec beaucoup de plaisir que réalisant cette conjecture, je rends en même temps parfaitement justice à l'exactitude de son observation.

La forme primitive du tellure, prise d'après toutes ses variétés, est un prisme tétraèdre rectangulaire à bases quarrées, dans lequel les bords du prisme sont à ceux des faces terminales, dans le rapport de 7 à 10, fig. 350, pl. 18.

J'ai observé, dans cette substance, 5 modifications de son cristal primitif.

La première, remplace les bords du prisme par un plan, qui fait avec ceux adjacents, un angle de 135°, et est le résultat d'un reculement, par une rangée, le long de ces bords.

La seconde modification, remplace chacun de ces mêmes bords par deux plans, qui font avec les côtés du prisme sur lesquels ils inclinent, un angle de 146° 19′, et sont produits par un reculement, le long de ces bords, par trois rangées en largeur, sur deux lames de hauteur.

La troisième modification, remplace les bords des faces terminales, par un plan qui fait avec ces mêmes faces un angle de 115° 27′, et est le produit d'un reculement, le long de ces bords, par une rangée en largeur, sur trois lames de hauteur.

La quatrième modification, remplace ces mêmes bords des faces terminales, par un plan qui fait avec elles un angle de 145°, et est le produit d'un reculement, par une simple rangée, le long de ces bords.

La cinquième modification, remplace les angles des faces terminales, par un plan qui fait avec ces mêmes face un angle de 121° 45′, et est le produit d'un reculement par deux rangées en largeur, sur trois lames de hauteur, à ces mêmes angles.

Quoique les différents aspects sous lesquels se présente cette substance, ne soient, suivant mon opinion étayée de celle de M. l'Abbé Haüy, que de simples variétés d'une seule et même espèce, cependant les différences que ces variétés ont entr'elles, sont assez frappantes pour qu'on doive, ce me semble, à l'exemple de la méthode adoptée par M. Werner, former dans cette substance trois sous-espèces de celle principale, le tellure métallique. La cristallisation elle-même, quoique dérivant toujours du même type, semble inviter à cette division, par l'espèce de distinction qu'elle met entre les variétés du cristal primitif, qui paroissent être particulières à chacune des sous-espèces. Elle fait voir que, quoique l'introduction d'une substance étrangère entre les molécules de celle qui cristallise, n'affecte point la cristallisation au point de faire varier la forme du cristal primitif, par la variation de la molécule intégrante, elle peut avoir, et a même très-souvent une influence très-marquée, sur les formes secondaires de la substance dans laquelle l'introduction a lieu.

Au moyen du numéro de chacune des modifications, placé sur les faces qui leur appartiennent, les figures qui représentent les variétés propres à chacune des sous espèces, n'ayant besoin d'aucune explication, je ne m'arrêterai sur quelques-unes d'elles, dans les détails suivants, que lorsqu'elles donneront lieu à quelques observations particulières.

TELLURE MÉTALLIQUE NATIF

8 *Morceaux*.

Quoique le tellure métallique natif soit l'espèce principale d'où proviennent les autres sous-espèces, les cristaux commencent, dans la planche, par ceux qui appartiennent à la sous-espèce lamelleuse, parceque c'est celle sur laquelle les faits cristallographiques sont les plus claires et les plus faciles à saisir, et en même temps celle dont les formes secondaires s'écartent le moins de celle primitive. En s'occupant de la partie cristalline de cette substance, il sera donc bien d'en suivre les détails suivant l'ordre qui est établi dans la planche.

Rien n'est plus rare que de rencontrer des cristaux dans le tellure natif, qui est ordinairement en masse composée de petites lames courtes et entrecroisées, ressemblant parfaitement, à la couleur près qui est plus blanche, à l'antimoine natif, ou se montre en petites lames irrégulières dissiminées, soit dans du quartz, soit dans du manganèse quartzeux, soit dans d'autres gangues. J'ai cependant été assez heureux pour rencontrer, dans la variété en petites lames disséminées dans du quartz, un petit morceau dans lequel la loupe fait apercevoir quelques cristaux très-parfaits ; ils appartiennent aux trois variétés représentées sous les fig. 372, 373, et 374. La dernière de ces variétés avoit été vue par M. Mohs ; c'est celle que ce savant a citée dans l'obvation que j'ai rapportée plus haut.

Parmi les autres morceaux qui, dans cette collection, composent la suite de cette substance, j'en citerai un qui appartient à la variété en masse à lames courtes

entrecroisées, qui contient en outre quelques parties
de la variété lamelleuse grise de Naggiag. Dans deux
autres morceaux, cette substance est disseminée dans
du manganèse quartzeux couleur de chaire pâle, à-
peu-près comme le quartz l'est dans la pierre dite
granite graphique.

PREMIERE SOUS-ESPECE.

TELLURE LAMELLEUX. NAGGIAG-ERZ. (*Werner.*)

21 Morceaux, dont 15 Cristaux isolés.

Des 15 cristaux isolés qui appartiennent à cette
substance, 6 sont de petits groupes, mais faisant l'office
de cristaux isolés.

Dans cette sous-espèce, les cristaux sont d'une division très-facile, suivant toutes les directions qui répondent à celles du prisme tétraèdre rectangulaire
primitif, cependant cette division est beaucoup plus
facile sur les plans des faces terminales que sur les
autres. Il existe, dans cette suite, deux petits morceaux appartenant à la variété à grandes lames indéterminées, dans lesquels on distingue parfaitement,
par les cassures accidentelles, la direction des joints
naturels parallélement aux plans de ce prisme. Il y
existe aussi un petit groupe, extrêmement rare par
la grandeur, ainsi que par la perfection des cristaux
qu'il renferme, au nombre desquels en sont quelques-
uns qui appartiennent au cristal primitif.

Les cristaux de cette sous-espèce, se présentent sou-

vent en lames très-minces, parmi lesquelles quelques-
unes appartiennent à la variété représentée sous la fig.
353, qui est le prisme rectangulaire primitif très-court,
dans lequel les bords longitudinaux sont remplacés,
par le plan dû à la première modification, ce qui
change ces lames en un prisme court octaèdre; mais
lorsque ces cristaux sont très-petits, et qu'ils ne laissent apercevoir qu'une partie de leur étendue, ils font
alors illusion, et paroissent souvent être des lames
hexaèdres: c'est, à ce que je pense, à cette illusion qu'il
faut attribuer ce qui a été dit de la cristallisation de
ce tellure en lames hexaèdres, qui n'y existent pas.

Il en est de même à l'égard de l'octaèdre régulier,
qui n'y existe pas non plus, et ne peut même y exister, son prisme tétraèdre rectangulaire primitif, n'étant
pas un cube; mais quelquefois les plans de remplacement des bords des faces terminales dûs à la 3me modification, prenant un accroissement très-considérable,
et les plans longitudinaux du prisme primitif dispa-
roissant, le cristal passe en réalité à un octaèdre, ainsi
que le représente la fig. 356; mais cet octaèdre, dont
les plans, s'il étoit complet, se rencontreroient au
sommet sous un angle de 52°, 54', est beaucoup plus
aigu que celui régulier.

Dans la fig. 357, la pyramide est octaèdre par
l'accroissement des plans des 3me et 5me modifications; mais ceux dus à la 8me, étant moins inclinés
sur les faces terminales que ceux qui sont dus à la
5me, si la pyramide étoit terminée, n'atteindroient
pas jusqu'à son sommet. Si les plans de la 5me modification formoient seuls la pyramide, l'octaèdre qui
en résulteroit feroit au sommet, par la rencontre de

ses plans, un angle de 67°, 52′, il seroit donc plus
aigu encore que celui régulier, quoique moins que celui de la variété précédente. Il existe, dans cette suite,
deux cristaux isolés qui appartiennent à ces deux variétés.

Cette première sous-espèce du tellure se distingue
facilement des autres, par sa couleur grise plus foncée,
par sa texture très-lamelleuse, ainsi que par le clivage
très-facile de ses lames parallélement aux faces terminales. Il s'en distingue en outre, par la flexibilité de
ces mêmes lames, lorsqu'elles ont peu d'épaisseur, ce
qui n'existe dans aucune des autres sous-espèces.

SECONDE SOUS-ESPÈCE.

TELLU REGRIS. VEISS—SILVANERTZ. (*Werner*.)

20 Morceaux, dont 15 Cristaux isolés.

Ce qui est cité, à cet article, comme étant des cristaux isolés, sont des petits groupes de fort petits rhomboïdes lenticulaires de chaux carbonatée martiale légèrement rosée, sur lesquels sont placés de petits cristaux de tellure.

Cette sous-variété du tellure a une texture moins
lamelleuse que la précédente, et ses cristaux ont souvent une certaine épaisseur. Ses formes paroissent
s'écarter davantage du prisme tétraèdre rectangulaire :
cependant, parmi les petits groupes qui existent dans
cette suite, il y en a dans lesquels on observe des cristaux qui appartiennent à ce même prisme sans aucune

modification. Les cristaux de cette sous-espèce du
tellure sont aussi moins faciles à cliver, que ceux de
la sous-espèce précédente, et je n'ai pu leur observer
aucune flexibilité ; du reste la couleur grise est la
même. Cette sous-espèce du tellure a un très-grand
rapport avec celle précédente, dont elle est très-fréquemment accompagnée ; on observe fort souvent, mélangées avec elle, de petites parties de galène et de
blende.

Un des morceaux que renferme cette suite, quoique
d'un volume peu considérable, est très-intéressant et
très-rare, en ce que, à l'exception de quelques petites
parties de chaux carbonatée martiale rosée, et de quelques petits cristaux de quartz, il est en totalité composé de petits cristaux de tellure gris, en octaèdre dont
tous les angles solides sont occupés par un plan, fig.
364 ; mais l'octaèdre n'est pas celui régulier, il est un
peu plus aigu, et tel que celui dont on a déjà vu un
exemple dans la fig. 357. D'un côté, les cristaux
de cette sous-espèce de tellure, lorsqu'on n'a pas été
à portée d'en faire l'étude, sont bien propre, pour quelques-uns d'eux, à tourner les regards de l'observateur
vers l'octaèdre régulier, et d'un autre, on peut observer,
dans un très-grand nombre, un rapport très-marqué
avec les cristaux du triple sulfure d'antimoine plomb
et cuivre, ou Endellione. Sans l'éclat de sa cassure,
lorsqu'elle peut être aperçue, on seroit bien facilement tenté aussi de rapporter les cristaux qui appartienne à la variété, fig. 364, à la galène, dont ils ont
à-peu-près la couleur.

TROISIÈME SOUS-ESPÈCE.

TELLURE GRAPHIQUE SCHRIFTERTZ, (*Werner*.)

29 *Morceaux, dont* 25 *Cristaux isolés.*

Les formes cristallines qui appartiennent à cette 3me sous-espèce du tellure, sont extrèmement difficiles à saisir et à déterminer, parce que tantôt ses cristaux ne sont que des agrégations qui dénaturent la figure propre à chacun des cristaux agrégés, et que d'autre fois ces mêmes cristaux ne sont que des espèces de carcasses, ou de véritables enveloppes extérieures, formées à la manière des trémies de l'alun et du sel marin, dans lesquelles il est presqu'impossible d'apercevoir la forme exacte que la cristallisation auroit eu, si elle eut été parfaite. J'ai cependant été assez heureux pour trouver des morceaux qui pussent me permettre d'observer des cristaux parfaits de cette sous-espèce : ils m'ont offert les variétés représentées dans la 19me planche. Toutes dérivent du prisme tétraèdre rectangulaire primitif, considérablement allongé parallélement à deux de ses côtés longitudinaux. Ces cristaux composent une série de formes totalement différentes de celles qui appartiennent aux deux sous-espèces précédentes, quoique se rapportant toujours au même cristal primitif. La variété représentée sous la figure, 371, est très-particulière par les diverses aspects sous-lesquelles elle se présente, et les illusions qu'elles peuvent occasionner. C'est une des variétés la plus su-

jette à ne montrer que la carcasse de la forme à laquelle elle appartient ; d'autrefois elle ne laisse apercevoir que de simples parties, plus ou moins incomplettes, de son cristal : dans ce dernier cas, ses cristaux
s'offrent sous l'aspect, tantôt d'un rhomboïde, d'autrefois sous celle d'un octaèdre ou même d'un tétraèdre,
et d'autrefois enfin, sous différentes autres formes totalement étrangères à celles qui lui appartiennent en
réalité : j'ai été moi-même, pendant long-temps, trompé
par ces différents aspects.

Cette sous-espèce est très-facile à distinguer des précédentes, par sa couleur, qui est beaucoup plus blanche,
par l'éclat plus considérable de la surface de ses cristaux, par leur grande fragilité, et par l'absence absolue
de toute flexibilité.

Je ne puis me déterminer à finir cet article, et presque ce catalogue, sans recommander aux jeunes gens
qui se livrent à l'étude de la minéralogie, de s'accoutumer à l'usage de la loupe, dans l'examen des petits
objets, si fréquents à rencontrer dans cette étude, et
qui pour l'ordinaire, surtout dans ce qui concerne la
cristallographie, sont les plus parfaits. Sans ce secours,
même avec la vue la meilleure, un grand nombre de
détails, importants à la connoissance des substances,
échappent. Sans la loupe, par exemple, je n'aurois
jamais pu découvrir la forme exacte des cristaux qui
appartiennent au tellure métallique pur, et j'aurois été
obligé d'attendre que les circonstances aient pu me
procurer, dans cette substance, des morceaux renfermant des cristaux propres à être parfaitement saisis
avec la vue simple, et jusqu'à ce moment j'aurois attendu en vain. Les cristaux très-petits qui, pour

l'intérêt dont bien souvent ils sont à la minéralogie,
peuvent être comparés aux étamines presque micros-
copiques de certaines plantes dans la Botanique, ne
sont pas les seuls objets de la minéralogie, à l'égard
desquels le secours de la loupe vienne completter nos
connoissances, en nous donnant lieu d'observer des
faits qui, sans ce moyen, nous échapperoient bien
sûrement. L'étude des roches même, est singulièrement aidée par le secours de cet instrument ; la texture d'un grand nombre d'entr'elles ne peut-être parfaitement distinguée que par son moyen : il est bien
souvent arrivé de parvenir, avec son secours, à discerner, dans des roches composées ; mais que la finesse
du grain rendoit homogènes à la vue simple, non-seulement leur hétérogénité, mais encore, avec un peu de
soin et d'attention, la nature de chacune de leurs parties intégrantes. Avec un peu d'habitude, cet instrument cesse de fatiguer l'œil, dont il augmente alors la
force et les facultés. Je sais que l'opinion générale a
établi, que le fréquent usage d'un verre grossissant fatigue à la lonque cet organe si précieux à conserver ;
je crois que c'est une erreur, et que, lorsque cet organe
est bien conformé, il en est de lui comme de tous les
autres dont nous faisons l'usage le plus habituel, l'exercice le fortifie, en engageant les principes vitaux à
se porter avec plus d'action vers les nerfs qui leur appartiennent, et dont les mouvemens, en se multipliant
avec sagesse, ne font que déterminer plus fortement
vers eux l'attention de la nature. Seulement il seroit
nécessaire, pour ne pas fortifier un œil au dépend de
l'autre, de faire alternativement un usage égal des deux.
Peu de personnes ont très-certainement fait plus que

moi usage, soit de la loupe, soit autrefois du microscope, et cependant, arrivé à un âge où beaucoup d'autres depuis long-temps sont obligés de se servir de
lunettes, ma vue est aussi fraiche, et se fatigue aussi
peu et aussi difficilement qu'elle pouvoit le faire dans
l'âge le plus tendre. Seulement, ayant contracté l'habitude de me servir constamment du même œil, je
m'aperçois qu'il est beaucoup plus fort et meilleur,
que celui qui est toujours resté en repos tandis que
l'autre étoit le plus fortement occupé. J'ai bien certainement dû, à l'usage contracté de la loupe dès les
premiers moments de mon goût pour la minéralogie,
qui remonte aux premières et aux plus aimables années de ma vie, nombres des observations que j'ai pu
faire ayant échappées aux autres, et qui très-probablement, sans son secours, m'eussent aussi échappées à
moi-même.

CÉRITE.

6 *Morceaux.*

On observe, dans un des morceaux de la suite qui
appartient à cette substance, une texture lamelleuse
indiquée, dans quelques-unes des parties de sa surface,
par la réflexion des lames cristallines ; ce qui laisse
apercevoir la possibilité de rencontrer, un jour, la cérite à l'état de cristallisation parfaite. Je dois ce morceau intéressant à l'amitié du Dr. Wollaston secrétaire
de la Société Royale de Londres.

Il existe en outre, dans cette suite, un morceau,
d'une grandeur assez considérable, dans lequel le cérite
est d'un brun rougeâtre qui même, dans quelques-unes
de ses parties, tire légèrement sur le noir ; cette sub-

stance y est mélangée de petites parties d'une **autre**
substance mamelonnée, d'un beau vert un peu bleuâtre
et transparente, qui ne me paroissent pas pouvoir appartenir au cuivre; mais dont je ne puis déterminer
la nature : comme ce même morceau renferme aussi
un assez grand nombre de petites parties de moly-
dène interposées, cette substance verte appartiendroit-
elle à l'oxyde vert de molybdène ? (Voyez l'article de
cette dernière substance.) Ce morceau est très-beau
et très-rare. Dans un autre des morceaux de cette
suite, on observe de même de petites parties de molybdène qui y sont disséminées ; mais elles y sont isolées,
et n'y forment pas de petites masses, comme dans le
morceau précédent.

Dans les autres des morceaux de cette substance, le
cérite est mélangée de hornblende fibreuse verte.

ALLANITE.

4 *Morceaux.*

Les quatre morceaux qui forment la suite de cette
substance placée dans cette collection, sont accompagnés de plusieurs fragments.

Cette substance, dont le cérium fait une des parties
constituantes, a été citée, pour la première fois, l'année dernière, dans les Transactions de la Société
Royale d'Edimbourg, où le Dr. Tomson en a donné
l'analyse et la description. Comme depuis les journaux
en ont fait mention, je me dispenserai d'entrer, à son
égard, dans aucun autre détail que ceux qui concernent
sa cristallisation.

Quoique cette substance paroissent avoir une grande
tendance à cristalliser, en admettant des formes par-

faitement prononcées, cependant, la grande rareté
dont elle est encore dans ce moment, fait que nous
connoissons fort peu de chose à l'égard de cette partie
de son étude ; je vais placer ici ce que l'observation
m'a appris sur cet objet.

Des quatre morceaux qui composent cette suite,
l'un d'eux, contient un fort grand cristal d'allanite ;
mais son prisme seulement, est dans un état de parfaite
conservation : il appartient à la variété représentée sous
la fig. 375. J'en ai l'obligation à l'amitié de M. Fergusson, qui, de son côté, le tenoit de M. Allan, à qui
je dois moi-même les autres morceaux de cette substance que je possède. Ce cristal, et un autre fragment représenté sous la fig. 376, sont tous ceux que
je connoisse. Mais comme ils ont tous deux des faces
additionnelles en remplacement des bords longitudinaux de leurs prismes, et que ces faces sont parfaitement prononcées, il m'a été possible de déterminer, par
elles, la forme de son cristal primitif. Je n'ai pas été
aussi heureux à l'égard de sa hauteur, qui restera in-
déterminée jusqu'à ce que quelques facettes bien prononcées, en remplacement, soit des bords, soit des angles de ses faces terminales, viennent nous permettre
de déterminer cette hauteur, ainsi que, d'une manière
positive, la situation des faces terminales elles-mêmes.

Le cristal primitif de cette substance me paroît être
un prisme tétraédre rectangulaire, à base rectangle,
dans lequel les bords des faces terminales sont, entr'eux, dans le rapport de 12 à 5,6.

Ce cristal éprouve, à l'égard de ses bords longitudinaux, trois modifications. Par la première, ces bords
sont remplacés par un plan qui fait avec les côtés les

plus larges du prisme, un angle de 154° 59′, et est le résultat d'un reculement, le long de ces mêmes bords, et sur les côtés larges du prisme, par une simple rangée.

Par la seconde modification, ces mêmes bords sont remplacés par un plan, qui fait avec les côtés étroits du prisme, un angle de 139° 24′, et est le résultat d'un reculement par 5 rangées en largeur, sur deux lames de hauteur, le long de ces mêmes bords, et sur les côtés étroits.

Dans la troisième modification, les mêmes bords encore sont remplacés par un plan, qui fait avec les côtés larges du prisme, un angle de 151° 49′, et est le résultat d'un reculement, par 4 rangées le long de ces bords, et sur les faces larges.

Dans la variété, donnée par le Dr. Tomson dans son mémoire sur cette substance, il cite un prisme tétraèdre rhomboïdal de 117° et 63° : ce prisme me paroît devoir être le résultat d'un reculement, sur les faces larges de celui primitif, par 3 rangées en largeur, sur 4 lames de hauteur; mais, il seroit alors de 116° 14′ et 63° 46′.

Le même savant, cite un prisme hexaèdre ayant deux angles de 90° et quatre de 135°. Je n'ai point aperçu de plans analogue à celui de remplacement des bords du prisme, qui donneroit cette variété. Par un reculement le long des bords du prisme primitif, et sur ses faces larges, par une rangée en largeur, sur deux lames de hauteur, ces bords se remplaceroient par un plan qui feroit sur les plans du prisme, d'un côté, un angle à infiniment peu-près de 137°, et de l'autre, de 133°.

Dans la figure donnée par le Dr. Tomson, le prisme

hexaèdre qu'il a représenté, est accompagné de quelques facettes le long de ses faces terminales ; il est fort
à regretter que ce savant n'ait pu donner les mesures
des angles d'incidence de toutes ces faces additionnelles,
elles nous eussent probablement mis dans le cas de discerner, si celle qu'il dit faire un angle de 125° avec le
côté du prisme sur lequel elle incline, est due à un reculement le long de deux des bords opposés des faces
terminales, cette même face terminale étant, comme
je le pense, perpendiculaire à l'axe ou bien, si cette
même facette n'occupe pas la place de la face terminale
elle-même, et nous eussions eu alors des données pour
déterminer la hauteur du prisme primitif.

Le cristal donné par M. Tomson, dans son mémoire, sous la fig. 1, a été vérifié depuis être un petit
cristal de jargon, substance qui, quelquefois, se montre disséminée, en très-petits cristaux, dans celle de
l'allanite, et qu'il étoit extrêmement facile, et même
naturel de confondre avec l'allanite elle-même.

Il est très-difficile de discerner cette substance de la
gadolinite, avec laquelle elle a une ressemblance étonnante dans la presque totalité de ses caractères extérieurs, et j'ai été moi-même trompé à l'origine par
son aspect. Je ne connois, dans ses caractères extérieurs, qu'un seul d'entr'eux qui puisse guider avec
quelque certitude, ce sont les fragments minces des
deux substances ; ceux de la gadolinite sont translucides sur les bords, et laissent alors apercevoir la belle
couleur verte, qui est celle propre à cette substance,
celle noire n'étant due qu'à l'intensité de cette couleur
verte, ainsi qu'à son opacité, tandis que les fragments
d'allanite conservent leur couleur noire et leur opacité

j'ai, cependant, aperçu une fois, sur un fragment extrêmement mince, une très-légère transparence, et avec
elle une couleur d'un brun jaunâtre.

TANTALE OXYDÉ YTTRIFÈRE.

2 Morceaux.

CHROME OXYDÉ.

7 Morceaux.

Dans ces morceaux, le chrome oxydé est silicifère,
et sa couleur verte paroît y avoir une intensité proportionnée à la quantité de silice qu'il renferme.

Ces morceaux viennent des Ecouchets en Bourgogne, où cet oxyde a été pour la première fois observée par M. l'Eschevin. J'en dois la possession à
son honnêteté.

Cette substance est renfermée, à l'état pulvérulent,
dans une roche composée de quartz et de feldspath
altéré d'un blanc mat, dans laquelle on observe, çà et
là, quelques paillettes de mica. Dans quelques morceaux le quartz domine, et dans d'autres le feldspath.

Il existe, dans cette collection, un morceau qui est
presqu'en totalité quartzeux : le quartz y est à l'état
compacte, et colorée par l'oxyde de chrome de manière
à ressembler fortement à la prase. Cette roche me
paroît appartenir à un des dépôts de la désintégration
du granit, fait à une distance peu éloignée du lieu de
son origine.

MORCEAUX ISOLÉS, APPARTENANT AUX MÉTAUX, SORTIS
DES SUITES A RAISON DE LEUR GRANDEUR, ET
PLACÉS DANS DES TIROIRS DONT LES CASES SONT
PLUS GRANDES.

70 Morceaux.

Tous ces morceaux portent avec eux un intérêt particulier, et la plupart sont rares. Je citerai particulièrement parmi eux.

1°. Un grand morceau de platine, pesant 3 onces.
Ce morceau, qui vient du Pérou, paroît être le produit
d'une fusion, soit naturelle, soit accidentelle, difficile
à expliquer. Il est très poreux, et le platine y est en
masse granuleuse ressemblant assez, dans les parties
où il est pure, à l'antimoine métallique natif arsenical
d'Allemond, dans les Alpes Dauphinoises. Telle est
une partie de sa masse. Dans l'autre, la couleur est
beaucoup plus obscure, et le lustre est beaucoup moins
brillant; souvent même il est parfaitement mat. Cette
dernière partie est fortement attirable au barreau aimanté, tandis que celle blanche et brillante l'est d'autant moins, que sa couleur est plus blanche, et son
lustre plus éclatant ; et lorsque ces deux caractères
sont au plus haut degré, elle n'agit en aucune manière
sur le barreau aimanté. Il existe donc, dans ce morceau, des parties dans lesquelles le platine est pure,
tandis que dans les autres il est mélangé de fer, soit
métallique, soit oxydulé. Il existe, interposées dans
ce morceau, de petites lames d'un blanc grisâtre et

d'un lustre graisseux, qui me paroissent appartenir à
un véritable verre. La dureté de la substance à laquelle appartient ces lames, est assez considérable pour
rayer le verre ordinaire. Elle fond, sans bouillonnement et sans changer de couleur, sous une action assez
forte du chalumeau ; après quoi on ne peut parvenir,
avec lui, à la fondre de nouveau. Lorsque je me suis
procuré ce morceau, ainsi que deux autres qui sont
placés dans cette collection, tous leurs pores étoient
parfaitement remplis du même sable fin qui accompagne habituellement le platine du Pérou, et quelque
soin que j'ai pu prendre, il ne m'a pas été possible de
l'en dégager complettement. Lorsque l'on brise quelques parties de ce morceau, on met souvent à découvert alors de nouveaux pores qui en sont entièrement
remplis ; de sorte que si ce morceau est, ainsi qu'il
l'annonce, le produit d'une fusion, cette fusion paroît
devoir avoir été faite au milieu du sable même dans
lequel le platine étoit placé. Il est difficile, sans aucune autre donnée, de pousser plus loin cette observation qui par elle-même est cependant bien faite pour
exciter l'intérêt et la curiosité. Le sable que j'ai extrait des pores de ce morceau, est d'un grain très-fin :
il contient un grand nombre de petits grains de fer
oxydulé, dont plusieurs, étant vus avec la loupe, présentent des octaèdres très-parfaits. Il contient aussi
de fort petits cristaux de zircon rouge très-parfaits ; et
j'y ai observé, en outre, de petits cristaux du mélange
ou combinaison métallique d'iridium et d'osmium, il
existe, dans la suite qui, dans les tiroirs, appartient au
platine, deux autres morceaux semblables, l'un d'eux

pesant une once et demie, et l'autre à-peu-près une once.

2°. Un morceau de l'espèce de roche, qui sert de gangue à la mine d'or de Vöröspatak, en Transilvanie, sur laquelle sont plusieurs petites lames, très-minces, hexagones, et parfaitement régulières d'or métallique natif.

3°. Un morceau de quartz à l'état cristallin, sur lequel est un grand cube d'environ 5 lignes de côté d'argent sulfuré. Il laisse apercevoir, sur ses faces, avec la loupe, des stries très-fines parallèles à ses deux diagonales, qui mettroient dans le cas de présumer que le cube, cristal primitif de cette substance, a des joints naturels dans cette même direction. Ce morceau est du Mexique.

4°. Un morceau sur lequel est un grand cristal de cuivre bleu, parfaitement régulier, et d'une variété non décrite, qui est passé en totalité et sans être déformé en quoique ce soit, et avoir rien perdu du lustre de sa surface, à l'état de cuivre carbonaté vert. Il est de Sibérie.

5°. Un groupe, mélangé de quartz, de fort petits cristaux d'étain oxydé de la variété en prismes tétraèdres très-allongés, terminés par une pyramide octaèdre, connue en Cornwall, sous le nom de niedeltin, dont ce groupe présente de très-jolies variétés.

6°. Un autre groupe des mêmes petits cristaux d'étain oxydé, appartenant à la même variété, et renfermés dans une masse de chlorite verte. Ce morceau a une de ses faces recouverte par une couche, peu épaisse, de fer spathique que la loupe fait voir être

une agrégation d'une quantité immense de forts petits
cristaux, d'une variété de forme très-particulière, mais
qui ne peut être complettement aperçue. Ce morceau
a, adhérant à lui, un fragment de schiste chlorite nommé *Killas* en Cornwall, d'où vient ce morceau. J'observerai ici, à l'égard de cette roche, très-abondante
dans le district des mines d'étain de Cornwall, où elle
présente diverses variétés, et qui me paroît encore fort
peu connue, que les parties composantes qui entrent
dans sa substance, sont le mica vert très-atténué, nommé chlorite, le quartz et le Feldspath, et que les variétés qu'elle présente dépendent de la manière dont
ces trois parties se réunissent entr'elles dans l'agrégat
que forme leur mélange. Lorsqu'ainsi que le présente
le fragment joint à ce morceau, la chlorite y domine
considérablement, et n'est mélangée qu'avec du quartz,
elle se présente sous l'état Schisteux à couches minces,
et souvent même, ainsi que cela existe dans ce même
fragment, les couches de chlorite y alternent plus ou
moins régulièrement avec des couches de quartz. A
proportion que le quartz où le Feldspath y prédomi-
nent, cette roche prend des couches beaucoup plus
épaisses et perd même complettement l'aspect Schisteux : le Feldspath y montre quelquefois des parties
lamelleuse ; mais pour l'ordinaire il y est à l'état compacte. Lorsque c'est le quartz qui domine dans le
mélange, cette roche se présente comme une roche
quartzeuse mélangée de chlorite et colorée par elle,
et lorsque c'est le Feldspath, elle se présente sous
l'aspect d'un Feldspath compacte mélangé et coloré
de même par la chlorite : quelquefois, dans le même
morceau, ces trois substances sont dosées différem-

ment, on y observe alors des parties plus ou moins
grandes, soit de quartz pur, soit de Feldspath pure,
qui lui donnent un aspect qui a fait donner à cette
roche, par plusieurs minéralogistes, le nom de Gran-
wake, il existe, dans cette collection, des morceaux
qui viennent à l'appuie de ce que je viens de dire sur
cette roche.

7°. Un groupe de cristaux d'étain oxydé, appartenant encore à la même variété de forme; mais dans
lequel les cristaux sont beaucoup plus grands : ils sont
parfaitement prononcés.

8°. Un grand et très-beau morceau d'étain oxydé,
à l'éclat compacte, et dont la couleur est d'un gris
brun.

9°. Un morceau formé par un mélange d'étain
oxydé, de chlorite et de quelques parties de jaspe d'un
rouge brun.

10°. Une grande valve d'une coquille appartenant
à la famille des cames. Elle embrasse et adhère à une
pierre calcaire en grande partie composée de fragments de coquilles, mélangé d'un grande nombre de
petites parties de galène. Parmi les fragments de coquilles, il existe plusieurs entroques, dont quelques-
unes laissent apercevoir, que la cavité qui occupe la
place de leur axe a été remplie par la galène. Ce beau
morceau est du Derbyshire.

11°. Un très-grand et beau morceau de fer oligiste,
dont les cristaux, qui sont très-grands, et appartiennent
au rhomboïde primitif, sont très-intéressants à l'étude
de cette substance. Ce morceau, qui a été cité à la
page 270 de ce catalogue, est du Brésil.

12°. Un très-beau morceau de fer hydro-oxydé en

hématite, en partie d'un brun noirâtre, et en partie d'un jaune de paille. On observe, avec la loupe, sur sa surface, de petits cristaux du même fer hydro-oxydé en prisme allongé, appartenant aux variétés représentées sous les fig. 130, et 131 pl. 7 de ce catalogue.

13°. Un autre grand et superbe morceau de fer hématite, composé de trois couches parallèles et parfaitement distinctes. Celle inférieure, qui a jusqu'à un pouce d'épaisseur, est composée de fibres très-fines d'un gris de fer foncé : elle appartient au fer oxydulé. Elle est recouverte par une autre couche, dont la texture est en pièces séparées, et est mamelonnée à sa surface ; cette couche, qui n'a que deux lignes d'épaisseur, appartient au fer oxydé au maximum, elle est d'un brun noirâtre ayant, dans quelques-unes de ses parties, une teinte rougeâtre. Cette couche enfin, est recouverte par une dernière d'un peu plus d'une demie ligne d'épaisseur, et à travers laquelle passe une partie des mamelons de la couche précédente, elle est de fer hydro-oxydé, et, en regardant sa surface avec la loupe, on voit que cette couche est formée par une agrégation confuse et très-serrée, d'une infinité de petits prismes tétraèdres rectangulaires qui se pénètrent l'un l'autre : la plupart des mamelons de la couches inférieure qui la traversent, sont d'un rouge brun. On observe, en outre, disséminées sur cette dernière couche de fer hydro-oxydé, un grand nombre de petites capsules vides, ou moitiés de sphères, d'un jaune ocreux. Ce beau et intéressant morceau m'a été donné comme venant de Sibérie.

14°. Une très-belle géode de quartz de la grosseur d'une petite orange, dont les parois de l'intérieur, qui est parfaitement vide, sont recouvertes par des cristaux de quartz, sur lesquels sont disséminées quelques petites aiguilles, très-minces, de fer hydro-oxydé, appartenant aux variétés représentées sous les fig. 124, 125, et 126 pl. 7 de ce catalogue ; mais beaucoup plus allongées · cette belle géode est des environs de Bristol. Elle est divisée en deux parties égales qui se réjoignent très-exactement, en la refermant parfaitement.

15°. Moitié d'une autre géode quartzeuse du même endroit, dont la surface extérieure est entourée d'une couche de fer hydro-oxydé terreux. On peut observer, disséminées sur les cristaux de quartz de son intérieur, un nombre considérable d'aiguilles de fer hydro-oxydé, présentant les variétés du morceau précédent, ainsi que plusieurs autres.

16°. Un grand fragment d'une grande géode de quartz, du même endroit que les précédentes, auquel adhère une masse considérable de fer hydro-oxydé compacte mélangé de beaucoup de quartz. On peut remarquer, avec la loupe, dans l'intérieur des cristaux de quartz, des cristaux très-minces de fer hydro-oxydé, appartenant à la variété représentée sous les fig. 135 pl. 7 de ce catalogue.

17°. Un beau et grand morceau de fer hydro-oxydé fibreux, en fibres divergentes autour d'un même centre.

18°. Un très-beau groupe de pyrites martiales, dérivant du cube lisse, et dont les cristaux, qui sont très-grands, et d'un lustre éclatant, appartiennent à une variété très-rare de cette substance.

19°. Un grand morceau de chaux fluatée polie qui, à l'aide de sa parfaite transparence, laisse apercevoir dans l'intérieur de sa substance, un grand nombre de cristaux, assez grands et parfaitement déterminés, de fer sulfuré en prisme tétraèdre rhomboïdal, qui appartiennent aux variétés représentées sous les fig. 148 et 149, pl. 8, de ce catalogue ; du Derbyshire.

20°. Un fort beau groupe du même fer hydro-oxydé, dont les cristaux, qui ne sont accompagnés d'aucune gangue, appartiennent aux variétés représentées sous les fig. 164, 167 et 168 de ce catalogue.

21°. Deux très-beau morceaux de fer oxydé au maximum, à l'état terreux d'un très-beau rouge, dû à la décomposition du mica d'une roche appartenant au mica Schisteux.

22°. Un grand morceau de grenat martial compacte, substance à laquelle on pourroit donner le nom de *fer oxydulé granatique*. C'est un mélange intime de la substance du grenat avec celle du fer oligiste ; d'une texture compacte, et d'un brun tirant légèrement sur le rougeâtre ; pulvérisé sa poussière est grise. Ce morceau renferme un noyau de chaux carbonatée en partie colorée en rouge, et dans lequel est enchassé un grenat noir de 9 lignes de diamètre, dont la cristallisation, très-parfaite, appartient à celle donnée par M. l'Abbé Haüy, fig. 58, pl. 46, de son traité de minéralogie ; dans laquelle seulement les plans rhombes primitifs sont beaucoup plus petits.

23. Un morceau de lave poreuse décolorée, dont une partie de la surface est recouverte par une couche d'à peu-près un quart de ligne d'épaisseur, d'un mélange de cuivre et d'antimoine à l'état métallique. La couleur de ce mélange est d'un gris un peu plus

clair que celui du cuivre et fer sulfuré gris. Je dois ce morceau intéressant à l'amitié de M. Lainé, auquel j'ai dû aussi les morceaux les plus intéressants de natrolite que renferme cette collection.

Observations additionnelles à la Craitonite.

Depuis l'impression de ce catalogue, quelque fût la petitesse de l'échantillon qu'il m'étoit possible de sacrifier pour assurer la nature de la craitonite, le Dr. Wollaston a bien voulu, à ma demande, s'en occuper. L'essai qu'il en a fait, insuffisant pour rien statuer sur des doses, lui a fait trouver, de la zircone en quantité dominante, de la silice, du fer, et du manganèse. Ainsi la craitonite, que son pouvoir réflectif m'avoit engagé à placer parmi les métaux, appartiendroit à la classe des pierres, et devroit être placée à la suite du zircone.

Rien n'a pu me surprendre autant que l'existence de la zircone dans cette substance, qui très-certainement n'est point un zircon, dont tous ses caractères, absolument tous, la font différer; provenant surtout d'un canton dans lequel, ainsi que dans toute la chaîne élevée et étendue des montagnes qui lui appartiennent, et qui depuis long-temps est l'objet continuel des recherches minéralogiques, aucune autre trace de la zircone n'a été observée. Le même filon auquel appartient cette substance, avoit déjà présenté un fait de la même nature qui, ainsi que je l'ai dit, page 436, m'avoit procuré un superbe et très-rare cristal primitif de tungstein, quoique ce canton n'ait laissé apercevoir, ni avant, ni après cette observation, aucune trace du schéclin. Cette singularité n'est pas indifférente aux grandes vues minéralogiques et géologiques.

La mesure des angles de la craitonite ayant été soumise à l'examen du goniomètre de Dr. Wollaston, s'est trouvée conforme à la minute près à celle que j'ai donnée a son activité, et qui avoit été prise par moi, il y a quelques années, avec notre ancien goniomètre, dont l'invention appartient à M. Carangeot.

OBSERVATIONS

SUR

LE MÉMOIRE DE M. L'ABBÉ HAÜY,

CONCERNANT

La Simplicité des Lois auxquelles est soumise la Structure des Cristaux,

Inséré dans le 193e Numéro du Journal des Mines.

OBSERVATIONS SUR LE MÉMOIRE,

&c. &c. &c.

———

Au moment même où j'étois occupé de ce catalogue, j'ai reçu, de la part de M. l'Abbé Haüy, une
lettre à la fois extrémement honnête et flatteuse. La
même occasion m'a apporté et m'a fait connoître un
mémoire donné par lui, dans le 18.e Numéro du
Journal des Mines, sous le titre, d'*Observations sur
la Simplicité des Lois auxquelles est soumise la Structure des Cristaux.* Ce mémoire, auquel a donné lieu
mon traité complet de la chaux carbonatée, que j'avois
été assez heureux de pouvoir lui faire parvenir, est en
même temps une critique de quelques-unes des parties
de cet ouvrage qui concernent la cristallisation de ce
minéral. Cette critique, faite avec infiniment de délicatesse et d'honnêteté, ainsi qu'avec toute la sagacité qui
caractérise ce célèbre minéralogiste, est en même temps
d'autant plus utile, qu'à certains égards elle est parfaitement fondée. A d'autres égards, cependant, je
diffère en opinion d'avec lui, et crois devoir persister
dans cette opinion. Cette raison me détermine à répondre à ce mémoire, et comme, très-probablement,
cette circonstance m'offre la dernière occasion que j'aurai de le faire, quelqu'étrangère que soit cette réponse
à ce catalogue, comme il renferme déjà beaucoup
d'autres digressions de même étrangères à lui, et cela

par suite de la même raison, qu'on me permette d'y
ajouter encore cette réponse, qui du moins ne sera pas
étrangère à la science.

Le mémoire de M. l'Abbé Haüy peut être divisé en
trois parties différentes. Dans l'une, il cherche à faire
voir, que la méthode qu'il a adoptée est de beaucoup
préférable à celle que j'ai suivie dans mon ouvrage.
Dans la seconde, il redresse, avec justice, quelques
erreurs qui ont été commises par moi, dans le calcul,
de détermination de quelques-unes des modifications
du cristal primitif de la chaux carbonatée. Dans la
troisième, qui fait principalement l'objet d'une note de
ce mémoire, ce savant tend à faire voir que les indices
de joints naturels, autres que ceux qui sont parallèles
aux côtés du rhomboïde primitif de cette substance,
ne doivent influer en rien sur la théorie primitivement
établie, à l'égard de la forme primitive de sa molécule
intégrante : son opinion est, que ces indices, n'étant
que de simples accidents, ne doivent entrer en aucune
considération dans cette théorie.

Je croyois m'être expliqué assez clairement, dans le
2e volume de mon traité de la chaux carbonatée, page
223, pour qu'on ne pût m'accuser d'avoir voulu, dans
la méthode que j'ai employée dans cet ouvrage, pour
la détermination du cristal primitif des substances minérales, ainsi que pour celle des différentes modifications auxquelles ils peuvent être sujets, rectifier ou rivaliser la méthode fondée sur l'analyse, et employée,
avec autant d'avantage que d'habileté, par M. l'Abbé
Haüy. Celle que j'ai employée est bien certainement
très-inférieure à la sienne ; principalement à l'égard
de l'intérêt et des lumières qu'elle répand sur le sujet.

La méthode analytique pénètre dans l'intérieur même de la science, tandis que celle dont je me suis servi, qui peut à juste titre porter le nom de méthode empyrique, s'arrête à sa surface. La méthode analytique, enfin, a pu seule mériter à la cristallographie une place parmi les sciences exactes, et fournir, comme telle, à la minéralogie, le caractère spécifique le plus précieux et le plus utile, lorsqu'elle peut en faire usage. J'ai toujours été intimement pénétré de cette vérité ; aussi n'ai-je pas cru devoir, dans l'ouvrage cité ci-dessus, adopter une autre méthode, sans établir les raisons qui m'y avoient déterminé : ces raisons étoient, ce me semble, bien faites pour me mériter, à ce sujet, l'indulgence du cristallographe. A l'époque où cet ouvrage a paru, époque qui remonte à plus de quatre années, la cristallographie étoit fort peu connue à Londres, on l'y regardoit comme une science très-abstraite et extrèmement difficile, et cette prétendue difficulté en écartoit d'avance les minéralogistes les plus propres à s'y livrer. Je m'étois aperçu que l'analyse et ses formules étoit ce qui principalement inspiroit, au premier aspect, un éloignement insurmontable pour elle. Les mathématiques ne font point, en Angleterre, une partie essentielle de l'éducation. Les éléments d'Euclide, enseignés très-succintement dans quelques-unes des écoles, dans lesquelles les enfants sont élevés, et, suivant l'usage, oubliée par eux peu de temps après qu'ils en sont sortis tel est le *nec plus ultra* de la partie mathématique de l'éducation, pour les jeunes gens qu'une destination, ou une vocation particulière, ne conduisent pas à l'Université de Cambridge.

Quelque soit l'oubli qui peut avoir été fait des premières impressions données par les éléments d'Euclide, il reste cependant toujours quelqu'idée des angles, du cercle et de ses divisions, de l'application de ces mêmes divisions à la mesure des angles, ainsi que des principes de la trigonométrie rectiligne, si faciles, d'ailleurs, à se remettre dans la mémoire, ou même à y placer, pour la première fois, s'ils n'y avoient jamais été. Ce sont ces raisons, c'est le désir de me rendre, par mon travail, aussi utile qu'il pouvoit être en moi, désir qui a toujours dirigé ma conduite, qui m'a déterminé à traiter, par la simple trigonométrie rectiligne, tout ce qui, dans mon traité de la chaux carbonatée, concerne la cristallisation de cette substance : j'ai même eu depuis la véritable jouissance de voir que mon intention avoit été, en quelque sorte, remplie, que la cristallographie est devenue moins étrangère à Londres, et que, du moins, quelques personnes, aujourd'hui, en ont parfaitement saisi les principes, et en sentent en même temps toute l'utilité.

Ce que je viens de dire, pour l'Angleterre, a lieu dans beaucoup d'autres pays, et même dans ceux dans lesquels les mathématiques sont considérées comme partie essentielle de la base de l'éducation. Ce n'est pas dans l'enfance, ce n'est même pas toujours dans les premiers temps de l'âge aimable, et trop souvent orageux, qui lui succède, que naissent les gouts destinés à faire, dans la suite, la jouissance et l'occupation de l'âge mur ; et c'est souvent encore moins la direction que l'éducation avoit à l'origine l'intention, trop marquée, de donner à ces gouts, qui les déterminent. Le hasard, des événements particuliers, la vue d'objets dans lesquels, jusque-là, nous n'imaginions rencontrer aucun intérêt, le lieu qui devient, soit par choix, soit par circonstances, et même quelquefois seulement momentanément, notre domicile, les sociétés que nous formons, toutes ces causes ont une influence plus ou moins marquée sur le développement de nos gouts. Ce sont elles qui, pour le plus souvent, font que l'homme prend celui des sciences, dont il reçoit ensuite, pour prix du culte qu'il leur rend, les jouissances les plus pures, les plus paisibles, et les plus constantes ; fréquemment des consolations dans les événements qu'il est destiné par le sort à éprouver, et presque toujours le bonheur d'une vie dont il a su écarter l'oisiveté. Souvent, alors, l'étude des mathématiques n'avoit pas préparé sa marche dans la nouvelle carrière qui s'est ouverte à lui : de tous les minéralogistes que j'ai connus, ainsi que de tous ceux que je connois encore, le beaucoup plus petit nombre seulement s'est assez livré à l'étude des mathématiques, pour se servir de l'analyse, ou pour pouvoir retirer quelqu'utilité des ouvrages dans lesquels le calcul analytique a été employé.

La cristallographie est la seule partie de la minéralogie à laquelle l'application des mathématiques soit nécessaire. Cette nouvelle branche de la minéralogie forme à elle seule une science neuve. Comme telle, elle a trouvé et trouve encore des détracteurs ; les uns sont de bonne foi, c'est le plus petit nombre ; beaucoup d'autres, et c'est un fait très-certain, ne sont opposés à elle que par la difficulté qu'ils rencontrent à s'y livrer, sans préalablement faire une étude qui leur semble étrangère à la minéralogie, qu'ils avoient cultivée jusqu'alors avec succès : étude à laquelle le caractère de l'homme résiste presque toujours, lorsque l'impulsion qui doit le porter vers elle provient d'une cause étrangère à sa propre volonté.

Bien plus, la cristallographie, ainsi que je l'ai déjà dit souvent, est loin d'être une science finie. Elle sollicite encore, avec instance, le zèle des savants qui se livrent à son étude : elle a besoin de leurs travaux, elle a besoin des observations des minéralogistes, elle doit donc les attirer vers elle, et non les repousser.

D'un autre côté, si la cristallographie, comme portant sur un des caractères spécifiques les plus importants de la minéralogie, est nécessaire au minéralogiste, il n'en est pas aussi strictement de même de la minéralogie à l'égard de la cristallographie, elle peut exister parfaitement indépendante de la première, et faire à elle seule l'objet d'une science particulière, totalement du ressort des mathématiques et de la phisique. Comme telle, elle pourroit occuper à elle seule, toutes les facultés du savant qui s'y livreroit, en recevant du minéralogiste la nourriture de ses travaux : c'est peut-être même le moyen le plus efficace, pour faire faire à cette science tous les progrès dont elle est susceptible, et dans le plus court espace de temps.

La cristallographie doit donc, d'après mon opinion, être envisagée, sous deux points de vue différents. Dans le premier de ces aspects, elle doit être considérée comme caractère essentiel des minéraux, et comme étant d'une utilité capitale, et non douteuse, à l'étude et à la classification qu'on veut en faire. Sous ce rapport, elle doit être mise à la portée de tous les minéralogistes, tant par ses principes que par l'application qui peut en être faite à la détermination des cristaux.

Moins la méthode qui remplira cet objet exigera de connoissances étrangères à la minéralogie, plus elle sera bonne et utile. Elle ne verra pas, j'en conviens, au-delà de l'objet auquel elle sera appliquée ; mais en même temps aussi cette latitude bornée est suffisante au minéralogiste. C'est ce que j'avois cherché à faire, en traitant, par la simple trigonométrie rectiligne, la partie cristalline de la chaux carbonatée, celle, sans aucun doute, la plus difficile de toutes, comme elle est en même temps celle dans laquelle les formes sont les plus multipliées. Je reviendrai sur cet objet, dans la division suivante du mémoire de M. l'Abbé Haüy.

L'autre point de vue sous lequel la cristallographie doit être considérée, est purement mathématique. Elle fait connoître, dans les solides, différentes propriétés qui jusqu'à elle nous étoient totalement inconnus. Soumise à l'analyse, elle scrute l'intérieur des cristaux, établi les analogies qui existent entre des formes, dans des cas dans lesquels la vue seule ne peut apercevoir que des différences. Anatomiste des diverses espèces de solides, elle reconnoît dans l'agrégation des molécules intégrantes dont ils sont formés, diverses lois dépendantes les unes des autres, elle établit ces lois, les rédige en formules, et sait ensuite en faire l'application, soit à la solution des différents problèmes que les cristaux peuvent présenter, soit à la théorie générale des solides, partie des mathématiques sur laquelle la cristallographie a répandu des lumières très-précieuses. Elle a su discerner, dans nombre de substances, qu'il existoit une différence réelle entre les molécules intégrantes de leurs cristaux, et celles de cristallisation, nommées généralement cristal primitif,

et qui sont engendrées par les premières ; peut-être par-
viendra-t-elle à générialiser cette observation. Elle peut
un jour, elle doit même, à mon opinion, aller plus loin :
les molécules constituantes des substances minérales,
celles à la combinaison desquelles les molécules intégrantes doivent leur formation, deviendront probablement aussi partie de son domaine, et qui peut prévoir
d'avance toute la latitude que cette science pourra alors
embrasser. Pour cela, elle a besoin du secours habituel
et soutenu des mathématiques, elle a besoin même
d'être soumise aux grands et puissants instruments qui
appartiennent à cette science, dont alors elle fait partie.

Considérée sous ce rapport, la cristallographie doit,
ce me semble, faire l'objet d'un ouvrage qui lui soit
spécialement consacré, dans lequel le mathématicien
puisse trouver, tout préparés, les matériaux qui peuvent lui servir à travailler à ses progrès, et le minéralogiste des connoissances plus étendues, et plus généra-
lisées, sur la partie cristalline des minéraux, s'il désire
les acquérir, et s'il est en état de les y puiser.

M. l'Abbé Haüy, dans le coup d'œil qu'il jette ensuite sur les 39 modifications nouvelles du cristal primitif de la chaux carbonatée, que j'ai citées dans mon
traité de cette substance, ainsi que sur plus de 500 variétés de formes parfaitement distincts, et neuves aussi,
qui y sont jointes, compare deux des modifications
dodécaèdres, avec celles analogues, dont il dit avoir
fait lui-même la détermination, avant d'avoir eu connoissance de ce traité, d'après deux variétés qu'il possède, dans lesquelles les plans de ces modifications sont
combinés avec ceux de quelques autres : il donne à
l'une de ces variétés le nom de *synallactique*, et à l'autre celui d'*identique*. Etant parvenu, dans ces deux

déterminations, à des résultats qui présentent quelques différences dans la mesure des angles, d'avec ceux indiqués dans mon traité, il entre dans des détails extrêmement intéressants, destinés à faire sentir la supériorité de la méthode qui a l'analyse pour base, sur celle que j'ai adoptée. Ces observations, qui écarteroient tout doute à cet égard, s'il avoit pu un moment en exister, sont parfaitement justes, ainsi que la rectification qui a été faite par lui, au calcul de ces deux modifications. Il en est de même aussi à l'égard de trois autres modifications qu'il discute ensuite, et qui manquent en effet aussi d'exactitude, dans les calculs que j'en ai donné. Les observations qu'il fait, à leur égard, sont d'un intérêt capital pour la science.

Je me suis aperçu, moi-même, mais trop tard, d'une partie des erreurs de calcul qui ont été relevées par M. l'Abbé Haüy, ainsi que de quelques autres sur lesquelles ce célèbre minéralogiste ne s'est point arrêté. Ces inexactitudes, dont je regrette infiniment l'existance, sont faciles à rectifier, et elles doivent l'être; mais elles n'ont aucune action sur la masse des observations et des faits qui ont dévancé le calcul, et ont rendu son application nécessaire, pour en recevoir fixité et invariabilité. Elles ne peuvent détruire ni l'intérêt de l'ouvrage, ni le but d'utilité qui l'a dirigé, seules considérations qui ont pu me déterminer à l'entreprendre, et seules raisons aussi, qui peuvent aujourd'hui me dédommager du travail très-considérable qu'il m'a couté. On peut facilement se représenter, celui qu'a dû m'occasionner en effet, la détermination de cette quantité immense de variétés de formes, dans une même substance, qui toutes devoient être comparées

entr'elles, et qui à elles seules surpassent de beaucoup
le nombre des variétés appartenant à toutes les substances minérales décrites par M. l'Abbé Haüy, dans sa
minéralogie. N'ayant pu être aidé par qui que ce
soit, la reconnoissance de toutes ces variétés, le calcul
auquel elles devoient être soumises, la mesure de leurs
angles, le dessein des figures, &c., il m'a fallu absolument tout faire, par moi-même ; il est probable que ce
travail, extrêmement considérable, joint au peu de
temps qu'il m'étoit possible de lui sacrifier, lorsque je
l'ai commencé, a pu être cause de quelques unes des
inexactitudes qui peuvent exister dans le calcul ; mais
ce qui y a principalement contribué, a été le trop grand
nombre d'opérations de calcul que nécessitoit la méthode trigonométrique que j'avois alors adoptée, et qui,
comme le dit très-bien, mais peut-être un peu trop
sévèrement, M. l'Abbé Haüy, eut pu être abrégée de
beaucoup, en conservant toujours la même méthode.
Je n'y avois pas été conduit alors, et je m'en suis
aperçu trop tard. Dans les sciences, comme dans les
arts, c'est presque toujours par le composé que l'on
arrive au simple ; mais dans cette marche, les premiers
pas ne sont pas inutiles à la sécurité de ceux qui leur
succèdent.

J'avois le projet de simplifier la méthode trigonométrique que j'ai employée dans cet ouvrage, ainsi que
celui de rectifier en même temps les inexactitudes qui
pouvoient se trouver dans le calcul, ce qui, à l'égard
de ces dernières, est extrêmement facile, au moyen du
tableau placé en tête du volume des planches ; mais
j'avois toujours retardé, afin de pouvoir, en même
temps, completter cet ouvrage des nouvelles variétés

qui pouvoient venir s'y joindre, et déjà, depuis son impression, ma suite des cristaux de chaux carbonatée s'est augmentée de plus de 30 variétés très-intéressantes.

J'étois d'autant plus porté à faire cette rectification, que par suite de l'observation très-importante et parfaitement juste, faite par le Dr. Wollaston, au moyen du goniomètre à réflexion dont la science lui a l'obligation, la fixation des mesures qui appartiennent à tous les angles de la chaux carbonatée, tant de ceux fixés primitivement par M. l'Abbé Haüy, que de ceux qui l'ont été par moi, doit être recommencée ; ces mesures étant toutes fausses, d'après l'erreur de plus d'un demi degré qui a été commise dans la détermination du cristal primitif de cette substance. D'après des observations très-ingénieuses, et en même temps très-séduisantes, sur la structure de la chaux carbonatée, M. l'Abbé Haüy avoit été conduit à fixer, pour l'inclinaison entr'eux des plans qui appartiennent à son rhomboïde primitif, l'angle de 104° 28′ 40″, et j'avois complettement adopté son opinion. D'après les mesures prises avec le goniomètre à réflexion du Dr. Wollaston, et répétées souvent, soit par lui, soit par moi-même, cet angle est de 105° 5′, ce qui fait, en plus, une différence d'un peu plus de 36 minutes, et l'exactitude des mesures, prises avec notre ancien goniomètre, surtout dans les parties du degré, ne peuvent supporter la comparaison avec celle des mesures prises avec cet instrument. Cette mesure est exactement la même que celle que M. Malus a obtenue avec le cercle répétiteur, ce qui devoit être, les mesures prises de cette manière, avec l'habitude contractée de l'instrument, ne pouvant varier. Le goniomètre de Dr. Wollaston est maintenant en France, et je suis très-persuadé que M. l'Abbé Haüy a reconnu, par lui-même, qu'en effet la détermination première qu'il avoit faite du rhomboïde primitif de la chaux carbonatée n'est pas juste, ce qu'il ne paroissoit pas qu'il fut disposé à admettre lorsqu'il a donné son tableau comparatif*.

---

* Les erreurs qui peuvent s'être glissées, dans les nombreux calculs que renferme mon traité de la chaux carbonatée, rectifiées, et avec elles le calcul général des modifications de cette substance, ces erreurs ne détruisant nullement l'existence des modifications nouvelles dans lesquelles elles peuvent se rencontrer, il n'en restera pas moins vrai, que lorsque cet ouvrage a paru, l'observation m'avoit conduit à presque tripler le nombre des modifications du cristal primitif de cette substance décrites par M. l'Abbé Haüy, et à presque décupler celui des variétés dues à la combinaison des plans de ces modifications. Quelques erreurs cependant ayant été commises, par moi, dans les calculs de détermination de ces modifications, il étoit nécessaire de les vérifier et de les rectifier; mais on ne peut, ce me semble, s'empêcher de convenir, en même temps, que cette rectification étoit plus facile à faire, que ces nombreuses modifications et variétés n'étoient faciles à rassembler et à connoître. Leur connoissance, cependant, étoit nécessaire au complément de la partie de la science qui concerne la chaux carbonatée. Nous n'entrevoyons peut-être encore que très-imparfaitement, ce à quoi peuvent nous conduire les lumières que peuvent nous donner un jour le tableau, tracé avec soin, de toutes les modifications auxquelles le cristal primitif d'une substance peut être soumis, ainsi que leur comparaison entr'elles et d'autres qui peuvent appartenir à un autre solide, cristal primitif aussi, soit encore pour nous aujourd'hui de même forme que lui, soit n'en différant que par le rapport entr'eux de ses côtés.

Mon but, dans mon traité de la chaux carbonatée, a été de completter, autant qu'il pouvoit être en moi, nos connoissances sur cette

M. l'Abbé Haüy, perdant continuellement de vue les raisons qui m'ont déterminé, dans cet ouvrage, à adopter la méthode que j'ai suivie à l'égard du calcul de détermination des formes de la chaux carbonatée, s'attache partout à la comparer avec celle fondée sur l'analyse. J'avoue, que par ce moyen il fait paroître avec plus d'avantage la dernière, à laquelle je suis fort éloigné d'avoir rien disputé, en même temps qu'il place au contraire la méthode trigonométrique dans son plus grand désavantage, en profitant en outre des fautes que je puis avoir faites dans le calcul, et qui lui sont étrangères.

Il dit, à cet égard, que " cette méthode est pure-
" ment technite, et ne donne point une idée nette du
" progrès de la structure dans le passage du noyau à la

---

partie solide si intéressante de notre globe, dont elle forme une des plus grandes parties de la charpente extérieure, en réunissant mes observations, qui étoient très-nombreuses, à celles des auteurs qui m'ont devancé. Mon but, enfin, étoit d'honorer mon travail par son utilité à la science que je cultivois. En terminant mes travaux dans cette science, j'ose me livrer à la consolante persuasion d'avoir, quelque légèrement que ce puisse être, atteint ce but. Mon traité de la chaux carbonatée, dont la partie cristalline ne fait qu'une simple division, renferme un grand nombre d'observations neuves et inconnues, il sera sans doute effacé un jour, par un ouvrage beaucoup plus parfait ; mais jusque-là, je le crois d'une nécessité absolue au minéralogiste, pour ce qui concerne l'étude de cette substance, et peut-être aura-t-il indiqué, et même frayé la route à celui qui y cueillera de nouveaux fruits. La chaux carbonatée, par le rôle qu'elle joue dans la nature, et l'intérêt très-capital dont elle est à l'étude géologique, mérite bien en effet de faire à elle-seule l'objet d'un traité particulier.

" forme secondaire." Il a bien certainement raison, dans la première partie de cette phrase, et c'étoit évidemment là le but que je me proposois. Quant à la seconde partie de cette même phrase, je ne la crois pas, à beaucoup près, aussi juste ; tous les moyens techniques employés par cette même méthode, tendent, au contraire, à faire concevoir facilement et promptement cette même structure, ses progrès et ses variations, en faisant habituellement et essentiellement usage des faits propres à faire sentir tout ce qui y a trait. Il eût été plus juste de dire, qu'elle n'est pas aussi propre que celle appuyée sur l'analyse, à faire apercevoir, d'un seul coup-d'œil, les rapports particuliers et généraux que peuvent avoir entr'elles, ainsi qu'avec le cristal primitif, les différentes modifications que ce dernier éprouve, qu'elle ne peut guère apercevoir et saisir au-delà du fait dont elle s'occupe ; qu'elle n'anatomise pas aussi parfaitement les cristaux ; et enfin, qu'elle ne fournit en effet qu'un simple moyen technique de faire usage dans la minéralogie, et cela avec toute la latitude qui y est nécessaire, du caractère essentiel qui y appartient à la cristallisation ; mais qu'elle ne fait qu'aborder la partie des mathématiques qui a cette même science pour objet. Si le célèbre auteur de ces observations, veut se rappeler ce que j'ai dit, à ce sujet, dans plusieurs endroits de cet ouvrage, et spécialement le vœu que je forme à l'égard de la cristallographie comme science, vol. 2, page 383 et 384, il verra que personne plus que moi n'est pénétré de cette vérité. Une simple citation de ces passages eut suffie pour mettre les choses à leur place, elle eut prouvé, que considérée sous un

point de vue général, mon opinion, telle que je l'ai
rendue, ne diffère en aucune manière de la sienne *.

---

* Dans l'endroit que je viens de citer, de mon traité de la chaux
carbonatée, j'invoque les hautes mathématiques au secours de la
cristallographie, comme devant déterminer plus promptement, et
assurer ses progrès. Je dois cependant expliquer à cet égard ma
manière de penser. Ce ne peut-être qu'en recevant des mains de la
nature, et cela même strictement, les matériaux à soumettre à leur
travail, que les mathématiques peuvent être en réalité utiles à la
cristallographie : le géomètre doit chercher, à accorder son travail
avec les faits offerts par la nature, sans jamais se permettre de
vouloir forcer la nature de s'accorder avec son travail. Cette res-
treinte est plus difficile au géomètre qu'elle ne semble devoir l'être
au premier aspect. Au nombre des différentes formules auxquelles
le conduit son travail, il s'en fait souvent apercevoir à lui, qui conduisent à des résultats, si simples d'un côté, si heureux par les
conséquences qui en résultent d'un autre, si parfaitement géométriques enfin, qu'il est séduit et entraîné par elles. Il n'est que trop
ordinaire que le géomètre ne voye plus alors, si je puis m'exprimer
ainsi, qu'à travers un verre coloré par sa formule, et la nature,
dans ce cas, est forcée par lui d'admettre cette couleur. Les conséquences en deviennent d'autant plus dangereuses, qu'étant toutes
successivement les enfants du calcul, et le calcul ayant une marche
assurée, contre laquelle rien ne peut être opposée, si ces conséquences sont fausses, elles le sont avec principe, et elles sont alors
d'autant plus dangereuses, qu'elles séduisent d'une part le raisonnement, et de l'autre persadent sans examen celui qui ne peut suivre
pas à pas la marche qui a été tenue pour arriver jusqu'à elles.
J'entends tous les jours dire, *la chose est parfaitement juste car
elle est démontrée mathématiquement*; mais journellement aussi,
il est possible au géomètre d'établir mathématiquement les plus
grandes erreurs, si la base adoptée dans ses calculs, diffère de celle
à laquelle le résultat des calculs est appliquée, et qui auroit due
être prise pour les faire. Le calcul est bien certainement vrai,
mais son application devient fausse, et fait alors le même effet que
pourroit faire un calcul faux. La cristallographie, qui est une

Dans un autre endroit des ses observations M. l'Abbé Haüy, après avoir parlé d'un partie des moyens employés par la méthode que j'ai suivie, dit " que " cette méthode est fondée sur une règle uniforme, " qui peut être conçue en un seul instant, et sans " aucun effort, et que je parois ne l'avoir imaginée " que pour simplifier et faciliter les applications de " la théorie établie par lui." Pour simplifier non, mais pour faciliter, bien certainement oui; et je me suis exprimé, je pense, a cet égard, page 223, vol. 2, d'une manière assez précise et assez claire pour qu'il ne pût rester aucun doute sur mon intention. Je regarde ce que M. l'Abbé Hauy dit là, comme le plus grand éloge qu'il pouvoit faire de cette méthode, d'après le but que je m'étois proposé en m'en servant, c'étoit donc

---

science extrêmement récente, me fourniroit déjà plusieurs exemples de ce genre de séduction. Peu de sciences même offrent plus d'occasions et même de tendance à y succomber, par la facilité qu'ont les différents solides soumis à elle, de passer les uns aux autres par des opérations, ou lois de reculements, toujours possibles sur chacun d'eux, très-souvent même parfaitement analogues, et ne différant simplement que par leur point de départ. On ne peut donc trop fortement recommander au géomètre cristallographe, d'établir strictement ses calculs sur les faits qui lui sont fournis exclusivement par la nature, et de rejetter constamment ceux de ses résultats qui ne seroient pas parfaitement d'accords avec elle. Il ne peut être trop circonspect aussi, dans l'adoption de ces faits, afin de ne pas confondre de simples accidents avec eux ; mais en même temps aussi, lorsque la nature met dans le cas d'observer des faits à l'égard desquels elle montre de la régularité et de la constance, l'impossibilité de pouvoir les expliquer par les données jusqu'ici acquises, ne peut et ne doit pas être une cause suffisante pour les rejetter.

aussi le seul point de vue sous lequel elle devoit être considérée.

Je persiste dans l'opinion que j'avois alors, je crois toujours qu'il seroit nécessaire de diviser la cristallographie en deux parties. L'une destinée à être adjointe à la minéralogie, comme établissant ce qui concerne un des caractères extérieurs essentiel des minéraux : celle-ci doit être très-simple et très-aisée à concevoir, et les principes de cette science sont de cette nature. Elle doit être, en même temps, d'une application extrêmement facile, exigeant le moins de connoissances possible étrangères à la minéralogie, et en même temps n'étant pas dans le cas d'exiger du minéralogiste, une attention trop pénible et trop soutenue, qui absorbe ses facultés et son temps, ce qui, à coup sur en dégoutera toujours un très-grand nombre. La méthode adoptée par elle, doit être enfin plus technique que scientifique.

L'autre, au contraire, purement scientifique, doit être destinée à régler cette science, assurer plus fortement encore ce qui y est connu ; découvrir des règles fixes pour ce qui n'est encore que le résultat de l'opinion, ou même souvent de la simple option de l'observateur ; et le nombre de cas de cette nature est assez considérable ; faire disparoître les faits admis qui ne pourroient pas se soumettre à ces règles, lorsque la nature elle-même n'en démontre pas la justesse ; et enfin pousser cette science aussi loin qu'elle peut aller. Son origine très-rapprochée de nous, les progrès étonnants qu'elle a faits depuis entre les mains de M. l'Abbé Hauy, indiquent ceux qu'elle est encore appelée à faire, par les soins des autres savants qui pourroient s'y livrer. Elle présente en effet encore, une latitude de recherches et de travail assez étendue pour satisfaire leur amour propre, et récompenser leurs peines ; et en même temps, ainsi que je l'ai déjà dit, ils enricheront de plus en plus la partie de la géométrie, qui regarde les solides, d'une foule de faits dont jusqu'ici le géomètre étoit loin de concevoir aucune idée.

J'ai essayé de remplir le premier de ces deux buts de la cristallographie. Je crois avoir, dans la méthode que j'ai suivie sous ce rapport, rendu ses principes très-aisés à saisir, et leur application très-facile à faire. Je suis loin cependant de prétendre avoir atteint, à cet égard, la perfection désirable ; loin de là je sens même, ainsi que je l'ai déjà dit, que si je recommençois cet ouvrage, tout en suivant la même route, j'en simplifirois la marche. Nulle personne plus que M. l'Abbé Haüy lui-même, n'est en état de diriger celle qui doit être tenue, si surtout, ainsi que je n'en doute pas, il en sent la nécessité : plus qu'on ne le pense quelquefois, les idées simples et la conservation de cette même simplicité dans leur exécution, exigent une connoissance profonde de l'objet auquel elles ont trait. Ce travail seroit un jeu pour lui ; mais s'il trouvoit quelqu'obstacle à s'en occuper, quelques-uns de ses savants élèves, dirigés par lui, pourroient l'entreprendre, certains du service essentiel qu'ils rendroient à la minéralogie. Il me resteroit alors la satisfaction d'avoir du moins indiqué cette route, et cette petite portion dans leurs travaux suffiroit à ma satisfaction.

La troisième et dernière partie dans lesquelles j'ai cru devoir diviser les observations de M. l'Abbé Haüy, est en totalité renfermée dans une note, placée à la 4e page de ces observations, et comme elle n'est pas très-étendue, je crois devoir la rapporter ici dans son entier, ce que je dirai ensuite à son égard, sera plus facilement entendu.

" M. de Bournon entre dans de longs détails, tome 2,
" p. 1, et suivantes, et ibid, p. 385 et suivantes, sur les
" sous-divisions que subissent certains rhomboïdes de
" chaux carbonatée, suivant divers plans, et dont j'ai
" parlé (tableau comparatif, &c. p. 126), en même
" temps que j'ai indiqué la cause à laquelle je les
" attribues, et que je me propose de développer dans
" une autre occasion. Je me contenterai aujourd'hui
" de remarquer qu'il y a ici quelque chose qui paroît
" avoir échappé à M. de Bournon. Je fais abstrac-
" tion des sous-divisions qui passent par les trois
" grandes diagonales des faces contigues à chaque
" sommet, perpendiculairement à l'axe. Je veux
" seulement parler de celles qui passent par les grandes
" diagonales de deux faces opposés. M. de Bournon
" n'indique qu'une seule de ces deux dernières divi-
" sions, qui, selon lui, partage constamment le rhom-
" boïde en deux prismes triangulaires obliques. La
" verité est, qu'il existe une multitude de rhomboïdes
" qui offrent des indices de sous-divisions dirigées
" suivant trois plans, qui passent par les six grandes
" diagonales opposées deux à deux, ensorte qu'elles
" ont lieu symétriquement, ainsi que paroît l'exiger
" la forme rhomboïdale, où les six faces, étant toutes
" dans le même cas, doivent être soumises aux mêmes
" conditions. Je citerai de préférence des rhomboïdes
" calcaires d'arendal en Norwège, où l'éclat des trois
" joints dont il s'agit, les fait apercevoir du premier

" coup-d'œil. Mais assez souvent, ces joints que
" j'appelle *surnuméraires* dérogent à la symétrie, en
" ce qu'ils ne sont pas tous également nets. Quel-
" quefois on n'en distingue que deux, et il y a des
" rhomboïdes qui n'en présentent qu'un seul. Dans
" d'autres, où ils existent tous, ils sont si peu sensi-
" bles, que pour les saisir il faut les éclairer forte-
" ment. Tantôt ils sont continus, et tantôt ils ne se
" montrent que par intervalles, comme s'ils étoient
" produits par de petites portions de lames disséminées
" dans l'intérieur du rhomboïde. Toutes ces varia-
" tions favorisent l'opinion que j'ai adoptée, en les
" regardant comme de simples accidents.

J'avoue que je ne puis apercevoir bien clairement,
quelle est la chose qui m'a échappée dans les joints
que j'ai cités parallélement aux grandes diagonales
des plans du rhomboïde primitif de la chaux carbonatée. J'ai dit, page 386, que j'avois observé, sur tous
les plans du rhomboïde de cette substance, des joints
naturels parallèles à leur grande diagonale; il est vrai
que j'ai ajouté, qu'ayant essayé le clivage des rhomboïdes qui présentoient cet aspect, suivant ces mêmes
indications, je n'avois jamais pu parvenir à l'opérer
que sur deux de leurs plans opposés, et qu'alors la
direction des plans du clivage passoit par la grande
diagonale de ces plans et les bords adjacents du rhomboïde; et cependant j'ai essayé ce clivage sur un
très-grand nombre de morceaux. Si M. l'Abbé Haüy
l'a essayé de même, et qu'il lui ait réussi suivant une
direction semblable sur tous les plans du rhomboïde,
il a été plus heureux ou plus habile que moi, et il
a par là ajouté une difficulté de plus à celles qui exis-

toient déjà, à l'égard de la texture cristalline de cette substance ; mais si ce savant a simplement jugé de la direction de ces joints par leurs indications, sans avoir opéré par le clivage, j'appelle de la décision qu'il a porté sur le fait qu'il a cru m'être échappée*.

J'ai dit en outre, page 387, que j'avois observé, sur le rhomboïde de la chaux carbonatée, d'autres joints naturels parallèles aux grandes diagonales de leurs plans ; mais ayant une direction différente de celle qui vient d'être citée, et qui au lieu de passer par les bords adjacents à ces mêmes diagonales dans le rhomboïde, passent par un plan perpendiculaire à leur axe. De sorte que si le rhomboïde étoit clivé suivant ces nouveaux joints, le plan de clivage seroit perpendiculaire à l'axe, ainsi que le représente la fig. 8, pl. 23 de M. l'Abbé Haüy, ou celles 14 et 15, pl. 2 de mon traité.

J'ai enfin cité encore, d'autres joints naturels, parallèles aux petits diagonales des plans du rhomboïde primitif, et qui se laissent apercevoir sur tous ses plans. Aucuns des essais que j'ai pu faire pour opérer le clivage suivant ces derniers joints, ainsi que suivant ceux

---

* Il y a plus de dix ans, que j'ai observé, et fait observer pour la première fois, les indices de ces joints naturels, sur tous les plans du rhomboïde primitif de la chaux carbonatée, indiquée parallèlement à leur grande diagonale, et lorsque j'ai donné mon traité de cette substance, j'etois d'autant plus étonné que jusque là ces indices aient pu avoir échappés à l'observation que, comme le dit très-bien M. l'Abbé Haüy, il existe un très-grand nombre, soit de rhomboïdes, soit plus communément cependant de fragments rhomboïdaux, qui portent ces indices. Le tableau comparatif, &c. de ce savant n'avoit pas encore paru.

dont je viens de parler, ne m'ont jamais réussis ; mais ces joints n'en sont pas moins très-apparents.

C'est cette résistance au clivage, que j'ai rencontré suivant la direction de tous ces joints naturels indiqués, excepté sur un de ceux qui passe par la grande diagonale de deux des plans opposés du rhomboïde, et les deux bords de ce même rhomboïde qui lui sont adjacents, qui m'a déterminé à considérer le prisme trièdre oblique qui résulte du clivage, et est une moitié exacte du rhomboïde, comme étant la forme de la molécule intégrante de cette substance. Je ne pouvois d'ailleurs la chercher par le moyen d'aucun des autres joints indiqués, les coupes faites suivant leurs directions, donneroient des molécules dissemblables, et celles intégrantes d'une substance doivent au contraire être toutes parfaitement semblables.

M. l'Abbé Haüy termine la note dans laquelle il parle des indices de ces différents joints, en concluant, d'après l'irrégularité qui existe dans leur manière d'être placés sur les plans du rhomboïde, que ce sont de simples accidents ; sans toutefois s'expliquer sur la nature des accidents qui peuvent en effet les produire. Mais je vois dans son tableau comparatif, &c., dans lequel son opinion est la même, qu'il observe que ces joints sont toujours parallèles à des faces qui seroient produites par des lois de décroissement *, et avec le grand nom-

---

* Je me sers ici de l'expression de M. l'Abbé Haüy, pour rendre l'opération de la cristallisation à laquelle j'ai donné le nom de re-culement. J'ai préféré cette dernière dénomination, parce que, comme je l'ai fait voir page 106 de mon traité, il y a nombre de cas, dans lesquels les lames cristallines qui se superposent sur les

bre de modifications que cette substance éprouve, le long de tous ses bords, et à tous ses angles, il seroit bien difficile qu'il en fut autrement. Il ajoute que, d'après le principe que les molécules intégrantes des corps sont à des distances respectives incomparablement plus grandes que leur épaisseur, principe que je ne me rappelle pas avoir été établi par lui précédemment, on peut parvenir à expliquer ces joints, sans être obligé de supposer qu'ils traversent et qu'ils morcellent les molécules. Ce savant a pu voir, tom. 1, page 90 et suivantes, de mon traité, que mon opinion est parfaitement aussi, que les molécules des corps ne sont point entr'elles en un contact immédiat, chacune d'elles étant enveloppée d'un atmosphère de calorique ; et sans me faire aucune idée de la distance réelle qui peut exister entre chacune d'elles, je sais seulement que cette distance varie, suivant le degré de température dans lequel la substance est plongée.

Dans le paragraphe que je viens de citer, du tableau comparatif de M. l'Abbé Hauy, on voit que son opinion paroît être que les indices de joints, placés sur les faces du rhomboïde primitif de la chaux carbonatée, dont nous nous occupons, sont produits par des suites diverses

---

plans du rhomboïde primitif, placent leurs bords sur quelques-unes des rangées de molécules qui précèdent la dernière, sans éprouver, dans ce véritable reculement, aucune diminution quelconque dans le nombre de rangées dont elles sont composées, tandis que dans tous les autres cas le reculement a toujours lieu. Cette légère altération, qui m'a paru nécessaire, pour que le nom fut parfaitement d'accord avec la chose qu'il veut exprimer, est d'ailleurs, par elle-même, si peu de chose qu'elle ne mérite pas que nous nous arrétions plus long-temps sur elle.

de points appartenant aux angles des rhomboïdes composants, ou par des suites d'arêtes de ces mêmes rhomboïdes, ou, pour me servir de son expression, par des tangentes à ces arêtes ou à ces angles. Mais si ces apparences devoient en effet être rapportées à cette cause, toute substance, dans la même circonstance de cristallisation, seroit dans le cas de présenter, sur ses faces, les mêmes tangentes, et offriroit souvent, tel par exemple que les faces de l'octaèdre, une complicité de lignes, indicant toutes des joints qui deviendroient très-embarassants ; ce qui cependant, du moins à ma connoissance, ne se rencontre pas. D'ailleurs, dans les développements que j'ai représentés sous les fig. 3, 4, 5, et 6, pl. 72, de mon traité, des divers joints que la galène laisse apercevoir sur les plans de son cube, ceux qui traversent les plans de ce solide, en faisant des angles de 75° et 105°, avec les côtés opposés sur lesquels ils se terminent, ne peuvent, en aucune manière, passer par aucuns, ni des angles, ni des arêtes des cubes composants de la galène. Cependant, ces joints, dont le reflet brillant est très-considérable, et qui se font sentir fortement sous l'ongle, lorsqu'on le passe sur ces plans, sont très-fortement prononcés, et quelque soit le nombre des divisions que l'on puisse faire éprouver à cette galène, et la petitesse des fragments obtenus, cette même texture y est parfaitement conservée et parfaitement régulière ; il existe un nombre considérable de ces fragments dans ma collection.

D'un autre côté, à supposer que ces indices de joints naturels ne fussent, en effet, occasionnés que par un accident dans la texture, qui laissa apercevoir, sur différents lignes, les bords ou les angles des molécules

composantes, par les tangentes qui passeroient par eux,
le clivage devroit ne pouvoir se faire suivant ces mêmes
joints, et le plan que le hasard pourroit produire par
une cassure accidentelle, suivant leur direction, n'auroit très-certainement pas le lustre éclatant, qui appartient à celle faite suivant la grande diagonale de deux
des plans opposés.   M. l'Abbé Hauy a même pu voir,
que pour faire sentir avec quelle facilité on obtient
quelquefois les cassures, dans le sens de la grande diagonale de deux seuls des plans opposés du rhomboïde,
j'ai cité, p. 4, vol. 2, de mon traité, deux cassures très-
parfaites que j'ai obtenues moi-même, suivant cette direction, et qui ont à peine un quart de ligne d'épaisseur: je les ai représentées sous les fig. 4 et 5, pl. 2, de
ce traité. Dans la variété de la chaux carbonatée qui m'a
permis de me les procurer, la cassure, suivant cette
direction, étoit presqu'aussi facile que suivant les plans
mêmes du rhomboïde.   Il existe, en outre, dans ma
collection, 10 autres fragments rhomboïdaux, cassés
de même, suivant la direction de la grande diagonale
de deux des plans opposés du rhomboïde, et dans lesquels ces cassures sont parfaitement lisses, et ont un
lustre plus éclatant même que celui des cassures faites
parallélement aux plans du rhomboïde.

M. l'Abbé Haüy, à l'appuie de son opinion, que ces
joints ne sont que des accidents, dit qu'ils ne sont pas
tous également nets, ni symétriquement placés ; que
quelquefois on n'en observe que deux, et qu'il y a des
rhomboïdes où on n'en observe qu'un ; il ajoute encore,
que tantôt ils sont continus, et que d'autrefois ils ne se
montrent que par intervalles ; mais en cela, je ne vois
rien qui ne soit très-ordinaire, même aux indications

des joints les plus habituels de la chaux carbonatée,
ceux qui sont parallèles aux plans de son rhomboïde ;
on observe dans ces joints, lorsqu'ils sont indiqués, la
même irrégularité. Il en est de même aussi, dans les
cristaux secondaires, lorsque, ce qui paroît devoir habituellement provenir d'une imperfection dans l'acte de
la cristallisation, ces joints, qui indiquent la direction
à donner à la coupe, pour enlever de dessus les plans
du rhomboïde, la matière cristalline ajoutée, restent indiqués ; tel, par exemple, qu'on peut fréquemment l'observer dans le rhomboïde équiaxe de M. l'Abbé Haüy,
à l'égard des stries parallèles aux petites diagonales de
ses plans. Cependant, si ce que je pense est vrai, si
les joints parallèles à la grande diagonale de deux des
plans opposés du rhomboïde seulement, et passant par
ceux de ses bords qui leur sont adjacents, sont différents des indices placés sur les autres plans, et situés
de même parallélement à leur grande diagonale ; c'est-
à-dire, qu'en outre des premiers joints, il y en ait en
effet trois autres parallèles aux grandes diagonales, et
passant par un plan perpendiculaire à l'axe, l'irrégularité citée par M. l'Abbé Hauy seroit peu faite pour
étonner. J'ai d'ailleurs souvent aperçu des rhomboïdes dans lesquels les premiers de ces joints étoient
parfaitement réguliers, et d'autres dans lesquels les
derniers étoient dans le même cas. Il existe, dans ma
collection, un morceau d'étude, à ce sujet, extrêmement précieux. Dans ce morceau, les indices des
joints qui divisent le rhomboïde en deux prismes
trièdres à bases inclinées, y sont très-marqués, et font
même, sur lui, de fortes saillies en marches d'escallier,
ainsi que cela arrive aussi quelquefois à l'égard des

joints parallèles aux plans du rhomboïde; et chacun
des degrés laisse apercevoir, à nud, une petite partie de
sa largeur, qui répond au plan de section du rhomboïde ; ce plan est parfaitement lisse et a beaucoup
d'éclat. Le dernier de ces degrés se termine par le
même plan de section, qui alors a pour largeur toute
celle du fragment. La texture de ce fragment est si
parfaitement prononcée, qu'à la vue il semble qu'on
puisse, sans beaucoup d'effort, séparer, les unes des autres, les différentes couches superposées parallèles aux
grandes diagonales. Ce même fragment, dont il est
difficile de faire bien sentir tout l'intérêt, réunit, en
même temps, les indices des joints parallèles aux plans
du rhomboïde, et ils ne sont certainement pas mieux
prononcés; ils ne pourroient pas l'être; ils sont donc
loin d'effacer les autres.

M. l'Abbé Haüy dit aussi, note 1ère, page 126, de
son tableau comparatif, qu'il a remarqué, dans plusieurs des masses qui présentoient des joints surnuméraires, une matière étrangère disposée par couches. qui
suivoient les directions de ces mêmes joints. Cela est
vrai, à l'égard de quelques-unes des variétés de chaux
carbonatée qui présentent ces joints ; mais très-éloigné
de pouvoir former une loi générale, les exceptions
étant en beaucoup plus grand nombre que le fait qui
seroit admis pour base. Car, en choisissant parmi les
fragments des variétés de chaux carbonatée qui appartiennent aux couches et filons qui existent dans la roche
primitive, ou primitive secondaire, ceux dans lesquels
ces joints ne se montreroient pas seroient presque dans
le cas d'être regardés comme faisant exception, et dans
le plus grand nombre, on ne pourroit apercevoir au-

cune substance étrangère mélangée, du moins d'une manière sensible. Pour donner une idée de la pureté que peut avoir la chaux carbonatée, dans laquelle les joints parallèles aux grandes diagonales de deux des plans opposés du rhomboïde seulement, et passant par les bords qui leur sont adjacents, non-seulement peuvent se montrer, mais le clivage être fait suivant leur direction, je citerai deux fragments rhomboïdaux de ma collection, appartenant à la variété parfaitement incolore, et parfaitement transparente, de l'île de Ferröe, choisie d'ordinaire, pour faire observer la double réfraction de cette substance ; un de ces rhomboïdes a environ 5 lignes de côté, il est cassé dans le sens parallèle aux grandes diagonales de deux de ses plans opposés, la cassure est parfaitement lisse, et son lustre est plus considérable que celui des plans du fragment rhomboïdale. L'autre est un rhomboïde allongé, ayant 13 lignes dans son plus grand côté, sur 9 dans le plus petit, et 6 lignes d'épaisseur : une cassure, faite exactement sur la diagonale, si les plans eussent été des rhombes, divise ce fragment rhomboïdale en deux ; mais les deux parties ne sont point séparées, elles ont le même aspect que si elles avoient été recollées, et on aperçoit très-distinctement, dans l'épaisseur de ce fragment, le plan de section dans toute son étendue, par le reflet qu'il laisse apercevoir : en même temps, quelques parties cassées, suivant les joints parallèles aux plans du rhomboïde, et totalement enlevées, laissent apercevoir à l'extérieur, la surface lisse et brillante du plan de section parallèle aux diagonales.

M. l'Abbé Haüy ajoute encore à ses objections contre l'opinion qui considère ces indices comme de véri-

tables joints, que ce fait seroit contraire à la symétrie
qui doit exister dans ce qui a lieu à l'égard des solides
qui, comme le rhomboïde, sont parfaitement symétriques. Tout en adoptant, pris en général, ce qu'il
dit à ce sujet, quoiqu'il soit plus fondé sur l'observation à l'égard de la manière dont se comportent habituellement les cristaux qui sont dans ce cas, ainsi que
sur la vraisemblance, que sur une des lois positives
établies par la science, je ne crois cependant pas que
ce fait soit à l'abri d'aucune exception. Je conviens
qu'il faut avoir de fortes raisons, et les recevoir même
de la nature, pour s'écarter de la vraisemblance qui
est en faveur de cette symétrie, et je me suis toujours
conduit en conséquence ; mais je ne vois pas, en même
temps, que quelque soit la confiance qu'on puisse
avoir en cette vraisemblance, elle puisse contrebalancer
les faits offerts par la nature, lorsque leur vérité est
reconnue. M. l'Abbé Haüy pense, sans doute, ainsi
que moi, à cet égard, sans cela, par exemple, il
n'eût pas fait dériver le fer sulfuré dodécaèdre à plans
pentagones, du cube, par le remplacement de deux
des bords opposés seulement de chacun de ses côtés.
J'ajouterai à cette observation, que la symétrie observée
à l'égard des lois de reculement, auxquelles la plupart
des solides symétriques considérés comme cristaux primitifs, sont soumis, n'a, ce me semble, aucun rapport
avec les indications des joints naturels qui peuvent
exister, entre les molécules intégrantes, soit de la substance à laquelle le cristal primitif appartient, soit des
principes composants même de cette substance, si la
supposition que j'ai faite, à cet égard, peut avoir quel-

que vérité, et je ne vois rien jusqu'à présent qui puisse en faire rejeter la possibilité.

J'ai dit que la seule raison qui m'ait conduit à penser que les deux prismes triangulaires obliques égaux, dans lesquels le rhomboïde primitif de la chaux carbonatée est divisé, par la section qui passe par les grandes diagonales de deux de ses plans opposés et les bords adjacents, donnent la forme de la molécule intégrante de cette substance, est la facilité avec laquelle cette section peut être faite sur deux des plans opposés seulement du rhomboïde; ce que j'ai ajouté ensuite, pour faire voir la grande facilité, et surtout la grande régularité de cette division, ainsi que la surface parfaitement lisse du plan de section, et son lustre plus considérable que celui du plan des sections faites parallélement aux plans mêmes du rhomboïde, vient fortement à l'appui de cette opinion. Je ne puis donc adopter, en aucune manière, dans ce moment, celle de M. l'Abbé Haüy, et regarder, avec lui, comme étant de purs accidents, les joints indiqués sur les plans d'un si grand nombre de rhomboïdes de la chaux carbonatée; car, ainsi que le dit ce savant, quoique l'attention se soit portée depuis fort peu de temps sur ces joints, il y a une multitude de rhomboïdes qui sont dans ce cas, et on a déjà vu la persuasion dans laquelle je suis, que dans la chaux carbonatée qui existe dans les couches et filons de la roche primitive, ainsi que de celle primitive secondaire, le nombre des variétés dans lesquels les fragments rhomboïdaux portent ces joints, surpasse celles dans lesquelles ces mêmes joints ne peuvent être observés.

Tous ces joints, à mon avis, sont aussi naturels que ceux parallèles aux plans du rhomboïde primitif. On ne peut rien de plus régulier que leurs indications parallèles aux petites diagonales que j'ai citées dans mon traité de la chaux carbonatée, d'après un morceau provenant d'Arandal, en Norvége, et représenté sous les fig. 1 et 2, pl. 72, de cet ouvrage. Il existe, dans ma collection, un autre fragment rhomboïdal, qui porte les mêmes joints, et qui vient de Kongsberg, en Suède. Le rhomboïde représenté sous la fig. 2, a en outre son sommet remplacé par un petit plan perpendiculaire à l'axe, que j'ai dit être le produit d'une cassure, ainsi qu'il est facile de le reconnoître en l'examinant.

Il faut convenir, cependant, qu'il est plus facile d'observer ces joints, de remarquer qu'ils n'ont d'accidentel que le genre d'imperfection dans la cristallisation qui leur permet de se montrer, que de faire leur étude, et déterminer par elle le genre de rapport que chacun d'eux peut et doit avoir avec la structure de la substance à laquelle il appartient. C'est après avoir essayé cette étude, que ne pouvant parvenir, par les coupes faites suivant ces joints, à des molécules de formes semblables, j'ai pensé, page 309, vol. 2, de mon traité de la chaux carbonatée, qu'il seroit peut-être possible que quelques-uns de ces joints existassent dans la molécule intégrante, et pussent avoir quelque rapport avec les molécules constituantes entrant dans sa formation. Cette opinion, comme l'on voit, est purement hypothétique, et je ne l'ai donnée que comme telle : aussi, M. l'Abbé Haüy a-t-il cru, d'autant moins, devoir en parler, qu'en regardant ces

joints comme étant purement accidentels, il tranchoit
la difficulté, et rendoit inutile toute hypothèse à son
égard. Mais si, comme je le pense, il venoit à être
reconnu que ces joints ne sont nullement accidentels,
cette hypothèse seroit-elle totalement dénuée de vraisemblance. Les molécules des substances qui entrent
dans la composition de celles intégrantes des cristaux,
en en déterminant en même temps la nature, sont évidemment figurées, Pourquoi ne pourroient-elles pas,
dans des circonstances analogues à celles dans lesquelles
les joints des molécules intégrantes restent indiqués,
sur la molécule composée, ou soustractive de M. l'Abbé
Hauy, rester de même indiquées par des joints, sur la
molécule intégrante elle-même? Il en résulteroit alors
nécessairement, dans la molécule composée, cette com-
plication de joints que l'on observe dans la chaux carbonatée, qu'on peut observer de même dans la galène,
dans le corundum, &c., et qui, si l'on vouloit les rapporter à la structure de la molécule composée ou soustractive,
jetteroient dans un embaras, dont il ne seroit possible
de se tirer, qu'en les regardant, en effet, comme des
faits accidentels, sur lesquels l'attention ne doit pas s'arrêter. Je ne fais que jeter un léger coup d'œil sur
cette partie si intéressante de la cristallisation, ainsi
que j'en avois déjà usé de même, quoique avec un peu
plus d'extension, dans mon traité de la chaux carbonatée, mon opinion à son égard n'est, je le répète,
qu'une hypothèse; mais une hypothèse qui, cependant,
repose sur des bases bien propres à lui donner quelque
vraisemblance. Je crois, en conséquence, qu'en la
rejetant trop promptement et sans préalablement s'assurer, jusqu'à la démonstration, de la non valeur des

faits qui lui servent de base, vu, surtout, le grand intérêt qui en résulteroit, soit pour la science à laquelle elle
appartient, soit pour les sciences en général, ce seroit
annoncer une trop grande tendance à borner la cristallographie qui, je le répète, me semble bien loin encore
d'être parvenue au but où, alors seulement, il pourroit
lui être permis de s'arrêter.

Avant de terminer cet article, je crois devoir dire
encore, que j'ai placé dans ma collection, depuis l'impression de mon traité complet de la chaux carbonatée,
un grand fragment rhomboïdal applati, ayant 3 pouces
et demi dans ses bords les plus long, 3 pouces dans ceux
les plus petits, et un pouce et demi d'épaisseur. Sur
ses deux faces opposées les plus larges, les lames parallèles à leurs plans, sont cassées parallélement à leur
grande diagonale, et sur une épaisseur considérable, de
manière à imiter les marches d'un escallier : quelques-unes de ces marches ont jusqu'à cinq lignes de
largeur dans le plan de la cassure. Cette dernière
est inclinée vers l'angle obtus des faces qui concourent à la formation des angles solides de la base
du rhomboïde, et l'angle que son plan fait avec ces
faces, est exactement le même que celui que ces
mêmes faces feroient avec les côtés du prisme hexaèdre,
que l'on sait prendre naissance aux mêmes angles solides. Voilà donc encore un exemple de joints parallèles à des faces qu'on sait être habituellement produites
par les lois de reculement auxquelles la chaux carbonatée est soumise ; mais ici ces faces sont bien certainement des cassures, leur surface est parfaitement
plane et lisse, et leur lustre a plus d'éclat que celui des
cassures faites parallélement aux plans du rhomboïde.

Lorsqu'on les examine avec une grande attention, on distingue, très-clairement, qu'elles ont une texture lamelleuse pareille à celle qui appartient aux plans du rhomboïde, ou aux cassures faites parallélement à eux. Bien plus, dans quelques endroits de leur surface, au-dessous desquels les lames, placées en recouvrement, ne se joignent pas exactement, et laissent de petites cavités, on aperçoit les couleurs de l'iris dues à la lumière réfléchie dans ces cavités, ainsi que cela arrive à l'égard des lames placées dans la direction des plans du rhomboïde : on distingue aussi, sur elles, les joints qui appartiennent à ces lames. On pourroit facilement pen er ici qu'une substance étrangère, placée entre ces joints, pourroit être la cause de la direction des cassures, car le fragment dont nous nous occupons est mélangé d'amiante dans son intérieur ; mais, en examinant la direction suivant laquelle cette amiante est placée dans sa substance, on reconnoît que cette direction est totalement différente de celle de ces cassures, qui d'ailleurs ne portent aucune trace qui puisse les faire soupçonner d'avoir eu cette substance placée sur elles.

Je citerai encore un autre fragment rhomboïdal, dans lequel on observe des joints fortement indiqués, par lesquels une moitié exacte d'un rhomboïde, prise suivant la petite diagonale de deux de ses plans opposés, est réunie à un rhomboïde complet, sans altérer en rien la mesure des angles, dont cette réunion altère seulement la position. Oui, certainement! il nous reste encore beaucoup de chose à étudier et à connoître en cristallographie, et peut-être un jour nos neveux regarderont-ils avec ce sourire dédaigneux que nous osons quelquefois employer à l'égard de nos ancêtres, les bornes de nos connoissances actuelles dans cette science. Nous regardons aujourd'hui les joints, dont nous venons de parler, comme dérivant de la direction des plans produits par les reculements ou décroissements, que nous avons cru observer être la marche de la nature dans la cristallisation, ne seroit-il pas possible que ces reculements ou décroissements, ne fussent au contraire qu'une suite naturelle de ces mêmes joints, pour le plus souvent imperceptibles à notre vue, mais rendus sensibles par suite de circonstances que nous ignorons.

Je viens de nouveau d'encourir le risque de faire peut-être trouver beaucoup de longueur dans les détails dont je viens de m'occuper, sur les différents joints que présente la chaux carbonatée; mais je les crois d'un intérêt capital pour la cristallographie, et cette raison seule a pu me déterminer à revenir de nouveau sur eux.

Il est un autre fait de cristallisation que j'ai de même citée avec de longs détails, dans mon traité de la chaux carbonatée, et auquel j'ai même sacrifié un chapitre et une planche, celle 48, de cet ouvrage. Je me suis, dans ce temps, déterminé, d'autant plus facilement, à entrer dans ces détails, qu'aucun des ouvrages sur la cristallographie n'en avoit parlé. C'est la propriété qu'ont les cristaux, qui appartiennent à des formes secondaires; de devenir eux-mêmes, dans leur accroissement par superposition de molécules cristallines sur leurs plans, les noyaux d'un nouveau cristal, très-fréquemment de forme différente de la leur; mais, cependant, toujours analogue à quelques-unes des variétés produites par les lois de reculement. Je n'ai pas à beaucoup près alors épuisé tous les exemples que je pouvois donner de ce mode d'accroissement, fournis par les cristaux de cette substance qui sont dans ma collection, et j'aurois pu en ajouter encore un grand nombre d'autres, non moins intéressants et frappants, appartenant à la série des cristaux de la chaux fluatée. Ce fait, qui me paroît être aussi d'un très-grand intérêt pour la cristallographie, n'est pas aussi rare que peut-être, on l'imagineroit, principalement dans les grands cristaux. Si les erreurs de calcul que j'ai commises dans mon traité de la chaux carbonatée, que je confesse, et que l'obligation dans laquelle nous sommes de recommencer tous ceux qui appartiennent à cette substance, rend beaucoup moins conséquents, n'avoient pas conduit M. l'Abbé Haüy à donner un nouveau développement à des faits qui intéressent particulièrement la théorie des diverses propriétés des solides, et qui sont en même temps très-précieux pour la cristallographie, faits auxquels j'avoue que la méthode trigonométrique simple ne peut aussi facilement conduire, je regretterois, qu'en diminuant une partie des détails qu'il a donné à cet égard, il ne les ait pas remplacés par un coup-d'œil jeté sur ce mode d'accroissement des cristaux, son opinion m'eût été très-précieuse, et probablement elle eût répandu un nouveau jour sur cette partie intéressante de la cristallisation.

Ce n'est pas le seul objet, ayant trait à cette science, dans ce même ouvrage, sur lequel l'opinion de ce savant célèbre m'eût de même été très-précieuse. Je ne puis résister au désir d'exprimer, à cet égard, le regret que m'a fait éprouver l'obstacle insurmontable et très-fâcheux, qui a été élevé entre toute espèce de correspondance, même celles ayant l'intérêt des sciences pour objet, entre la France et le pays que j'habite. Ayant perdu, dans Romé de Lisle, un ami véritable, et en même temps un savant estimable dépositaire de mes opinions, que souvent il rectifioit, ainsi que de mes observations dont quelqusfois il profitoit, j'essayai s'il ne me seroit pas possible de remplacer, du moins en quelque sorte, cette perte, par des rapports semblables avec un autre savant non moins estimable. Je fis à ce sujet les premières avances à M. l'Abbé Haüy. Les circonstances ne lui ont pas semblé propres à pouvoir y répondre, j'y ai très-certainement perdu, et la science n'y a pas gagnée. Beaucoup d'objets sur lesquels aujourd'hui nous différons se seroient, sans doute, accordés par la communication, il est très-probable que, soit que la connoissance des faits eût éclairé et peut-être modifié quelques-unes de ses opinions, soit que ses réflexions eussent redressé les miennes, nous serions aujourd'hui parfaitement d'accord.

OBSERVATIONS

SUR

*Le Compte rendu de mon traité de la Chaux
Carbonatée,*

PAR M. TONNELLIER,

Dans le 182e Numéro du Journal des Mines.

OBSERVATIONS

Dans le N°. 182, du journal des mines, M. Tonnellier, conservateur du cabinet de cet établissement, rend compte de mon traité de la chaux carbonatée. Ce savant, jete sur lui un coup d'œil rapide, mais très-méthodique et très-claire. Je lui dois des remerciments sur la manière dont il a profité des occasions, dans lesquelles il a cru pouvoir donner quelques éloges à quelques-unes des observations qu'il renferme. Je dois en même temps, à la franchise avec laquelle il s'est exprimé, dans les endroits dans ⟶ squels son opinion n'est pas d'accord avec la mienne, et peut être à l'intérêt de la science, ainsi qu'à ma propre satisfaction, quelques éclaircissements sur les faits dans lesquels il oppose son opinion à la mienne," et à l'égard desquels il est possible qu'il ne m'ait pas bien entendu.

En parlant des difficultés que je dis avoir rencontrées dans la classification des deux substances quartzeuses, la calcédoine et l'opale, à raison de la privation dans laquelle elles sont toutes les deux du caractère, si essentiel, de la cristallisation, M. Tonnellier dit, qu'il *m'eût été facile d'éviter cette difficulté, en réunissant à l'espèce quartz, comme de simples modi-*

fications, les agates et les silex, ainsi que l'a fait Romé de Lisle, et depuis M. Haüy, d'après les raisons les plus plausibles. Ce savant a probablement voulu dire, *comme variétés;* car en considérant la calcédoine comme espèce, je la regarde en même temps comme provenant d'une modification de la terre quartzeuse. La route tenue par les deux célèbres minéralogiste qu'il cite, et qui étoit celle généralement suivie avant eux, étoit en effet si facile à suivre, qu'il pouvoit présumer que je devois avoir eû très-probablement des raisons plausibles aussi pour m'en écarter.

Ces raisons je les ai prises dans les différences essentielles qui m'ont paru jusqu'ici exister entre le quartz et la calcédoine, à laquelle je rapporte, comme type principal, les agates, les silexs, les jaspes, &c., ainsi que dans la manière dont ces deux substances se comportent.

La calcédoine est plus dure que le quartz. Les pierres d'une dureté semblable agissent également l'une sur l'autre; si l'on veut essayer, sous ce rapport, le quartz et la calcédoine, on s'apercevra que cette dernière entame plus facilement et plus fortement le quartz, qu'elle n'est entamée par lui; ce qui devroit être tout le contraire, si la calcédoine n'étoit qu'une variété concrétionnée du quartz, qui seroit alors chef de la série par sa pureté et la perfection de sa structure. Il existe des quartz compactes, dans lesquels tout acte régulier de cristallisation paroît avoir été empêché; leur aspect est totalement différent de celui de la calcédoine: tel est, par exemple le quartz dans lequel sont des octaèdre de chaux fluatée, de Bearalston, dans le Dévonshire.

La calcédoine s'altère avec beaucoup de facilité, et alors elle devient plus tendre, opaque et d'un blanc mat ; état sous lequel elle est connue sous le nom de Cacholong*. Il y a, dans cette altération, une époque où elle jouit de la propriété de reprendre de la transparence dans l'eau ; mais elle franchit cette époque beaucoup plus promptement que la substance quartzeuse à laquelle appartient l'opale, ce qui rend plus difficile de la rencontrer jouissant de cette propriété. On aperçoit très-facilement et très-clairement cette altération, sur les fragments de silex qui sont restés exposés aux injures de l'atmosphère : je me suis plusieurs fois procuré de fort beaux morceaux d'hydrophane d'origine calcédonienne, en examinant autour des roches de jaspe, tel qu'il en existe, par exemple, auprès de Montbrison en Forez, les fragments minces de ces roches épars sur la surface de terrein. L'action du feu fait passer très-complettement la calcédoine à cet état de Cacholong ; le quartz n'offre rien qui ressemble à cette propriété.

Dans les géodes quartzeuses et calcédoniennes, c'est

---

* Je sais que le Cacholong est regardé, par plusieurs minéralogistes, comme étant dû à une calcédoine mélangée, dans sa substance, d'une argile blanche analogue au Kaolin, quelques faits particuliers peuvent avoir donné lieu à cette opinion ; mais je crois pouvoir assurer, comme un des faits les plus certains que, du moins dans le beaucoup plus grand nombre des calcédoines auxquelles le nom de Cacholong peut et doit être donné, leur couleur blanche et leur opacité provient d'une altération éprouvée par la calcédoine. Il existe, dans ma collection, des suites prises dans chaque variété de la calcédoine, qui viennent parfaitement en preuve de cette assertion.

assez habituellement la calcédoine qui s'est déposée la première, et a recouvert les parois intérieures de la géode, avant que le quartz, souvent en masse cristalline non figurée, se soit ensuite déposé. Il sembleroit que le quartz n'a commencé à se former, que lorsque la cause quelconque qui le modifioit à l'état de calcédoine, s'est épuisée, ou a cessée d'exister. Les agates donnent lieu à la même observation.

Sans rechercher ici, qu'elle peut en être la cause, il est extrêmement probable que les corps organisés agissent sur le quartz, de manière à le modifier à l'état de calcédoine, lorsqu'il pénétre leur substance dans l'acte de la pétrification. Autant il est rare de rencontrer des corps organisés, tels que coquilles, ou végétaux, à l'état de quartz pur, autant au contraire il est commun de les rencontrer à l'état caleédonien. A extrêmement peu d'exceptions près, toutes les coquilles, non calcaires, qu'on rencontre dans les craies, ainsi que dans les roches calcaires coquillières, sont à l'état calcédonien ; et des observations très-multipliées me font croire aujourd'hui à ce qui a été dit, il y a près de 30 ans, par M. l'Abbé Bacheley, que si ce n'est tout, du moins la majeur partie des silex que renferment les craies, &c., sont dus à des coquilles, coraux, madrepores, &c. Sur une quantité immense de morceaux de bois pétrifiés, on en trouveroit avec peine quelquesuns qui fussent à l'état de quartz, et non à l'état de calcédoine. On ne pourroit se rendre raison de ce fait par la difficulté que le quartz eut trouvé, dans ce cas, à cristalliser; le peu de morceaux de bois à l'état de quartz que j'ai vu jusqu'ici, renfermoient tous un très grand nombre de cristaux de cette même substance, disséminés dans leur intérieur.

Comment en effet, en regardant la calcédoine comme n'étant que du quartz concretionné, pourroit-on expliquer cet état habituellement calcédonien du quartz qui a pénétré les coquilles, coraux madrepores, &c., ainsi que les bois ? Cette pénétration, n'ayant assurément pas dû se faire tumultuairement, puisque les parties les plus délicates, par exemple, de la texture du bois, ont été conservées, le quartz n'avoit aucune raison pour admettre un aspect différent de celui qui lui est ordinaire, et les bois à l'état purement quartzeux qu'on observe quelquefois, quoique rarement, en sont une preuve. Il me paroît, aussi clairement démontré que le sont la plupart des faits minéralogiques admis, ou que le quartz étoit déjà modifié à l'état de calcédoine lorsqu'il a pénétré ces corps organisés, ou qu'en les pénétrant, il a été modifié à cet état par eux. Dans tous les cas, la calcédoine seroit toujours une modification de la terre quartzeuse, et non une variété du quartz, que j'admets pour le moment, avec la chimie, comme n'étant qu'une agrégation des molécules de la terre quartzeuse ; mais cependant sans en être à beaucoup près persuadé.

Dans les circonstances, dans lesquelles le quartz cristallise le plus habituellement, et donne ces beaux morceaux qui viennent journellement décorer nos collections, lorsqu'il existe en filon ou dans des filons, la calcédoine, lorsqu'elle est dans le même cas, se montre constamment sous le même état calcédonien ; ce fait existe par exemple, près de Vienne en Dauphiné, dans une roche de granit. On observe fréquemment, dans les mines de Cornwall, de la calcédoine servant de gangue au minérai de cuivre, et placée dans telles circonstances qui rendent infiniment probable, que si sa substance n'eut été que du quartz simple, elle eut cristallisée. Dans ces beaux morceaux du même canton, dans lesquels la calcédoine est en rameaux très-multipliés et très-délicats, bien certainement aussi, si la calcedoine n'étoit que du quartz pur, ces rameaux indiqueroient, du moins par des fibres, une texture cristalline.

Je pourrois ajouter beaucoup d'autres faits à ceux dont je viens de parler, et qui tous tendroient de même à prouver que la calcédoine est une substance totalement différente du quartz; ces faits pourroient en même temps fournir des raisons très-plausibles pour l'en séparer. Il paroît, au surplus, que M. l'Abbé Hauy a éprouvé de même aussi, dans sa classification, quelqu'embaras entre ces deux substances, car, après avoir séparé le silex du quartz, dans l'extrait qu'il a donné de sa minéralogie, dans le journal des mines, il les a ensuite réunis ensemble dans cet ouvrage. Les raisons que ce savant donne en faveur de cette réunion, ne me paroissent nullement assez décisive pour écarter tout doute à cet égard ; il peut donc exister. Le caractère le plus déterminant sur lequel cette réunion puisse être établie, est celui fourni par l'analyse ; mais cette science, par tous les moyens qui sont en son pouvoir, ne trouve dans l'arragonite que de l'acide carbonique et de la chaux, et cela absolument dans les mêmes proportions que dans la chaux carbonatée ordinaire, et cependant l'arragonite et la chaux carbonatée sont bien certainement deux substances différentes. Ne peut-il donc exister, dans la composition des substances minérales, d'autres principes que ceux propres à être saisis par les moyens dont la chimie peut disposer? Ce n'est pas la seule circonstance dans laquelle l'étude, un peu approfondie, de la minéralogie, conduise au doute qui fait naître cette question. Mais, me demandera-t-on sans doute, si la calcédoine n'est pas du quartz, qu'est-elle donc? Ma réponse sera courte, de la calcédoine, comme l'arragonite est de l'arragonite. Il est plus facile de prononcer sur ce qu'une substance ne peut pas être, que de prononcer sur ce qu'elle est. A mesure que nous vieillissons, dans l'étude d'une des sciences qui ont la nature pour objet, l'amour propre et la confiance qu'elle nous donne dans nos propres moyens, qui nous faisoit tout concevoir et tout expliquer à l'origine, diminue, et nous finissons par avouer notre ignorance, sans rougir.

Ce que je viens de dire, à l'égard de la différence qui existe entre la calcédoine et le quartz, peut-être, à beaucoup plus forte raison encore, appliqué à la substance à laquelle appartient l'opale, substance que j'ai nommée gyrasole, nom qui avoit déjà été donné à une de ses variétés les plus pures, et qui lui convient parfaitement*. La parfaite transparence de nombre des variétés de cette substance, s'oppose totalement à ce qu'on puisse la considérer comme un quartz précipité

---

* Il faut un nom à cette substance, qui ne peut être désignée par celui consacré à exprimer un genre d'altération éprouvé par elle, la chose est certaine, celui de *Gyrasole* m'a paru lui convenir ; mais s'il n'étoit pas agréé, il seroit très-facile de le remplacer par tout autre.

tumultuairement, et par conséquent comme un quartz concrétionné. Elle diffère fortement aussi de la calcédoine ; d'abord par son aspect, qui est totalement différent ; ensuite par sa grande fragilité, qui fait qu'elle se casse très-facilement et très-promptement sous le choc du briquet : lorsqu'on veut en obtenir des étincelles, qui sont alors très-vives. il faut ne faire qu'éfleurer rapidement et légèrement sa substance avec cet instrument. Malgré cette grande fragilité, sa dureté, cependant, est assez considérable pour dépolir et rayer le quartz, et même aussi la calcédoine, lorsqu'on la passe fortement sur ces substances : il est vrai, qu'à raison de la foible cohésion de ses molécules intégrantes entr'elles, le quartz et la calcédoine l'entament avec beaucoup de facilité : on a vu, dans ce catalogue, que le mica donne lieu à une observation parfaitement semblable. Il paroît enfin, aujourd'hui, reconnu, que l'eau entre au nombre de ses principes constituants.

Dans la partie de mon traité qui concerne la détermination des espèces, M. Tonnellier, après avoir cité mon opinion, qui est que les caractères géométriques n'ont pas encore acquis le haut degré d'utilité auquel ils peuvent parvenir, à raison de ce que " la cristallo-
" graphie n'a point atteint un degré de perfection tel,
" qu'elle pût déterminer, d'une manière certaine et
" non hypothétique, la forme de la molécule intégrante
" de chacune des substances," observe, " que ce n'est
" point tant, d'après la forme des molécules inté-
" grantes, que d'après les formes primitives, obtenues
" par la division mécanique, que les espèces minérales
" sont déterminées dans les méthodes fondées princi-
" palement sur la cristallographie. C'est du moins,

"ajoute-t-il, la marche qu'a suivie M. Haüy." M.
Tonnellier cite ensuite, ce qu'a dit ce savant à cet égard
dans son tableau comparatif, p. 2. Si M. Tonnellier
avoit fini l'alinéa de mon traité, dont il cite le commencement, il eut fàit mieux sentir mon opinion à ce
sujet. J'ajoute à la partie citée par lui, " Car, ainsi
" qu'on le verra dans la partie de cet ouvrage qui a
" trait à la cristallographie, je ne crois nullement que
" deux substances essentiellement différentes, aient une
" molécule intégrante exactement de la même forme ;
" mais bien que le même cristal primitif, tel que le
" cube, l'octaèdre, &c. peut provenir, et provient même
" en réalité, de la réunion de molécules intégrantes es-
" sentiellement différentes entr'elles."

On conviendra, qu'en effet si, ainsi que je le pense,
les molécules intégrantes des substances qui diffèrent
entr'elles, sont de même différentes, malgré la ressemblance exacte qui peut exister dans leur premier agrégat, le cristal primitif, la méthode qui n'est pas encore parvenue à déterminer, d'une manière assurée, la
molécule intégrante de chacune des substances qui lui
sont soumises, est encore imparfaite ; et c'est dans cette
imperfection même que réside son insuffisance à la détermination des espèces.

La molécule intégrante des substances minérales, est
formée directement par la combinaison de celles constituantes ou principes. De l'agrégation de deux ou de
plusieurs de ces molécules intégrantes, naît celle que
M. l'Abbé Haüy nomme soustractive, et est le cristal
primitif de la substance. L'agrégation des molécules
intégrantes pour former le cristal primitif, est donc le
premier acte de la cristallisation, et c'est avec ces agré-

gations ainsi formés, qu'elle travaille ensuite à la formation des cristaux. La nature de la substance réside
donc toute entière dans celle de sa molécule intégrante ; c'est conséquemment sur elle que doit se porter principalement l'attention de la science qui a la
cristallisation pour objet : c'est sa détermination qui
doit être une des premières fins qu'elle doit se proposer ; et c'est aussi par cette même détermination que
les caractères géométriques, pris isolément, peuvent
devenir suffisants à la détermination des espèces minérales. M. l'Abbé Haüy étoit autrefois fort peu éloigné
de cette opinion, car il dit lui-même, vol. 1, discours préliminaire, page xiv, de son traité de minéralogie, que la détermination des molécules intégrantes,
doit avoir une grande influence sur celle des espèces : et
dans le même volume, page 158, il engage le cristallographe à porter tous ses soins à la détermination de
ces molécules, et à ne pas craindre le travail qu'entraîne nécessairement avec elle cette détermination.
M. Tonnellier dit, que M. l'Abbé Hauy pense que la
même molécule intégrante peut, ainsi que la même
forme primitive, convenir à des espèces très-différentes.
Ce ne sera que lorsque le travail et le temps auront
présidé aux progrès de la science, et consolidé nos
connoissances sur elle, ce ne sera que lorsque toutes
les molécules intégrantes, ou du moins le beaucoup
plus grand nombre, seront déterminées avec méthode et
certitude, que cette assertion pourra être donnée avec
quelque confiance. Peut-être qu'alors, l'ensemble de ce
travail, ainsi que les observations qu'il donnera lieu de
faire, pourront-elles nous mettre dans le cas d'apercevoir des différences qui nous échappent, et qui doivent
naturellement ne pas se présenter à nous, dans ce mo-

ment. La diversité des formes, dans les corps de nature différente, qui a été si généralement établie dans la nature par son auteur, est une forte vraisemblance en faveur de l'opinion qui en admet de même une entre les molécules intégrantes de toutes les espèces minérales, et à cet égard il ne faut pas perdre de vue, que ce sont les molécules intégrantes qui constituent véritablement ces espèces. Ce sont ces diverses considérations, qui m'ont dirigé dans le développement théorique des principes de la cristallisation que j'ai donné dans mon traité de la chaux carbonatée, j'ai vu avec beaucoup de regret, que M. Tonnellier n'ait pas donné son opinion sur cet endroit de ce traité, quoiqu'il occupe une grande partie du second volume de cet ouvrage.

Si la nature, dans la génération du cristal primitif des substances minérales, avoit constamment couvert sa marche d'un voile aussi complettement impénétrable, qu'elle l'a fait dans la génération des êtres organisés, quoique les recherches, à cet égard, eussent toujours eu pour l'homme un attrait séduisant, la science pourroit se refuser à perdre, en recherches inutiles, un temps qu'il seroit à sa disposition de mieux employer ; mais ici ce n'est nullement le cas, dans nombre des substances minérales, l'observation laisse facilement apercevoir, et même sans laisser aucun doute, les molécules intégrantes génératrices du cristal primitif, par les traces conservées de leurs joints naturels, et la possibilité de faire, suivant ces mêmes joints, des coupes nettes qui mettent la forme de ces molécules à découvert. Dans d'autres, ces joints se laissent apercevoir, mais sans que la substance se prête à la division suivant leur direction ; l'esprit alors supplée à ces divisions, et parvient aux mémes résultats. Dans d'autres enfin, la substance se tait absolument, et ne laisse à l'observateur que la ressource dangereuse de remplacer l'observation par la supposition. Cependant, le temps et la constance dans l'observation, vient souvent, dans le moment où il s'y attend le moins, l'éclairer sur les faits qu'il n'avoit pu découvrir jusque-là, et le mettre sur la trace, soit de la molécule intégrante, soit de celle, cristal primitif qui, dans nombre de substances minérales, présente presqu'autant de difficulté. Je conçois cependant, que ce complément de la cristallographie ne peut être le résultat du travail, ni d'un seul homme, ni d'un seul instant ; mais en cela, cette science ne fera qu'éprouver le sort de toutes les autres. En attendant, quoiqu'elle ne soit pas encore à la minéralogie de cette utilité tranchante, et peut être exclusive, qui sera probablement un jour son partage, elle ne lui en est pas moins d'une utilité très-capitale, et à laquelle ne peut être comparée aucun des autres caractères employés, dans cette science, à la détermination des substances minérales.

D'ailleurs, tout en travaillant à ses progrès, sous le rapport dont nous nous occupons, ne peut-on pas reconnoître, dans les cristaux, des propriétés qui n'avoient pas encore été aperçues jusque-là, et qui seroient dans le cas de fournir de nouveaux moyens pour arriver au but que l'on désire. Les formes secondaires, par exemple, ne peuvent-elles pas un jour donner lieu à quelques observations avantageuses à cet objet ? M. l'Abbé Hauy, par les observations, ainsi que par les découvertes qu'il a déjà faites, et qu'il fait encore tous les jours, sur les propriétés des cristaux,

ainsi que sur le rapport de leurs formes entr'elles et
avec le cristal primitif, doit plus que personne être de
mon avis: un pas de plus, et les bornes, qu'il faut bien
se garder de mettre, ou même de laisser entrevoir à la
cristallographie, commenceroient à être franchies.

Je ne crois pas, ainsi que je l'ai déjà dit, que les substances de nature essentiellement différentes, puissent
avoir des molécules intégrantes parfaitement semblables ; et je crois que l'opinion qui admet cette identité, est fondée sur les bornes que met à nos connoissances, le manque de moyen que nous avons eu jusqu'ici pour parvenir à la découverte de ces molécules.
Les formes des minéraux, qui servent d'appui à cette
opinion, sont surtout celles qui appartiennent aux solides les plus simples et les plus réguliers, tels que le
cube, l'octaèdre et le tétraèdre réguliers, et beaucoup
de personnes opposent encore cette ressemblance exacte,
admise sans preuve, des molécules intégrantes dans les
substances minérales de nature essentiellement différente, qui prennent ces formes pour cristal primitif, à
l'exactitude du principe cristallographique qui admet,
que la différence dans les formes est le caractère le plus
sûr pour distinguer la différence des espèces. Cette
opposition devoit naturellement prendre naissance, du
moment où il a été admis que les substances qui avoient,
soit le cube, soit l'octaèdre, &c. pour cristal primitif,
avoient aussi les mêmes formes dans leurs molécules
intégrantes. Elle disparoîtroit, si reconnoissant que
le cube et l'octaèdre, &c. peuvent provenir de la réunion
d'un grand nombre de molécules de formes différentes,
on cessoit de vouloir placer la forme absolue d'une substance dans son cristal primitif: cette forme ne pou-

vant en réalité appartenir qu'à sa molécule intégrante, qui est la substance elle-même prise à son principe. Non-seulement, je ne crois pas que les cristaux primitifs cubiques, octaèdres et tétraèdres, impliquent nécessairement pour les substances auxquelles ils appartiennent, une molécule intégrante de même forme; mais je ne crois même pas, qu'il existe un cristal primitif qui ne soit la réunion de molécules intégrantes de forme différente de la sienne. Ainsi que l'a souvent observé M. l'Abbé Hauy, la marche de la nature est simple, et elle est surtout admirable, par cette belle uniformité qu'elle suit dans ses procédés, tout en en variant les résultats. Or, elle nous a fait voir la marche dont je parle, dans trop de cristaux, pour admettre l'interruption supposée de cette marche, sans autre preuve que l'insuffisance de nos moyens. Je citerai ici, à cet égard, parce que cette citation est, je crois, parfaitement plâcée, les détails que j'ai donnés, page 392, § 224, de mon traité de la chaux carbonatée, ainsi que les figures de développement dont je les ai accompagnés, de tous les joints naturels que m'a présenté un morceau de galène de ma collection, ainsi que ses fragments. Ils prouvent, d'une manière non douteuse, que la forme de la molécule intégrante de cette substance n'est pas le cube, quoique d'après la structure habituelle de la galène, et la facilité avec laquelle on obtient, par cassure, le cube son cristal primitif, elle seroit bien certainement placée au nombre des substances présentant le moins de doutes à l'égard de l'identité entre les deux molécules primitive et intégrante.

Après avoir cité l'opinion que j'ai développée, dans mon traité de la chaux carbonatée, à l'égard du calorique et des fluides, tant lumineux, qu'électrique et magnétique, que je considère en effet comme pouvant jouer, dans la nature, un rôle beaucoup plus important encore qu'on ne l'a cru jusqu'ici, et jouissant de la propriété de pouvoir se combiner avec tous les corps, et particulièrement avec les minéraux, M. Tonnellier termine cette citation par dire : " il eût été à désirer que M. de Bournon fît connoître, d'une manière " plus détaillée, les faits sur lesquels est établie une " doctrine, annoncée comme devant jeter un grand " jour sur le reste de l'ouvrage."

J'observerai, à l'égard de cette réflexion, que si j'ai craint quelques reproches à l'égard de cette partie de mon ouvrage, c'étoit, au contraire, sur la longueur des détails dans lesquels je suis entré à ce sujet. Je les ai allongés presque malgré moi, sentant en effet la nécessité de faire connoître les raisons sur lesquelles s'appuyoit l'opinion que j'avois été conduit à embrasser sur ces fluides. Il me semble que, si l'on veut se représenter que cet ouvrage est purement minéralogique, et non un traité de physique, ces détails seront trouvés pour le moins assez longs. Mon intention, en les donnant, étoit principalement, et même uniquement, de tourner les regards du public savant vers une partie des sciences que je crois beaucoup trop négligée, et, en lui offrant mon opinion, de le laisser juge du mérite qu'elle pouvoit avoir ; étant d'ailleurs fort éloignée de la lui présenter comme une vérité dont il ne put douter : je crois, cependant, que si elle pouvoit être adoptée, plusieurs des faits offerts par cette science deviendroient plus faciles à expliquer. J'étois donc bien.

éloigné de vouloir établir une doctrine, et encore moins
d'avoir la prétention de jeter, par elle, un grand jour
sur la minéralogie. Ce n'eut pas été, dans ce cas, dans
l'introduction que je l'aurois placée, elle eut bien méritée de tenir place dans le corps de l'ouvrage. Ce que
je dis à ce sujet, dans les articles mêmes qui renferment
le développement de cette opinion, étoit bien fait, je
pense, pour écarter toute idée propre à conduire au
soupçon même de cette prétention. Peut-être, est-il
nécessaire que je rapporte ici moi-même mes propres
expressions à cet égard.

Vol. 1, page 87, de l'introduction, avant d'entrer
dans aucuns détails sur le calorique, je dis : " en don-
" nant mon opinion sur la nature du calorique, je n'ai
" nullement la prétention d'entrer en rivalité avec les
" savants justement estimés, qui ont traité cette ma-
" tière, et cela avec des armes d'autant plus supé-
" rieures à celles dont je puis me servir, qu'elles
" étoient préparées directement pour cet usage. J'ai
" encore moins celle de présumer avoir mieux fait
" qu'eux ; mais dans l'étude des phénomènes de la
" nature, lorsqu'ils échappent tellement à l'action de
" nos sens, que la recherche de leur cause devient au-
" tant le domaine de l'opinion que celui de l'observa-
" tion, chaque individu, qui se livre à cette étude,
" doit compte à la société de ses propres idées, lors
" surtout qu'ayant des faits pour base, elles ne sont
" pas uniquement le fruit de la simple imagination ;
" et principalement encore, lorsqu'elles s'écartent de
" celles généralement adoptées. Cependant, comme
" un traité complet sur cette matière seroit déplacé ici,

" et seroit, en outre, au-dessus de mes forces, je me
" contenterai de tracer mon opinion d'une manière
" très-abrégée, et sous la simple forme dénoncée."

Page 117, je termine le chapitre qui a trait au
fluide de la lumière, par ce paragraphe. " On me
" trouvera, sans doute, très-hardi, d'avoir osé, dans
" cette introduction, avancer sur le fluide de la lu-
" mière, regardé jusqu'à présent comme étant une
" partie du domaine de la physique, une opinion dif-
" férente de celle de l'homme, à jamais immortel, qui
" a établi les principes de la manière suivant laquelle
" il est considéré ; et cela sans en avoir préalablement
" acquis le droit ; mais qu'on se représente que
" cet acte est celui d'un minéralogiste, et non d'un
" physicien. Si j'eusse fait nombre parmi les der-
" niers, jamais le doute, sur aucune des parties du
" monument admirable, élevé par le génie de New-
" ton, n'eut pu, sans doute, se présenter à moi ; mais,
" n'étant influencé par aucune opinion, et ayant été
" conduit par l'observation, autant que par la réflexion,
" à considérer le calorique et le fluide de la lumière,
" comme pouvant entrer dans la composition des sub-
" stances minérales, et ayant été conduit de même à
" considérer ces deux fluides sous un aspect différent
" de celui généralement adopté, j'ai dû faire connoître
" mon opinion à leur égard. Je crois cette opinion
" fondée, puisque je l'ai adoptée ; mais je ne puis
" être pour elle qu'un juge très-partial, et par consé-
" quent très-incompétent. Je suis donc loin de l'of-
" frir au public comme une vérité dont il ne puisse
" douter, il est, et doit être le propre juge de sa valeur.
" Cependant, je crois devoir dire encore, pour me jus-

" tifier d'avance envers la critique, à laquelle je serai
" sans doute exposé, que n'ayant jamais eu sur les
" fluides dont il est question, que des hypothèses qui
" sont fort éloignées d'être exemptes d'objections, nos
" connoissances à leur égard sont encore très-impar-
" faites. Or, dans cet état de chose, tout individu qui
" se livre à l'étude des sciences, et qui désir leur être
" utile, doit apporter et soumettre à la partie de la so-
" ciété, faite pour le juger, le contingent de ses tra-
" vaux. C'est ce que j'ai fait avec franchise et loyauté.
" Mon objet a été principalement d'essayer un nou-
" veau sentier, pour arriver à un but dont nous sommes
" séparés par un désert immense, dans lequel aucune
" route certaine n'a encore été tracée jusqu'ici."

Ce n'est pas là, je pense, le langage d'un homme
qui veut établir une nouvelle doctrine ; mais bien celui
d'un individu peu satisfait de nos connoissances actuelles sur les substances dont il parle ; sentant toute
l'importance dont une connoissance plus étendue sur
ce qui les concerne, pourroit être à toutes les sciences,
et principalement à celle à laquelle il se livre ; ne crai-
gnant pas d'entrer lui-même dans la lice qu'il désire
voir ouvrir, armé de l'opinion que l'observation de la
nature lui a fait prendre ; mais n'ayant cependant de
confiance dans ses armes, que justement ce qui lui est
nécessaire pour se présenter devant des juges, trop
justes pour le condamner avant d'avoir été vaincu.

J'ai dit, page 141, de cette même introduction, et
je crois l'avoir fait sentir d'une manière non douteuse,
par ce qui a précédé dans ce même chapitre, qu'il étoit
difficile de donner aux substances minérales, dans l'état
actuel de nos connoissances, un nom caractéristique

qui pût convenir exactement à chacune d'elles, en portant sur des caractères qui soient constamment montrés par elles, et qui en même temps leur soient tellement exclusifs, qu'ils ne puissent être appliqués à aucune autre. J'ai ajouté, que dans cet état de choses, il me paroissoit préférable de choisir, pour désigner chacune des substances minérales, soit des noms insignifiants par eux-mêmes, soit des noms dont la signification fut indifférente à la nature de la substance, tels que ceux fondés sur la couleur sous laquelle elle se présente le plus généralement, et dont cependant il ne faudroit pas abuser, ceux fondés sur la localité, &c. &c. &c. C'est après avoir gémi fortement sur l'abus de nomenclature qui a été commis depuis quelque temps en minéralogie, que j'ai été conduit à embrasser cette opinion. M. Tonnellier dit qu'il ne peut la partager, parce que les noms significatifs lui paroissent plus faciles à retenir, et qu'ils ont de plus l'avantage de fixer dans la mémoire, quelques-unes des propriétés de la substance qu'on doit connoître, même lorsqu'elles ne lui conviennent pas exclusivement. Pour remplir cette intention, il faudroit donc que le nom destiné à faire cet effet sur la mémoire, fût pris dans la langue de celui dans la mémoire duquel on a dessein de le placer, et non dans une langue morte, telle que le grec qui, en France, entre fort peu dans l'éducation, sans quoi ce mot, ne représentant rien à celui qui s'en sert, rentre dans la classe de ceux insignifiants que j'ai dit préférer ; mais l'obligation dans laquelle se considère l'auteur, d'expliquer la nature de l'expression qu'il a eu l'intention de donner au mot dont il se sert, lui enlève ce dernier mérite, il ne reste donc plus alors, pour la plupart des minéralogistes, qu'un nom souvent fort difficile à prononcer, et très-certainement encore plus à retenir. D'un autre côté, pour que la propriété de la substance que le nom veut représenter, fût en effet utile à celui dans la mémoire duquel il doit être placé, il faudroit qu'elle fût prise parmi celles essentielles à la substance, et qu'elle ne convînt qu'à elle, sans cela l'observateur seroit dans le cas d'être exposé à l'erreur dans l'application qu'il pourroit en faire. Il faudroit, aussi, que ce nom portât sur une des propriétés tellement nécessaire à la substance, qu'elle ne pût en être privée sans cesser d'être elle. Or, je le répète, nos connoissances minéralogiques sont-elles assez étendues et assez fixées pour cela ? Les fautes très-multipliées qui ont été faites dans le choix et l'application des noms significatifs, répondroient seules à cette question.

Ces considérations me forcent, presque malgré moi, à pousser plus loin ces observations. Est-ce de même une opération bien faite que celle qui, au lieu de désigner chacune des espèces minérales par un nom substantif propre, ainsi qu'il est d'usage, dans toutes les langues, de désigner les corps de la nature distincts les uns des autres, noms qui, une fois établis, deviennent invariables, parce qu'aucune cause ne peut les faire changer, de s'être modélé sur la révolution qui s'étoit faite dans la chimie, et dont il n'est nullement de mon sujet de discuter la bonté et l'utilité, pour désigner ces mêmes espèces par des phrases, plus ou moins longues, destinées à présenter à l'esprit leur composition chimique ? Cette opération qui, même dans le cas où la chimie, que l'on prenoit alors pour guide de la nomenclature, eût été une science parfaitement terminée,

et d'après cela invariable dans ses principes comme
dans ses opinions, eût toujours été fautive, le devient
bien plus encore, lorsque l'expérience et nos connoissances actuelles prouvent, incontestablement, les variations non douteuses auxquelles elle doit inévitablement
être exposée. Il faudra donc que la minéralogie, subor-
donnée, dans sa nomenclature, aux variations qui peuvent arriver dans les principes, ainsi que dans les opinions de la chimie, subisse un changement dans cette
nomenclature, qui devroit être pour elle une propriété
exclusive, toutes les fois que la chimie éprouvera une
variation, fondée ou non ; car ce n'est point à elle de
scruter la solidité des révolutions qu'elle peut éprouver. On sent parfaitement combien, sous ce simple
rapport, la nomenclature actuelle de la minéralogie
est intrinséquement défective. Déjà, depuis l'année
1801, dans laquelle a paru le traité de minéralogie de
M. l'Abbé Haüy, jusqu'à celle, 1809, dans laquelle il
a donné son tableau comparatif, &c. quoique les principes dernièrement adoptés par la chimie n'aient pas
changé, les seules variations dans les analyses, et les
opinions qui ont pu s'établir sur elles, ont forcé de
faire à la nomenclature de la minéralogie des changements assez considérables, vu surtout le court intervalle
de temps qui a amené l'obligation de ces changements ;
et il est facile d'apercevoir la nécessité d'y faire encore
dans ce moment d'autres changements. Si les principes actuels de la chimie venoient à faire place à d'autres, et peut-être ne sommes-nous pas très-éloignés de
cette époque, la nomenclature de la minéralogie seroit complettement détruite, et forcée d'attendre que la
chimie, en proie alors aux discussions d'usage en pa-

reille cas, ait terminé la sienne, pour avoir de nouveau la satisfaction d'en avoir une. Comment la minéralogie a-t-elle pu consentir à placer la langue faite pour exprimer ses idées, ce qui comme science particulière est un de ses principaux attributs, sous une telle dépendance ? Il me semble qu'il eût été plus naturel et plus digne d'elle, de s'en donner une qui lui appartînt exclusivement, et qui ne dut dépendre, dans ses variations, que de sa volonté ; et quant à l'utilité qu'elle peut retirer de la chimie, comme appartenant à un des caractères dont elle se sert dans la distinction et la formation des espèces qui lui appartiennent, elle eût pu, et même en quelque sorte, elle eut dû, faire suivre les noms propres désignant les espèces, des phrases chimiques qui, dans le moment où un ouvrage est écrit, peuvent appartenir aux mêmes espèces. J'ai déjà témoigné, dans mon traité de la chaux carbonatée, cette même opinion, et en même temps le regret que j'avois d'être obligé de me conformer à l'usage général qui avoit adopté cette nomenclature : j'en dis autant ici, à l'égard de ce catalogue. Cependant, si j'avois écrit un traité particulier de minéralogie, et qu'en même temps j'eusse cru pouvoir être approuvé, j'eusse eu, je crois, le courage de rendre à la minéralogie le caractère qui lui convient.

M. Tonnellier, arrivé à la partie de mon traité qui concerne la cristallisation de la chaux carbonatée, me fait absolument les mêmes objections que celles que M. l'Abbé Haüy a faites dans ses observations sur la simplicité des lois auxquelles sont soumis les cristaux, à l'égard des joints indiqués, sur les faces d'un grand nombre de rhomboïdes de cette substance, dont j'ai parlé dans ce traité, ainsi que sur la forme que j'ai été conduit, par la nature elle-même, à considérer comme étant très-probablement celle de sa molécule intégrante. Comme j'ai répondu, avec quelques détails, à ces objections, dans la réponse précédente faite aux observations de M. l'Abbé Haüy, je me dispenserai d'entrer ici dans aucun autre détail à ce sujet.

Cependant, comme parmi les objections faites par M. Tonnellier, il en existe une qui ne m'avoit pas été faite par M. l'Abbé Haüy, je crois devoir m'arrêter un moment sur cette dernière. J'ai dit, que je regardois les macles, qui sont si variées et si multipliées dans la chaux carbonatée, comme apportant une vraisemblance de plus, qu'en effet la molécule intégrante de cette substance est un prisme trièdre oblique, moitié exacte de la molécule de cristallisation, le rhomboïde, prise suivant la grande diagonale de deux de ses plans opposés et les côtés adjacents. Et en effet, si dans la formation de ce rhombuïde, par deux de ces molécules intégrantes, l'une d'elle se plaçoit en sens contraire de la direction qui naturellement lui convient, les formes secondaires qui naîtroient sur cette réunion, auroient elle-même les plans d'une de leurs moitiés placées en sens contraire de la direction qu'elles auroient eu en naissant sur le rhomboïde.

M. Tonnellier, à l'égard de cette manière de considérer la formation des macles de la chaux carbonatée, demande, si le renversement dans la réunion des deux molécules intégrantes du rhomboïde, qui fait le fondement de mon explication, peut être donné comme un signe certain que la molécule intégrante de chacune des substances, aussi régulièrement maclées que la chaux carbonatée et le feldspath, est la moitié exacte de son cristal primitif? Cette assertion, ajoute-il, lui paroîtroit sans fondement, et la raison en est que ce renversement peut tout aussi bien avoir lieu entre des molécules rhomboïdes, qu'entre des molécules prismatiques. Je doute que ce savant puisse arriver aussi facilement et aussi naturellement à la formation de toutes les macles que présente la chaux carbonatée, avec le renversement du rhomboïde, qu'avec celui de sa molécule intégrante. Quant à la question, si le renversement d'une des deux moitiés du cristal, dans les macles proprement dites, car on sent que j'en excepte ici les différentes pénétrations de cristaux, est une preuve que leur molécule intégrante est une moitié exacte de leurs cristaux primitifs ; je commencerai par dire que les molécules qui, par leur renversement, sont propres à engendrer les macles, pourroient tout aussi bien être un quart, ou toute autre partie exacte du cristal primitif, et jouir toujours de la même propriété, du moment où la réunion d'un nombre quelconque d'entre elles, pourroit donner la moitié du cristal primitif ; je répondrai ensuite à la question faite par ce savant, que je crois ce fait très-probable, mais que je manque de connoissances satisfaisantes sur toutes les molécules intégrantes des substances minérales, pour oser prononcer par une réponse complettement affirmative. D'ailleurs, il est des cristaux primitifs dans lesquels le renversement des deux moitiés, considérées comme leur molécules intégrantes, ne produiroit aucun changement perceptible dans les formes secondaires qui naîtroient sur eux. M. Tonnellier observe encore, que M. l'Abbé Haüy a énoncé un principe général relatif à la formation de toutes les macles, qui consiste en ce que les plans de jonctions des plans des cristaux, dont une moitié est appliquée contre l'autre en sens contraire, sont toujours dans le même cas que s'ils avoient été produits en vertu d'une loi de décroissement. Si M. Tonnellier veut faire usage des deux méthodes, pour expliquer le mode de formation des macles, celle du décroissement et celle du renversement de la molécule intégrante, dans le cristal primitif, je crois qu'il sera plus satisfait des résultats auxquels il parviendra par la dernière.

M. Tonnellier, en rendant compte de la méthode que j'ai suivie, afin de faciliter à l'observateur la détermination d'un cristal de chaux carbonatée qui pourroit tomber entre ses mains, et de le mettre parfaitement dans le cas, soit de le rapporter à une des 616 variétés que j'ai représentées dans les planches jointes à mon traité, s'il lui appartient, soit d'y remarquer une variété nouvelle, termine cette citation en disant: " L'auteur s'est borné à indiquer les incidences respec- " tives des faces dont les apothèmes, ou les diagonales " obliques, coincident avec la coupe principale de la " forme primitive, engagée dans les cristaux ; mais il " arrive souvent que l'une de ces mêmes faces est voi- " sine de plusieurs autres, qui sont situées de biais re- " lativement à elles. Or, M. de Bournon n'a pas " donné les incidences de ces dernières sur la première, " ce qui prive l'observateur d'une grande partie des fa- " cilités que pourroit lui offrir la théorie pour se re- " connoître, au milieu de ces assortiments plus ou " moins compliqués. Ceci, au reste, vient de ce que " la méthode trigonométrique proposée par l'auteur, " est bien moins susceptible de se prêter à des appli- " cations variées, que les formules analytiques qui dé- " rivent de la théorie de M. l'Abbé Haüy."

Que M. Tonnellier me permette de me plaindre ici, de l'indisposition, un peu trop partiale, qu'il montre contre cette pauvre méthode trigonométrique, à laquelle ne peut nullement s'appliquer le reproche qu'il me fait. Il conviendra aisément que si je l'eusse voulu, il m'eût été possible de déterminer avec elle les incidences des plans, l'un sur l'autre, des 59 modifications de la chaux carbonatée, renfermées dans mon traité de cette substance, et cela tout aussi facilement qu'avec la méthode analytique.

Pour mettre à même de juger de la méthode que j'ai suivie à cet égard, et completter ce que M. Tonnellier en a dit, je citerai ici la partie de cette méthode que je crois la plus utile et la plus intéressante. Sentant toute la difficulté qu'un nombre aussi considérable de variété devoit naturellement donner, pour pouvoir établir à laquelle d'entre elles pourroit appartenir un cristal que l'observateur voudroit déterminer, ainsi que celles des modifications auxquelles ses plans pourroient appartenir, j'ai réuni, dans une suite de tableaux, les 59 modifications différentes du cristal primitif, que j'ai décrites. J'ai divisé ensuite ce tableau en sept colonnes, pour la partie qui concerne les rhomboïdes, et en six, pour celles qui concerne les dodécaèdres. La première colonne des rhomboïdes, contient la mesure des angles, plans de leurs faces; la seconde, renferme les mesures de leurs angles solides, pris sur la coupe principale; la troisième, celle des angles d'incidence, de leurs plans; la quatrième, renferme la mesure des angles d'incidence, soit de leurs plans, soit de leurs arêtes, sur les plans du rhomboïde primitif, ou les cassures qui les remplacent, et j'observe ici, que lorsque cet angle est formé à une extrémité par l'incidence des arêtes du rhomboïde primitif, vers l'autre extrémité, il est formé par celles de ses plans. Or, si l'on vouloit, pour plus de sûreté, prendre ce dernier angle, connoissant ceux de la coupe du rhomboïde, on pourroit, dans la détermination, se servir aussi facilement de cet angle que du premier. La cinquième colonne, contient la mesure des mêmes angles avec les plans du rhomboïde lenticulaire, ou équiaxe de M. l'Abbé Haüy, que j'aime mieux nommer celui de la quatrième modification ; la sixième, renferme la mesure de l'angle d'incidence des plans du rhomboïde sur les côtés du prisme ; et la septième, la mesure de leur angle d'incidence sur les plans de remplacement perpendiculaires à l'axe du cristal. Dans la partie qui concerne les dodécaèdres, la première colonne renferme la mesure de l'angle de ceux de leurs plans qui concourent à la formation de l'angle solide du sommet. La seconde, donne la mesure des angles solides du sommet et de la base de ces dodécaèdres, prise sur les arêtes opposées. La troisième, renferme la mesure des angles d'incidence de leurs plans entr'eux. La quatrième, donne celle des arêtes des dodécaèdres, soit celles les plus obtuses, soit celles qui le sont le moins, sur les plans du rhomboïde primitif, ou les cassures qui les remplacent. La cinquième, renferme la mesure des mêmes angles d'incidence avec les plans du rhomboïde de la quatrième modification, équiaxe de M. l'Abbé Haüy ; et enfin, la sixième, avec les plans du prisme.

Or, je demande maintenant, si, dans les mesures des différents angles d'incidence que renferme la suite des tableaux dont je viens de donner la description, il n'y a pas, en effet, tout ce qui est suffisant à la détermination de tous les plans du cristal qu'on suppose examiner ou étudier, surtout en se rappelant ce que j'ai dit dans le discours qui précède ces tableaux, que dans les cristaux composés il existe toujours, parmi leurs plans, ceux, soit du cristal primitif, soit du rhomboïde de la quatrième modification, soit du prisme hexaèdre, soit enfin du plan de remplacement du sommet perpendiculaire à l'axe, et que lorsque les plans du rhomboïde primitif n'existent pas, on peut toujours se les procurer. J'ai fréquemment essayé l'utilité de ce tableau, auprès de personnes n'ayant pas même encore acquis un très-grand usage de la cristallographie, et j'ai toujours vu, avec satisfaction, qu'il suffisoit pour qu'elles parvinssent parfaitement à la détermination des plans du cristal que j'avois placé entre leurs mains. Je conçois, cependant, que l'ouvrage eût été beaucoup plus complet, si j'avois donné, dans chaque cristal, les incidences respectives de tous les plans qu'il pouvoit renfermer ; mais j'aurois surchargé, d'une manière effrayante, cet ouvrage, qui l'étoit déjà assez, de calculs qui me sembloient non nécessaires, et qui d'ailleurs pourront toujours être ajoutés, lorsqu'on le voudra, par la personne qui les croira nécessaires.

On voit, par l'extrait que j'ai donné, en tête de cet article, du coup d'œil jeté par M. Tonnellier, sur mon traité de la chaux carbonatée, que ce savant se réunit à M. l'Abbé Haüy contre cette malheureuse méthode trigonométrique, que sa sœur aînée veut toujours regarder comme sa rivale, quoique ses prétensions soient bien loin d'aller jusque-là, sans s'aveugler cependant sur son propre mérite. Elle paroît avoir particulièrement déplu à ces deux savants. Je conçois, que M. l'Abbé Haüy puisse la regarder avec l'indifférence d'un homme accoutumé à traiter la cristallographie par des moyens plus élevés. Je désire, cependant, bien sincèrement, voir diminuer son indisposition contr'elle, sa modestie peut lui mériter quelqu'indulgence. Je désirerois pouvoir faire sentir, ainsi que je le sens moi-même, la nécessité de l'admission des deux points de vue sous lesquels j'ai considéré la cristallographie, dans la réponse que j'ai faite aux observations de ce célèbre minéralogiste: je crois que la cristallographie et la minéralogie y sont toutes deux intéressées. Il ne me reste aucun doute, que si cette méthode étoit traitée par des mains aussi habiles et aussi exercées que les siennes, elle prendroit un aspect plus aimable et moins propres à repousser les minéralogistes. accoutumés à suivre ses traces avec confiance ; mais, je le répète, cette méthode est nécessaire.

Avant de quitter cet article, je m'arrêterai un instant encore sur les tableaux dont je viens de parler, pour en recommander l'usage, ainsi que de ceux placés dans le second volume, depuis la page 105, jusqu'à celle 118 : non que je veuille les citer comme ayant toute la perfection à laquelle ils peuvent atteindre ; mais comme étant d'une très-grande utilité, dans la détermination des cristaux, surtout lorsque le nombre de leurs variétés, dans la même substance, devient un peu considérable. Il en est de même à l'égard de celui que j'ai placé, vol. 2, page 151, et suivantes, à la tête de la chaux carbonatée, il offre d'un seul coup-d'œil toutes les variétés et sous variétés qui appartiennent à cette substance. Ces sortes de tableaux sont fort peu en usage dans la minéralogie, cependant rien ne facilite davantage l'arrangement et la formation d'une collection.

Arrivé à la chaux carbonatée à cassure vitreuse, ou arragonite, nom que d'après l'opinion que j'ai annoncée dans mon traité, je préfère à tout autre, parce qu'il n'entraîne avec lui aucune signification ; et qu'en même temps j'ai cru devoir séparer de la chaux carbonatée à cassure, lamelleuse, en en faisant une espèce de famille, M. Tonnellier dit que j'ai adopté pour son cristal primitif un prisme tétraèdre rhomboïdal droit de 67° 58′ et 117° 2′, auquel, d'après certaines lois de reculement, je rapporte toutes les autres formes que j'y ai observées, en avouant que je n'ai pu réussir à cliver ce prisme parallélement à ses côtés, et que le clivage parallèle aux faces terminales présente beaucoup de difficultés, et il ajoute que, " ce seroit déjà une rai_
" son qui feroit douter que le prisme rhomboïdal droit
" fût la forme primitive, si les coupes obtenues par
" M. l'Abbé Hauy, et les indices manifestes de la di-
" rection des lames, telles qu'ils se voient dans les
" échantillons de la collection du savant, professeur
" du Muséum d'Histoire Naturelle de Paris, ne levoit
" toute équivoque à ce sujet, et ne montroit, pour
" ainsi dire, au doigt et à l'œil, l'octaèdre rectangu-
" laire cité dans le tableau comparatif, &c. comme la
" vraie forme primitive de l'arragonite."

La condamnation est courte et précise ; elle porte sur l'objection d'un fait que je ne puis ni ne veux révoquer en doute, et suivant M. Tonnellier, la simple citation de ce fait, renverse complettement un travail très-considérable, qui m'a coûté beaucoup de soin, et pour lequel j'ai rassemblé, dans l'arragonite, une collection peut-être unique ; ce qui peut facilement être aperçu par la comparaison des formes de cette substance que j'ai décrites, avec celles qui ont été citées, même jusqu'à ce moment. J'avoue que je porte quelqu'attache à ce travail, soit à raison de la satisfaction qu'il m'a donnée, soit parce que je le crois parfaitement vrai. Après avoir lu cette partie du compte rendu par M. Tonnellier, de mon traité, j'ai examiné de nouveau, tout ce que je possède dans cette substance, et outre les groupes, il en existe plus de 80 cristaux isolés dans ma collection ; et j'ai fait cet examen avec les données établies par M. l'Abbé Haüy, et opposées, par M. Tonnellier, à celles sur lesquelles j'ai appuyé la détermination que j'ai faite de cette substance. D'après ce second examen, fait avec toute l'attention qu'il m'étoit possible de donner à un fait qui porte avec lui un très-grand intérêt, je persévère en totalité dans tout ce que j'ai dit, à l'égard de cette substance, et ne puis agréer à aucun changement qui pourroit être fait de la partie théorique de sa détermination. Il n'est point ici question d'une erreur de calcul, mais d'un fait que je crois important, et à l'égard duquel je crois devoir, par cette même raison, soutenir et défendre mon travail.

J'ai dit que le cristal primitif de l'arragonite est un prisme tétraèdre rhomboïdal droit de 62° 58' et 117° 2', ayant pour base un plan rhombe, et dont la hauteur est aux bords des faces terminales dans le rapport de 5,66 à 4,69, et comme cette détermination repose sur un fait, et non sur l'opinion, je ne puis en aucune manière l'altérer. J'ai dit aussi, page 357, vol. 2, que ce prisme se clive parallélement à ses faces terminales ; mais qu'il ne m'avoit pas été possible de le cliver suivant celle des directions de ses lames qui est perpendiculaire à son axe ; et depuis la lecture de l'observation faite par M. Tonnellier, j'ai essayé avec aussi peu de succès les cassures qu'il dit être inclinées à l'axe, et qui completteroient l'octaèdre. Mais au défaut du clivage, dans la direction perpendiculaire à l'axe, je possède plusieurs cristaux prismatiques translucides, parfaitement incolores, et en même temps n'étant dus à aucune agrégation, dans lesquels les joints naturels, suivant cette direction, sont très-marqués, et ne laissent aucun doute sur leur existence.

Il est vrai, qu'à la page 120, vol. 1, de ce même traité, j'ai dit, que quoique l'arragonite se clivât parallélement aux côtés longitudinaux de son prisme, ce clivage présente toujours à la réussite quelques difficultés. M. Tonnellier s'appuie sur elles, ainsi que sur la non possibilité du clivage, suivant la troisième direction, pour dire que ce seroit déjà une raison de douter que le prisme rhomboïdal droit fût la forme primitive de cette substance. Mais si cette assertion à laquelle ce savant a sans doute été entraîné par l'opposition qu'il croyoit devoir apporter à l'adoption de cette forme, étoit fondée, si l'on ne pouvoit admettre pour cristaux primitifs que ceux dans lesquels le clivage a parfaitement lieu sur toutes leurs faces, et qu'on dût rejeter ceux dont le clivage, ou n'a lieu que suivant quelques-unes des directions des faces de ces cristaux, ou même suivant aucune, quoique d'ailleurs ils soient parfaitement indiqués par les joints naturels, la cristallographie seroit bien plus incomplette encore qu'elle ne l'est dans ce moment. Le clivage de l'arragonite a lieu suivant deux des trois directions des plans de son cristal primitif, et les joints naturels des lames, suivant la troisième direction, sont parfaitement indiqués; nous serions fort heureux si tous les cristaux primitifs, et admis, sans objections, comme tels, avoient pour eux un point d'appui aussi puissant et aussi écarté de l'hypothèse.

Je sens très-bien que M. Tonnellier, influencé par la confiance bien naturelle et bien méritée, que lui inspirent les décisions du célèbre professeur du Muséum d'Histoire Naturelle de Paris, a dû rejeter, à l'instant même, et sans aucun autre examen, une assertion qui étoit différente de la sienne; mais qu'il me permette d'appeler de ce premier mouvement, ainsi que je l'ai dit, si naturel. Si M. Tonnellier, en comparant les deux déterminations, avoit pu un moment faire disparoître le poids que l'opinion de M. l'Abbé Haüy devoit nécessairement ajouter à la balance qu'il avoit pris à cet effet, peut-être auroit-il pensé que la détermination que j'ai faite de cette substance, dans mon traité, étoit plus simple, plus naturelle, et peut-être plus conforme à la marche de la nature, que celle faite par M. l'Abbé Hauy; et je ne doute nullement que ce célèbre minéralogiste, son auteur, n'eût été conduit lui-même à l'adopter, s'il avoit eu entre les mains les mêmes matériaux.

Que M. Tonnellier veuille donc bien comparer, avec impartialité, et en se servant des mêmes principes, indépendants du clivage, qu'il a si bien établi, pages 93 et 94, du 182ème Numéro du Journal des Mines, dans lequel il a inséré son analyse abrégée de mon traité, l'explication que j'ai donnée dans ce même traité,

vol. 2, page 135, et suivantes, et 368, et suivantes, de
la formation des divers assemblages en agrégats réguliers, que présente l'arragonite, d'après le prisme tétraèdre rhomboïdal droit, considéré comme cristal primitif
de cette substance, avec cette même explication donnée par M. l'Abbé Haüy, sous l'admission d'un octaèdre rectangulaire pour ce même cristal primitif.
Qu'il veuille bien essayer ensuite de faire dériver, de
ce même octaèdre, les lois de reculement, propres à
déterminer les variétés de cette substance que j'ai représentées dans les planches 49, 50, 51, et 52, de mon
traité, détermination dont les lois sont si simples et si
naturelles, en les faisant dériver de celles qui appartiennent au prisme, tétraèdre rhomboïdal droit, et qu'ensuite il veuille bien motiver les causes qui lui font rejeter ce prisme comme devant être la forme primitive
de l'arragonite.   Qu'il veuille bien, par exemple, comparer la détermination du dodécaèdre aigu, fig. 11,
pl. iv, du 136ème Numéro du Journal des Mines, que
M. l'Abbé Haüy, d'après la base octaèdre qu'il a adoptée, regarde comme appartenant, à un assemblage de 4
octaèdres primitifs, modifiés par la loi $\frac{A}{3}$ (la lettre A
représentant l'angle solide de la base de l'octaèdre), qui
n'agit que sur celle des faces situées à l'extérieur, assemblage que j'avoue ne pas parfaitèment concevoir,
avec celle que j'ai donnée des pyramides hexaèdres aiguës, dans mon traité, par deux lois de reculement, dont
une, le long des 4 bords des faces terminales du prisme
tétraèdre, par une rangée en largeur sur 5 lames de
hauteur, et l'autre, aux deux angles aiguës des mêmes
faces terminales, par une rangée en largeur, sur 6 lames
de hauteur.

J'observerai ici, à l'égard du dodécaèdre aigu, dont toutes les faces concourent à un même point, donné par M. l'Abbé Haüy, fig. 11, pl. iv, du Numéro 136, du Journal des Mines, que je possède un nombre très-considérable de cristaux isolés en pyramides de même aigues, joints à deux superbes groupes qui viennent du Pérou, dont les cristaux sont dans le même cas ; mais dans aucun desquels, on ne peut observer les deux pyramides, sans être séparées par un prisme plus ou moins long. Je n'ai jamais aperçu non plus les six faces de chacune des pyramides, avec une inclinaison semblable sur les côtés du prisme sur lesquels elles sont placées, 4 de ces faces sont toujours moins inclinées que les deux autres, à raison de ce qu'elles sont produites par deux lois différentes ; ce qui explique en même temps pourquoi ces pyramides sont habituellement cunéiformes. Cependant, si les plans qui naissent aux angles aigus des faces terminales, au lieu d'être le produit d'un reculement par une rangée en largeur, sur 6 lames de hauteur, ainsi que je l'ai toujours observé, étoient produites par un reculement, par une rangée en largeur, sur 5 lames de hauteur, l'inégalité d'inclinaison seroit considérablement moindre, et les faces des pyramides pourroient paroître concourir à un même point. Aucun de ces cristaux ne me paroît non plus pouvoir être considéré, comme étant le produit d'une agrégation, le plus grand nombre d'entr'eux, sont parfaitement transparents, et ne laissent absolument rien apercevoir qui puisse permettre d'adopter cette opinion.

Cependant, M. l'Abbé Haüy dit avoir clivé l'arragonite suivant des plans inclinés sur son axe, de manière à produire, avec les faces que je considère comme prismatiques, l'octaèdre rectangulaire. Il n'est donc pas possible de douter que le clivage ne puisse aussi être effectué de cette manière, sur cette substance, malgré l'impossibilité dans laquelle j'ai toujours été d'obtenir, par ce moyen, des faces nettes, qui pussent en effet permettre de croire pouvoir être le résultat d'une coupe passant par des joints naturels. Ce fait me rappelle, qu'après que j'ai eu déterminé la gemme orientale, et prouvé dans un mémoire lu à la Société Royale de Londres, que toutes les pierres auxquelles on avoit donné jusque-là l'épithète d'orientales, en en faisant en même temps autant d'espèces différentes, appartenoient, avec le corundum, à une seule et même espèce, un genre de clivage que M. l'Abbé Hauy avoit obtenu perpendiculairement à l'axe du saphir, et qui le conduisoit au prisme hexaèdre pour forme primitive, l'empêcha, pendant quelque temps, d'accéder à la réunion du saphir avec le corundum, qu'il a reconnu depuis être parfaitement juste. N'y auroit-il pas ici, de nouveau, quelques faits exactement semblables, qui mettroient obstacle à ce que son opinion fût d'accord avec la mienne.

Mon traité complet de la chaux carbonatée et de l'arragonite, ayant été imprimé sous la composition de personnes totalement étrangères à la langue françoise, il s'est glissé dans l'impression un très-grand nombre de fautes, dont plusieurs sont très-essentielles, et dont je demande bien sincèrement pardon au petit nombre de lecteurs qui ont pu jusqu'ici lire cet ouvrage. Une partie d'entr'elles vient aussi des différens copistes employés. La partie de cet ouvrage qui concerne l'arragonite, est une de celles qui a le plus souffert, la lecture attentive que je viens d'en faire, à une distance assez éloignée, pour que je ne fusse plus dans le cas de remplacer, sans m'en apercevoir, les choses existantes par celles qui devroient exister, m'ayant mis dans le cas d'en corriger du moins celles les plus essentielles, il est, je pense, absolument nécessaire que cette correction trouve place ici, avec la prière, au peu de savants qui peuvent avoir cet ouvrage, de vouloir bien en faire eux-mêmes la correction sur leur exemplaire.

Vol. ii. p. 133, ligne 10, et ligne 13, aulieu de 70° 32, lisez 70° 30. P. 134, l. 3, aulieu de 109° 24', lisez 109° 26. P. 139, l. 24, aulieu de et 12 sur l'autre, lisez, et 11 sur l'autre. P. 140, l. 17, aulieu de par 4 rangées, lisez par 8 rangées. P. 141, l. avant-dernière, aulieu de sur 5 lames, lisez, sur 6 lames. P. 361, l. 9, aulieu de 4,6, lisez, 4,69. Page 362, l. 25, aulieu de F Q, lisez, E Q. P. 369, l. 25, aulieu de 120°, lisez, 128 . P. 373, l. 3ème avant-dernière, aulieu de sur 12 lames, lisez, sur 11 lames. P. 377, l. 30, aulieu de sur 5 lames, lisez, sur 6 lames. P. 378, aulieu de sur 5 lames, lisez, sur 6 lames.

Dans le tableau des modifications de l'arragonite, qui précède, dans le volume des planches, celles qui appartiennent aux variétés de cette substance, à la colonne des reculements dans la modification probable, en place de, et 12 sur l'autre, lisez, et 11 sur l'autre. A cette même colonne des reculements, dans la 8e modification, en place de sur 5 lames, lisez, sur 6 lames.

A la planche 49, fig. 14, dans la partie de cette fig. qui regarde le côté droit, la lettre o, troisième de celle qui indique l'angle 250 manque. Du côté gauche, les lettres a et b répétées, ainsi que celle o, qui doit être mise en place de celle c, doivent être distinguées ainsi, a', b', o'. A la pl. 70, il manque à l'angle obtus de la face terminale du prisme, placé sous la fig. 13, la lettre indicative **C**.

A la pl. 71, les lignes **BC**, **CD**, et **CR**, qui sont pointillées, devoient être pleines, et celle **QY**, qui est pleine, devroit être pointillée.

TABLE

DES MATIÈRES.

De l'imprimerie de R. Juigné, 17, Margaret Street, Cavendish Square, à Londres.